개정판

예제 중심의

UP! C언어

이한석 · 김세찬 공저

光文閣
www.kwangmoonkag.co.kr

고급 언어인 포트란의 출현 이후에 많은 고급 언어들이 개발되었지만 C 언어처럼 40년 동안 명맥을 유지하고 있는 언어는 그리 많지 않다. 특히 최근에는 스마트폰과 같은 디지털 기기의 인기와 더불어 C언어가 다시 조명을 받고 있다. 크기가 작으면서 하드웨어에 직접 접근할 수 있는 고급 언어는 C언어가 유일하기 때문이다.

이 책은 C언어를 처음 접하는 초보자를 위해 집필했다. 그동안의 강의 경험을 바탕으로 학생들이 지루해하는 문법과 어려워하는 개념들을 파악해 꼭 필요한 기초 문법은 가능하면 일상생활에서 쉽게 접할 수 있는 예를 위주로 설명하였고, 어려운 개념들은 다양한 그림을 추가해 직관적으로 이해할 수 있도록 노력하였다.

이 책에는 많은 예제들이 수록되어 있고 수준별로 기초예제, 응용예제, 실전예제로 구분해 두었다. 따라서 기초 개념을 학습한 이후에 한 단계씩 높아지는 예제를 실습하면서 자연스럽게 C언어와 친근해 질수 있도록 구성하였다.

이 작은 결과물이 또 다른 한국의 데니스 리치를 길러 내는데 조금이라도 도움이 될 수 있기를 기대해 본다.

끝으로 이 책의 출판에 도움을 주신 광문각출판사의 박정태 사장님과 임직원 여러분께 깊은 감사를 드린다.

2018년 12월
저자일동

제1장 컴퓨터의 기초

하드웨어와 소프트웨어 지식이 조화를 이루어야만 유능한 프로그래머가 될 수 있다. 프로그래밍에 필요한 기초 사항들을 살펴보고 C언어의 특징을 알아보자. 또한, 근래 많이 이용되는 펌웨어의 뜻을 이해하고 응용되는 분야를 살펴보자.

학습목표

- 컴퓨터의 구성 요소를 알아본다.
- 하드웨어의 기초 사항을 점검한다.
- 소프트웨어의 기초 사항을 점검한다.
- 펌웨어의 개념을 이해한다.
- 진법들 간의 상호 변환을 이해한다.

1.1 컴퓨터의 구성 요소

컴퓨터는 크게 하드웨어(hardware)와 소프트웨어(software)로 구성된다. 하드웨어는 전자·기계장치의 몸체 그 자체를 의미하고, 소프트웨어는 컴퓨터를 활용하기 위한 각종 프로그램들을 말하며 하드웨어에 상대되는 개념이다.

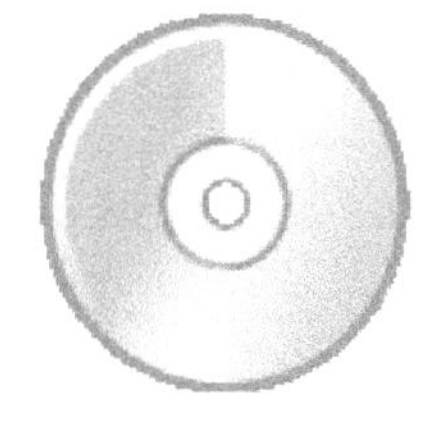

하드웨어 소프트웨어

【그림 1.1】 컴퓨터의 하드웨어와 소프트웨어

컴퓨터는 다른 전자 장치들과는 달리 동일한 하드웨어를 가지고도 소프트웨어만 바꾸어 주면 다양한 작업을 처리할 수 있다. 예를 들어 범용 PC의 하드웨어는 중앙 처리 장치, 주기억 장치, 입출력 장치, 보조 기억 장치 등으로 구성된다. 하지만 시스템 소프트웨어나 응용 소프트웨어를 변경하면 여러 전문 분야에서 주어진 작업을 효과적으로 수행할 수 있다. 이것이 컴퓨터가 갖고 있는 가장 큰 장점이라 할 수 있다.

프로그램

프로그램(program)이란 '미리 쓴다'라는 뜻을 지닌 라틴어에서 유래한 말로서 어떤 작업의 순서를 미리 짜놓는 것을 말한다. 따라서 컴퓨터 프로그램이란 "두 수를 더하시오", "결과를 출력하시오"와 같이 컴퓨터에서 실행할 명령어들을 순서에 따라 미리 짜놓은 문서를 의미한다. 보통 프로그램을 작성하는 사람을 프로그래머(programmer)라고 하며, 프로그램을 작성하는 작업을 프로그래밍(programming)이라 한다.

그런데 프로그램이 필요한 이유는 뭘까? 컴퓨터로 주어진 작업을 처리하려면 그 작업의 용도에 적합한 프로그램이 반드시 필요하다. 만약 상용으로 판매되는 프로그램이 있다면 구입하면 되지만 상용 프로그램이 없다면 어떻게 해야 할까? 프로그램 언어를 이용해 스스로 작성하는 방법밖에 다른 대안이 없다. 우리가 프로그램 언어에 관심을 가져야 하는 이유가 바로 여기에 있다.

1.2 하드웨어의 기초

1 컴퓨터 하드웨어의 구성

좋은 프로그래머가 되기 위해서는 프로그램이 사용될 대상, 즉 컴퓨터 하드웨어에 대한 기초 지식이 반드시 필요하다. 특히 하드웨어의 기초 지식은 운영 체제가 없는 마이크로컨트롤러용 프로그램을 작성할 경우에 더욱 필수적으로 요구된다. 프로그램 언어를 배우기 전에 범용 PC의 기본적인 하드웨어가 어떻게 구성되어 있는지를 살펴보자.

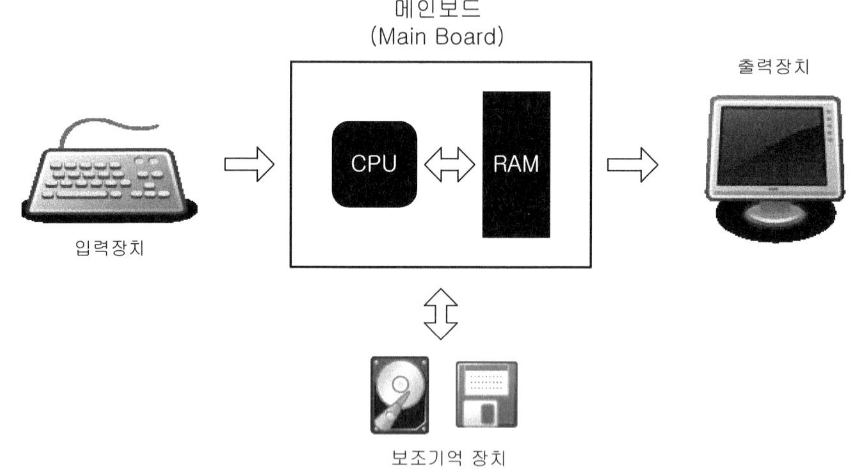

【그림 1.2】 컴퓨터의 기본 구조

컴퓨터 하드웨어는 중앙 처리 장치(CPU), 주기억 장치(RAM), 입력 장치, 출력 장치, 보조 기억 장치로 구성되며, 이를 컴퓨터의 5대 장치라고 한다. 입력 장치는 처리할 데이터를 컴퓨터 내부로 읽어들이는 장치를 말하며 키보드나 마우스 등이 여기에 해당된다. CPU는 컴퓨터의 산술 연산과 논리 연산을 수행하는 가장 중요한 부품이다. 주기억 장치는 연산에 필요한 모든 데이터가 기억되어 있는 장치로 CPU와 함께 컴퓨터의 성능을 좌우하는 핵심 부품이다. 주기억 장치는 전원이 나가면 저장된 데이터가 모두 지워지는 휘발성 메모리이다. 따라서 데이터를 영구히 저장하기 위해 하드 디스크와 같은 보조 기억 장치를 사용한다. 또한, 출력 장치는 컴퓨터에서 연산된 결과를 외부로 출력하는 장치로 모니터나 프린터를 들 수 있다.

여러 하드웨어 장치 중에 프로그래머가 관심을 가져야 하는 장치는 CPU와 RAM으로 모든 연산은 이 두 장치의 정보 교환만으로 이루어진다. 특히 주기억 장치는 프로그램과 밀접한 관계를 갖고 있는 부품이다. 따라서 프로그래머는 주기억 장치의 내부가 어떻게 구성되어 있으며 데이터를 어떻게 입출력하는지 명확하게 이해하고 있어야 한다.

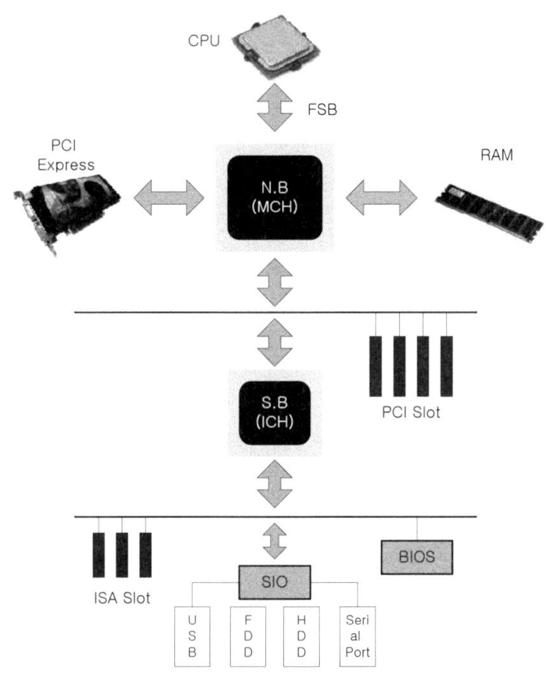

【그림 1.3】 PC의 칩셋

과거에는 CPU가 연산 및 제어 장치의 역할을 동시에 수행했었다. 그러나 인텔사의 486 이상의 CPU는 제어장치 부분을 메인보드의 칩셋(Chip set)에게 넘겨주고 CPU는 연산에만 관여하도록 설계되어 있다. 따라서 현재 우리가 사용하는 범용 PC의 기본 구조는 그림 1.3과 같으며 CPU를 기준으로 위쪽에 있는 제어용 칩을 NB (North Bridge)라 하고, 아래쪽에 있는 제어용 칩을 SB(South Bridge)라 한다. 메인보드에 따라서는 NB를 MCH (Memory controller hub), SB를 ICH(I/O controller hub)라는 용어로 표현하기도 하며, 이 2개의 칩을 합쳐서 칩셋이라 한다. 실제 PC의 성능은 이 칩셋의 안정성 및 속도가 매우 중요하므로 CPU, RAM과 더불어 기억해 두자.

2 주기억 장치의 구성 및 데이터 입출력 원리

RAM은 Random Access Memory의 약자로 원래 뜻은 임의 접근 방식의 메모리란 의미지만 지금은 이와 무관하게 주기억 장치를 의미하는 고유명사로 사용된다. RAM에는 운영체제와 같은 시스템 프로그램, 워드나 한글과 같은 응용 프로그램, C언어로 작성된 사용자 프로그램이 모두 저장되어 있다. 특히 프로그램 언어에서 데이터를 기억시킬 때 저장되는 장소가 바로 RAM이므로 RAM의 구성 및 데이터 입출력 원리를 반드시 이해하고 있어야 한다.

RAM의 기본 구조

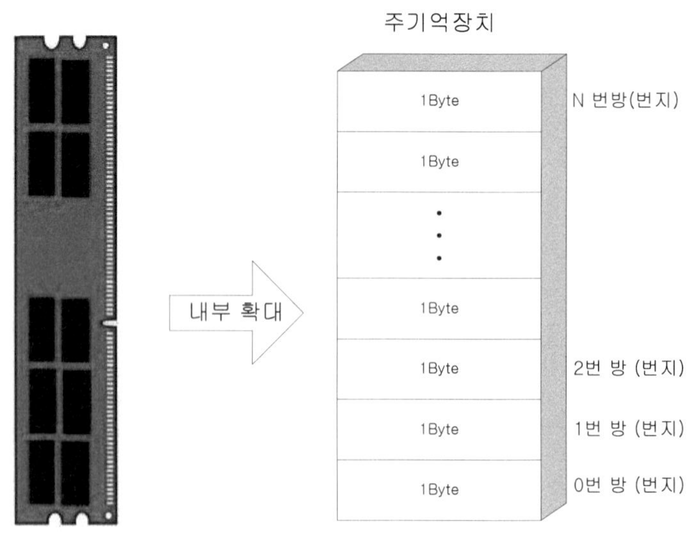

【그림 1.4】 RAM의 기본 구조

RAM은 한 방의 크기가 1바이트인 방들이 일렬로 쭉 늘어서 있는 구조로 되어 있다. 그리고 각각의 방들에는 주소를 붙이는데, 우리가 살고 있는 집을 다른 집과 구분하기 위해 주소를 사용하는 것과 비슷하다.

왜 RAM의 한 방의 크기는 1바이트일까? RAM의 내부에 1개의 문자를 저장하면 실제로는 해당 문자의 아스키코드가 저장된다. 그런데 이 코드가 1바이트로 구성되어 있기 때문에 현재 메모리 한 방의 크기는 1바이트로 정해 놓은 것이다. 만약 10개의 문자를 저장하려면 10개의 방이 필요하게 되고 용량으로 표현하면 10바이트가 된다.

보통 메모리의 주소를 부를 때는 10진수로 1번지, …, N번지와 같이 부르지 않고 16진수를 많이 사용하고 있다. 왜냐하면 하드웨어를 다룰 때는 10진수보다는 16진수가 더욱 직관적이고 이해하기 쉽기 때문이다. 또한, RAM의 전체 크기 N은 컴퓨터에 장착된 메모리의 크기에 따라 달라진다. 요즘의 컴퓨터는 대략 1GByte 정도의 RAM을 장착하고 있으므로 2^{30}개의 방이 들어 있는 셈이다.

RAM에서 데이터를 읽고 쓰는 방법

RAM에서 데이터를 읽고 쓰는 원리는 프로그램의 동작과 아주 밀접한 관계를 갖고 있다. 좀 과장해서 말하면 사실 프로그램이란 RAM에 데이터를 입출력하는 과정이 전부라 해도 틀린 말은 아니다. RAM은 전자적으로 만들어진 기억 장치로 다음과 같은 4가지 물리적인 특징을 갖고 있다. 꼭! 이해하고 암기해야 한다.

【표 1. 1】 RAM의 물리적인 특징

RAM	• 사용하기 전에 반드시 초기화해야 한다. • 한번 저장된 데이터는 전원이 나갈 때까지 기억되어 있다. • 저장된 데이터를 읽어도 원래의 내용은 변하지 않는다. • 데이터가 저장된 메모리에 다른 데이터를 덮어쓰면 이전 데이터는 삭제된다.

RAM은 사용하기 전에 반드시 초기화해야 한다. 왜냐하면 이전 프로그램에서 사용했던 데이터들이 그대로 남아 있을 수 있기 때문이다. 이런 데이터를 보통 쓰레기 값이라 한다. 보통 초깃값은 사용하고자 하는 특정 메모리에 0을 대입해 주면 된다.

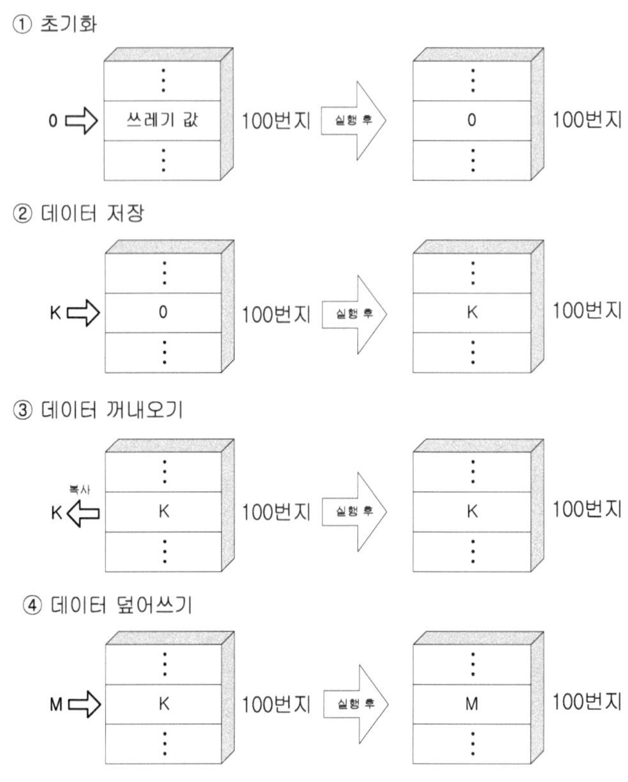

【그림 1.5】 RAM의 물리적인 특징

K라는 데이터를 메모리 100번지에 저장하면 이 데이터는 컴퓨터 전원이 꺼지기 전까지는 항상 메모리에 남게 된다. 또한, 메모리 100번지에 저장되어 있는 데이터를 꺼내서 다른 부분에 사용해도 원래 저장된 값은 변하지 않고 그대로 100번지에는 K가 저장되어 있다. 마지막으로 K가 저장되어 있는 100번지에 M이라는 새로운 데이터를 저장하면 원래 데이터 K는 자동으로 지워지고 새로운 데이터 M이 메모리에 저장된다. 이때 한번 삭제된 K 데이터는 영구히 복구할 수 없다는 것을 기억해 두자.

1.3 소프트웨어의 기초

1 프로그램 언어의 종류

프로그램 언어란 프로그램을 작성할 때 사용되는 언어를 의미한다. 보통 언어란 사람과 사람 사이에 정해 놓은 약속이다. 하지만 프로그램 언어는 사람과 컴퓨터 사이에 정해 놓은 약속이다. 따라서 프로그램 언어를 배운다는 것은 컴퓨터와 정해 놓은 약속을 하나씩 이해해 가는 과정이라 생각하면 된다.

프로그램 언어에는 컴퓨터 중심의 기계어와 사람 중심의 고급 언어가 있다. 기계어는 '0'과 '1'두 가지의 상태로 프로그램을 작성하는 언어이다. 따라서 사람이 기계어로 프로그램을 작성하는 것은 매우 어렵고 비효율적이다. 이런 단점을 극복하기 위해 개발된 언어가 어셈블리(ASSEMBLY) 언어이다. 어셈블리 언어는 영문 기호 몇 개를 이용해 프로그램을 작성하므로 기호 언어라고도 한다. 하지만 어셈블리 언어도 사람이 배워서 사용하기에는 여전히 어렵고 CPU의 종류에 따라 프로그램이 달라지는 단점을 갖고 있다.

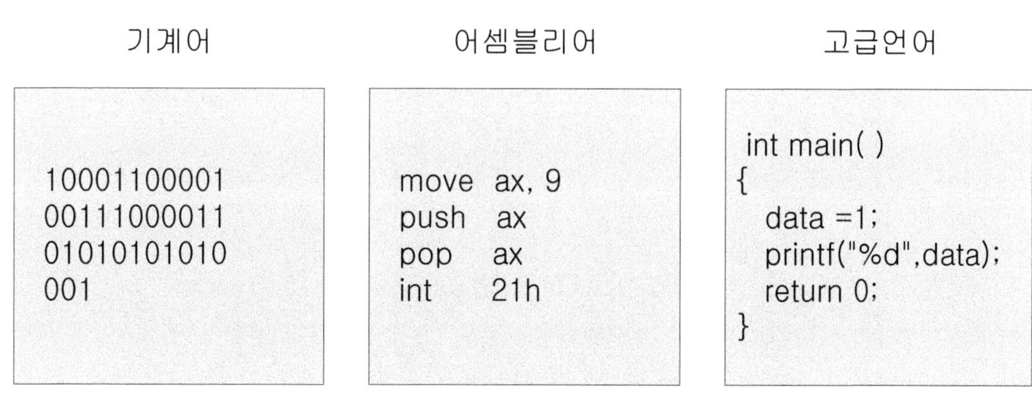

【그림 1.6】 프로그램 언어의 비교

사람 입장에서 배우기도 쉽고 쓰기도 편리한 프로그램 언어는 없을까? 일상생활에서 사용하는 간단한 영문이나 수식을 이용해 프로그램을 작성할 수 있도록 고안된 언어를 고급 언어라 한다. 따라서 고급 언어는 사람이 이해하기도 쉽고 특정 CPU에 종속적이지 않으므로 가장 인간 중심의 언어라 할 수 있다. 대표적인 고급 언어로는 C언어, 포트란(FORTRAN), 파스칼(PASCAL), 베이직(BASIC), 자바(JAVA) 언어 등을 들 수 있다. 저급 언어와 고급 언어의 특징을 표로 정리해 보자.

【표 1.2】 저급 언어와 고급 언어의 특징

종류	특 징
저급 언어	• 0과 1 또는 기호화된 단어를 이용하는 기계 중심의 언어 • 프로그램 작성 및 이해가 어렵다. • 속도가 빠르다. • 기계어, 어셈블리어가 해당된다.
고급 언어	• 일상적인 단어를 사용하는 사람 중심의 언어 • 프로그램 작성 및 이해가 쉽다. • 언어 번역기에 의해 기계어로 번역되어 사용 • FORTRAN, COBOL, BASIC, PASCAL, C언어가 해당

다음은 C, PASCAL, BASIC, FORTRAN 언어와 같은 고급 언어를 이용해 1에서 100까지의 정수를 출력하는 프로그램의 예를 보여준다. 내용은 몰라도 관계없으니 형태만 대충 살펴보자.

FORTRAN

```
    INTEGER I
    I =0
    DO 20  I = 1, 100, 1
    WRITE(6,20) I
20  FORMAT(10X, I5)
    STOP
    END
```

BASIC

```
10  REM EX
20  I = 0
30  FOR I = 1 TO 100
40  PRINT  I
50  NEXT I
```

PASCAL

```
PROGRAM EX;
VAR
   I : INTEGER
BEGIN
  FOR  I  :=  1  TO 100  DO
    BEGIN
       WRITELN('I=', I)
    END
END.
```

C

```
// EX
int main( )
{
   int i;
   for(i=1;i<=100;i++){
      printf("i=%d\n",i);
   }
 }
```

【그림 1.7】 고급 언어로 작성된 프로그램의 예

가끔 뉴스에서 국제회의가 진행되는 장면을 보면 참가자들 사이에 사용하는 언어가 서로 다르기 때문에 한 언어에서 다른 언어로 바꾸어 주는 통역사들을 흔히 볼 수 있다. 컴퓨터에서도 사람이 사용하는 언어와 컴퓨터가 사용하는 언어가 다르기 때문에 중간에서 통역해 주는 도구가 필요하다.

고급 언어로 작성된 프로그램은 사람이 이해하기는 쉽지만 컴퓨터는 전혀 이해할 수 없다. 따라서 고급 언어로 작성된 프로그램을 컴퓨터가 이해할 수 있는 기계어로 바꾸어 주는 언어 번역기가 필요하다. 언어 번역기는 보통 컴파일러(compiler)라 하며 고급 언어의 종류에 따라 다양하게 개발되어 있고 C언어, Pascal언어와 같은 고급 언어를 기계어로 바꿔주는 역할을 한다.

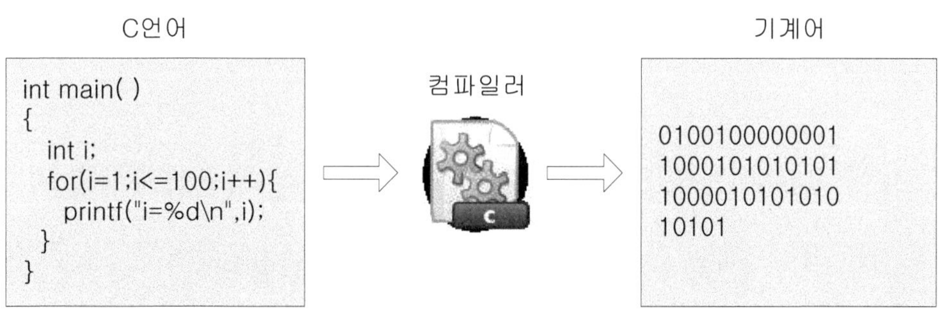

【그림 1.8】 컴파일러의 역할

2 알고리즘과 순서도

알고리즘

컴퓨터로 어떤 문제를 해결하려면 프로그램을 작성하기 전에 문제를 해결할 수 있는 과정을 먼저 생각해야 한다. 예를 들어 횡단보도를 건너는 다양한 방법들을 생각해 보자. 먼저 가장 빠른 방법은 "안전선 뒤에 대기하다가 신호등이 초록색이면 무조건 뛴다."이다. 이 방법은 빠르기는 하지만 뭔가 오류가 있다. 가장 빠른 방법이 가장 효율적인 방법은 아니라는 말이다. 가장 효율적인 방법은 "안전선 뒤에서 대기하다가 신호등이 초록색이면 좌우를 살피고 횡단보도를 건넌다."라고 할 수 있다.

이처럼 주어진 문제를 풀기 위한 절차나 방법을 알고리즘(algorithm)이라 한다. 동일한 문제를 푸는 데 있어서 결과는 같아도 알고리즘이 달라지면 실행 속도나 오차 등의 차이가 발생하게 된다. 따라서 가장 효율적인 프로그램을 작성하려면 가장 효율적인 알고리즘을 찾는 것이 무엇보다 중요하다고 할 수 있다.

순서도

주어진 문제의 알고리즘이 결정되면 이를 기술하는 도구가 필요하다. 순서도(flow chart)는 주어진 문제를 해결하는 방법과 절차를 약속된 기호로 나타내는 그림이다. 순서도를 이용하면 작업의 순서를 직관적으로 파악할 수 있고 여러 사람이 작업을 나누어서 처리할 때도 도움이 된다. 좋은 프로그래머가 되려면 간단한 알고리즘이라 해도 순서도를 작성하는 습관을 들여 놓는 것이 좋다. 순서도에 사용되는 기호는 다음과 같다.

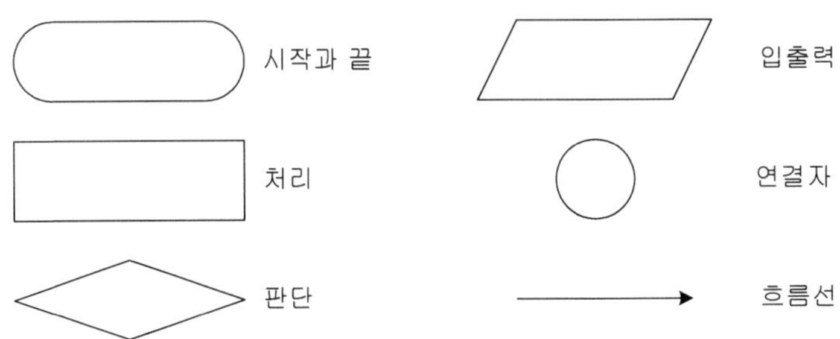

【그림 1.9】 순서도에서 사용되는 기호 및 의미

예를 들어 횡단보도 건너기의 알고리즘을 순서도로 그려보면 다음과 같다.

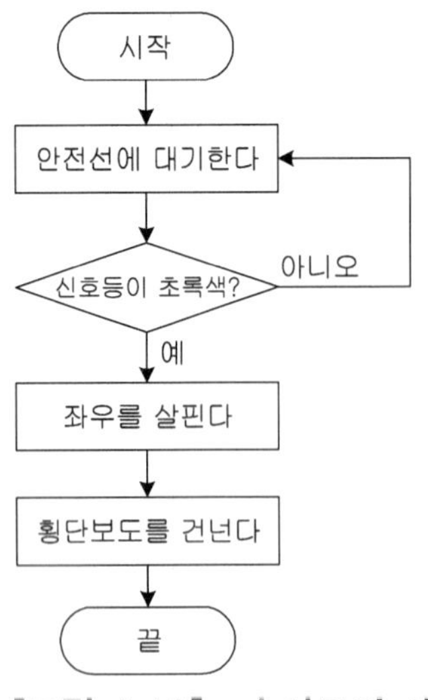

【그림 1.10】 순서도의 예

1.4 펌웨어

컴퓨터라고 하면 대부분 사람들은 데스크탑이나 노트북과 같은 PC를 생각하기 마련이다. 하지만 요즘 선풍적인 인기를 끌고 있는 스마트폰에도 CPU, RAM과 같은 하드웨어는 물론이고 간단한 소프트웨어도 갖추고 있으므로 넓은 의미에서 컴퓨터라고 할 수 있다. 이번 장은 펌웨어에 관심이 없는 독자라면 건너뛰어도 뒷부분을 공부하는 데 큰 문제는 없다.

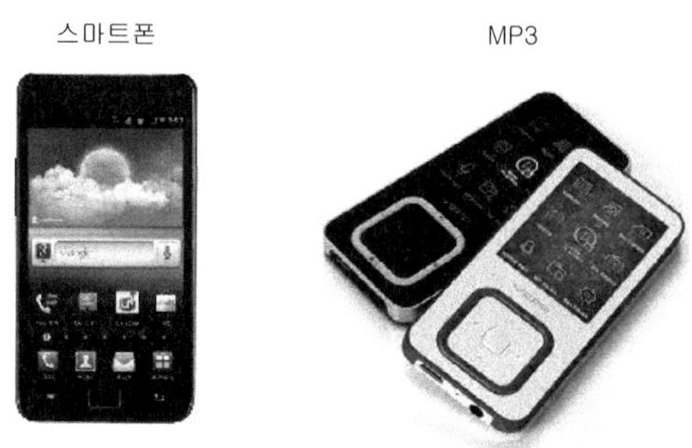

【그림 1.11】 스마트폰과 MP3 플레이어

1 펌웨어

펌웨어란?

초창기 컴퓨터는 사용자나 소프트웨어로부터 정보를 입력받아 하드웨어 속에 내장된 논리 회로를 통해서 사용자가 원하는 기능을 수행했다. 하지만 다양한 소프트웨어가 출시됨에 따라 하드웨어 속에 내장된 논리 회로만으로는 이들의 요구를 모두 만족시킬 수가 없게 되었다. 물론 새로운 기능의 소프트웨어가 출시될 때마다 그에 적합한 논리 회로를 제작하면 되지만 시간과 비용 면에서 효율이 떨어진다.

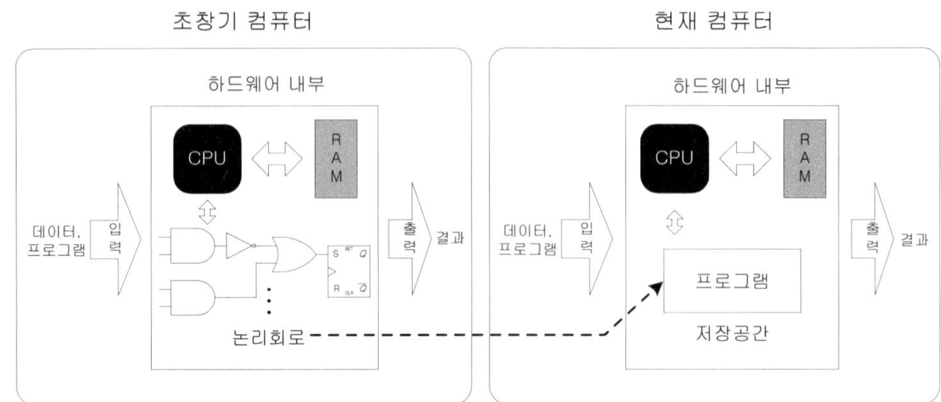

【그림 1.12】 펌웨어의 개념

현재 대부분의 컴퓨터들은 하드웨어 내부에 특별한 저장 공간을 만들고, 그 내부에 논리회로의 기능을 보완할 수 있는 프로그램을 저장해 두고 있다. 따라서 새로운 소프트웨어가 출시되더라도 논리 회로 자체를 변경하지 않고 내장된 프로그램만 바꿔주면 원하는 기능을 수행할 수 있다. 이처럼 하드웨어적인 저장 공간에 내장된 프로그램을 펌웨어(Firmware)라 한다.

firm이란 단어는 "단단한", "변하지 않는"이란 뜻이다. 보통 펌웨어는 사용자가 쉽게 변경할 수 없는 플래시(flash) 메모리에 저장된 프로그램으로 형태는 소프트웨어이지만 하드웨어적인 특징도 함께 갖고 있다.

펌웨어의 간단한 예를 들어보자. 범용 PC에 전원을 켜면 CPU, RAM, 각종 주변 장치의 정보들이 화면에 표시되고 오류가 없으면 운영 체제가 실행되는 것을 볼 수 있다. 이처럼 운영 체제가 실행되기 전에 PC의 기본적인 하드웨어를 점검하는 프로그램을 바이오스(Basic Input Output System)라 한다. 바이오스 프로그램은 펌웨어의 가장 좋은 예로 메인보드 내부의 플래시 메모리에 저장되어 있다.

임베디드 시스템

임베디드(Embedded)란 "단단히 박다"라는 의미를 갖고 있다. 임베디드 시스템이란 소프트웨어를 하드웨어에 내장시켜 특수한 기능만을 수행하는 컴퓨터를 포괄적으로 부르는 용어이다. 따라서 펌웨어는 임베디드 시스템을 구성하는 내장 프로그램으로 생각하면 무리가 없을 것 같다. 휴대전화, mp3, 전자사전 등은 몇 가지의 기능만 수행되도록 설계된 대표적인 임베디드 시스템이다.

사실 요즘의 우리는 임베디드 시스템의 홍수 속에서 살고 있다. 일상생활에서 사용하는 거의 모든 전자, 기계 장치들은 임베디드 시스템으로 제어하고 있다. C언어에 관심이 있는 사람 중에 다수는 아마도 임베디드 시스템에도 관심이 있을 것이다. 왜냐하면 C언어는 임베디드 시스템에 꼭 필요한 펌웨어를 구현할 수 있는 유일한 고급 언어이기 때문이다.

2 마이크로프로세서와 마이크로컨트롤러

흔히 가장 많이 혼동되는 용어 중의 하나가 마이크로프로세서(Micro Processor)와 마이크로콘트롤러(Micro Controller)가 아닌가 싶다. 두 용어의 차이점을 이번에 확실히 해두자.

마이크로프로세서

마이크로프로세서는 중앙처리장치(CPU)를 하나의 IC로 집적시켜 만든 반도체 소자를 지칭하는 용어다. 인텔사의 80486, 펜티엄(pentium) 등의 범용 CPU가 여기에 속하게 된다. 마이크로프로세서는 단독으로는 아무 작업도 처리할 수 없고 RAM과 입출력 장치들이 결합되어야만 비로소 컴퓨터의 역할을 수행할 수 있다. 한 예로 범용 PC는 CPU, RAM과 다양한 주변 장치들이 결합되어야만 컴퓨터로서의 역할을 수행할 수 있다.

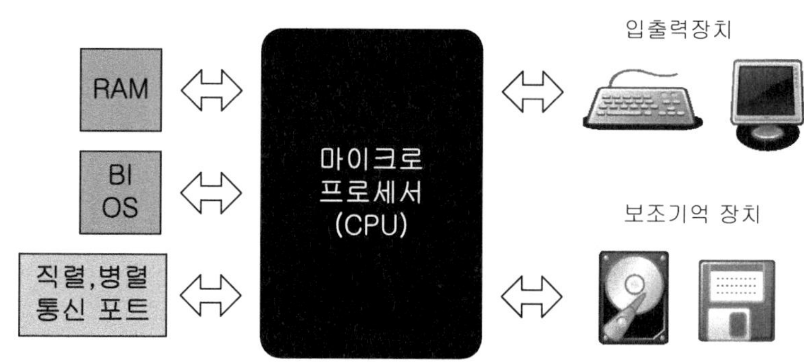

【그림 1.13】 마이크로프로세서와 주변 장치

마이크로컨트롤러

원칩 마이크로컨트롤러(One Chip Micro Controller)는 마이크로프로세서에 주변 장치를 포함시켜서 하나의 IC로 집적화시킨 반도체 소자를 말한다. 따라서 마이크로프로세서와는 다르게 하나의 칩만 가지고도 원하는 작업을 수행할 수 있다. 디지털카메라, 디지털 도어락, 로봇 등의 제어기로 사용되는 칩들이 대부분 여기에 속하게 되며, 칩 내부에 프로그램을 저장할 수 있기 때문에 산업용으로 널리 사용되고 있다. 대표적인 8비트 마이크로컨트롤러로는 인텔사의 8051을 꼽을 수 있다.

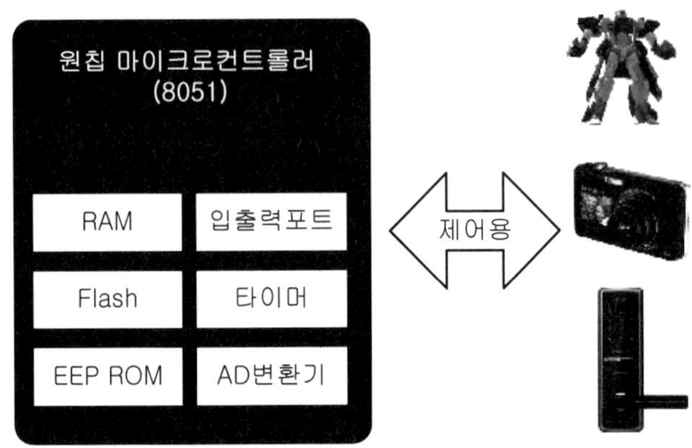

【그림 1.14】 마이크로컨트롤러의 구성 및 응용 예

1.5 간단한 진법 변환

일상생활에서는 '0~9'까지 10개의 숫자를 사용하는 10진법을 주로 사용한다. 하지만 컴퓨터 내부에서는 '0'과 '1'의 숫자로만 구성된 2진법을 이용한다. 또한, 실제 프로그램을 작성할 때는 2진수보다는 16진수를 더욱 많이 사용한다. 2진수, 10진수, 16진수 간의 진법변환(base conversion)은 컴퓨터의 하드웨어 및 소프트웨어를 이해하는 데 꼭 필요한 기초 지식이므로 여기서 짚고 넘어가자.

10진수와 2진수의 관계

10진수를 2진수로 변환하려면 10진수를 2로 나눌 수 있을 때까지 나눈 이후에 나머지를 역순으로 나열하면 된다. 예를 들어 10진수 25를 2진수로 변환하는 과정을 살펴보자.

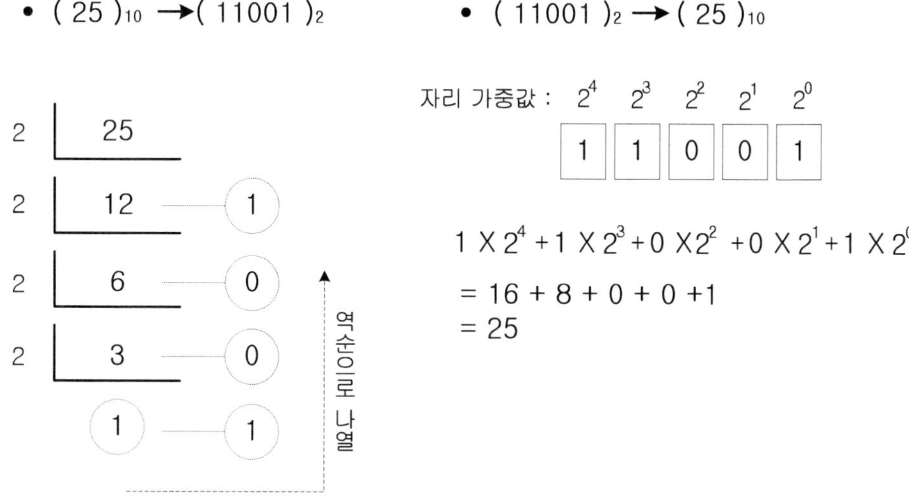

【그림 1.15】 10진수와 2진수의 상호 변환 과정

역으로 2진수를 10진수로 변환하려면 각각의 자릿값에 가중치를 곱한 이후에 모두 더해 주면 된다.

16진수와 2진수의 관계

16진법은 16개의 숫자를 이용한다. 그런데 아라비아 숫자는 0에서 9까지 10개밖에 없으므로 부족한 숫자는 영문자 A부터 F까지를 이용한다. 따라서 0에서 9까지는 10진수와 같고 10은 A, 11은 B, 12는 C, 13은 D, 14는 E, 15는 F를 이용해 표시한다.

16진수와 2진수 간의 상호 변환 관계를 알아보자. 임의의 16진수가 주어졌을 때 이를 2진수로 변환하려면 어떻게 해야 할까? 먼저 떠오르는 방법은 16진수를 10진수로 변환하고 다시 2진수로 변환하는 과정이 머릿속에 떠오를 것이다. 하지만 이런 연산은 16의 거듭제곱들을 계속 계산해야 하므로 매우 복잡하다. 만약 이런 식으로 변환이 이루어진다면 아마도 컴퓨터에서 16진수는 사용되지 않았을 것이다.

2진수를 16진수로 변환하는 방법은 의외로 아주 간단하다. 예를 들어 두 개의 2진수가 주어졌을 때 이들을 16진수로 변환해 보자.

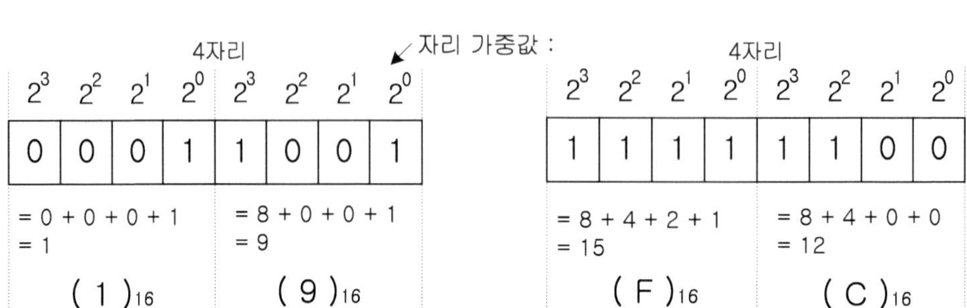

【그림 1.16】 2진수를 16진수로 변환하는 예

2진수가 주어지면 최하위 자리를 기준으로 4자리씩 끊어서 맨 아랫자리부터 자리 가중치를 주고 각각의 자릿값과 곱한 이후에 모두 더해 10진수로 변환한다. 그리고 얻어진 10진수를 16진수로 표시하면 변환이 끝난다. 2진수 4자리로 표현할 수 있는 10진수는 항상 15보다 작거나 같다. 16진수, 2진수, 10진수의 관계를 정리하면 다음 표와 같다.

【표 1.3】 10진수, 2진수, 16진수의 상호 관계

10진수	2진수	16진수	10진수	2진수	16진수
0	0000	0	8	1000	8
1	0001	1	9	1001	9
2	0010	2	10	1010	A
3	0011	3	11	1011	B
4	0100	4	12	1100	C
5	0101	5	13	1101	D
6	0110	6	14	1110	E
7	0111	7	15	1111	F

16진수를 2진수로 변환하는 방법은 역으로 생각하면 된다. 16진수 1자리를 2진수 4자리로 변환해 차례로 나열하면 된다. 간단한 예를 들어 보자.

• $(3D)_{16} \rightarrow (111101)_2$

$(3)_{16}$				$(D)_{16}$			
2^3	2^2	2^1	2^0	2^3	2^2	2^1	2^0
0	0	1	1	1	1	0	1

【그림 1.17】 2진수를 16진수로 변환하는 예

비트와 바이트

2진수 1자리를 보통 비트(Bit)라 한다. 1비트는 플립플롭(Flip-Flop)이라는 디지털 회로로 구현할 수 있으며 정보 표현의 최소 단위이다. 2진수 8자리가 병렬로 나열되어 있는 것을 1바이트(Byte)라 하고 컴퓨터에서 사용되는 문자 1개를 저장할 수 있다. 보통 바이트를 문자 표현의 최소 단위 혹은 메모리 표현의 최소 단위라 한다.

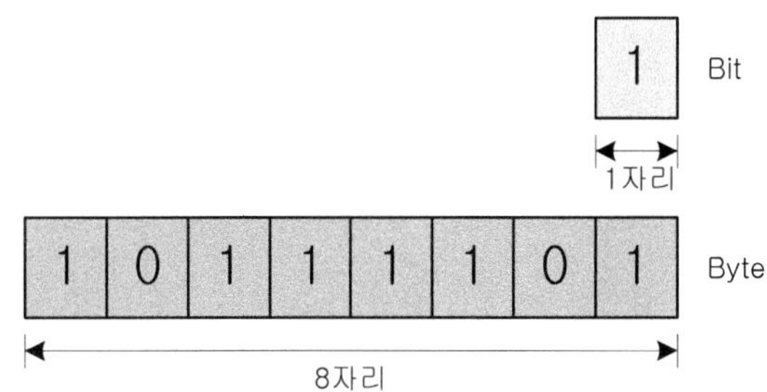

【그림 1.18】 비트와 바이트의 개념

보통 수학과 물리학에서 단위를 표현할 때 보조 단위로 사용되는 K(kilo), M(mega), G(giga)와 같은 접두어는 10의 거듭제곱을 이용해 표현하지만 컴퓨터 분야에서는 2의 거듭제곱을 이용해 표현한다.

【표 1.4】 수학과 컴퓨터의 보조 단위의 비교

접두어	수학 분야	컴퓨터 분야
K(kilo)	10^3	2^{10}
M(mega)	10^6	2^{20}
G(giga)	10^9	2^{30}
T(tera)	10^{12}	2^{40}

1K는 수학이나 물리학에서는 1000을 의미하지만 컴퓨터 분야에서는 1024가 된다. 따라서 1KByte를 바이트로 변환하면 1000바이트가 아니고 1024바이트가 되므로 혼동하지 말자. 또한 1KByte를 비트로 표현해 보면 8비트가 1024개 있다는 의미이므로 8192비트가 된다. 몇 가지 보조 단위의 사용법을 살펴보도록 하자.

$$1\,KByte = 2^{10} = 1024Byte$$
$$1MByte = 2^{10}\times 2^{10} = 1024\times 1024Byte$$
$$1\,GByte = 2^{10}\times 2^{10}\times 2^{10} = 1024\times 1024\times 1024Byte$$
$$1\,TByte = 2^{10}\times 2^{10}\times 2^{10}\times 2^{10} = 1024\times 1024\times 1024\times 1024Byte$$

프로그램 실습

1 하드웨어, 소프트웨어, 펌웨어의 개념을 설명하시오.

2 다음 진법 변환을 수행하시오.

① $(15)_{10}$ ⇨ $(\ ? \ )_{2}$
② $(1100001)_{2}$ ⇨ $(\ ? \ )_{10}$
③ $(1100001)_{2}$ ⇨ $(\ ? \ )_{16}$
④ $(1011001011110110)_{2}$ ⇨ $(\ ? \ )_{16}$

3 일상생활에서 자주 나타나는 문제를 이용해 알고리즘을 만들어 보자.

4 1에서 100까지의 정수들의 합을 구하는 알고리즘을 만들고 순서도를 그려 보시오.
1+2+3+…+100 =?

5 마이크로프로세서와 마이크로컨트롤러의 차이점을 설명하고 실생활에 응용되는 예를 들어 보시오.

제2장 C언어의 소개

이번 장의 내용은 가볍게 한번 읽어보면서 C언어의 전반적인 특징을 파악하면 된다. 혹 모르는 용어가 있어도 앞으로 학습하면서 익숙해 지게 되므로 신경 쓰지 않아도 된다. 다만, 비주얼 C++ 컴파일러의 사용 방법만 자세히 익혀 두자.

학습목표

- C언어의 역사와 특징을 알아본다.
- C언어 컴파일러의 종류를 알아본다.
- 효율적인 C언어의 학습 순서를 살펴본다.
- C 프로그램의 작성 방법을 학습한다.
- 비주얼 C++ 컴파일러의 사용 방법을 실습한다.

2.1 C언어의 역사와 특징

1 C언어의 역사

C언어는 1972년에 미국의 벨연구소에서 데니스 리치(Dennis Ritchie)가 개발하였다. 데니스 리치는 DEC사의 PDP-11(워크스테이션급 컴퓨터)용 운영 체제인 유닉스(UNIX) 개발을 맡고 있었는데 운영 체제의 특성상 하드웨어를 직접 제어할 수 있어야 했다. 또한, 그 당시의 컴퓨터는 지금의 컴퓨터와는 다르게 CPU의 속도나 메모리의 용량이 충분하지 않았기 때문에 프로그램의 크기가 작고 처리 속도가 빨라야 했다.

이런 모든 조건을 만족시킬 수 있는 유일한 언어는 어셈블리어뿐이었다. 그러나 어셈블리어는 이식성이 없기 때문에 여러 시스템에서 수정 없이 사용하는 것이 목적이었던 유닉스라는 운영 체제와는 잘 어울리지 않았다. C언어보다 먼저 발표된 포트란이나 베이직과 같은 고급 언어들은 효율이 좋지 않아 유닉스개발에 이용되기에는 역시 부적합했다. 이에 데니스 리치는 기존의 언어를 사용하지 않고 어셈블리어의 강력한 기능과 고급 언어의 이식성을 동시에 만족시키는 새로운 언어인 C언어를 직접 개발했다.

【그림 2.1】 PDP-11과 데니스 리치, 켄 톰슨

C언어는 회사동료 켄 톰슨(Ken Thompson)이 만든 B언어와 최초의 구조적 언어인 알골(ALGOL)언어를 결합시켜 개발되었다. C언어는 개발 당시부터 유닉스 개발용 언어였기 때

문에 하드웨어의 깊숙한 부분까지 제어할 수 있는 기능을 갖고 있었으며, 여러 뛰어난 기능들을 내장하고 있었다.

C언어는 1982년 발표된 C++언어에 많은 영향을 주었다. C언어에 객체지향 프로그램 기법을 포함시킨 언어가 C++언어이기 때문이다. 또한, 1995년에는 Sun사에서 C++언어에 인터넷 관련 기능을 포함시킨 자바 언어를 발표하였고, 자바 언어는 2000년도에 마이크로소프트사에서 발표한 C#언어에 많은 영향을 미쳤다. 어떤 사람은 C#언어를 C언어에서 +기호 4개를 추가한 언어로 해석하는 사람도 있다.

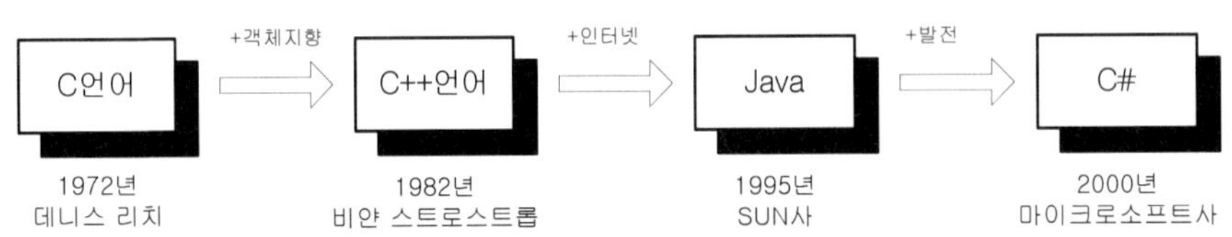

【그림 2.2】 C 언어의 발달 과정

2 C언어의 특징

C언어는 1972년에 개발되었다. 그 동안 많은 고급 언어들이 개발되었지만 40년에 가까운 세월 동안 명맥을 유지하고 있는 고급 언어는 그리 많지 않다. C언어가 현재도 많이 사용되고 있는 이유는 C언어가 가지고 있는 여러 가지 장점 때문이다. 중요한 특징을 살펴보자.

표현이 간결하고 명확하다.

다른 고급 언어에 비해 표현이 간결하고 꼭 필요한 기능만 들어 있다. 혹 다른 고급 언어를 배워본 사람은 학습을 진행하면서 스스로 알게 된다.

C 언어는 이식성이 뛰어나다.

이식성이란 소스 프로그램을 다른 기종의 컴퓨터로 옮겼을 때 동작할 수 있는 능력을 말한다. C언어는 한 운영 체제에서 프로그램을 작성해 놓으면 다른 운영 체제에서도 크게 수정하지 않고 그대로 사용할 수 있다.

하드웨어 접근이 용이하다.

C언어는 운영 체제의 개발을 목적으로 만들어진 언어이므로 어셈블리 언어처럼 하드웨어의 깊숙한 부분까지 접근할 수 있다. 이런 장점 때문에 임베디드 시스템 분야의 제어용 프로그램들이 어셈블리 언어에서 C언어로 바뀌고 있는 추세다.

C언어는 배우기 어렵다.

C언어는 PASCAL 언어와 같은 교육용 언어가 아니므로 초보자가 배우기는 다소 까다롭다. 하지만 일단 익히고 나면 대부분의 고급 언어를 쉽게 이해할 수 있다.

2.2 C언어 컴파일러의 종류

1 컴파일이란?

컴파일(Compile)이란 고급 언어로 작성된 소스(원시) 프로그램을 기계어로 된 목적 프로그램으로 변환하는 과정을 말한다. 다음은 고급 언어로 작성된 소스 프로그램이 어떻게 실행 파일로 만들어지는가를 보여주고 있다.

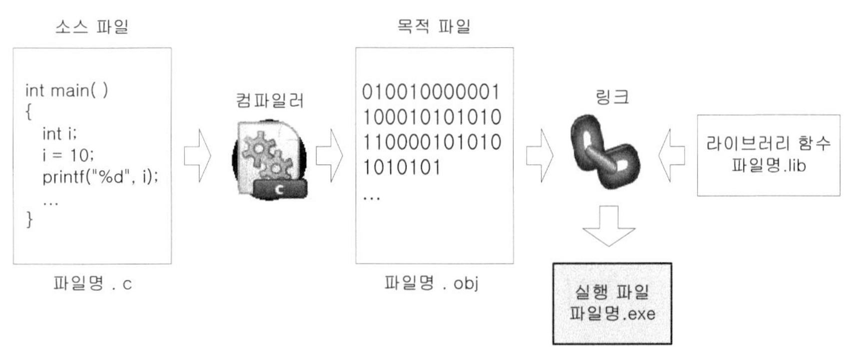

【그림 2.3】 고급 언어의 컴파일 과정

보통 문서 편집기를 이용해 소스 프로그램을 작성하고 나면 컴파일러를 이용해 목적 파일을 만든다. 목적 파일은 기계어 코드이기는 하지만 아직 실행시킬 수는 없고 링커를 이용해 몇 개의 부수적인 프로그램들이 결합되어야만 실행 가능한 실행 파일이 만들어진다.

- 소스(원시) 프로그램 : 프로그래머가 고급 언어를 이용하여 작성한 원본 프로그램
- 목적 파일 : 컴파일러에 의해 자동으로 생성되는 기계어 코드
- 링크 : 관련 프로그램들을 합치는 과정

2 범용 PC용 C 컴파일러

C 컴파일러는 크게 도스용과 윈도우즈용으로 구분할 수 있다. 도스용 C 컴파일러로는 볼랜드(Borland)사의 터보 C++, 마이크로소프트사의 MS-C 등이 있었다. 반면에 윈도우즈용 C 컴파일러로는 볼랜드사의 볼랜드 C++, 마이크로소프트사의 비주얼 C++ 등이 있다.

과거 도스 환경에서는 지금과는 달리 마이크로소프트사의 MS-C보다 볼랜드사의 터보 C++ 컴파일러가 훨씬 많이 사용되었다. 터보 C++ 컴파일러는 C언어와 C++언어를 모두 컴파일 할 수 있었고 빠른 컴파일과 통합 개발 환경을 제공했다. 다음 그림은 볼랜드사의 Turbo C++ 컴파일러의 실행 모습을 보여 준다.

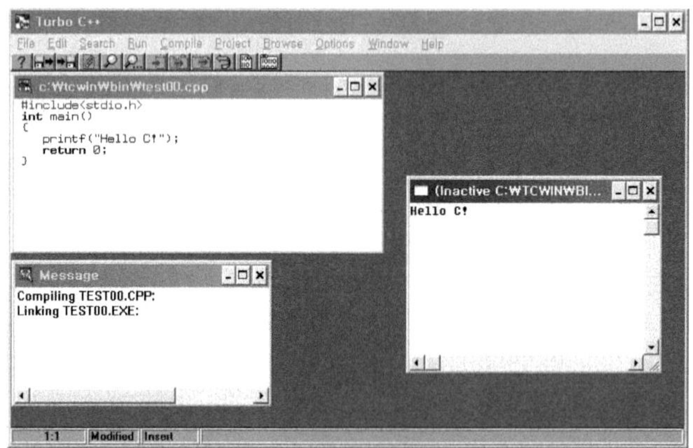

【그림 2.4】 터보 C++ 컴파일러의 실행 화면

윈도우즈용 C언어 컴파일러로는 볼랜드 C++과 비주얼 C++ 등이 있다. 비주얼 C++컴파일러는 윈도우즈를 만든 마이크로소프트사의 컴파일러로 윈도우즈와 밀접한 관계를 갖고 있기 때문에 가장 널리 사용되고 있다. 비주얼 C++ 컴파일러는 C언어, C++언어를 모두 컴파일 할 수 있다.

리눅스용 C언어 컴파일러로는 gcc가 있는데 무료로 사용할 수 있다는 장점 때문에 마이크로컨트롤러용 C 컴파일러로 많이 이용되고 있다.

【표 2.1】 운영 체제의 종류에 따른 C 컴파일러의 종류

운영체제 종류	DOS	Windows	Linux
C 컴파일러	▪ MS C ▪ Turbo C ▪ Turbo C++	▪ Borland C++ ▪ Visual C++	▪ gcc

3 마이크로컨트롤러용 C 컴파일러

마이크로컨트롤러용 C 컴파일러는 매우 다양하기 때문에 일일이 다 열거하기는 어렵다. 일반적으로 8비트 마이크로컨트롤러는 인텔사의 8051, 아트멜사의 AVR 시리즈, 마이크로칩스사의 PIC 시리즈로 구분할 수 있다.

Keil C 컴파일러는 8051용, Code Vision C 컴파일러는 AVR용으로 주로 이용되고, IAR C 컴파일러는 8051 및 AVR용 컴파일러가 모두 출시되고 있다. 이 중에서 가장 널리 이용되는 IAR C 컴파일러의 개발 환경은 다음 그림과 같다.

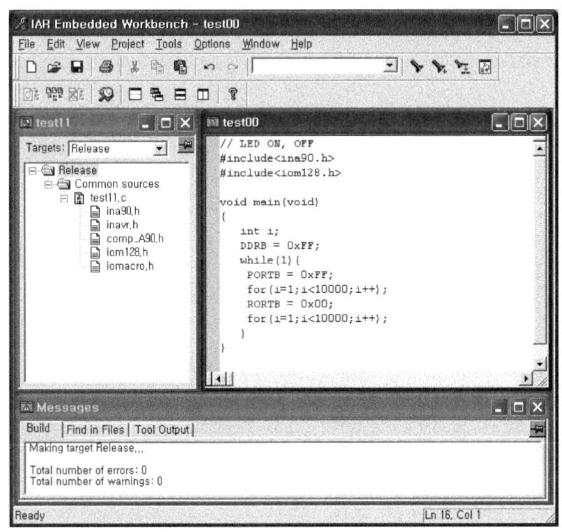

【그림 2.5】 IAR C 컴파일러의 실행 모습

2.3 C언어의 학습 순서

컴퓨터가 처음 개발된 초창기에는 약간의 학습과 연습만으로도 프로그램을 개발할 수 있었다. 하지만 컴퓨터가 여러 전문 분야에서 활발히 응용되면서부터 개발 방법도 훨씬 다양해 졌다. 따라서 C언어를 본격적으로 공부하기 전에 많은 지식들 중에서 어떤 것들을 선정해서 어떤 순서로 학습해야 가장 효율적인지를 알아보도록 하자.

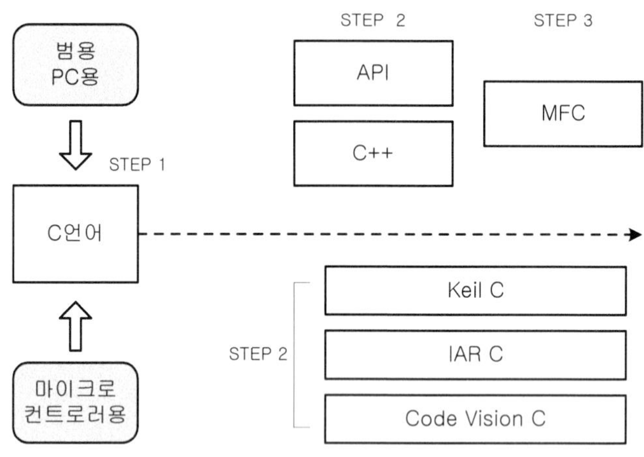

【그림 2.6】 C언어의 학습 순서

API(Application Programming Interface), MFC(Microsoft Foundation Class)

범용 PC의 경우에 학습 순서

윈도우즈 환경에서 응용 프로그램을 개발하기 위해서는 가장 먼저 C언어를 학습해야 한다. C언어는 C++언어와 API의 선수 과목으로 C++언어와 API를 배우기 위해서는 C언어에 대한 이해가 필요하다. 다음은 C++언어와 API 중의 하나를 선정해 학습하면 된다. C++언어를 몰라도 API를 학습하는데 아무런 지장이 없으므로 C++언어와 API는 순서에 구애받을 필요는 없다. 마지막으로 MFC를 학습한다. MFC를 심도 있게 이해하려면 C언어, C++언어, API의 세 과목에 대한 기본적인 이해가 반드시 필요하다.

마이크로컨트롤러의 경우에 학습 순서

마이크로컨트롤러용 제어 프로그램을 개발하기 위해서도 가장 먼저 C언어를 학습해야 한다. 다음에 다양한 마이크로컨트롤러용 C 컴파일러 중에서 자신이 갖고 있는 마이크로컨트롤러에 가장 적합한 C 컴파일러를 선정해 학습하면 된다. 다만, 요즘은 마이크로컨트롤러용 C 컴파일러도 C++언어를 지원하는 추세이므로 C++언어를 병행해 학습하는 것이 좋다.

2.4 C 프로그램의 작성 순서

C언어의 역사와 특징을 간단히 살펴보았다. 이제 실제로 C언어로 프로그램을 작성하는 방법을 알아보자. 먼저 다음 그림을 보고 C 프로그램이 작성되는 순서를 머릿속에 그려보자.

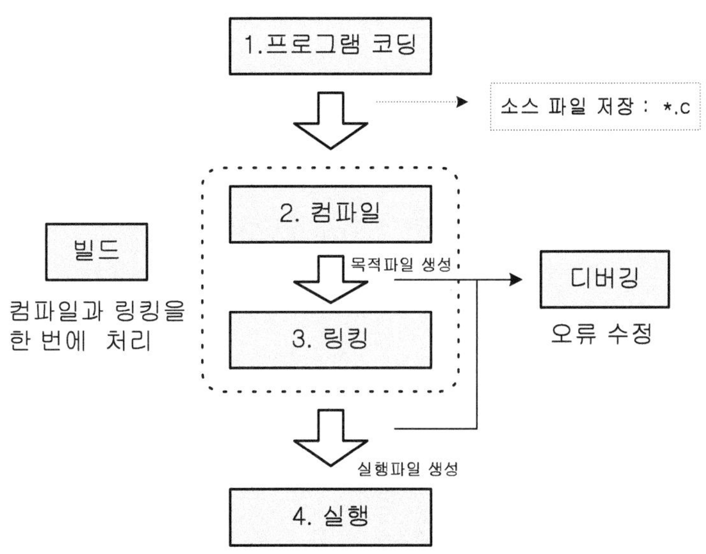

【그림 2.7】 C 프로그램의 작성 순서

소스 프로그램 코딩 단계

코딩(coding)이란 주어진 문제의 알고리즘 구상이 끝난 다음에 알고리즘을 실제 고급 언어로 구현하는 과정을 말한다. 따라서 C 소스 프로그램의 코딩은 프로그래머가 C언어를 이용해 작업 내용을 직접 기술하는 과정을 의미한다. 또한, 소스 코드가 파일 형태로 저장되어 있는 것을 소스 파일이라 한다. C 소스 파일은 저장할 때 확장명을 반드시 *.C로 지정해야 한다.

컴파일과 링크 단계

컴파일러는 작성된 소스 코드를 기계어로 번역한다. 만약 번역 중에 오류가 발생하면 사용자에게 오류를 알려주고 컴파일을 종료한다. 오류가 발생하면 사용자는 다시 소스 프로그램 코딩 단계로 돌아가 오류가 발생한 부분을 수정하면 된다. 보통 이런 작업을 디버깅이라 하며 오류 없이 컴파일이 완료되면 목적(object) 파일이 자동으로 만들어진다. 목적 파일은 기계어로 번역되어 있지만 윈도우즈 상에서 직접 실행시킬 수는 없다. 윈도우즈에서 목적 파일의 확장명은 *.obj이다.

링크(link)란 서로 연관된 목적 파일과 라이브러리 파일을 합쳐서 실행 가능한 프로그램으로 만드는 작업을 말한다. 또한, 이런 작업을 실제 수행하는 프로그램을 링커(linker)라고 한다. 링크 작업 중에도 오류가 발생할 수 있으므로 이 단계에서도 디버깅을 통해 오류를 수정해야 한다. 링크 작업까지 모두 끝나면 윈도우즈 상에서 바로 실행시킬 수 있는 실행 파일이 생성된다. 실행 파일의 확장명은 *.exe이다.

빌드(build)란 소스 프로그램을 운영 체제에서 실행시킬 수 있는 독립적인 프로그램으로 만드는 과정을 말하며, 보통 컴파일과 링크 과정을 합쳐서 부르는 말이다.

실행 단계

작성된 실행 파일을 윈도우즈에서 실행시켜 처음 설계된 알고리즘과 동일하게 작동하는지를 확인하는 단계이다.

어떤 주어진 문제를 C 소스 코드로 작성하여 text.c라는 파일로 저장했다고 하자. 이때 컴파일과 링크 과정을 통해 자동으로 생성되는 목적 파일과 실행 파일은 파일명은 같고 확장명만 다음과 같이 바뀌게 된다.

주어진 작업을 모두 종료한 이후에 소스 파일은 반드시 별도로 보관하는 습관을 길러야 한다. 목적 파일이나 실행 파일은 컴파일러만 있으면 언제든 다시 만들 수 있다. 하지만 소스 파일이 수정되거나 분실되면 모든 작업을 처음부터 다시 시작해야하므로 시간적 경제적으로 엄청난 손해를 입게 된다.

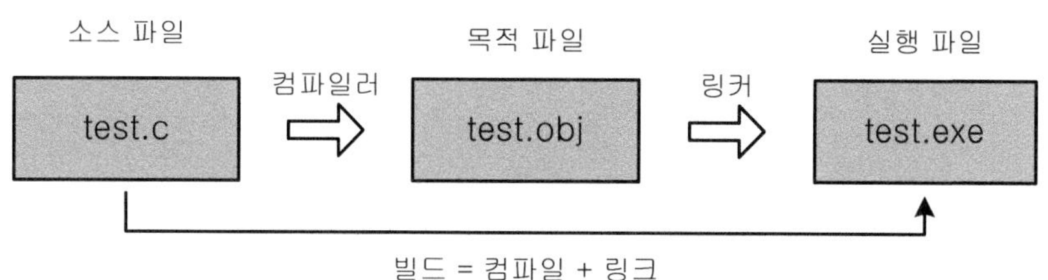

【그림 2.8】 C 소스 파일의 변환 과정

2.5 비주얼스튜디오 2017 사용법

비주얼스튜디오는 코딩, 디버그, 컴파일, 배포 등 프로그램 개발에 관련된 모든 작업을 하나의 프로그램 안에서 처리하는 마이크로소프트사의 통합개발환경이다. 이중 비주얼스튜디오 2017은 가장 최근에 출시된 버전으로 윈도우즈 앱, iOS앱, Android 앱, 웹 프로그램 등을 하나의 프로그램으로 개발할 수 있다. 과거 비주얼스튜디오는 고가의 프로그램이었지만 2017버전부터는 학생이나 개인 개발자들에게는 무료로 프로그램을 이용할 수 있는 커뮤니티(Community) 버전을 제공한다.

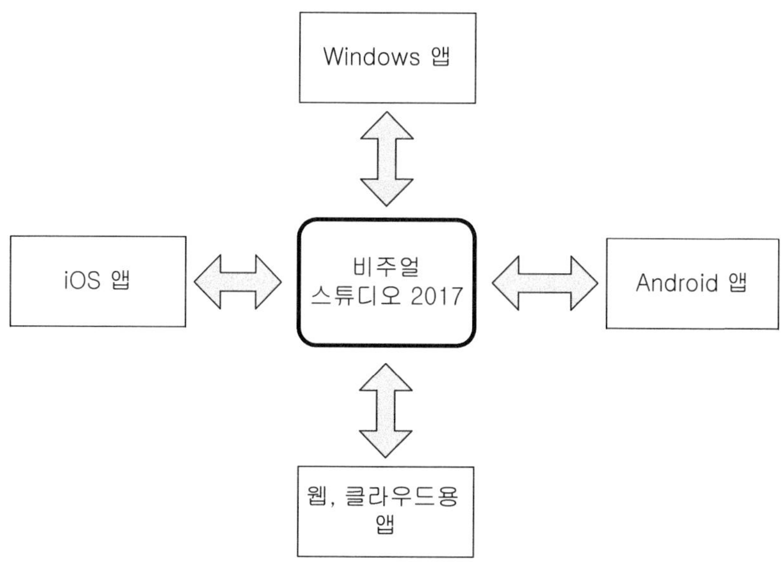

[그림 2.9] 비주얼스튜디오 2017과 연계된 개발도구

이 책은 C언어의 기초를 학습하는 것이 목적이므로 비주얼스튜디오 2017 안에 내장되어 있는 C++컴파일러를 이용해 C언어를 콘솔용으로 컴파일하는 가장 간단한 방법만을 알아보도록 하자.

【기초 예제 2.1】 무작정 따라해 보기

다음은 가장 간단한 C 프로그램으로 실행시키면 "Hello C!"라는 메시지가 모니터에 출력된다. 소스 파일을 컴파일하는 방법을 알아보자.

```
#include<stdio.h>
int main( )
{
    printf("Hello C!");
    return 0;
}
```

1 작업 폴더 만들기

먼저 파일 탐색기를 이용해 실습 내용이 저장될 작업 폴더를 미리 만들어 두자. 여기서 새로 만든 폴더 이름은 C:\VCEX라 하자. 폴더 이름은 임의로 설정해도 되지만 실습의 편의를 위해 동일한 이름으로 만들어 두자.

작업폴더 생성(C:\VCEX)

2 비주얼스튜디오 2017에서 C++ 언어 컴파일러 설치하기

마이크로소프트사의 홈페이지를 방문해 검색창에 'Visual studio 2017 community'를 입력하고 프로그램을 내려 받는다. 저장된 응용 프로그램을 실행한다. 비주얼스튜디오는 다양한 개발 툴을 이용할 수 있지만 여기서는 C++ 개발 툴만 설치해 보자. 비주얼스튜디오 인스톨러가 실행된 후에 계속 버튼을 클릭한다.

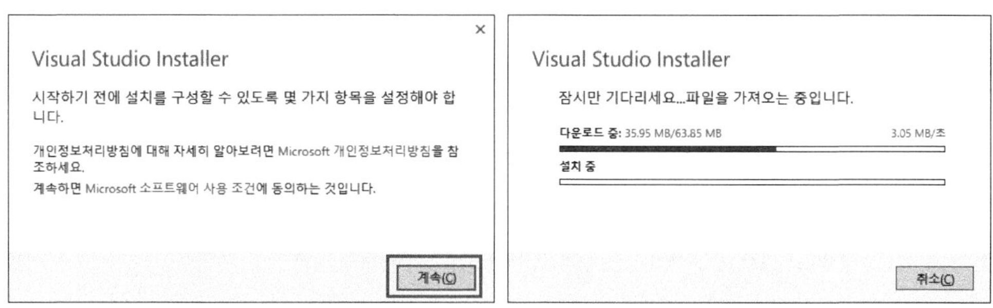

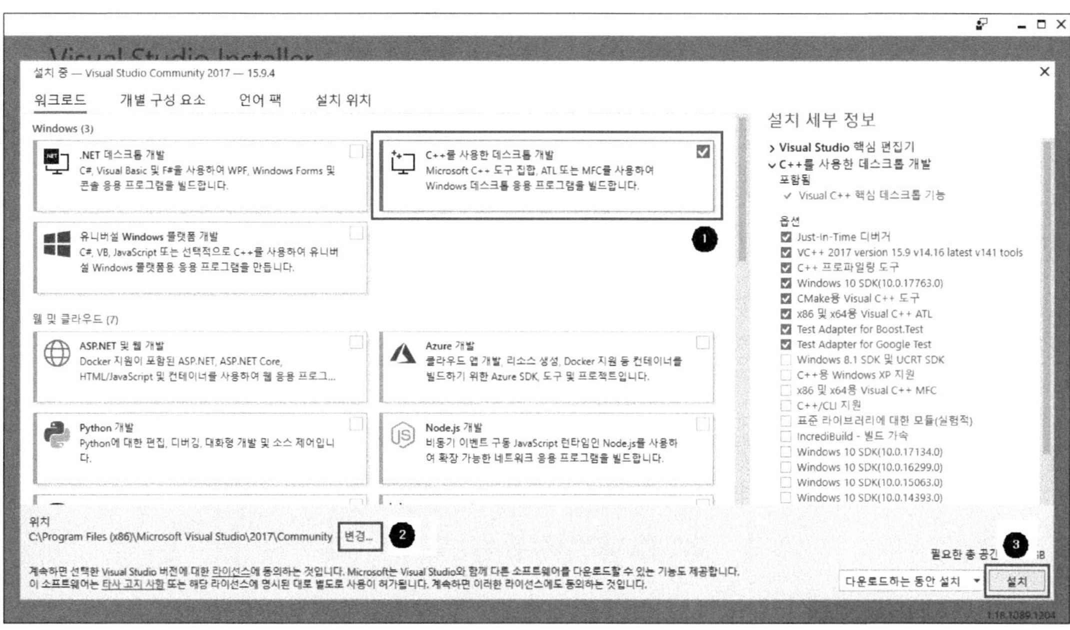

비주얼스튜디오 2017의 개발 툴 설치

설치 화면에서 'C++를 사용한 데스크톱 개발' 항목을 체크한다. 혹시 다른 개발 툴을 설치하려면 해당 항목을 체크하면 된다. 다음은 '변경' 항목을 이용해 프로그램이 설치될 위치를 지정해야 하는데 여기서는 기본값을 변경하지 않고 '설치' 버튼을 클릭한다.

비주얼 스튜디오 2017 설치 1

로그인 창이 나오면 '나중에 로그인' 항목을 클릭한다. 혹시 마이크로소프사에 회원가입이 되어 있으면 로그인을 클릭해도 된다.

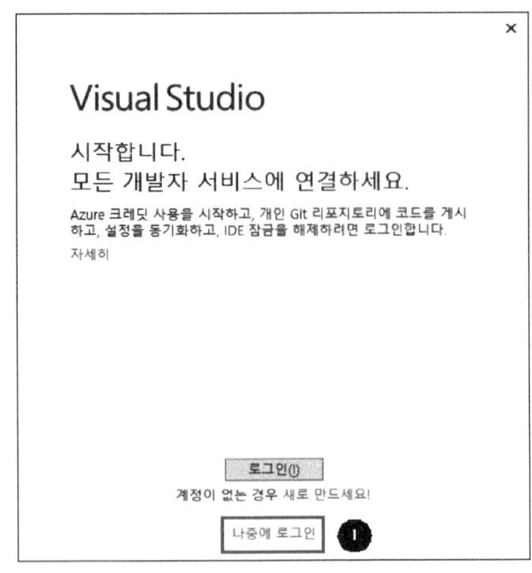

비주얼스튜디오 2017 로그인

색 테마 선택 창이 나오면 원하는 테마를 선택하고 'Visual Studio 시작(S)' 버튼을 클릭한다.

색 테마 변경

설치가 완료되면 설치된 제품을 알려주는 화면에서 '실행' 버튼을 클릭해 비주얼스튜디오를 실행시킨다.

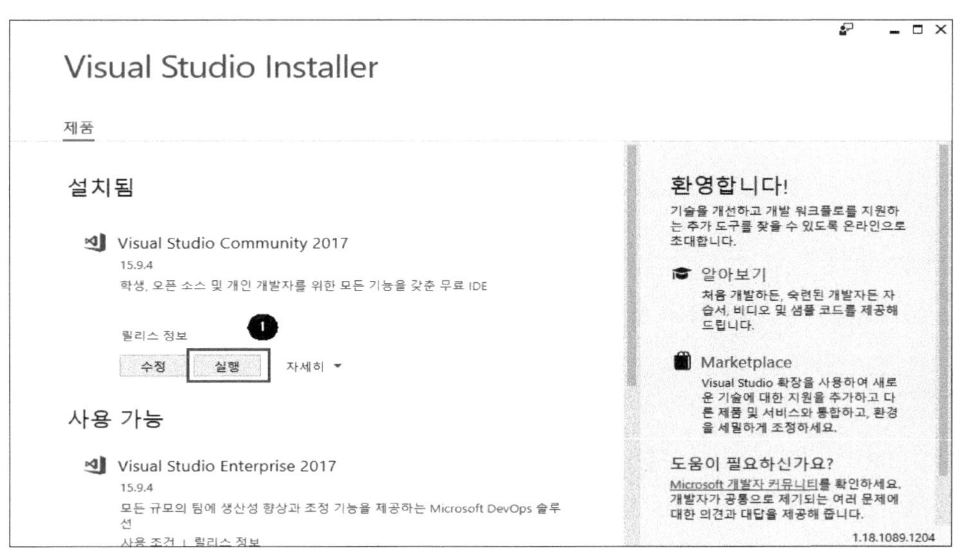

비주얼 스튜디오 2017 설치 완료

3 비주얼스튜디오 2017로 C언어 컴파일 하기

■ 새 프로젝트 만들기

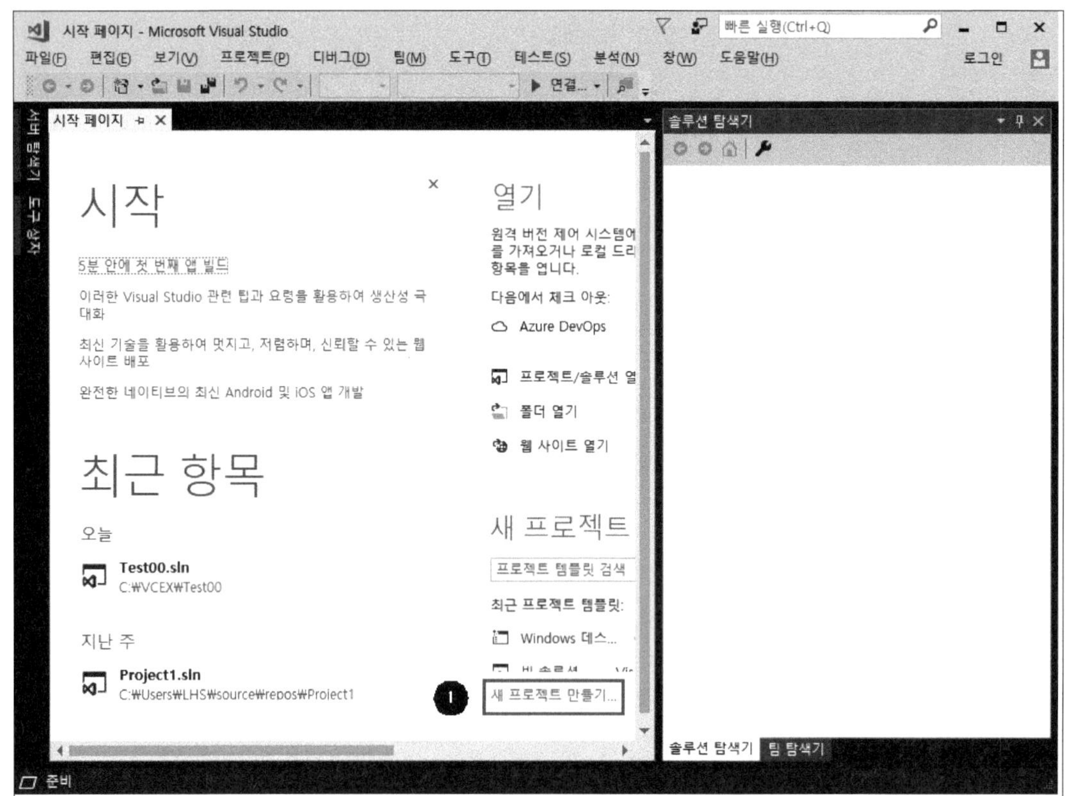

새 프로젝트 만들기 1

시작 페이지가 열리면 하단에 새 프로젝트 만들기를 클릭한다. 메뉴 뒤에 ...은 또 다른 대화상자가 열린다는 의미이고, 프로젝트란 여러 개의 관련된 프로그램을 모아놓은 창고라고 생각하면 된다.

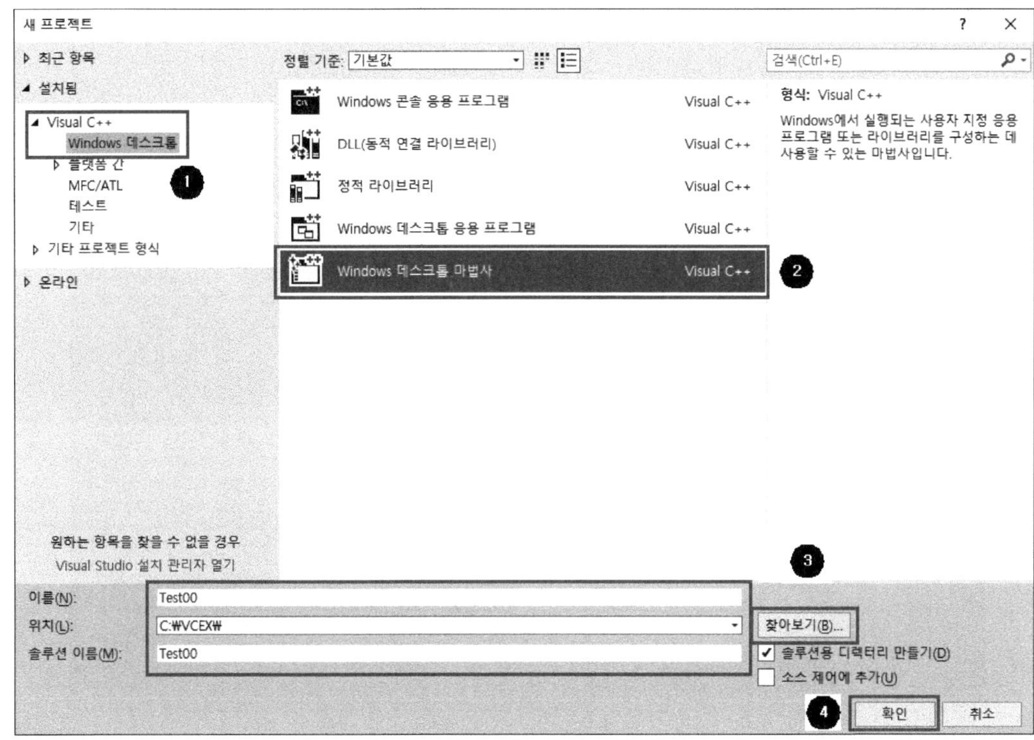

새 프로젝트 만들기 2

새 프로젝트 대화상자에서 Visual C++ ⇨ Windows 데스크톱, Windows 데스크톱 마법사를 선택한다. 프로젝트의 저장 위치는 '찾아보기' 버튼을 클릭해 앞서 만들어 놓은 C:\VCEX를 선택하고, 프로젝트 이름은 Test00으로 변경한 후에 '확인' 버튼을 클릭한다.

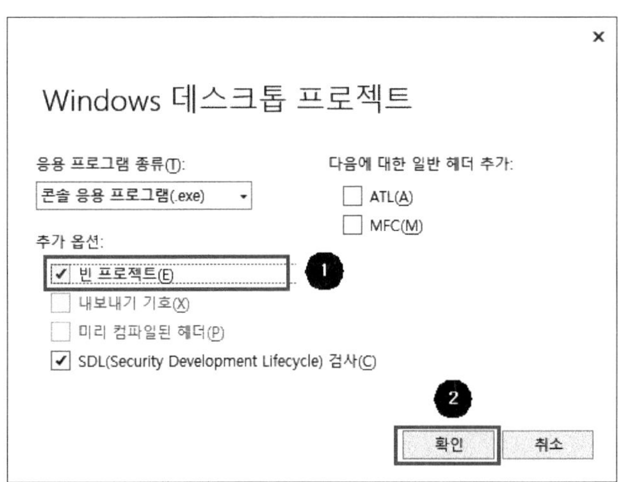

Windows 데스크톱 프로젝트 창에서 추가 옵션에 있는 '빈 프로젝트'를 체크하면 '미리 컴파일된 헤더' 항목은 자동으로 체크 해제된다. '확인' 버튼을 클릭한다.

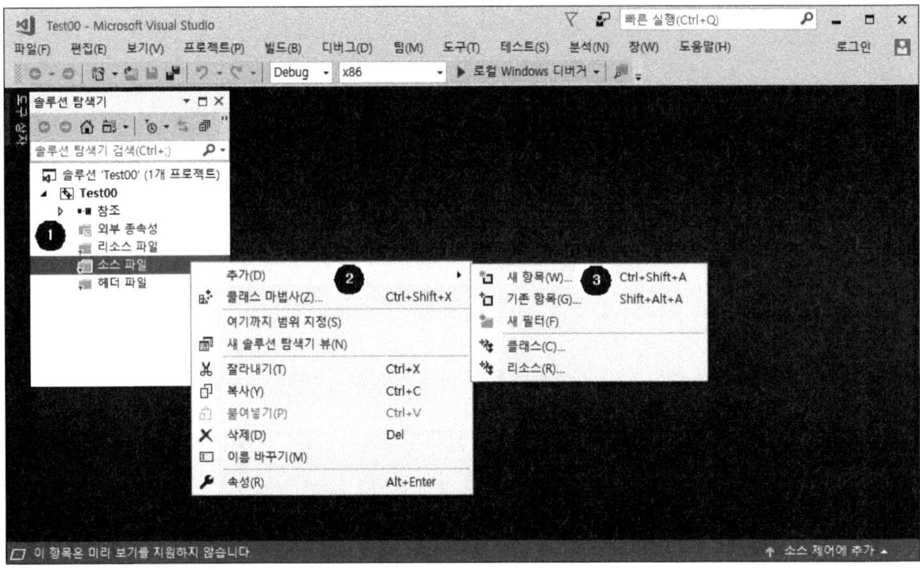

새 프로젝트 만들기 3

솔루션 탐색기의 소스 파일 항목에서 마우스 오른쪽 버튼을 클릭해 추가 ⇨ 새항목을 선택한다.

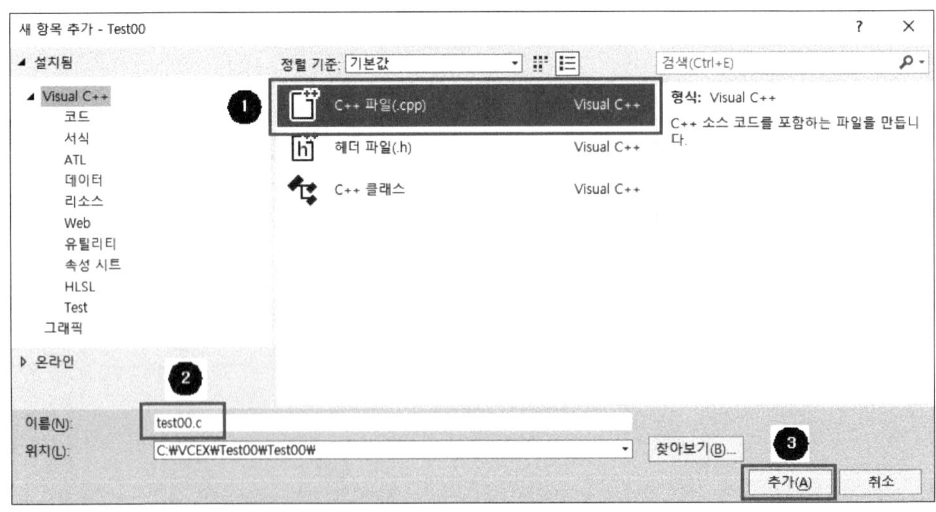

새 프로젝트 만들기 4

새 항목 추가 창에서 'C++파일(.cpp)'을 선택하고, 이름을 'test00.c'로 변경한다. 기본 확장명은 '이름.cpp'이지만 C언어를 컴파일하기 위해서는 반드시 확장명을 '이름.c'로 변경해야 한다. '추가' 버튼을 클릭한다.

새 프로젝트 만들기 5

Test00 프로젝트 안에 소스 파일 폴더가 있고 그 아래 test00.c 파일이 생성된다. 이제 소스 코드를 입력할 수 있는 새로운 창이 만들어진다. 앞의 소스 코드를 입력해 보자.

소스 코드 입력

■ 빌드(컴파일 및 링크) 하기

소스 코드의 작성이 끝났으면 빌드 탭에서 솔루션 빌드를 실행하거나 단축 키로 Ctrl+Shift+B를 누른다. 빌드는 컴파일과 링크를 모두 수행하라는 의미이다. 프로그램의 실행은 디버그 메뉴에서 '디버그하지 않고 시작(H)' 항목을 선택하거나 Ctrl+F5 단축 키를 누른다.

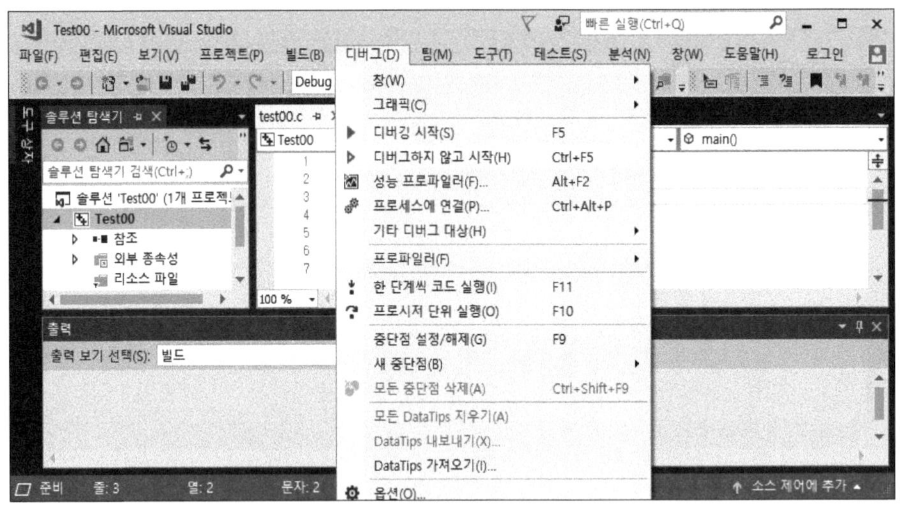

작성된 프로그램의 실행 (디버그하지 않고 시작)

에러가 없다면 콘솔 창이 열리면서 프로그램의 실행결과를 얻을 수 있다. '0코드로 인해 종료되었습니다'는 main함수의 리턴 값을 의미한다.

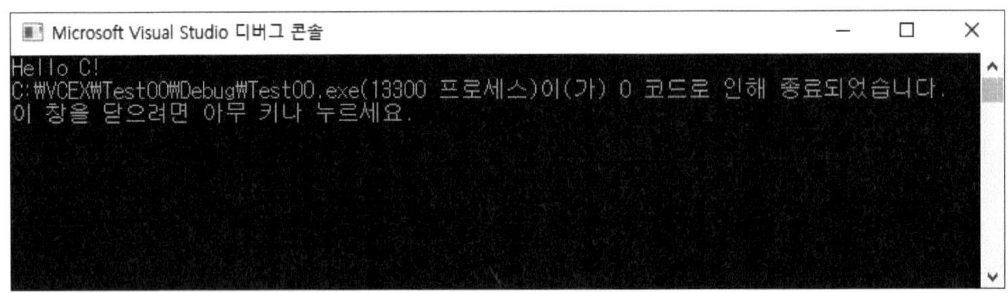

test00의 실행 화면

4 프로젝트 불러오기

작성된 프로젝트를 불러오는 방법은 두 가지가 있다. 첫 번째는 시작 페이지의 최근 항목에서 선택하는 방법이다. 두 번째는 파일 열기를 이용해 솔루션 파일(.sln)을 직접 찾아서 열어 주는 방법이다.

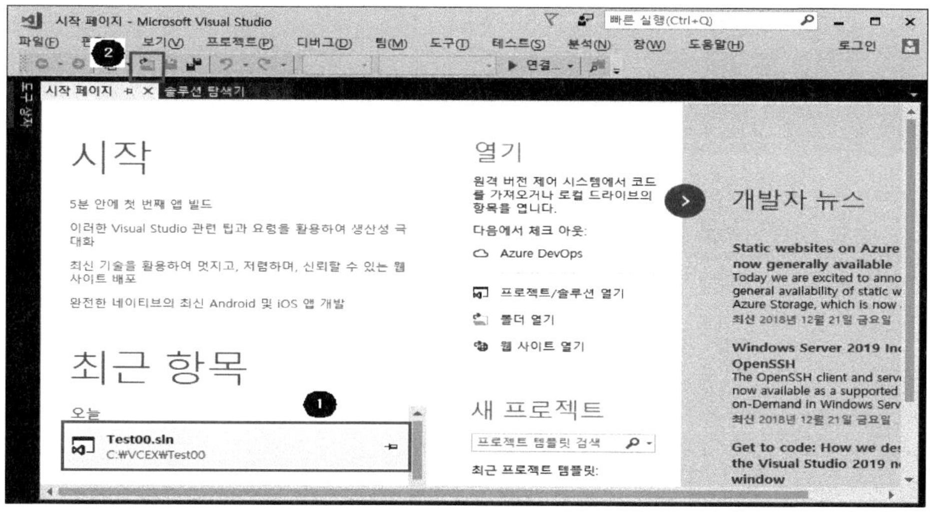

프로젝트를 불러오는 방법

두 번째의 경우는 파일 열기 대화상자가 열리면 원하는 솔루션 파일을 수동으로 찾아서 열면 된다. 앞의 예제는 C:드라이브의 VCEX 폴더의 하위 폴더인 Test00 내부에 Test00.sln 파일로 저장되어 있다.

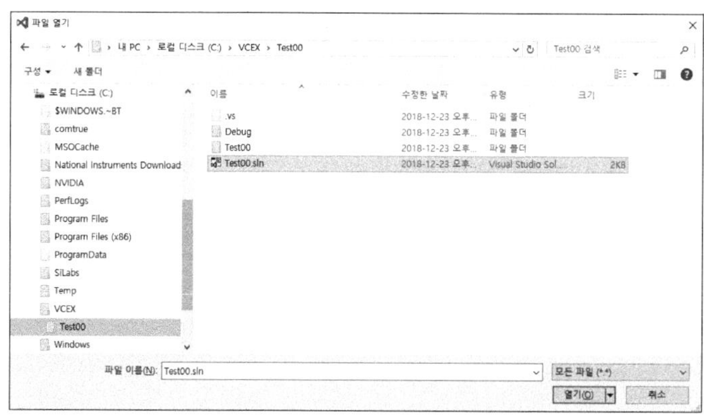

파일 열기 대화상자에서 직접 선택해 솔루션 파일 열기

프로그램 실습

1 C언어의 장점을 설명하시오.

2 다음 용어를 설명하시오.

소스 프로그램, 목적 프로그램, 컴파일러, 링커

3 도스용과 윈도우즈용 C 컴파일러의 종류를 말하시오.

4 C 프로그램이 실행파일로 변환되는 과정을 설명하시오.

5 다음 C 프로그램을 비주얼 C++ 컴파일러를 이용해 컴파일하고 결과를 확인하시오.

```
#include<stdio.h>
int main( )
{
    printf("Do your best!");
    printf("How interesting!");
    return 0;
}
```

제3장 C 프로그램의 구성 요소

C언어는 여러 함수들로 구성되며 가장 먼저 실행되는 함수는 main()함수이다. 먼저 C 프로그램의 기본적인 구조를 살펴보고 화면에 문자를 출력하는 방법과 키보드로 데이터를 입력 받는 방법을 알아보자. 또한, 변수와 RAM의 관계를 주의 깊게 관찰해 보자.

학습목표

- C언어의 기본 구조를 이해한다.
- 모니터에 문자를 출력하는 방법을 학습한다.
- 변수와 주 메모리의 관계를 이해한다.
- 키보드로 데이터를 입력받는 방법을 학습한다.
- printf()의 다양한 사용법을 알아본다.
- 선행 처리기의 사용법을 익힌다.

3.1 C 프로그램의 기본 구조

C 프로그램은 일반적으로 다음과 같은 구조로 작성되며 프로그램이 실행되면 main() 함수에서 지시하는 명령들이 차례로 수행된다.

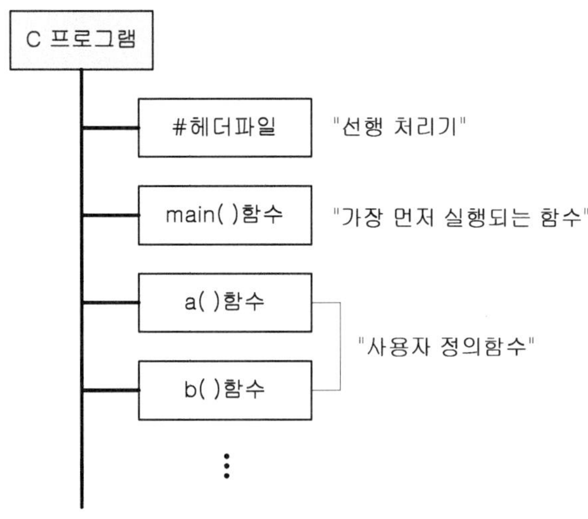

【그림 3.1】 C 프로그램의 기본 구조

C 프로그램은 함수라는 기본 단위로 구성된다. main() 함수는 반드시 1개만 존재해야 하며 main() 함수 1개만 있어도 무관하다. 프로그램의 맨 윗부분에는 헤더 파일을 추가하는 선행 처리기 부분이 있는데, 당장은 특정 파일을 추가하는 기능이라고 알아두자. C 프로그램은 여러 함수들의 모임이라 생각할 수 있는데 main() 함수를 제외한 모든 함수는 사용자가 편리한 이름을 붙여서 사용하면 된다.

1 main() 함수

main() 함수는 가장 먼저 실행되는 함수로 내부에는 다음과 같은 문장들이 들어간다. 여기서 문장이란 컴퓨터에게 내리는 가장 작은 단위의 작업 명령을 의미한다. 또한, 함수란 여러 작업 명령을 모아놓은 하나의 단위라고 생각하자.

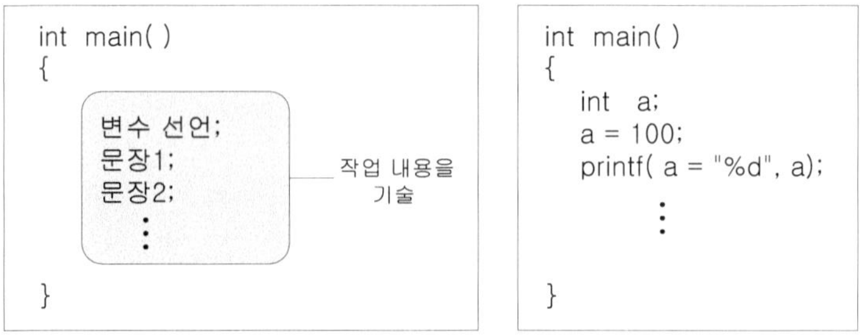

```
int main( )
{
    변수 선언;
    문장1;
    문장2;        ── 작업 내용을 기술
      ⋮
}
```

```
int main( )
{
   int  a;
   a = 100;
   printf( a = "%d", a);
          ⋮
}
```

【그림 3.2】 main() 함수의 내부와 사용 예

main() 함수 내부는 사용자가 원하는 작업을 순서에 따라 위에서 아래로 작성하면 된다. 실제 프로그램이 실행되는 순서도 프로그램이 작성된 순서와 같으며 하나의 문장이 끝나면 반드시 세미콜론(;) 기호를 붙인다. C 프로그램을 처음 접하는 사람이 자주 범하는 실수는 영문자의 소문자를 대문자로 작성하는 것이다. C언어는 대소문자를 확실히 구분하므로 주의해야 한다.

```
#include<stdio.h>        ──▶ 선행처리기

int main( )
{                        ──▶ 함수의 시작

   printf(" Hello C!") ;
   return 0 ;            ──▶ 문장의 끝

}                        ──▶ 함수의 끝
```

【그림 3.3】 hello.c 프로그램

함수의 시작과 끝은 중괄호({})를 이용해 표시하며 함수의 끝에는 세미콜론을 붙이지 않는다. C 프로그램은 프리 포맷(Free format)을 지원하기 때문에 사용자가 공백(space)을 적절히 이용해 보기 편리하도록 작성하면 된다. C 프로그램 작성 시에 자주 사용되는 중요한 기호를 표로 정리해 보자.

【표 3.1】 자주 사용되는 기호

기호	사용되는 곳
;	문장의 끝
{ }	함수의 시작과 끝
#	선행 처리기 명령어
( )	함수 이름 뒤, 조건문, 반복문
[ ]	배열명 뒤

2 줄 바꾸기, 들여쓰기, 띄어쓰기

C 프로그램은 프리 포맷을 지원하므로 프로그래머가 해석하기 좋도록 줄 바꾸기, 들여쓰기, 띄어쓰기를 이용할 수 있다. 줄 바꾸기란 프로그램을 보기 좋게 하기 위해서 임의로 빈 줄을 추가하는 것을 말한다. 문장 사이에 빈 줄은 원하는 만큼 추가할 수 있으며 프로그램의 실행에는 전혀 영향을 주지 않는다.

들여쓰기는 문단의 시작 부분에 임의로 공백을 추가하는 것을 말한다. 문단의 왼쪽 부분을 윗줄과 나란히 작성하면 프로그램의 가독성이 떨어진다. 따라서 왼쪽 끝에서 오른쪽으로 일정한 간격을 벌려 프로그램을 작성한다. 물론 들여쓰기를 해도 프로그램의 실행에는 영향을 미치지 않는다. 들여쓰기는 간단하지만 꼭 필요한 코딩 방법이므로 처음부터 습관을 들여 놓는 것이 좋다.

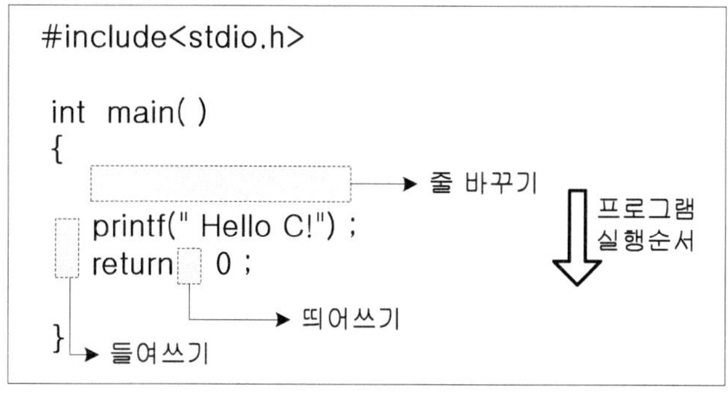

【그림 3.4】 줄 바꾸기, 들여쓰기, 띄어쓰기

띄어쓰기는 각 낱말들 사이에 임의로 공백을 추가하는 것으로 이 역시 프로그램 실행에는 영향을 주지 않는다. 하지만 변수 이름이나 함수 이름 사이에 띄어쓰기를 하면 오류가 발생하므로 주의해야 한다. 예를 들어 printf() 문장을 pr intf()와 같이 중간에 공백을 주면 오류가 발생한다.

3 주석문

주석문(comment)은 프로그램의 실행에는 영향을 주지 않으면서 소스 프로그램의 설명을 위해 사용하는 문장이다. 주석문은 컴파일 과정에서 아예 무시되기 때문에 어떤 내용이든 추가할 수 있고 한 줄 혹은 여러 줄을 사용해도 관계없다. 보통 주석문에는 프로그램의 해석에 필요한 내용을 추가해 나중에 프로그램을 유지, 보수하는데 도움이 되도록 한다. 주석문은 //와 /*…*/ 두 가지 형식이 있다.

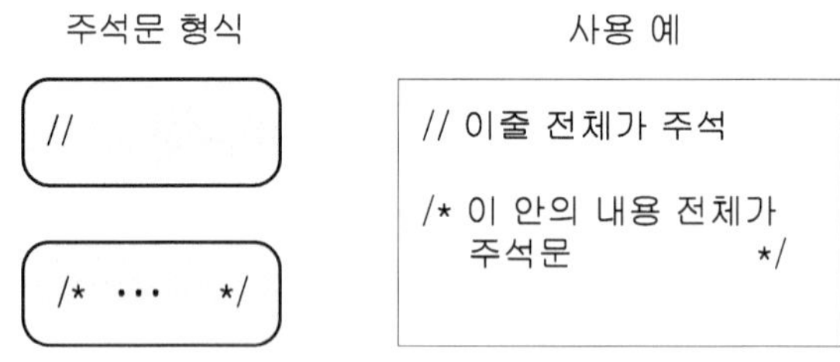

【그림 3.5】 주석문

//는 한 줄 전체를 주석 처리할 때 사용한다. /*…*/는 보통 여러 줄을 주석 처리할 때 사용하며 /와 *를 반드시 붙여서 써야 한다.

3.2 모니터 출력 함수

프로그램 언어는 뭔가 눈에 보여야 지루하지 않고 재미가 있는 법이다. C언어에서 원하는 문자나 문자열을 화면에 출력하는 함수로는 printf( )가 있다. printf()는 " "안의 내용을 그대로 모니터에 출력하는 함수로 간단한 사용법을 알아보자.

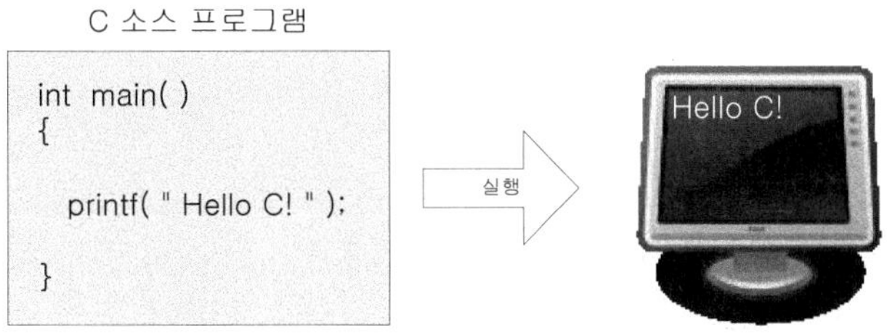

【그림 3.6】 printf() 함수의 실행 결과

【기초 예제 3.1】 가장 간단한 printf() 함수

```
#include<stdio.h>
int main( )
{
    printf("Hello C!");        //①
    return 0;                  //②
}
```

실행 결과

소스 관찰

① C 프로그램을 코딩한 이후에 실행시키면 화면에 Hello C! 라는 메시지가 출력되고 종료되는 가장 간단한 프로그램이다. printf() 함수는 큰따옴표("") 안에 묶여있는 문장을 그대로 화면에 출력하는 함수이다. 물론 공백(space)이 있으면 공백도 그대로 화면에 출력한다.

② return 0; 문장은 결과 값 0을 되돌려준다는 의미인데 당분간은 그냥 추가해 두자. 아무 키나 누르면 실행 화면이 종료된다.

다음은 여러 개의 printf() 함수를 이용하는 프로그램을 만들어 보자.

【기초 예제 3.2】 여러 개의 printf() 함수 사용하기

```
#include<stdio.h>
int main( )
{
    printf("C");
    printf("Pascal");
    printf("Basic");
    return 0;
}
```

실행 결과

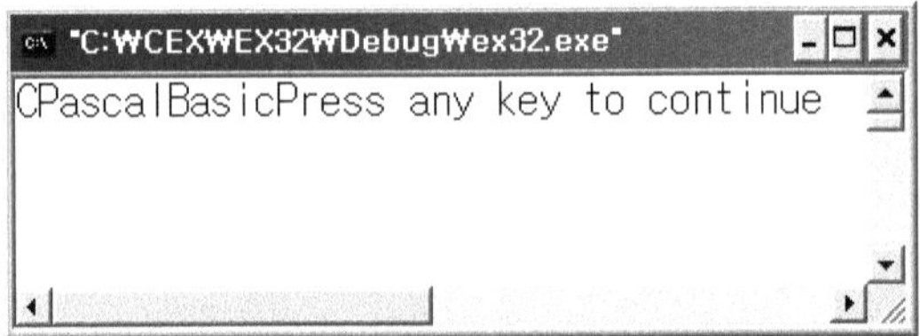

소스 관찰

printf()문을 세 번 사용하면 나열되어 있는 순서대로 큰따옴표 안의 내용을 화면에 출력한다. 화면에 출력할 때는 언제나 좌측 최상단부터 차례로 출력하며 별도의 지정이 없으면 앞의 출력 문자 바로 뒤에 붙여서 출력한다.

프로그램을 작성하다 보면 문자들을 출력할 때 줄을 바꾸어서 출력하고 싶은 경우가 있다. 그럴 때는 " " 안에 줄 바꿈 문자(\n)를 추가하면 되는데 한 개에 한 줄씩 바꾸게 되므로 \n\n\n을 쓰면 3줄을 바꾸게 된다. 또한, 출력 문자 중간에 공백을 넣고 싶으면 " "안에 출력을 원하는 만큼의 공백을 추가하면 그대로 출력된다.

【기초 예제 3.3】 printf() 함수로 줄 바꾸고 공백 추가하기

```
#include<stdio.h>
int main( )
{
    printf("C    언어\n");      //공백 추가, 줄 바꾸기
    printf("Pascal\n");         //줄 바꾸기
    printf("Basic\n");          //줄 바꾸기
    return 0;
}
```

실행 결과

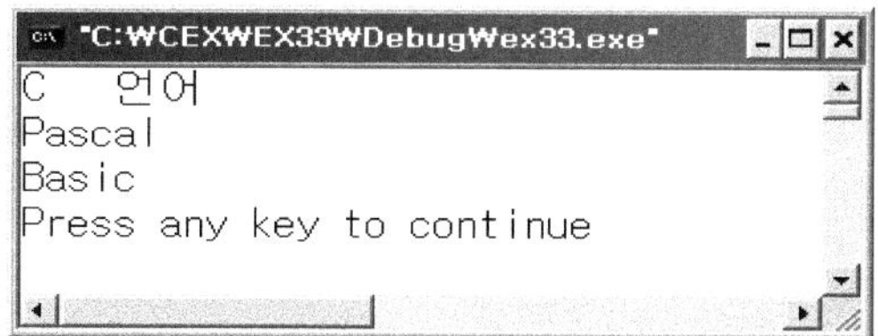

```
"C:₩CEX₩EX33₩Debug₩ex33.exe"
C    언어
Pascal
Basic
Press any key to continue
```

소스 관찰

① printf("C언어\n")의 의미는 C언어라는 문장을 화면에 출력한 후에 줄을 바꾸라는 뜻이다. 따라서 printf() 함수가 한번 실행될 때마다 줄을 바꾸게 된다.
② "\n" 줄 바꾸기 기호는 글꼴에 따라 형태가 달라지므로 실제 코딩할 때는 "₩"으로 입력하면 된다.

문자(Text) 기반의 프로그램 언어는 기본적으로 위에서 아래로 순차적으로 프로그램이 진행되며 같은 줄에 있는 경우는 왼쪽에서 오른쪽의 순서로 진행된다.

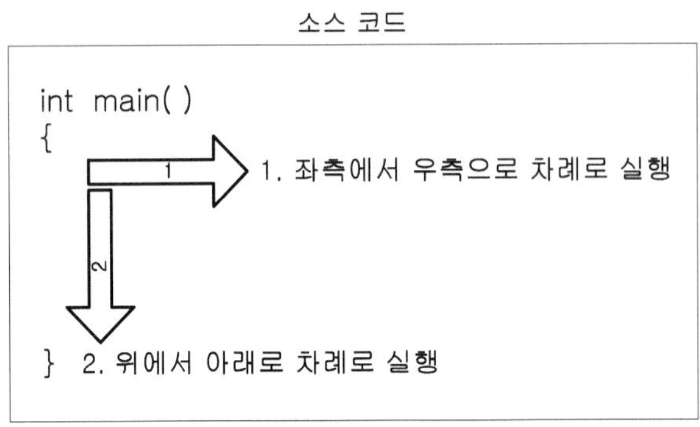

【그림 3.7】 C 프로그램의 실행 순서

다음 두 개의 C 프로그램은 실행 결과가 서로 같다. 하지만 test2.c는 줄 바꾸기를 하지 않아 프로그램의 내용을 이해하기 어렵다.

test1.c

```
int main( )
{
   printf("C언어");
   printf("Pascal언어");
   printf("Basci언어");

}
```

실행결과 동일

test2.c

```
int main( )
{
   printf("C언어"); printf("Pascal언어"); printf("Basci언어");

}
```

【그림 3.8】 줄 바꾸기의 필요성

printf()와 같은 화면 출력 함수는 IBM-PC와 같은 컴퓨터에서는 이용할 수 있지만, 마이크로컨트롤러와 같이 출력 장치가 모니터가 아닌 경우는 사용할 수 없다.

3.3 변수와 RAM

1 변수란?

변수(variable)는 프로그램에서 필요한 데이터를 저장하기 위해 메모리에 잡아놓은 일시적인 저장 공간을 말한다. 모든 변수는 다른 변수와 구분하기 위해 이름을 사용한다. 변수 이름은 영문자와 숫자를 적절히 조합해 사용자가 붙여주면 된다. 변수 내부에는 데이터를 저장할 수 있다. 변수라는 단어의 의미는 저장되는 값이 유동적이라는 뜻이다.

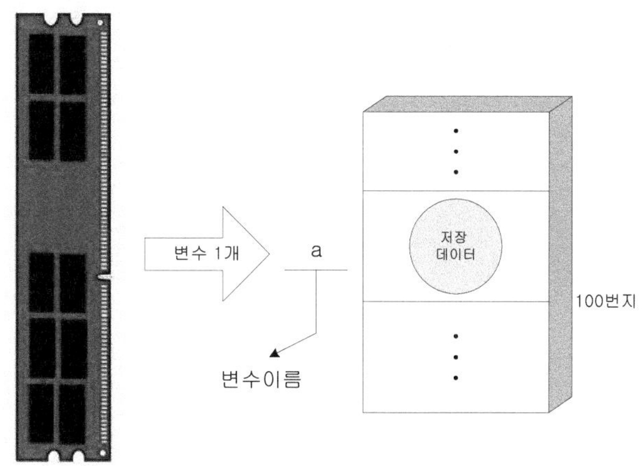

【그림 3.9】 메모리 내부의 변수 개념

변수는 물건을 저장하는 창고와 비교하면 쉽게 이해할 수 있다. 창고에는 물건을 저장할 수도 있고 필요하면 꺼내올 수도 있다. 변수도 내부에 데이터를 저장할 수 있으며 필요하면 데이터를 꺼내올 수도 있다. 하지만 변수는 창고와 달리 저장된 데이터를 꺼내와도 원래 데이터는 그대로 남아 있다.

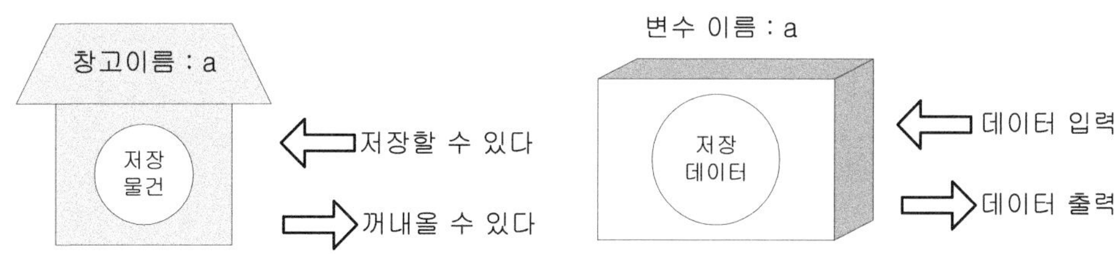

【그림 3.10】 창고와 변수의 비교

2 변수의 종류 및 선언

만약 창고에 저장할 물건이 창고보다 크면 어떻게 해야 할까? 이런 경우에는 공간이 좀 더 넓은 창고에 물건을 저장해야 한다. 변수도 마찬가지다. 저장할 데이터의 크기에 따라 변수의 종류가 달라진다. 가장 크기가 작은 변수는 문자형 변수로 메모리 1바이트가 할당된다. 정수형 변수는 4바이트가 할당되고 실수형 변수는 8바이트가 할당된다.

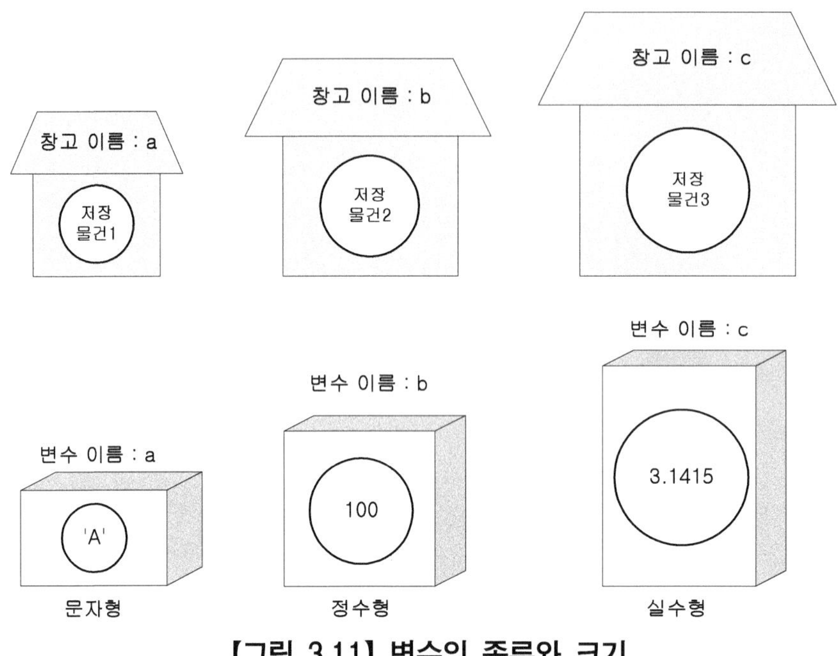

【그림 3.11】 변수의 종류와 크기

사람이 태어나면 성별, 주민등록번호, 이름, 추억을 갖듯이 변수도 만들어 지면 자료 형, 메모리의 주소, 변수 이름, 저장값을 갖게 된다.

【표 3.2】 사람과 변수의 비교

사람	변수
① 성별(남, 여)	① 자료 형(type)
② 주민등록번호	② 메모리의 주소(address)
③ 이름	③ 변수 이름(name)
④ 추억	④ 저장된 실제값(value)

사람은 태어나는 순간에 남녀의 성별이 결정되듯이 변수도 만들어지면 반드시 문자형, 정수형, 실수형 중에 한 가지가 선택된다. 이를 자료 형이라고 부르고 프로그래머가 필요에

따라 선택할 수 있다.

여러분을 다른 사람과 구별하기 위해 국가에서 주민등록번호를 부여한다. 하지만 사람을 부를 때 주민등록번호를 이용하는 사람은 거의 없다. 사용하기 불편하기 때문이다. 보통 사람을 부를 때는 그 사람의 이름을 이용한다.

변수도 메모리의 다른 변수와 구별하기 위해 자신의 고유한 주소를 가지고 있다. 하지만 주소는 사용하기 불편하므로 보통 변수 이름을 이용한다. 물론 꼭 주민등록번호가 필요한 경우가 있듯이 주소가 꼭 필요한 경우도 있다.

세월이 흐르면서 사람은 추억을 간직하게 된다. 변수도 내부에 데이터를 저장할 수 있으며 저장값이라 한다.

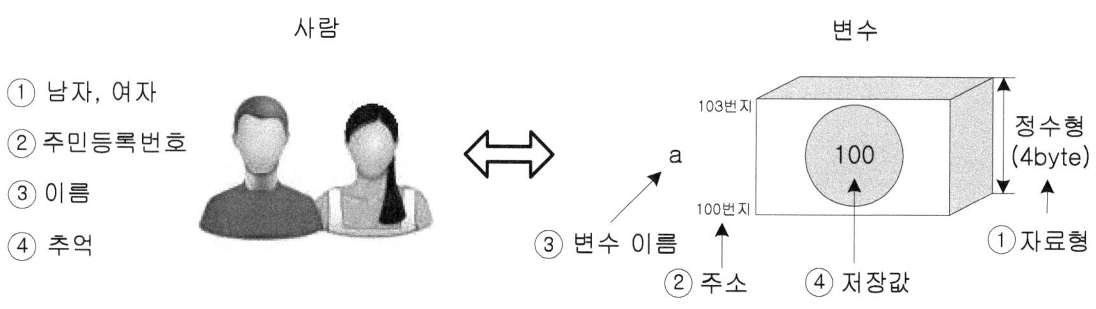

【그림 3.12】 사람과 변수의 비교

C언어에서 한 개의 변수가 메모리에 만들어지면 자료 형, 변수 이름, 메모리 주소, 실제 저장 값과 같은 4가지 요소가 항상 따라다닌다는 사실을 명심해 두자.

C언어는 프로그램에서 사용할 변수를 반드시 프로그램 상단에 선언해야 하며 선언하지 않으면 오류가 발생한다. 변수 선언은 컴파일러에게 앞으로 사용할 변수를 미리 알려주는 것으로 형식은 다음과 같다.

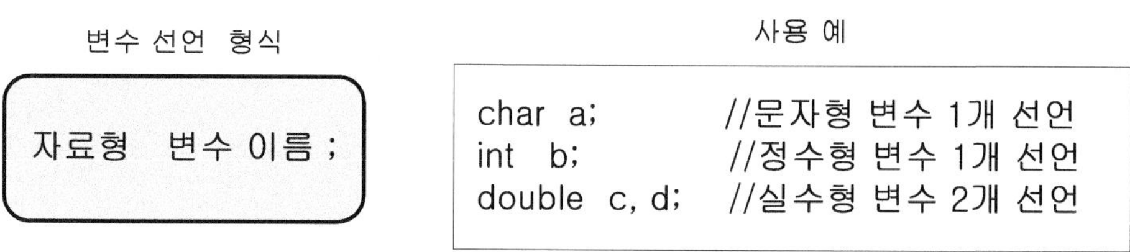

【그림 3.13】 변수 선언의 형식

문자형(character) 변수는 char을 이용해 선언하며 영문자 1개를 저장하는 용도로 사용된다. 정수형(integer) 변수는 int로 선언하며 수학에서 소수점이 없는 정수를 생각하면 된다. 실수형(float) 변수는 float이나 double로 선언하며 정수형으로 표현할 수 없는 큰 수나 소수점을 가지고 있는 수를 저장하는 용도로 이용한다.

3 변수의 내용 화면에 출력하기

앞에서 printf() 함수를 이용해 단순히 문자를 출력하는 예를 살펴보았다. 이번에는 printf() 함수를 이용해 변수의 저장된 내용을 화면에 출력해 보자.

```
int main( )
{
    int a;                          //변수 선언
    a = 10;                         //값 대입
    printf("a=%d\n", a);            //변수 내용 출력
}
```

int a;는 자료형이 정수형인 변수 a를 선언하는 문장이다. 만약 이 문장을 a =10; 아래쪽에 위치시키면 오류가 발생된다. 변수는 사용하기 전에 반드시 선언해야 하기 때문이다.

프로그램이 실행될 때 화면에는 표시되지 않지만 주 메모리에는 다음과 같이 데이터가 저장되거나 읽히게 되는데 프로그램의 가장 기본적인 원리이므로 꼼꼼히 따져보자.

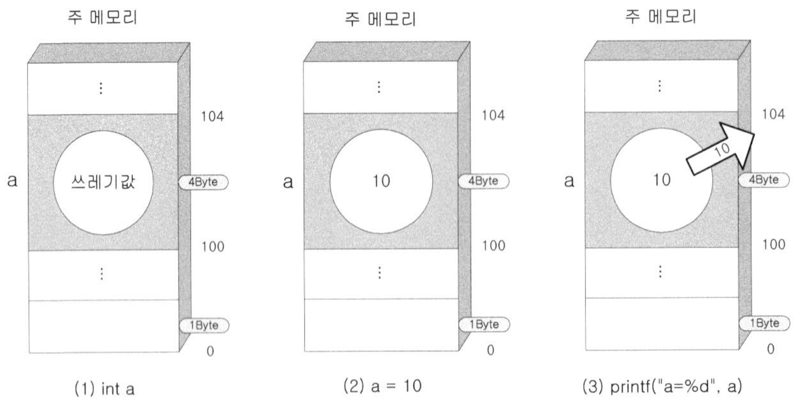

【그림 3.14】 변수에 데이터 입력 및 출력 방법

(1) 변수 a를 선언하면 컴파일러는 메모리의 빈 공간을 찾아서 a라는 변수를 위한 저장 공간을 만드는데 크기는 자료형에 따라 달라진다. 이때 메모리 내부에는 아무 값도 저장하지 않고 공간만 할당한다는 것에 주목하자. 따라서 기존 프로그램에서 사용되던 데이터가 남아 있을 수도 있다. 이를 보통 쓰레기 값이라 한다.
a는 정수형이므로 주소는 100번지에서 103번지까지 4바이트가 할당된다. 이 작업은 컴파일러가 자동적으로 수행하며 프로그래머는 int a 한 줄만 입력하면 된다.
(2) a=10은 10을 a에 대입하라는 뜻이다. 좀 더 자세히 풀어쓰면 정수 10을 a 변수가 할당된 메모리 내부에 저장하라는 뜻으로 a 변수에 할당된 주소가 100번지라면 10을 100번지에 저장한다.
(3) printf()는 a변수에 저장된 값을 꺼내 정수형으로 화면에 출력하라는 뜻으로 저장된 값을 빼내도 원래 값은 변하지 않고 메모리에 남아 있다. 즉 복사의 개념이다. printf() 함수의 형식과 의미는 다음과 같다.

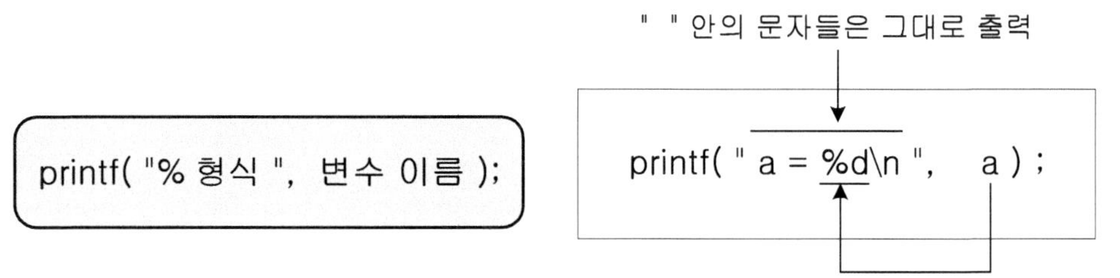

【그림 3.15】 printf() 함수의 형식 및 사용법

만약 프로그램을 다음과 같이 변경하면 출력되는 a의 값은 얼마일까?

```
int main( )
{
    int a;                    //변수 선언
    a = 10;                   //값 대입
    a =  2;                   //다른 값 치환
    printf("a=%d\n", a);      //변수 내용 출력
}
```

(4) 값이 저장되어 있는 메모리에 다른 값을 치환하면 원래 저장되었던 값은 삭제되고 가장 최근에 입력된 데이터만 기억되므로 2가 출력된다. 이때 삭제된 데이터는 영구히 삭제되며 다시는 복구할 수 없다는 것을 명심하자.

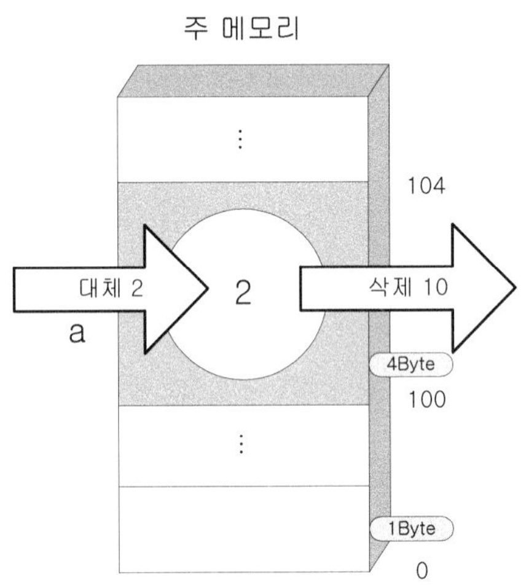

3.4 C언어의 상수

상수(constant)란 프로그램에서 데이터 처리에 필요한 변경 불가능한 수를 의미한다. 상수는 변수의 반대 개념으로 변수는 프로그램의 실행 중에도 마음대로 값을 변경할 수 있지만 상수는 한번 값이 지정되면 변경할 수 없다.

상수는 용도에 따라 정수형, 실수형, 문자형 상수로 분류한다. 정수형 상수는 소수점이 없는 상수를 의미하고, 실수형 상수는 소수점을 갖고 있는 상수로 수학에서 실수를 생각하면 된다. C언어에서는 문자도 상수로 간주하며 작은따옴표('')로 묶어서 표현한다.

정수형 상수

정수형 상수에는 8진, 10진, 16진 상수가 있으며 상수 앞의 기호를 이용해 구별한다. 보통 10진 상수의 경우는 앞에 기호를 붙이지 않고, 8진수의 경우는 0으로 시작하며 16진수의 경우는 0x로 시작한다.

```
a =  17;        // 10진 상수
a = 017;        //  8진 상수 (10진수 15)
a = 0x17;       // 16진 상수 (10진수 23)
```

한 가지 이상한 점은 컴퓨터에서 가장 많이 이용되는 정수는 분명 2진수일 것 같은데 왜 C언어에서는 2진수를 이용하지 않을까? 2진수는 자릿수를 많이 차지하고 입력하기도 불편하므로 2진수 대신 16진수를 이용한다. 2진수와 16진수, 그리고 8진수는 밀접한 관계를 갖고 있으므로 C언어에서는 16진수를 가장 많이 이용한다. 특히 하드웨어에 관련된 프로그램은 모두 16진수가 이용되므로 제1장에서 공부한 2진수와 16진수의 변환 방법을 꼭 알아두어야 한다.

실수형 상수

큰 수나 소수점을 포함하는 상수로 일반적인 수학에서 실수를 의미한다.

```
b = 3.141592;
b = 15.3;
```

문자형, 문자열 상수

문자형 상수는 한 개의 문자를 나타내는 상수로 문자의 앞과 뒤를 ''로 묶어서 나타낸다. 컴퓨터는 기본적으로 A~Z와 같은 영문자를 메모리에 그대로 저장할 수 없다. 따라서 각각의 문자에 해당되는 2진수로 바꾸어서 저장해야 하는데 이를 아스키(ASCII)코드라 한다. 아스키코드는 서로 다른 컴퓨터들 사이에 호환성을 유지하기 위해 미국에서 제정한 문자코드로 사용되는 문자의 개수에 따라 몇 가지 방식이 있는데, 편의상 8비트 코드로 알아두자. 아스키코드표는 부록 A에 넣어 두었으니 참고하자. 문자열 상수는 문자들을 모아 놓은 상수로 큰따옴표로 앞뒤를 묶어서 표현한다.

```
c = 'A';                    // 대문자 A
d = 'a';                    // 소문자 a
e = '1';                    // 문자 1
f = "Hello C";              // 문자열 상수
```

【기초 예제 3.4】 다양한 상수 출력하기

```
#include<stdio.h>
int main( )
{
    printf("문자상수 = %c\n", 'A');
    printf("정수상수 = %d\n", 2);
    printf("실수상수 = %f\n", 3.14);
    return 0;
}
```

실행 결과

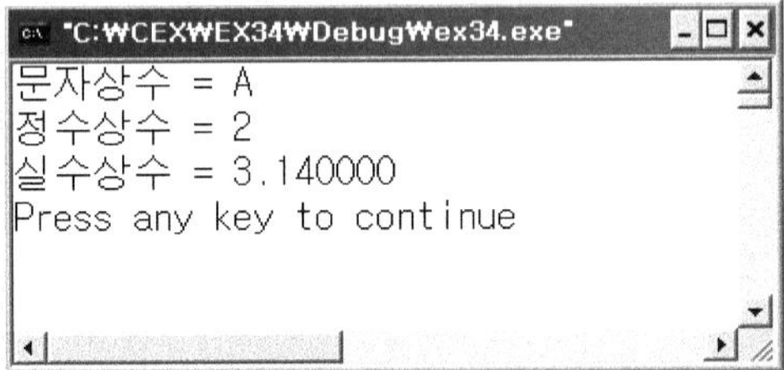

```
"C:₩CEX₩EX34₩Debug₩ex34.exe"
문자상수 = A
정수상수 = 2
실수상수 = 3.140000
Press any key to continue
```

소스 관찰

printf() 함수가 printf("%d", 상수)의 형식으로 사용되면 콤마 뒤에 따라오는 상수 값을 %d 자리에 그대로 출력한다. 상수의 종류에 따라 정수형은 %d, 문자형은 %c, 실수형은 %f를 이용한다.

【기초 예제 3.5】 변수를 이용해 상수 출력하기

```
#include<stdio.h>
int main( )
{
    char a;                         //문자형 변수선언
    int b;                          //정수형 변수선언
    float c;                        //실수형 변수선언
    a = 'A';                        //문자형 상수 대입
    b = 2;                          //정수형 상수 대입
    c = 3.145;                      //실수형 상수 대입
    printf("a = %c\n", a);
    printf("b = %d\n", b);
    printf("c = %f\n", c);
    return 0;
}
```

실행 결과

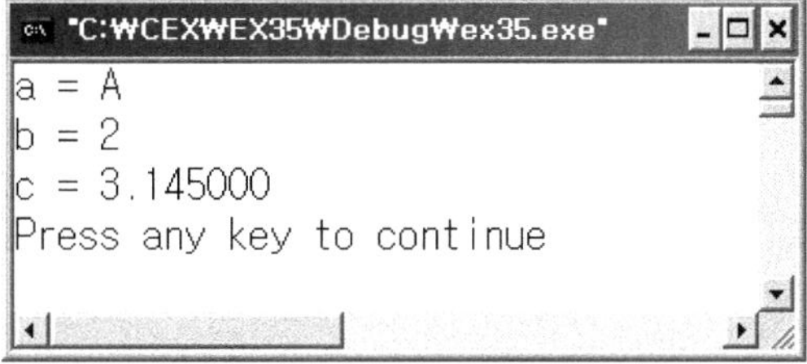

소스 관찰

C언어는 저장할 변수의 자료 형과 저장되는 상수의 자료 형이 항상 같아야 한다. 즉 문자형 변수에는 문자형 상수를 저장하고, 정수형 변수에는 정수형 변수를 저장해야 한다. 그렇지 않으면 오류가 발생할 수 있다.

상수에서 꼭 알아둘 것이 있다. C언어에서 1과 '1'은 전혀 다른 상수로 1은 정수로 1을 의미하고, '1'은 문자 상수로 메모리에 저장될 때 아스키코드로 변환되어 저장된다. 참고로

"1"은 문자열 상수로 문자 상수 '1'과는 차이가 있다. 뒤에서 알아보자.

```
a = 1;                //10진 정수 1
a = '1';              //문자 상수 1
a = "1";              //문자열 상수 1
```

【기초 예제 3.6】 정수형 상수 1과 문자형 상수 '1'의 비교

```
#include<stdio.h>
int main( )
{
    printf("정수   1 = %d\n", 1);
    printf("문자 '1'= %d\n", '1');
    printf("문자 '1'= %c\n", '1');
    return 0;
}
```

실행 결과

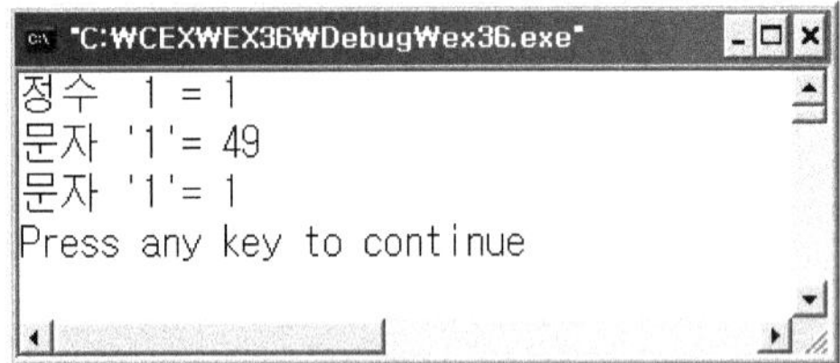

소스 관찰

'1'은 문자 상수이므로 'A'와 같이 메모리에 저장될 때 아스키코드로 저장된다. 실제 저장되는 값은 아스키코드표를 참조해 보면 10진수로 49가 된다. 따라서 저장된 값을 %d(10진 정수)로 출력하면 49가 되고, 만약 %c(문자형)로 출력하면 문자 1이 출력되게 된다.

printf( ) 함수를 이용해 문자를 출력할 때는 %c를 사용하고, 실수를 출력할 때는 %f 기호를 이용한다. 이처럼 입출력의 형식을 지정하기 위한 문자열을 형식 제어 문자열이라 한다. 자주 사용되는 형식 제어 문자열은 다음 표와 같다. 어렵지 않으니 암기해 두자.

【표 3.3】 형식 제어 문자열의 의미와 출력 형태

문자열	의미	출력 형태
%d	십진 정수로 출력(decimal)	70
%c	문자 형태로 출력(character)	A
%f	소수점이 있는 실수로 출력(floating point)	3.14

3.5 키보드 입력 함수

변수나 상수의 값을 화면에 표시하는 함수로는 printf() 함수를 이용했다. 좀 더 재미있는 실습을 위해 프로그램 실행 도중에 키보드를 통해 데이터를 입력받는 방법을 알아보자. C 언어에서 키보드로 문자나 숫자를 입력받는 함수로는 scanf()가 있다. scanf()는 프로그램 실행을 잠시 멈추고 사용자가 키보드로 데이터를 입력할 때까지 잠시 대기한다. 데이터 입력이 끝나면 다시 프로그램의 나머지 부분이 실행된다.

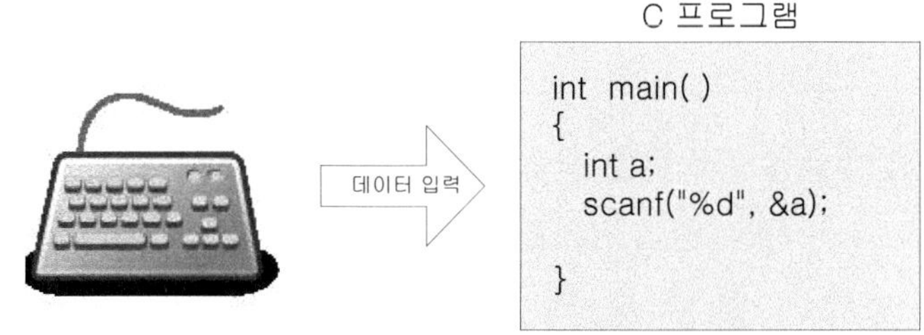

【그림 3.16】 scanf() 함수의 개념

【기초 예제 3.7】 scanf() 함수의 기초 사용법

```
#include<stdio.h>
int main( )
{
    int number;                          //정수형 변수 선언
    printf("숫자를 입력하시오?");          //①
    scanf("%d", &number);                //②
    printf("입력된 숫자는 %d입니다\n", number);
    return 0;
}
```

실행 결과

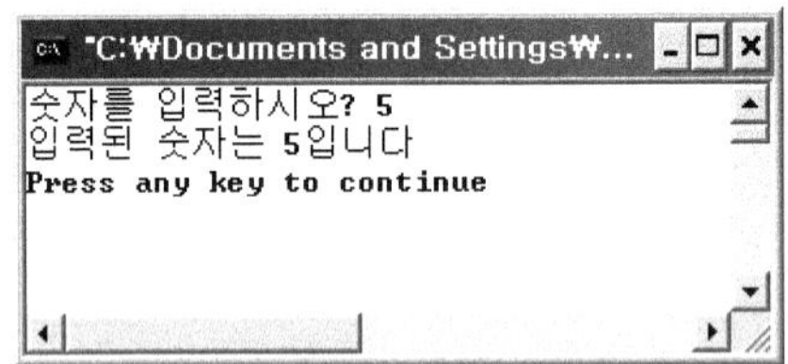

소스 관찰

① 프로그램이 실행되면 화면에 "숫자를 입력하시오?"라는 메시지가 보일 것이다. printf() 함수의 "" 안의 내용이 그대로 출력된 것이다.
② 커서가 깜박이면 키보드를 통해 원하는 정수를 입력하고 Enter↵키를 입력해 보자. 만약 5라는 정수를 입력했다면 결과는 위와 같다.
③ 다시 프로그램을 실행시켜 다른 정수를 입력해 보고 결과가 어떻게 바뀌는지 살펴보자. number라는 변수 앞에 &기호는 주소 연산자라고 하는데 당분간은 의미를 몰라도 관계없으니 그냥 넘어가도록 하자. 당연히 없으면 에러가 발생된다.

만약 입력받을 숫자가 1개가 아니고 여러 개인 경우는 어떻게 할까? 다음 예제를 참고해 보자.

【기초 예제 3.8】 두 개의 정수를 키보드로 입력받아 덧셈하기

```
#include<stdio.h>
int main( )
{
    int a1, a2, a3;                          //변수 선언
    printf("두개의 정수를 입력하시오?");
    scanf("%d %d", &a1, &a2);                //① 정수 2개 입력
    a3 = a1 + a2;                            //②
    printf("입력된 정수의 합은 %d입니다\n", a3);
    return 0;
}
```

실행 결과

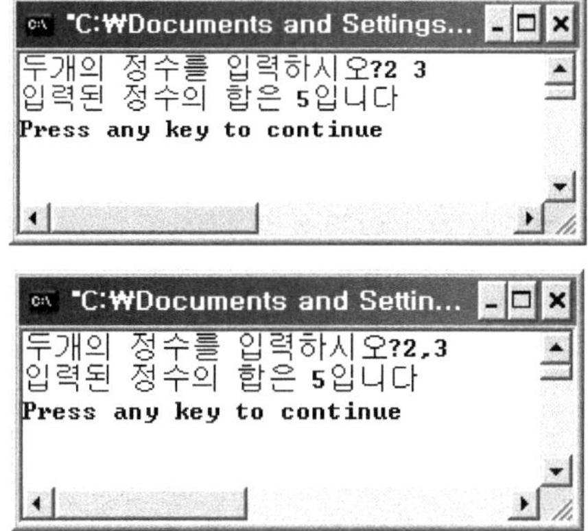

소스 관찰

① 두 개 이상의 정수를 입력할 때는 공백과 콤마를 이용해 각각의 정수를 구분해 줘야 한다. 공백을 이용할 경우는 scanf("%d %d",&a1,&a2)와 같은 형태로 입력하고, 콤마를 이용하려면 scanf("%d, %d",&a1,&a2)와 같이 콤마를 이용해 구분하면 된다. 주의해야 할 것은 키보드로 데이터를 입력할 때 공백의 경우는 공백으로, 콤마인 경우는 콤마로 데이터를 구분하지 않으면 전혀 엉뚱한 결과가 나오게 된다.

② a1에는 2가, a2에는 3이 저장되어 있으므로 a1+a2는 2+3과 같다. 따라서 a3에는 5가 저장된다.

【기초 예제 3.9】 키보드로 1개의 문자 입력받기

```
#include<stdio.h>
int main( )
{
    char a;                                //문자형 변수 선언
    printf("문자를 입력하시오:");
    scanf("%c", &a);
    printf("입력된 문자는 %c입니다\n", a);
    return 0;
}
```

실행 결과

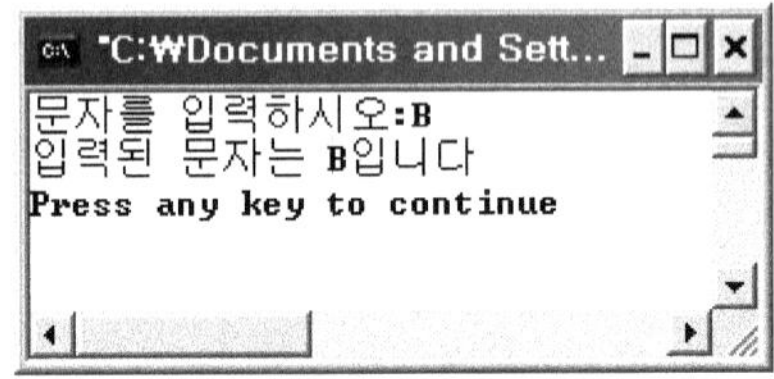

소스 관찰

키보드로 문자를 입력할 경우는 문자형 변수를 선언하고 " "안에 %c만 이용할 뿐 정수의 경우와 크게 다른 점은 없다.

지금까지 scanf() 함수를 이용해 정수나 문자를 입력받는 예제들을 살펴보았다. scanf() 함수의 의미는 다음과 같다. 여기서 % 형식이란 %d(정수), %c(문자), %f(실수) 중의 하나를 말한다.

```
scanf( " % 형식 ", & 변수 이름) ;
```

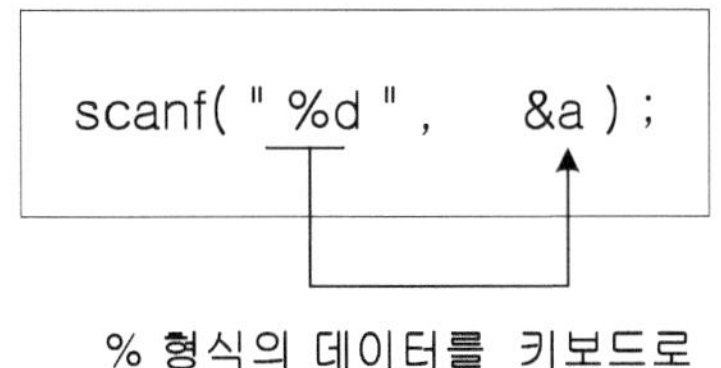

% 형식의 데이터를 키보드로
입력받아 변수 a에 대입

【그림 3.17】 scanf() 함수의 형식과 의미

3.6 printf() 함수의 다양한 사용법

1 형식 제어 문자열

입출력 형식을 다양하게 지정하기 위해 사용되는 문자열을 형식 제어 문자열이라 한다. 형식 제어 문자열은 % 기호 뒤에 따라오는 문자의 종류에 따라 여러 형태가 있다. 이를 적절히 이용하면 메모리에 저장된 값을 프로그래머의 구미에 맞게 입출력할 수 있다. 자주 사용되는 형식 제어 문자열들을 표로 정리해 보자.

【표 3.4】 자주 사용되는 형식 제어 문자열

형식 제어 문자열	입 · 출력 형식	출력 형태
%d	10진 정수 형식으로 출력	129
%o	8진 정수 형식으로 출력(부호 없음)	26
%x	16진 정수 형식으로 출력(부호 없음)	A8
%c	단일 문자 형식으로 출력	B
%s	문자열 형식으로 출력	ABC
%f	실수 소수 형식으로 출력	2.7452
%e	실수 지수 형식으로 출력	3.14E+003

3.14E+003은 3.14×10^3을 의미한다.

【기초 예제 3.10】 10진, 8진, 16진 정수형 출력

```
#include<stdio.h>
int main( )
{
   int a;                                   //정수형 변수 선언
   a = 74;
   printf("Dec = %d\n", a);                 //10진수로 출력
   printf("Hex = %x\n", a);                 //16진수로 출력
   printf("Oct = %o\n", a);                 // 8진수로 출력
   printf("Chr = %c\n", a);                 //문자형으로 출력
   return 0;
 }
```

실행 결과

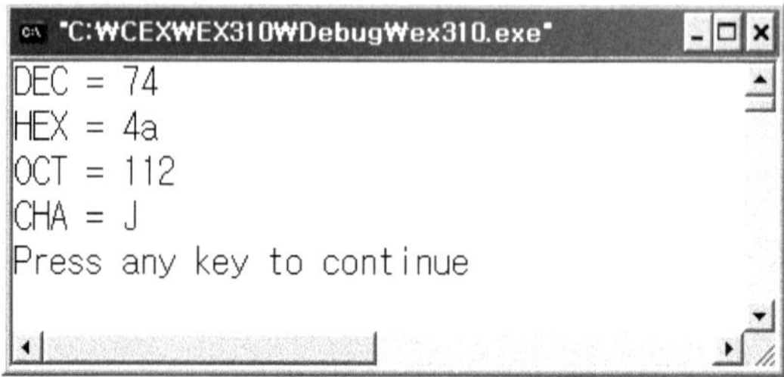

소스 관찰

변수 a에는 10진수로 74가 메모리에 저장되어 있다. 이를 출력해 16진수로 화면에 출력하면 4a, 8진수로 출력하면 112가 된다. 10진수 74에 해당되는 아스키코드는 대문자 J가 된다. 실제 메모리에 저장된 값은 항상 74이지만 형식 제어 문자열을 이용하면 이처럼 다양한 형태로 출력할 수 있음을 눈여겨보자.

2 printf() 함수의 출력 제어

지금까지 문자, 정수, 실수 형식의 출력을 실습해 보았다. 좀 더 정밀한 printf() 함수의 출력 형식을 알아보도록 하자.

printf() 형식

```
printf( "% [플래그][필드폭].[정밀도] 형식" , 변수이름);
```

사용 예

```
printf( "%+6d\n" , a );
printf( "%6c\n" , b );
printf( "%10.2f\n" , c );
```

【그림 3.18】 printf() 함수의 출력 형식과 사용 예

플래그(Flag)

플래그는 1개의 기호를 이용해 출력의 정렬 형태를 지정하는 것으로 꼭 필요한 요소는 아니지만 필요에 따라 선택해서 사용할 수 있다. 보통 프로그램 언어에서 [ ] 기호의 뜻은 있으면 뭔가 더욱 정밀하게 지정하는 것이고 없어도 프로그램 흐름에는 큰 지장이 없다는 뜻으로 이해하면 된다. 플래그를 이용하는 실습을 해보자.

【표 3.5】 플래그 기호와 의미

기호	플래그 의미	기본 값(지정 안한 경우)
-	출력 값을 왼쪽으로 정렬	출력값을 오른쪽으로 정렬
+	출력 값에 항상 +, - 기호 추가	음수일 때만 - 기호 추가
0	출력 값에 공백이 있으면 0을 채운다	공백으로 채움
#	8진수(0), 16진수(0x)를 앞에 기호 추가	추가 안함

【기초 예제 3.11】 플래그 기호 연습

```
#include<stdio.h>
 int main( )
```

```
{
   int a;
   a = 66;
   printf("a = %d\n", a);
   printf("a = %+d\n", a);        //+ 기호 추가
   printf("a = %#x\n", a);        //0x 기호 추가
   return 0;
}
```

실행 결과

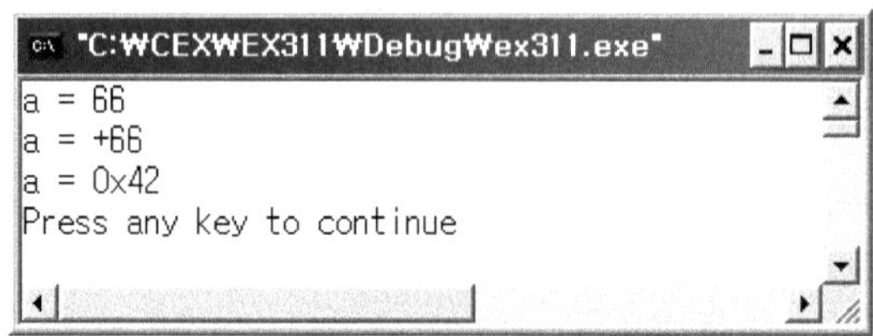

소스 관찰

변수 a에 66을 저장한 후에 %d로 출력하면 66이 출력된다. 만약 + 플래그를 추가하면 양수의 경우도 출력 값 앞에 + 기호가 출력된다. a의 값을 16진수로 출력하고 앞에 16진수를 의미하는 기호 0x를 추가하고 싶다면 플래그 #를 이용한다.

필드 폭(Field Width)과 정밀도(Precision)

필드 폭이란 출력되는 데이터의 전체 자릿수를 의미한다. 또한, 정밀도는 출력되는 데이터에서 소수점 이하의 자릿수를 말한다. 예를 들어 10.4라면 소수점을 포함한 전체 자릿수는 10자리고 소수점 이하는 4자리까지 출력하라는 의미가 된다.

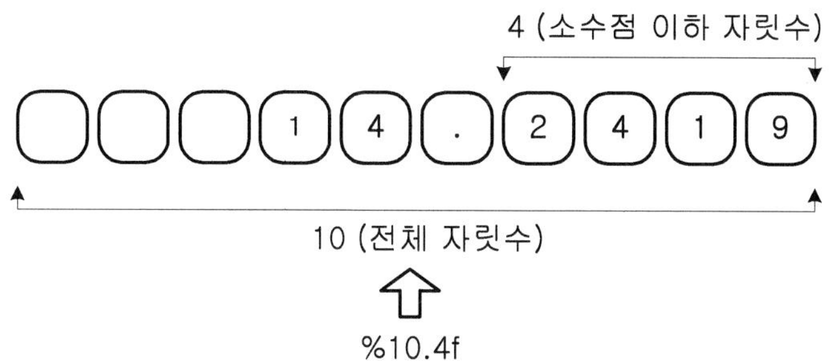

【그림 3.19】 필드 폭과 정밀도의 사용 예

【기초 예제 3.12】 필드 폭과 정밀도 연습

```
#include<stdio.h>
int main( )
{
    double pi, ex312;
    pi = 3.14;
    ex312 = 14.24189;
    printf("1234567890\n");
    printf("%f\n", pi);
    printf("%5.2f\n", pi);
    printf("%10.4f\n", ex312);
}
```

실행 결과

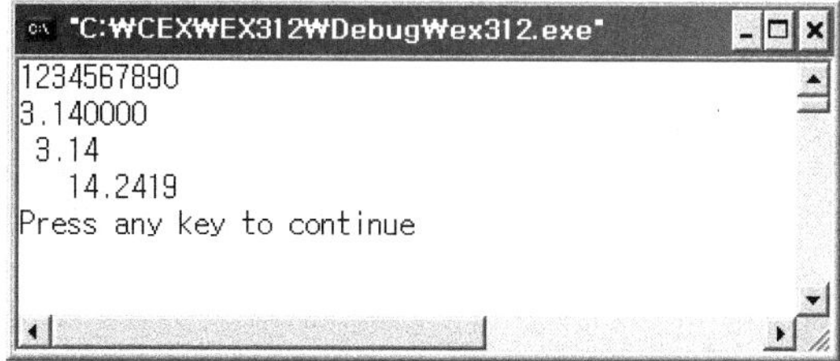

소스 관찰

형식 제어 문자열 %f는 필드 폭과 정밀도가 생략되면 기본적으로 소수점 아래 6번째 자리까지 자동으로 출력된다. 소수점 아래가 5자리인 14.24189와 같은 실수 데이터를 소수점 아래 4자리까지 출력하면 5번째 자리에서 반올림하게 된다.

【기초 예제 3.13】 플래그, 필드 폭, 정밀도 사용하기

```
#include<stdio.h>
int main( )
{
   int a = 65;
   double b = 3.14159;
   printf("1234567890123(자릿수)");
   printf("\n%6d", a);
   printf("\n%-6d", a);                    //①
   printf("\n%06d", a);                    //②
   printf("\n%6c", a);
   printf("\n%10.3f", b);
   printf("\n%-10.2f", b);
   printf("\n%e\n", b);                    //③
   return 0;
}
```

실행 결과

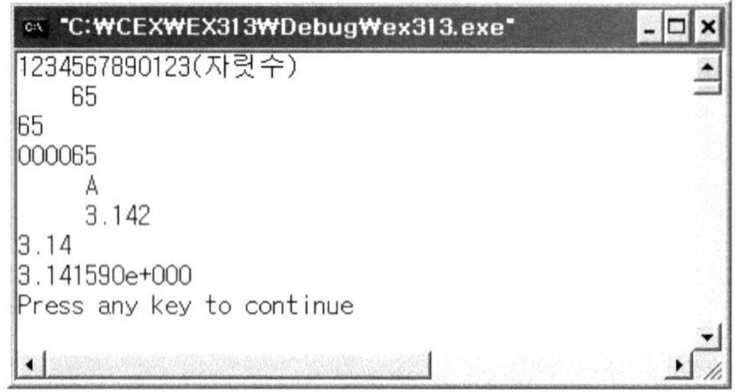

소스 관찰

① 플래그 -는 데이터를 왼쪽으로 정렬하므로 %-6d는 전체 자릿수는 6자리로 하고 출력할 때 왼쪽부터 출력된다.
② 플래그 0은 출력에 공백이 있으면 0으로 채우라는 뜻이다.
③ %e는 지수 형태로 출력하는데 역시 소수점 이하는 기본적으로 6자리가 출력된다.

3.7 선행 처리기

선행 처리기(preprocessor)는 소스 파일을 본격적으로 컴파일하기 전에 미리 처리하는 작업을 말한다. 주로 소스 파일의 일부를 변경하거나 다른 파일을 추가하는 작업들이 이에 해당된다. 선행 처리기는 항상 # 기호를 이용하며 include, define 문장이 전형적인 선행 처리기 문장이다. 중요한 두 가지 선행 처리 지시자를 알아보자.

【표 3.6】 선행 처리 지시자의 종류와 형식

선행 처리 지시자	사용 형식	의미
#include	#include<파일명>	파일 포함
#define	#define 기호상수 텍스트	매크로 정의

작성된 소스파일

```
#include<stdio.h>
#define MAX 10

int main( )
{
  int a;
  a = MAX;
  printf("MAX = %d\n",a);
}
```

선행 처리 이후 →

실제 컴파일되는 소스파일

```
stdio.h파일의 소스코드 추가

int main( )
{
  int a;
  a = 10;  //MAX는 10으로 대체
  printf("MAX = %d\n",a);
}
```

【그림 3.20】 선행 처리기의 실행 과정

지금까지 의미 없이 추가했던 #include<파일명>은 가장 대표적인 전처리기 문장으로 내가 작성한 소스코드 위에 < > 안에 들어 있는 소스코드를 추가하라는 뜻이다. 또한, #define문장은 바로 뒤에 정의된 기호상수를 다음에 정의된 텍스트로 교환하라는 뜻이다. 중요한 것은 두 경우 모두 선행 처리기가 실행된 후에 컴파일 된다는 사실이다.

왜 define 문장을 이용할까? 그냥 MAX 대신 10을 대입해도 되지 않을까? 만약 프로그램의 소스가 길어서 1000라인이라고 가정하고 MAX라는 값이 프로그램 전체에서 50번 사용된다고 생각해 보자. 만약 MAX값을 10이 아닌 다른 값으로 변경한다고 하면 소스파일을 전체적으로 50번 수정해야 한다. 하지만 define 문장을 사용하면 프로그램의 맨 윗부분에서 텍스트만 원하는 값으로 한번 수정하면 된다. 이 얼마나 편리한가? define 문장은 특히 하드웨어 프로그램을 작성하는 경우에 많이 사용되므로 사용법을 잘 알아두자.

【기초 예제 3.14】 선행 처리기 사용법

```
#include<stdio.h>                    //①
#define MAX 10                       //②
#define MIN 1                        //③
int main( )
{
    int a, b, c;
    a = MAX;
    b = MIN;
    printf("MAX = %d\n", a);
    printf("MIN = %d\n", b);
    c = MAX+1;
    printf("MAX+1 = %d\n", c);
    return 0;
}
```

실행 결과

소스 관찰

① 소스코드를 컴파일하기 전에 stdio.h라는 파일을 추가하라는 의미로 stdio.h파일의 내부는 지금은 몰라도 관계없다.
② 작성된 프로그램에 MAX라는 기호가 있으면 모두 10으로 변경한다.
③ 작성된 프로그램에 MIN이라는 기호가 있으면 모두 1로 변경한다.

1 printf() 함수만을 이용해 모니터 중앙에 자신의 이름을 출력하는 프로그램을 작성해 보자.

Hint 줄 바꾸기 문자와 공백 문자를 적절히 이용한다.

2 키보드로 2개의 정수를 입력받아서 이들의 평균을 구하는 프로그램을 작성하자.

```
2개의 정수를 입력하세요 : 2  3
두 수의 평균 : 2.500000
```

3 키보드로 1개의 정수를 입력받아 10진수, 16진수로 표시하는 프로그램을 작성하시오.

4 키보드로 1개의 문자를 입력받아 입력받은 문자와 해당 문자의 아스키코드를 10진수로 출력하는 프로그램을 작성해 보자.

```
문자를 입력하세요 : A
입력받은 문자는 = A
입력받은 문자의 아스키코드는 = 65
```

5 삼각형의 밑변 a와 높이 b를 입력받아 넓이를 계산하는 프로그램을 작성해 보자.

Hint 삼각형의 넓이 = $\frac{1}{2}ab$

제4장 변수와 자료형

데이터를 표현하는 다양한 방식을 자료형이라 한다. C언어에는 정수형, 문자형, 실수형의 기본 자료형이 있고, 이를 응용해 다양한 자료형을 정의할 수 있다.

학습목표

- 자료형의 종류를 학습한다.
- 정수형 변수에 저장되는 값의 범위를 익힌다.
- 문자형 변수에 저장되는 값의 범위를 익힌다.
- 실수형 변수에 저장되는 값의 범위를 익힌다.

4.1 변수와 자료형

1 변수가 필요한 이유

변수는 프로그램에서 필요한 데이터를 저장하기 위해 메모리에 잡아놓은 일시적인 저장 공간을 말한다. 변수가 필요한 이유는 뭘까? 예를 들어 학생 1명의 국어, 수학 성적을 입력받아 총점과 평균을 구하는 성적 처리 프로그램을 작성한다고 생각해 보자.

국어 성적과 수학 성적이 컴퓨터 어딘가에 저장되어 있어야만 총점을 구할 수 있다. 또한, 평균을 계산하려면 총점도 어딘가에 저장되어 있어야 한다. 이처럼 어떤 값을 컴퓨터에 저장하려면 반드시 변수가 필요하다. 변수가 없다면 프로그래머가 필요한 데이터를 컴퓨터에 저장시킬 방법은 전혀 없다.

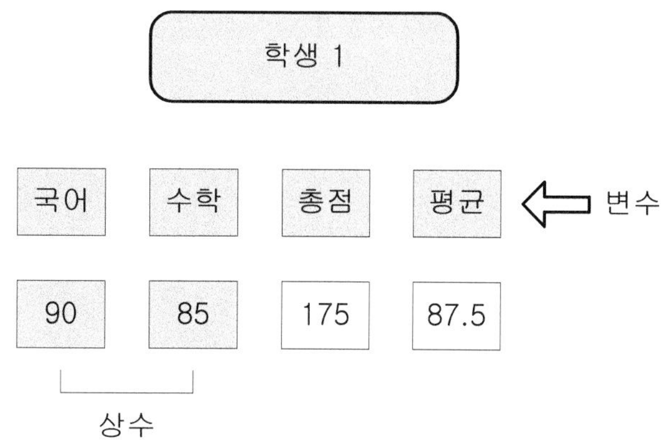

【그림 4.1】 성적 처리 프로그램의 예

학생의 국어, 수학 성적은 다음번 연산에 꼭 필요한 데이터이므로 변수를 이용해 메모리에 어딘가에 저장해 두어야 한다. 한 과목의 성적을 저장하려면 한 개의 변수가 필요하다. 따라서 국어 점수와 수학 점수를 저장하려면 2개의 변수가 필요하게 된다. 만약 총점과 평균도 저장하려면 전체 4개의 변수가 필요하다.

성적이나 총점을 저장하는 변수는 정수 데이터를 저장할 수 있으면 된다. 하지만 평균은 소수점이 발생하게 된다. 따라서 정수형 변수에는 저장할 수 없고 반드시 실수형 변수를 이용해야 한다.

2 변수 이름을 붙이는 방법

프로그램을 작성하다 보면 메모리에 많은 변수들이 자리 잡게 된다. 따라서 이들 변수를 다른 변수들과 구별하는 방법이 필요하다. 보통은 변수 이름으로 구별하게 되는데 변수 이름을 붙이는 몇 가지 규칙을 알아보자.

- 변수 이름의 첫 문자는 영문자 A~Z, a~z, _(언더라인)으로 시작되어야 하며 그 이후에는 0~9까지의 숫자도 사용할 수 있다. 한글은 사용할 수 없다.

```
Abc, a, a1, A_a1, _Abc      //사용 가능
1Am                         //사용 못 함
변수1                       //사용 못 함
```

- 대·소문자는 엄격히 구분하므로 다음 변수들은 서로 다른 변수가 된다.

```
Abn과 aBn은 서로 다른 변수이다.
```

- 변수 이름 중간에 공백을 넣을 수 없다.

```
a 1, tes t                  //사용 못 함
```

- C언어의 예약어는 변수 이름으로 사용할 수 없다.

```
main, printf                //사용 못 함
```

• 변수 이름을 보면 내부에 실제 저장된 값을 알기 쉽도록 정한다.

```
a, b, c                  //사용할 수는 있다
My_score, My_math        //권장
```

좋은 변수 이름은 가능하면 보통 8자 이내로 내부에 저장된 값을 알기 쉽도록 부여하는 것이 좋다. 하지만 여기서는 실습의 편의를 위해 a, b와 같이 영문자 1글자만 이용하도록 하겠다.

3 자료형

프로그램을 작성하다 보면 여러 종류의 데이터가 필요하다. 앞서 예로 들었던 성적 처리 프로그램을 좀 더 확장해 보자. 학생 1명의 성적 처리에 다음과 같은 데이터들이 이용된다고 하자.

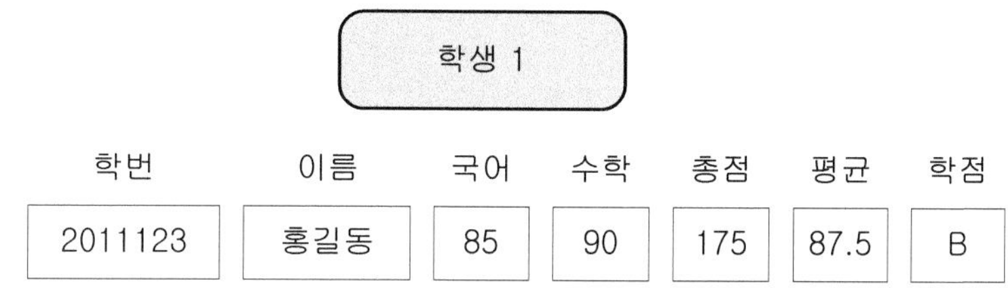

【그림 4.2】 확장된 성적 처리 프로그램의 예

학번, 국어 성적, 수학 성적, 총점은 정수형 데이터가 필요하다. 평균은 소수점을 갖고 있으므로 실수형 데이터가 필요하며, 학점은 문자 1개이므로 문자형, 이름은 문자열형 데이터가 필요하다. 이런 다양한 데이터의 형식을 자료형(data type)이라 한다. 자료형이 필요한 이유는 뭘까?

컴퓨터는 저장되는 데이터의 종류에 따라 메모리의 크기가 달라진다. 보통 실수형은 정수형보다 더 큰 저장 공간을 필요로 한다. 만약 정수형 데이터인 총점을 저장하기 위해 실수형을 이용한다면 메모리가 낭비된다. 또한, 정수형의 연산 속도는 실수형에 비해 매우 빠르다. 따라서 데이터의 종류에 따라 적당한 자료형의 변수를 사용하면 메모리도 효율적으

로 사용할 수 있고 실행 속도도 빨라진다.

C언어의 변수는 크게 문자형, 정수형, 실수형 변수로 분류할 수 있다. 정수형 변수에는 정수형 데이터, 실수형 변수에는 실수형 데이터를 저장해야 한다. 정수형 변수는 메모리 공간이 작기 때문에 실수형 데이터를 저장할 수 없다.

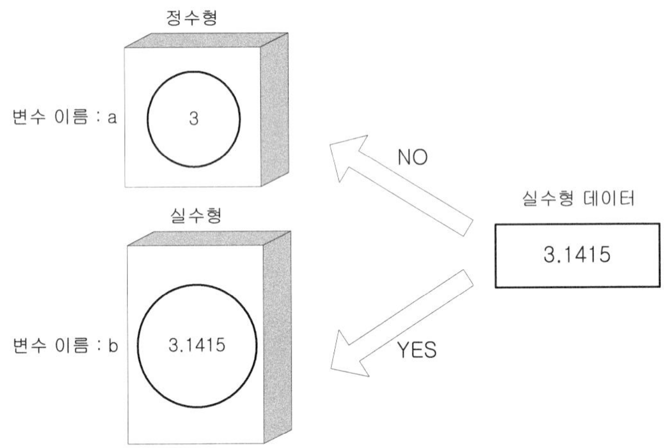

【그림 4.3】 정수형 변수와 실수형 변수의 크기

4.2 C 변수의 종류

1 C 변수의 종류

C언어는 다양한 종류의 변수를 갖고 있다. 따라서 프로그래머는 저장되는 데이터를 고려해 적절한 변수를 선택해서 사용해야 한다. 변수의 선택은 프로그래머의 권한이지만 책임도 프로그래머가 져야 한다.

C언어의 기본형 변수에는 문자형, 정수형, 실수형 변수가 있다. 기본형은 말 그대로 다른 모든 자료형의 기초가 되는 자료형이므로 이번 장에서 정확히 알고 넘어가야 한다. 기본형을 응용한 구조형과 포인터형은 앞으로 공부할 내용이다. 다음 그림을 가볍게 살펴보면서 C 변수의 전체적인 윤곽을 잡아보자.

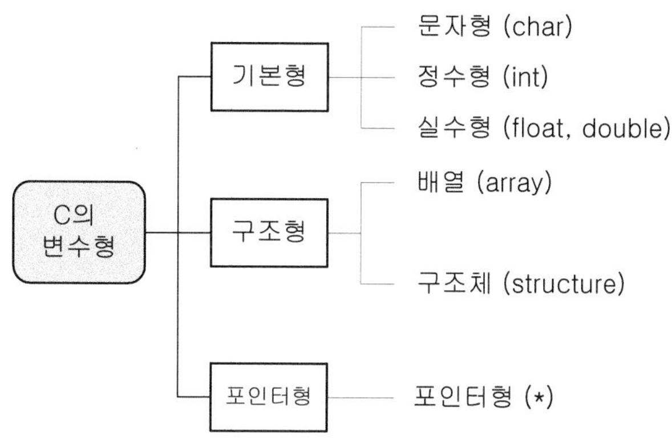

【그림 4.4】 C 변수의 종류

2 변수 선언

C언어에서 사용할 변수는 프로그램의 맨 윗줄에 반드시 선언해야 한다. 그렇지 않으면 변수가 선언되지 않았다는 오류가 발생한다. 변수 선언은 사용할 변수를 컴파일러에게 미리 알려주는 기능을 하며 변수 선언만으로도 해당 변수가 메모리가 할당된다. 변수 선언 형식은 다음과 같다. 암기해 둬야 한다.

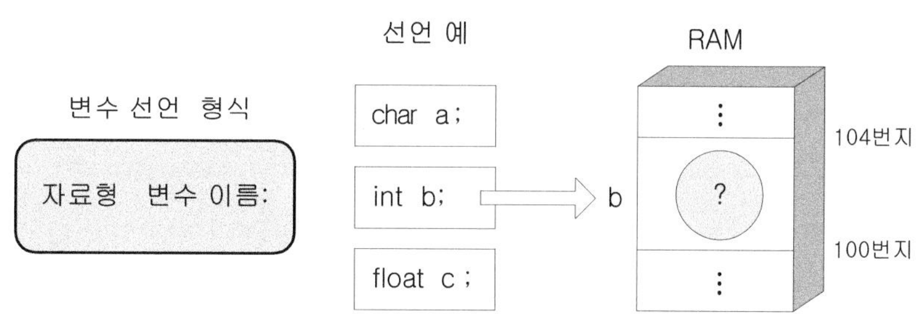

【그림 4.5】 변수 선언 형식과 메모리 할당

4.3 정수형 변수

1 정수형 변수의 종류

정수형 변수는 정수형 데이터를 저장하기 위한 변수로 short, int, long형 세 가지의 자료형이 있다. 이들은 차지하는 메모리의 크기가 다르다. short형은 2바이트, int형은 4바이트, long형도 4바이트가 각각 할당된다. 따라서 저장할 수 있는 정수의 크기도 달라진다. 변수 선언의 예를 몇 가지 들어보자.

```
short number;        //2Byte
int   test;          //4Byte
long data;           //4Byte
```

보통 int형 변수는 메모리에서 4바이트의 공간을 차지하게 된다. 그런데 저장 공간은 컴파일러의 종류에 따라 약간씩 차이가 있다. 비주얼 C++ 컴파일러는 4바이트가 할당되지만 과거 터보 C 컴파일러는 2바이트가 할당된다. 또한, 마이크로컨트롤러용 C 컴파일러들은 대부분 2바이트가 할당된다.

【표 4.1】 컴파일러의 종류와 int형 메모리의 크기

컴파일러의 종류	메모리 할당
Visual C++	4Byte
Turbo C	2Byte
마이크로컨트롤러용 C	2Byte

int형 자료의 크기는 운영 체제가 한 번에 처리할 수 있는 데이터의 크기와 관계가 있다. 과거 도스 환경에서는 int형은 2바이트였고 long형은 4바이트였다. 하지만 윈도우즈에서는 int형과 long형 모두 4바이트를 사용한다.

signed, unsigned 키워드

정수형 변수는 양수와 음수를 모두 저장할 수 있는 부호 있는 정수형 변수와 양수만 저장할 수 있는 부호 없는 정수형 변수로 나누어진다. 부호 있는 정수형 변수는 signed라는 키워드를 이용해 선언한다. 그런데 signed는 생략할 수 있으므로 int만으로 선언해도 결과는 같다. 부호 없는 정수형 변수는 반드시 unsigned를 붙여 선언한다. short, int, long 앞에 signed, unsigned 키워드를 모두 붙일 수 있으므로 정수형 변수는 모두 6종류가 된다.

【표 4.2】 정수형 변수의 종류

short형	(signed) short
	unsigned short
int형	(signed) int
	unsigned int
long형	(signed)long
	unsigned long

앞으로는 특별한 경우가 아니면 정수형 변수는 int형을 사용하도록 하자. int형은 운영체제와 밀접한 관계를 갖고 있는 자료형으로 처리 속도가 가장 빠르기 때문이다. int형을 이용해 변수를 선언하는 형식을 알아보도록 하자.

	선언 형식	선언 예
부호 있는 정수형 변수	signed int 변수 이름; int 변수 이름;	signed int a; int a;
부호 없는 정수형 변수	unsigned int 변수 이름;	unsigned int b;

【그림 4.6】 int형 변수의 선언 형식과 선언 예

short형과 long형 변수의 선언 예를 몇 가지 들어보자.

```
short number;              //부호 있는 short형 변수
unsigned short number;     //부호 없는 short형 변수
long test;                 //부호 있는 long형 변수
```

```
unsigned long data;          //부호 없는 long형 변수
unsigned int test;           //부호 없는 int형 변수
unsigned test;               //unsigned int test와 동일
```

2 정수형 변수의 표현 범위

보통 수학에서 정수란 음의 정수, 0, 양의 정수를 모두 합쳐서 부르는 용어이다. 정수의 크기는 +∞에서 -∞까지이고 소수점을 포함하지 않은 수를 말한다. 그런데 컴퓨터에서 말하는 정수의 의미는 조금 다르다. 컴퓨터는 자료를 저장할 메모리의 크기가 결정되어 있으므로 정수형에 저장할 수 있는 값의 크기도 정해져 있다. 만약 저장 범위를 벗어나는 정수를 사용하면 오류가 발생하지는 않지만 오버플로(overflow)가 발생하므로 주의해야 한다.

부호 있는 정수형 변수

부호 있는 정수형 변수 a가 다음과 같이 선언되었다면 a에 저장할 수 있는 정수의 범위는 어떻게 될까?

```
int   a;                         // 4바이트 할당
```

int형 변수는 메모리 4바이트가 할당된다고 했다. 메모리 4개가 결합되어 정수 데이터를 저장하는데 사용된다는 뜻이다. 따라서 정수형 변수 a는 다음과 같이 32비트의 저장 공간을 갖게 된다. 이중 최상위 1비트는 데이터를 저장하는데 사용되지 않고 뒤따라오는 데이터가 양수인지 음수인지를 결정하는 부호 비트(MSB : Most significant bit)로 이용된다. 따라서 31개의 비트만이 데이터를 저장하는데 이용되며 최솟값과 최댓값은 다음과 같이 결정된다.

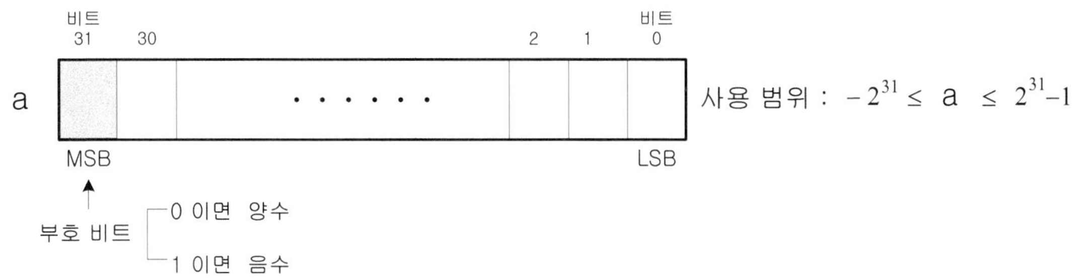

【그림 4.7】 부호 있는 정수형 변수의 표현 범위

변수 a에 저장할 수 있는 정수의 범위는 십진수로 -2,147,483,648~2,147,483,647 정도가 된다. 만약 이보다 크거나 작은 정수를 사용하면 오버플로가 발생한다.

부호 없는 정수형 변수

부호 없는 정수형 변수는 부호 있는 정수형 변수에서 최상위 비트인 부호 비트를 없애고 32비트 전체를 데이터 저장용으로 사용한다. 따라서 음수는 사용할 수 없지만 1개의 비트가 늘어나므로 저장할 수 있는 값은 부호 있는 정수형보다 두 배 커지게 된다.

```
unsigned int  b;                                   // 4바이트 할당
```

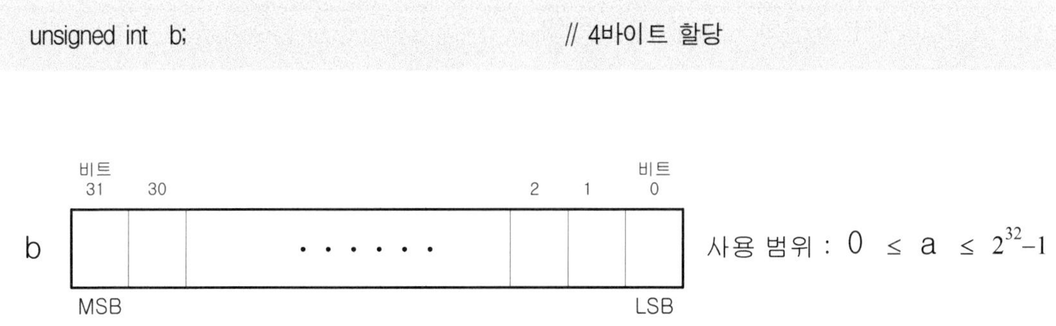

【그림 4.8】 부호 없는 정수형 변수의 표현 범위

부호 없는 정수형 변수 b에 저장할 수 있는 값은 0 ~ 4,294,967,295가 된다. 그런데 컴파일러에 따라서는 부호 없는 정수형 변수를 지원하지 않는 경우가 있다. 비주얼 C++ 컴파일러가 그런 경우이다. 따라서 비주얼 C++ 컴파일러는 unsigned int와 int를 동일한 자료 형으로 간주한다. 다음 예제로 확인해 보자.

【기초 예제 4.1】 부호 있는 정수형 변수의 오버플로

```
#include<stdio.h>
int main( )
{
    int a, b, c;                    //부호 있는 정수형 변수 선언
    a = 100;
    b = 2147483647;                          //①
    c = 2147483648;                          //②
    printf("a = %d\n", a);
    printf("b = %d\n", b);
    printf("c = %d\n", c);
    return 0;
 }
```

실행 결과

```
a = 100
b = 2147483647
c = -2147483648
```

소스 관찰

① 부호 있는 정수형 변수에 저장할 수 있는 최댓값이므로 원하는 결과를 얻을 수 있다.

② 부호 있는 정수형 변수에 저장할 수 있는 최댓값보다 1이 큰 정수를 입력했지만 결과는 전혀 엉뚱한 결과가 나온다. 잘 생각해 보면 최댓값보다 1이 큰 수는 자리올림이 발생해 부호 비트에 1이 저장된다. 따라서 음수로 간주되는 것이다. 하지만 컴파일러는 오류를 발생시키지는 않으므로 주의해야 한다.

【기초 예제 4.2】 부호 없는 정수형 변수의 오버플로

```
#include<stdio.h>
int main( )
{
    unsigned int a, b, c;          //부호 없는 정수형 변수 선언
    a = 2147483647;                                    //①
    b = 2147483648;                                    //②
    c = 4294967295;                                    //③
    printf("a = %d\n", a);
    printf("b = %d\n", b);
    printf("c = %d\n", c);
    return 0;
 }
```

실행 결과

```
a = 2147483647
b = -2147483648
c = -1
```

소스 관찰

① 부호 있는 정수형 변수에 대입할 수 있는 최댓값을 변수 a에 저장했으므로 원하는 결과를 얻을 수 있다.

② 부호 있는 정수형 변수의 최댓값보다 1이 큰 정수를 대입했다. 이 값은 부호 없는 정수형 변수에서 사용할 수 있는 값이지만 비주얼 C++ 컴파일러는 unsigned int형을 int형으로 간주하므로 전혀 다른 결과가 나오게 된다. 주의하자.

③ unsigned int형을 사용할 수 없으므로 int형으로 간주되어 예상치 못한 결과가 출력된다.

4.4 문자형 변수

문자형 변수는 문자 1개의 아스키코드를 저장하기 위한 변수로 메모리 1바이트가 할당된다. 만약 문자형 변수에 문자 상수가 대입될 경우는 문자의 아스키코드가 메모리에 저장된다. 하지만 정수가 대입될 경우는 앞서 살펴본 정수형 변수와 동일하게 사용할 수 있다. 다만, 문자형 변수는 크기가 1바이트이므로 저장할 수 있는 값의 범위가 작아진다.

【기초 예제 4.3】 문자형 변수의 기본 사용법

```
#include<stdio.h>
int main( )
{
    char  ch;                           //문자형 변수 선언
    ch = 'K';                           //① 문자 상수 대입
    printf("c = %c\n", ch);             //② 문자 출력
    printf("ASCII = %d\n", ch);         //③ 아스키코드 출력
    return 0;
}
```

실행 결과

```
c = K
ASCII = 75
```

소스 관찰

① 문자 상수를 문자형 변수에 대입하면 해당 상수의 아스키코드가 메모리에 저장된다. 따라서 ch에는 'K'의 아스키코드 75가 메모리에 저장된다.
② ch에 저장된 값을 문자형으로 출력하면 아스키코드 75에 해당되는 'K'가 출력된다.
③ ch에 저장된 값을 정수형으로 출력하면 메모리의 저장된 75가 그대로 출력된다.

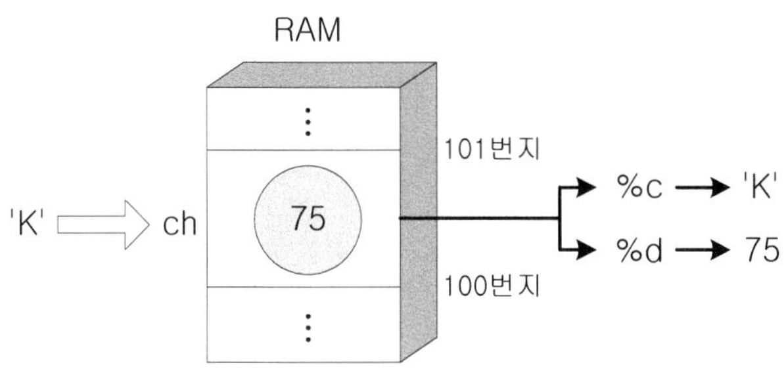

문자형 변수는 1바이트 크기를 갖는 정수형 변수와 동일하게 사용할 수 있다. 문자형 변수는 부호 있는 문자형 변수와 부호 없는 문자형 변수를 모두 사용할 수 있고, 부호 없는 문자형 변수 앞에는 unsigned를 붙이면 된다. 문자형 변수의 선언 형식은 다음과 같다.

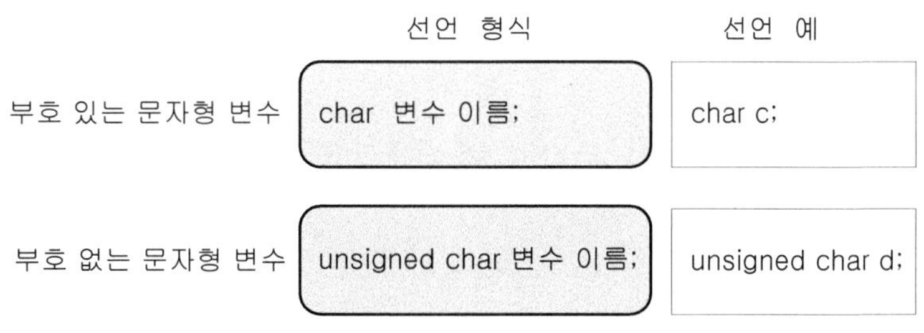

【그림 4.9】 char형 변수의 선언 형식과 선언 예

다음과 같은 부호 있는 문자형 변수와 부호 없는 문자형 변수의 예를 보자.

```
char  c;              //부호 있는 문자형 변수
unsigned char d;      //부호 없는 문자형 변수
```

부호 있는 문자형 변수는 8비트 중에 최상위 1비트를 부호 비트로 사용한다. 따라서 7비트만을 이용해 데이터를 저장한다. 부호 없는 문자형 변수는 부호 비트가 없기 때문에 8비트 모두를 데이터 저장용으로 사용할 수 있다. 부호 없는 문자형 변수는 부호 있는 문자형 변수보다 두 배 큰 값을 저장할 수 있다.

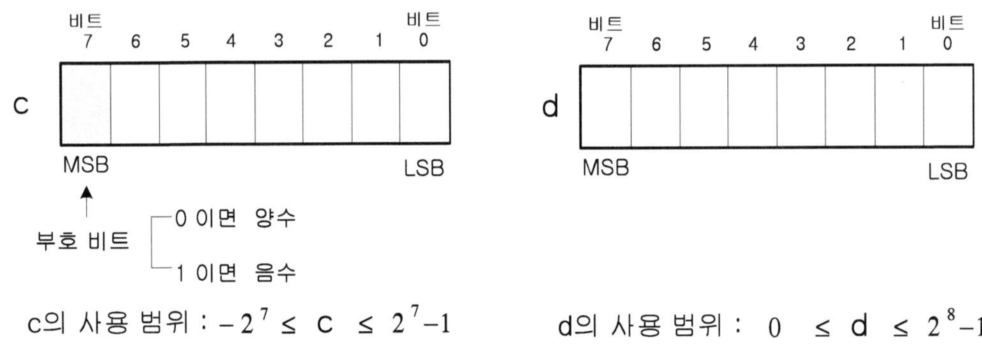

【그림 4.10】 부호 있는 문자형 변수와 부호 없는 문자형 변수

마이크로컨트롤러용 C언어에서는 char형 변수에 정수를 대입하여 사용하는 경우가 많기 때문에 표현할 수 있는 수의 범위를 확실히 기억해 두자. 또한, 비주얼 C++ 컴파일러는 문자형 변수에 문자 혹은 정수를 모두 저장할 수 있다.

【표 4.3】 문자형 변수의 정수 표현 범위

문자형 변수	메모리 할당	부호 비트	수의 범위
char	1Byte	있음	$-128 \le x \le 127$
unsigned char	1Byte	없음	$0 \le x \le 255$

【기초 예제 4.4】 문자형 변수에 정수 데이터 저장하기

```
#include<stdio.h>
int main( )
{
    char  a1, a2;                   //부호 있는 문자형 변수 선언
    unsigned char b1, b2;           //부호 없는 문자형 변수 선언
    a1 = 127;                       //부호 있는 문자형의 최댓값
    a2 = 128;                       //①
    b1 = 255;                       //부호 없는 문자형의 최댓값
    b2 = 256;                       //②
    printf("a1 = %d\n", a1);
    printf("a2 = %d\n", a2);
```

```
    printf("b1 = %d\n", b1);
    printf("b2 = %d\n", b2);
    return 0;
}
```

실행 결과

```
a1 = 127
a2 = -128
b1 = 255
b2 = 0
```

소스 관찰

① 부호 있는 문자형 변수에 저장할 수 있는 최댓값보다 1이 큰 정수를 입력했지만 결과는 음수가 나온다. 오버플로가 발생하지만 오류가 발생하지는 않으므로 주의해야 한다.

② 부호 없는 문자형 변수의 최댓값보다 1이 큰 정수를 입력하면 오버플로가 발생한다. 비주얼 C++ 컴파일러는 부호 있는 문자형 변수와 부호 없는 문자형 변수를 모두 지원한다.

4.5 실수형 변수

실수형 변수는 소수점이나 지수를 갖고 있는 실수를 저장하기 위한 용도로 사용된다. 컴퓨터에서 실수를 나타내는 방법은 고정 소수점(fixed-point) 방식과 부동 소수점(float-point) 방식이 있다.

고정 소수점 방식은 소수점의 위치를 고정시키고 정수 부분과 소수 부분에 각각 일정한 크기의 비트를 할당하는 방식이다. 표현 방법은 쉽지만 나타낼 수 있는 수의 크기가 작기 때문에 거의 사용되지 않는다.

부동 소수점 방식은 소수점의 위치를 그때그때 변경하는 방식으로 작은 비트로 큰 수를 저장하는데 용이하므로 현재 대부분 이 방식을 사용하고 있다. 부동 소수점 방식은 수를 저장할 때 유효숫자를 나타내는 가수 부분과 소수점의 위치를 나타내는 지수 부분으로 분리해서 별도로 저장한다. 실수 314.1592를 고정 소수점 방식과 부동 소수점 방식으로 저장하는 예를 살펴보자.

【그림 4.11】 고정 소수점 방식과 부동 소수점 방식의 사용 예

실수형 데이터는 가수, 지수부분을 별도로 계산하고 계산결과를 정규화해야 하므로 계산이 복잡하고 시간이 많이 걸린다. 따라서 꼭 필요한 경우에만 사용하는 것이 좋다.

C언어의 실수형 변수에는 float형과 double형이 있다. float형은 메모리 4바이트가 할당되며 double형은 8바이트가 할당된다. 실수형 변수선언 형식은 다음과 같다.

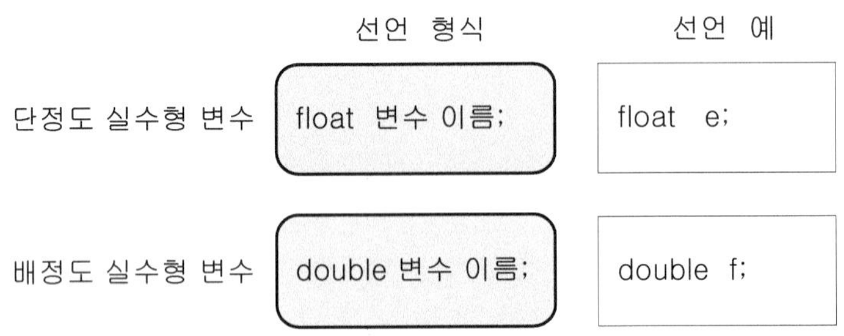

【그림 4.12】 실수형 변수의 선언 형식과 사용 예

다음과 같은 두 개의 실수형 변수를 고려해 보자.

```
float  e;            //단정도 실수형 변수(4바이트)
double  f;           //배정도 실수형 변수(8바이트)
```

float형은 4바이트의 메모리가 할당되며 6개의 유효숫자를 갖는다. double형은 8바이트의 메모리가 할당되며 16개의 유효숫자를 갖는다. 따라서 정밀한 값을 계산하려면 double형을 사용하는 것이 좋다. float형과 double형으로 나타낼 수 있는 실수의 범위는 다음 표와 같다. 만약 표현 범위를 벋어나는 실수를 사용하면 오버플로(overflow)나 언더플로(underflow)가 발생하므로 주의해야 한다. 언더플로란 값이 너무 작아서 나타낼 수 없다는 것을 의미한다.

【표 4.4】 실수형 변수의 표현 범위

실수형 변수	메모리 할당	유효숫자	수의 범위
float	4Byte	6자리	$\pm 1.17549 \times 10^{-38} \le e \le \pm 3.40282 \times 10^{+38}$
double	8Byte	16자리	$\pm 2.22507 \times 10^{-308} \le f \le \pm 1.79769 \times 10^{+308}$

【기초 예제 4.5】 실수형 변수의 기초 사용법

```
#include<stdio.h>
int main( )
{
   float  e;                          //단정도 실수형 변수 선언
   double f;                          //배정도 실수형 변수 선언
   e = 13.987;
   f = 314.1592;
   printf("e = %f\n", e);             //①
   printf("e = %8.3f\n", e);          //②
   printf("f = %f\n", f);             //③
   printf("f = %e\n", f);             //④
   return 0;
}
```

실행 결과

```
e = 13.987000
e =    13.987
f = 314.159200
f = 3.141592e+002
```

소스 관찰

① 단정도 실수형 변수는 %f 형식으로 출력하면 소수점 6번째 자리까지 자동으로 출력된다. 만약 주어진 실수의 소수점 자리가 부족하면 0으로 채워진다.

② %8.3f는 전체 자리는 8자리, 소수점 아래는 3자리까지 출력하라는 뜻이다.

③ 배정도 실수형 변수도 %f 형식으로 출력하면 소수점 6번째 자리까지 자동으로 출력된다.

④ %e는 지수 형식으로 출력하라는 의미이고 역시 소수점 6번째 자리까지 출력한다. 3.141592e+002는 3.141592×10^2이라는 뜻이다.

【기초 예제 4.6】 실수형 변수의 언더플로와 오버플로

```
#include<stdio.h>
int main( )
{
    float  e = 1e-39;                              //①언더플로
    float  f = 1e39;                               //②오버플로
    printf("e = %f\n", e);
    printf("f = %e\n", f);
    return 0;
}
```

실행 결과

```
e = 0.000000
f = 1.#INF00e+000
```

소스 관찰

① 변수 e에 float형에서 사용할 수 있는 값보다 작은 값을 대입하면 언더플로가 발생하며 0을 출력한다.
② 변수 f에 float형에서 사용할 수 있는 값보다 큰 값을 대입하면 오버플로가 발생하며 무한대를 의미하는 (INF)가 출력된다.

【기초 예제 4.7】 다양한 자료형의 변수와 데이터 입출력 과정

```
#include<stdio.h>
int main( )
{
    char   a;                                  //① 변수선언
    int    b, c;
    double d;
    a  = 'Y';                                  //② 데이터 입력
    b  =  2;
    c  =  b+2;
    d  =  2.5;
    printf("a = %c\n", a);                     //③ 데이터 출력
    printf("c = %d\n", c);
    printf("d = %f\n", d);
    return 0;
 }
```

실행 결과

```
a = Y
c = 4
d = 2.500000
```

소스 관찰

① 변수 선언에 따른 메모리 할당

문자형 변수는 1바이트, 정수형 변수는 4바이트, 실수형 변수는 8바이트가 할당되므로 메모리는 다음과 같이 a, b, c, d순으로 할당된다. 이때 메모리에 들어 있는 값은 쓰레기 값으로 의미가 없다. 변수 선언은 메모리에 공간만 할당할 뿐이며 데이터를 저장하지는 않는다.

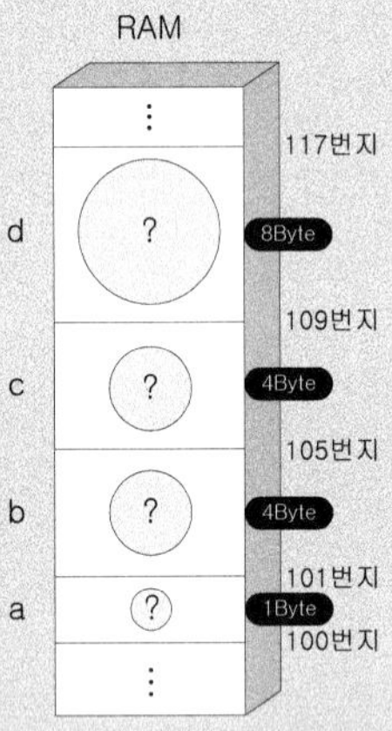

② 데이터 입력

데이터 입력은 프로그램이 작성된 순서대로 처리된다. 먼저 a에는 'Y'가 저장되고, b에는 2가 저장된다. c = b+2는 "b 변수에 저장된 값을 읽어서 2를 더한 후에 다시 c 변수에 저장하시오."라는 의미이다. b 변수의 값을 꺼내와도 원래 저장되어 있던 데이터는 변하지 않는다. 데이터 입력이 모두 끝난 후에 메모리의 모양은 다음과 같다.

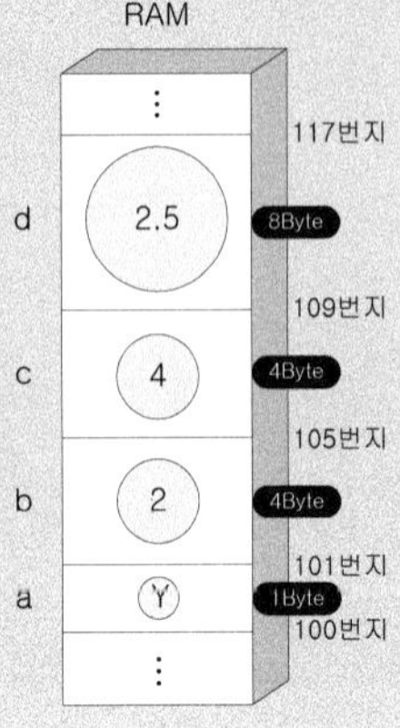

③ 데이터 출력

변수에 저장된 값을 읽어도 원본 내용은 변하지 않는다. printf("a = %c\n", a)는 a 변수의 값을 읽어서 문자형으로 출력하라는 뜻이다. 따라서 printf() 함수가 실행된 이후에도 a에 저장된 값은 변하지 않는다. 세 개의 printf() 문장이 모두 실행된 이후에 메모리의 모습은 전과 동일하다.

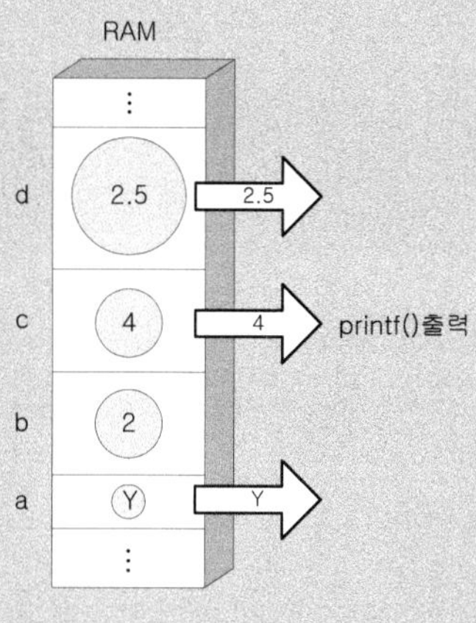

프로그램 실습

1 C언어의 기본 자료형의 종류와 변수 선언 방법을 열거하고 메모리에서 차지하는 크기를 바이트 단위로 명기하시오.

2 부호 없는 문자형 변수 c를 이용해 정수 256을 입력하고 결과를 확인하시오.

```
unsigned char c;
c = 256;
printf("c = %d\n", c);
```

3 문자 상수 '1'의 아스키코드 값을 출력하는 프로그램을 작성하시오.

4 키보드로 1개의 정수 x를 입력받아 다음 다항식의 값을 계산하는 프로그램을 작성하시오.

$x^2 + 2x + 3$

5 키보드로 반지름의 길이(r)를 실수로 입력받아 원의 넓이를 구하는 프로그램을 작성하시오,

Hint 원의 넓이 = πr^2

Hint double형을 키보드로 입력받을 때는 scanf("%1f", &r) 형식을 이용한다. float형은 scanf("%f", &r)로 처리하면 된다.

제5장 연산자

C언어의 연산자는 산술, 논리, 관계, 대입, 비트 연산자로 분류할 수 있다. 이런 다양한 연산자를 이용하면 아무리 복잡한 작업도 논리적으로 해결할 수 있다.

학습목표

- 수식과 연산자의 기본 개념을 이해한다.
- 대입, 산술, 관계, 논리 연산자의 사용법을 익힌다.
- 비트 연산자의 개념과 사용법을 학습한다.
- 복합 연산자와 형 변환 연산을 이해한다.
- 연산자의 우선순위를 이해한다.

5.1 수식과 연산자

수식(expression)이란 상수가 연산자와 결합된 문장을 의미한다. 여기서 연산자(operator)란 연산을 나타내는 기호로 가장 일반적인 것이 사칙연산(+, -, ×, ÷) 기호이다. 수학과는 다르게 프로그램 언어에서는 곱셈 기호는 *, 나눗셈 기호는 /를 이용하며 연산 방법은 수학과 같다. 피연산자(operand)란 연산의 대상이 되는 상수가 된다.

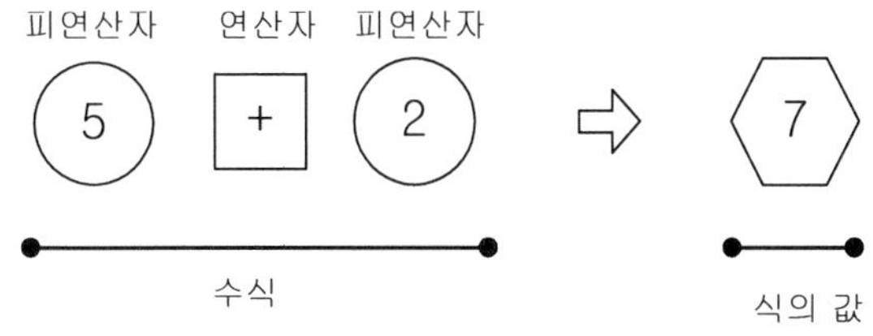

【그림 5.1】 수식의 구성 요소

가장 간단한 수식은 상수 1개의 항으로 이루어지는 식으로 5(상수), 100(상수)을 들 수 있다. 1개의 수식이 연산자에 의해 연결된 수식을 복합 수식이라 하며 수식은 항상 값을 갖게 된다. 예를 들면 5+2는 복합 수식이며, 2개의 수식 5와 2가 +연산자에 의해 연결된 형태로 볼 수 있고 식의 값은 7이 된다.

【기초 예제 5.1】 피연산자가 상수만으로 구성된 수식의 출력

```
#include<stdio.h>
int main( )
{
   printf("%d\n", 3);           //1항 수식
   printf("%d\n", 5+2);         //2항 수식
   printf("%d\n", 5+2-1);       //3항 수식
   return 0;
}
```

실행 결과

```
3
7
6
```

소스 관찰

상수만으로 이루어진 수식은 printf() 문장으로 출력될 때 식의 값을 계산해서 결과값만을 출력한다. 즉 printf("%d\n", 5+2)의 뜻은 2항 수식 5+2의 결과를 계산해서 결과값을 정수형으로 출력하라는 뜻이다.

변수도 수식을 만들어 사용할 수 있다. a+2는 변수 a와 상수 2가 +연산자에 의해 결합된 수식이다. 식의 값은 변수 a에 저장된 값과 2를 더하면 얻어진다.

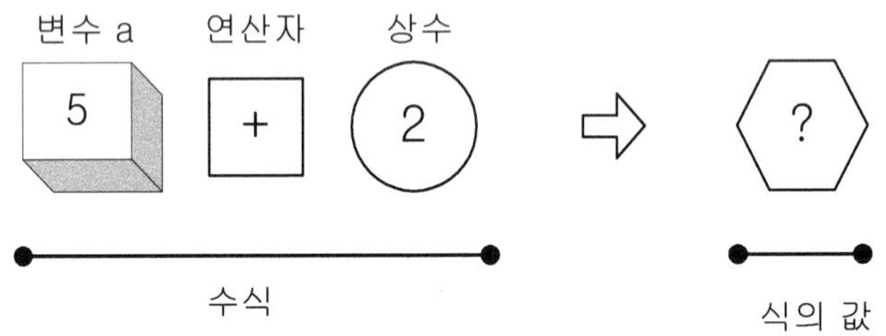

【그림 5.2】 변수와 상수로 구성된 수식

피연산자 중 하나가 변수이면 식의 값은 변수 내부에 저장된 값에 따라 달라진다. 만약 변수 a에 5가 저장되어 있다면 a+2의 값은 7이 된다. 두 개 이상의 변수가 다양한 연산자에 연결되어 있어도 이 규칙을 그대로 적용하면 된다. a+h는 변수 a와 h에 저장된 값에 대해 덧셈을 수행하라는 의미다. 또한, 변수와 상수를 혼용해서 수식을 만들 수도 있다.

【기초 예제 5.2】 피연산자가 상수와 변수로 구성된 수식의 출력

```
#include<stdio.h>
int main( )
{
   int a, b;
   a = 5;
   b = a+2;
   printf("%d\n", a);           //변수 1개
   printf("%d\n", a+2);         //변수, 상수
   printf("%d\n", b);
   printf("%d\n", a+b+2);
   return 0;
}
```

실행 결과

```
5
7
7
14
```

소스 관찰

변수 a에 5가 저장되어 있으므로 a+2의 값은 7이고, 변수 b에는 7(a+2)이 저장되어 있으므로 a+b+2의 값은 14가 된다. 물론 출력을 수행한 후에도 변수 a에는 5, 변수 b에는 7이 그대로 저장되어 있다. 이 값들은 다른 값으로 바꾸기 전에는 항상 유지된다는 사실을 명심하자.

C언어는 연산자의 천국이란 말이 있다. 그만큼 연산자의 종류가 다양하고 강력하다는 뜻이다. 사칙연산은 C언어의 많은 연산자의 극히 일부로 앞으로 다양한 연산자를 알아보게 될 것이다. 이런 궁금증을 가져 보면 어떨까? 프로그램 언어를 공부하는데 왜 갑자기 연산자를 배우는 걸까? 세상의 모든 복잡한 일들이 이들 연산자를 이용하면 논리적으로 해

결된다는 것이다. 물론 감성적인 일들이 아니라 논리적인 일들인 경우를 말한다.

【표 5.1】 C 연산자와 사용 기호

연산자의 종류	사용하는 기호들
산술 연산자	+, -, *, /, %
관계 연산자	<, >, ==, !=, >=, <=
증감 연산자	++, --
논리 연산자	&&, ||, !
조건 연산자	?:
비트 연산자	&, |, ^, ~, <<, >>
대입 연산자	=

5.2 대입 연산자

보통 수학에서는 '='기호를 등호라 하며 좌변과 우변이 같다는 뜻으로 사용된다. 하지만 프로그램 언어에서는 우변의 상수, 변수, 수식의 값을 좌변의 변수에 저장하라는 뜻으로 사용된다. C언어에서 '='는 대입 연산자라 부르며, 연산자 중 가장 기본이 되는 중요한 연산자이다. 대입 연산을 수행할 때는 연산 순서에 주의해야 하며 보통 가장 늦게 실행된다.

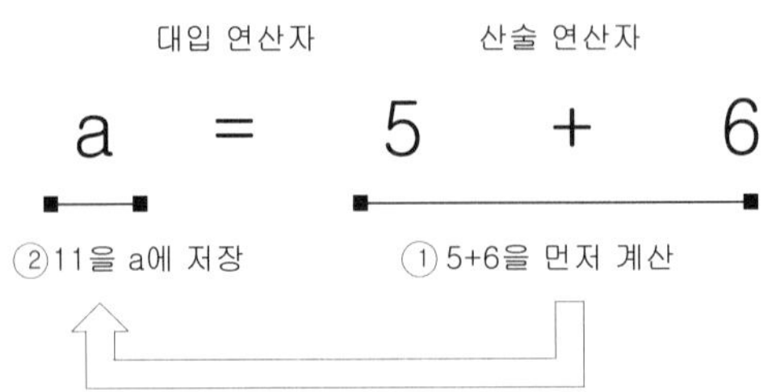

【그림 5.3】 대입 연산자의 연산 순서

1 일반 수학과의 차이점

다음 수식을 보자.

x = x + 5 ⇨ 연산자 : = , +
피연산자 : x , 5

일반적인 수학에서 미지수 x와 x에 5를 더한 값이 서로 같다는 식은 잘못된 수식이다. 그러나 C언어에서는 연산 순서가 수학과 다르기 때문에 사용할 수 있다. 대입 연산자를 기준으로 우변에 있는 수식을 먼저 계산하고 그 결과를 좌변에 있는 변수에 대입한다. 만약 x에 1이 저장되어 있었다면 수식의 결과는 6이 된다,

【기초 예제 5.3】 일반 수학과 프로그램 언어의 차이점

```
#include<stdio.h>
int main( )
{
  int x;
  x = 1;
  printf("%d\n", x);
  x = x + 5;                    //①
  printf("%d\n", x);
  x = x + x + 10;               //②
  printf("%d\n", x);
  return 0;
}
```

실행 결과

```
1
6
22
```

소스 관찰

① x에 1이 저장되어 있으므로 x = x + 5의 결과로 x에 6이 저장된다.
② x에 6이 저장되어 있으므로 6+6+10을 연산해 22를 x에 다시 대입한다.

2 좌측 항과 우측 항

대입 연산자를 기준으로 왼쪽에 있는 변수를 좌측 항(left value)이라 하고 오른쪽에 있는 변수를 우측 항(right value)이라 한다. 우측 항에는 상수, 변수, 수식이 사용될 수 있지만, 좌측 항에는 반드시 변수만 올 수 있음을 주목하자. 다음 식들은 대입 연산자가 올바르게 사용된 경우다.

```
x = 3;      (우측 항에 상수)
y = x;      (우측 항에 변수)
z = 3 + 4;  (우측 항에 수식)
```

다음 식들은 대입 연산자를 잘못 사용한 경우로 컴파일 시에 오류로 처리된다.

```
5 = 7;      (좌측 항에 상수)
x + 3 = y;  (좌측 항에 수식)
```

지금까지의 내용을 다음과 같이 알아두면 편리하다. 수식은 상수, 변수, 수식을 모두 포함하는 의미로 생각하자.

【그림 5.4】 대입 연산자의 좌측 항과 우측 항

【기초 예제 5.4】 좌측 항과 우측 항의 사용법

```
#include<stdio.h>
int main( )
{
 int x, y, z;
  x = 3;                              //①
  y = x;                              //②
  z = 3 + 4;                          //③
 // x + 3 = y;                        //④ 오류
  printf("%d\n", x);
  printf("%d\n", y);
  printf("%d\n", z);
  return 0;
}
```

실행 결과

```
3
3
7
```

소스 관찰

① x에는 정수 3이 대입된다.
② x에 저장된 3을 읽어서 y에 대입하므로 y는 3이 된다. x에 저장된 값을 읽어와도 원래 x에 저장된 3은 변하지 않는다.
③ z에는 3+4의 연산 결과인 7이 저장된다.
④ 좌측 항에 수식이 오면 컴파일 시에 오류가 발생한다.

5.3 산술 연산자

산술 연산자는 덧셈, 뺄셈, 곱셈, 나눗셈을 개수에 따라 단항 연산자와 이항 연산자로 구

분한다. 단항 연산자는 피연산자의 개수가 1개인 경우이고, 이항 연산자는 피연산자가 2개인 경우를 말한다.

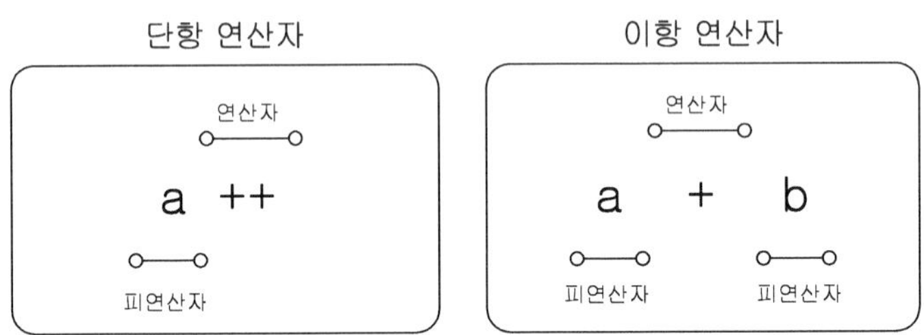

【그림 5.5】 단항 연산자와 이항 연산자

1 이항 연산자

산술 연산자 중에 이항 연산자는 덧셈(+), 뺄셈(-), 곱셈(*), 나눗셈(/), 나머지(%) 연산자가 있다. 덧셈, 뺄셈, 곱셈의 경우는 일반적인 수학과 결과 값이 같지만 정수 데이터의 나눗셈은 몇 가지 주의해야 할 사항이 있다. 나머지 연산자는 일반 수학에는 없고 프로그램 언어에서만 정의되는 연산자로 사용 빈도가 아주 높은 연산자이므로 사용법을 잘 익혀두도록 하자.

【표 5.2】 산술 연산자의 종류와 사용하는 기호

산술 연산자	기호	사용법	결과 값
덧셈	+	5 + 2	7
뺄셈	-	5 - 2	3
곱셈	*	5 * 2	10
나눗셈	/	5 / 2	2
나머지	%	5 % 2	1

정수 데이터의 산술 연산을 먼저 살펴보자.

- 덧셈 : 5 + 2 = 7
- 뺄셈 : 5 - 2 = 3
- 곱셈 : 5 * 2 = 10
- 나눗셈 : 5 / 2 = 2 (2.5 아님)
- 나머지 : 5 % 2 = 1

C언어에서 정수형 데이터의 연산 결과는 반드시 정수형이 된다. 만일 나눗셈을 취해 결과 값에 소수 부분이 발생되면 소수점 이하는 모두 잘라버린다. 반올림이 아니라 소수점 아랫부분을 모두 절삭해 정수형 데이터를 돌려준다. 나머지 연산자(%)는 정수형 데이터에서만 정의되며 나눗셈을 수행한 후에 몫과 나머지가 결정되면 몫은 잘라버리고 나머지만 되돌려 주는 연산자이다.

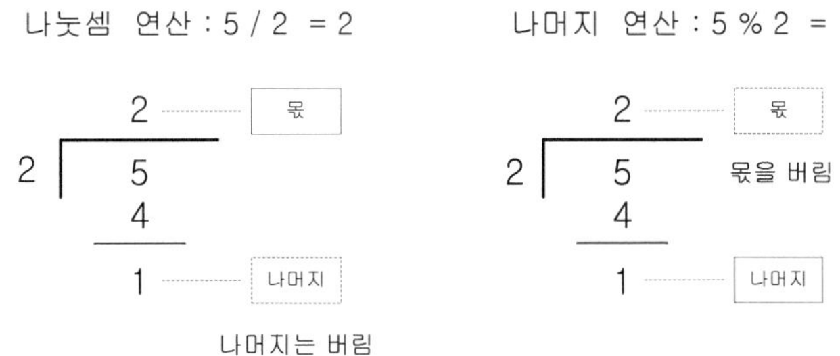

【그림 5.6】 나누기 연산과 나머지 연산의 비교

【기초 예제 5.5】 정수 데이터의 간단한 산술 연산

```
#include<stdio.h>
int main( )
{
  int a, b, c, d, e;
  a = 5 + 2;
  b = 5 - 2;
  c = 5 * 2;
  d = 5 / 2;                              //①
  e = 5 % 2;                              //②
```

```
    printf("a = %d\n", a);
    printf("b = %d\n", b);
    printf("c = %d\n", c);
    printf("d = %d\n", d);
    printf("e = %d\n", e);
    return 0;
}
```

실행 결과

```
a = 7
b = 3
c = 10
d = 2
e = 1
```

소스 관찰

① 5/2는 2.5이지만 정수형의 경우는 소수점 아래를 잘라버린다.
② 5%2는 몫은 2이고 나머지는 1이다. 따라서 e에는 1이 저장된다.

실수형 데이터의 산술 연산은 일반 수학과 거의 같다. 예제를 살펴보자.

【기초 예제 5.6】 실수형 데이터의 간단한 산술 연산

```
#include<stdio.h>
int main( )
{
    double a, b, c, d;
    a = 5.0 + 2.0;
    b = 5.0 - 2.0;
    c = 5.0 * 2.0;
    d = 5.0 / 2.0;
```

```
    printf("a = %f\n", a);
    printf("b = %f\n", b);
    printf("c = %f\n", c);
    printf("d = %f\n", d);
    return 0;
}
```

실행 결과

```
a = 7.000000
b = 3.000000
c = 10.000000
d = 2.500000
```

소스 관찰

정수형 예제와는 다르게 5.0/2.0의 결과가 2.500000로 얻어진다. 즉 실수형 연산의 결과는 언제나 실수형이 된다.

만약 이항 연산에 관여하는 두 개의 피연산자 중에 한 개는 정수이고 한 개는 실수라면 연산 결과는 실수형이 된다. 예를 들어 5.0/2 혹은 5/2.0의 결과는 모두 2.5가 된다. 산술 연산의 결과를 표로 정리해 두자.

【표 5.3】 정수형과 실수형의 산술 연산 결과

연산 형태	연산 예	연산 결과
정수형/정수형	5 / 2	정수형
정수형/실수형	5 / 2.0	실수형
실수형/정수형	5.0/ 2	실수형
실수형/실수형	5.0/ 2.0	실수형

+, -, *, /에 모두 적용된다.

【기초 예제 5.7】 정수형의 복합 산술 연산

```
#include<stdio.h>
int main( )
{  int a, b, c, d;
   a = -3 + 4 * 5 - 6;
   b = 5 % 2;
   c = 5 % 4 * 5;
   d = (7 + 6) % 5 /3;
   printf("%5d  %5d  %5d  %5d\n", a, b, c, d);
   return 0;
}
```

실행 결과

```
11    1    5    1
```

소스 관찰

수식에 덧셈, 뺄셈, 곱셈, 나눗셈이 섞여 있으면 곱셈과 나눗셈을 먼저 계산한다. 곱셈과 나눗셈이 연속으로 있으면 왼쪽에서 오른쪽으로 차례차례 연산을 수행한다. 꼭 덧셈이나 뺄셈을 먼저 계산하려면 수학과 동일하게 괄호( )를 이용하면 된다. 나머지 연산자는 나눗셈과 동일하게 연산 순서가 정해진다.

2 단항 연산자

단항(unary) 연산자는 피연산자를 1개만 갖는 연산자로 증가(++) 연산자와 감소(--) 연산자가 있다. 또한, 연산자가 피연산자에 붙어 있는 위치에 따라 전치형과 후치형으로 구분된다. 단항 연산자는 C언어에서만 볼 수 있는 재미있는 연산자로 약방의 감초처럼 다양하게 사용되므로 자세히 알아둬야 한다.

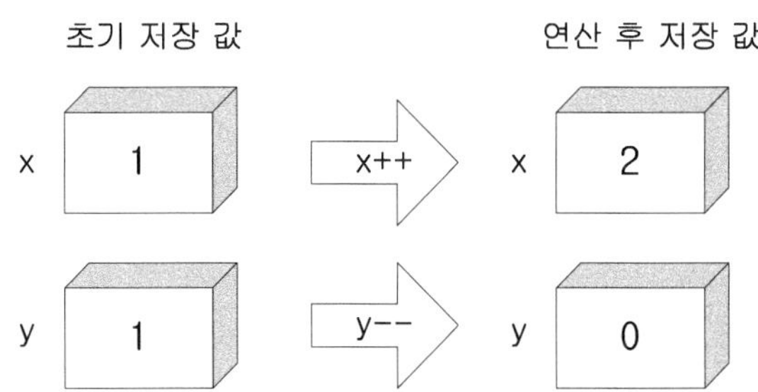

【그림 5.7】 증가 연산자와 감소 연산자

x++는 처음 저장되어 있던 x값에 1을 더해서 다시 x에 저장하라는 뜻이다. 또한, y--는 처음 저장되어 있던 y값에서 1을 빼서 다시 y에 저장하라는 뜻이다.

【표 5.4】 단항 연산자의 기본적인 의미

단항 연산자	사용 예	기본적인 의미
증가 연산자(++)	x++	x = x + 1
감소 연산자(--)	y--	y = y - 1

【기초 예제 5.8】 단항 연산자의 기본 사용법

```
#include<stdio.h>
int main( )
{  int a, b;
   a = 1;
   b = 1;
   a++;                          //a = a+1로 해석
   ++b;                          //b = b+1로 해석
   printf("a = %d\n", a);
   printf("b = %d\n", b);
   a--;                          //a = a-1로 해석
   --b;                          //b = b-1로 해석
   printf("a = %d\n", a);
   printf("b = %d\n", b);
   return 0;
}
```

실행 결과

```
a = 2
b = 2
a = 1
b = 1
```

증가 연산자와 감소 연산자의 기본적인 사용법은 비교적 간단하다. 그러나 연산 결과가 다른 변수에 대입될 때는 전치형인지 혹은 후치형인지에 따라 대입되는 시점이 달라짐으로 주의해야 한다.

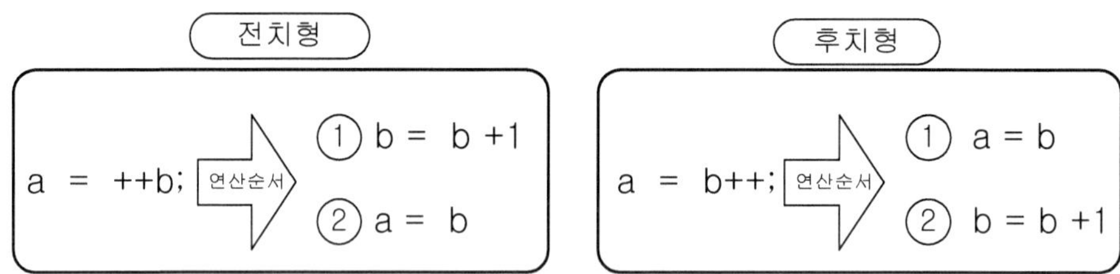

【그림 5.8】 전치형과 후치형의 연산 순서

a = ++b는 b의 값을 사용하기 전에 먼저 1 증가시킨 후 a에 대입한다. 반면에 a = b++는 b의 값을 먼저 a에 대입한 후에 1 증가시킨다. 증감 연산자는 대입 연산자와 산술 연산자가 결합된 형태이므로 항상 변수에만 사용할 수 있다. 상수나 수식에 사용되면 컴파일 시에 오류가 발생한다.

```
a = 10++;            //상수에 이용 불가
b = (a+1)++;         //수식에 이용 불가
```

단항 연산자의 전치형과 후치형의 해석 방법을 표로 정리해 보자.

【표 5.5】 단항 연산자의 전치형과 후치형의 해석 방법

단항 연산자	사용 예		해석
++연산자	전치형	++a	a를 먼저 1 증가시킨 후에 다른 연산을 수행
	후치형	a++	원래 a값으로 연산을 수행한 후에 a를 1증가
--연산자	전치형	--a	a를 먼저 1 감소시킨 후에 다른 연산을 수행
	후치형	a--	원래 a값으로 연산을 수행한 후에 a를 1감소

【기초 예제 5.9】 전치형, 후치형의 차이

```
#include<stdio.h>
int main( )
{  int a, b, c, d;
   a = 1;
   b = 1;
   c = ++a;                    //전치형
   d = b++;                    //후치형
   printf("c = %d\n", c);
   printf("d = %d\n", d);
   return 0;
}
```

실행 결과

```
b = 2
c = 1
```

a++ 연산자는 결국 a = a+1과 같은데 왜 증감 연산자를 사용하는 것일까? 표면적인 이유는 프로그램이 간결해진다는 장점을 들 수 있지만 진짜 이유는 프로그램의 실행 속도가 약간 빨라지기 때문이다. 진정한 C 프로그래머가 되려면 a++라는 문장에 더욱 익숙해져야 한다.

【기초 예제 5.10】 증가 연산자와 산술 연산자의 결합

```
#include<stdio.h>
int main( )
{
  int a, b, c;
   a = 0; b =0; c = 0;
   a =  ++b  +  ++c;                          //①
   printf("a = %d, b= %d, c = %d\n", a, b, c);
   a =  b++  +  c++;                          //②
   printf("a = %d, b = %d, c = %d\n", a, b, c);
   return 0;
}
```

실행 결과

```
a = 2, b = 1, c = 1
a = 2, b = 2, c = 2
```

소스 관찰

프로그램 소스를 하나씩 음미해 보자. 처음에 b와 c의 값은 각각 0이다.

① 증가 연산자는 모두 전치형이므로 변수 b와 c의 값에 각각 1을 더한 후에 두 값을 더해 a에 대입한다. 따라서 a에는 2가 저장된다.

② 현재 변수 b와 c의 값은 모두 1이다. 증가 연산자가 후치형으로 사용됐으므로 현재의 b와 c값을 더해 a에 대입하므로 a는 2가 된다. 대입 이후에 b와 c값은 모두 1씩 증가되므로 각각 2가 된다.

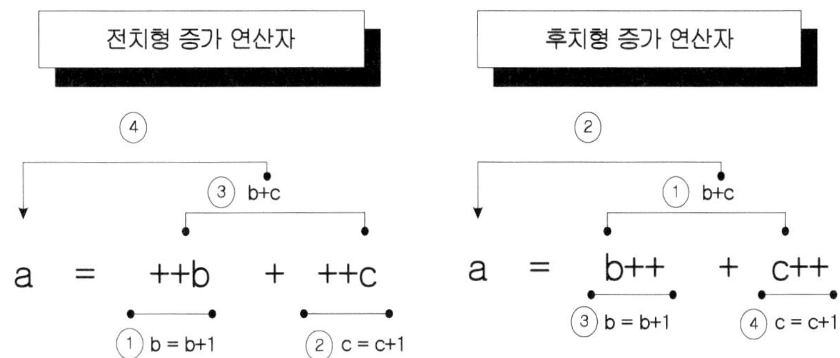

5.4 관계 연산자

관계 연산자(relational operator)는 두 개의 피연산자 사이에 대소를 비교하는 연산자로 결과 값은 참(True)과 거짓(False)이 된다. 예를 들어 2>3는 거짓이고, 2<3는 참이 된다. C 언어에서는 관계 연산의 결과가 참이면 정수 1, 거짓이면 정수 0을 돌려준다. C언어에서 사용되는 관계 연산자의 기호와 의미를 정리해 보자.

【표 5.6】 관계 연산자의 종류와 기호의 의미

관계 연산자	기호 의미	사용 예	의미
==	같다	a == b	a와 b는 서로 같은가?
!=	같지 않다	a != b	a와 b는 서로 같지 않은가?
>	~보다 크다	a > b	a가 b보다 큰가?
>=	~보다 크거나 같다	a >= b	a가 b보다 크거나 같은가?
<	~보다 작다	a < b	a가 b보다 작은가?
<=	~보다 작거나 같다	a <= b	a가 b보다 작거나 같은가?

몇 가지 관계 연산자의 사용 예를 보고 참과 거짓을 판별해 보자.

```
2 == 3;          //결과 값은 거짓(F) = 0
2 != 3;          //결과 값은 참(T) = 1
3 >= 2;          //결과 값은 참(T) = 1
a < b ;          //a, b에 저장된 값에 따라 참(T)과 거짓(F)을 결정
```

【기초 예제 5.11】 기초적인 관계 연산자

```
#include<stdio.h>
int main( )
{  int a, b;
    printf("%d\n", 2==3);       //거짓
    printf("%d\n", 10>4);       //참
    a = 1;    b = 2;
    printf("%d\n", a>b);        //거짓
    printf("%d\n", a<b);        //참
    return 0;
}
```

실행 결과

```
0
1
0
1
```

C언어의 관계 연산자에서 '같다'를 표현할 때는 등호 2개를 이용해 '=='로 나타낸다. 등호 1개를 이용하는 프로그램 언어도 있으므로 주의하자. 또한, '크거나 같다'를 표현할 때도 다른 프로그램 언어처럼 등호를 먼저 써서 '=>'로 쓸 수 없고 부등호를 먼저 써서 '>=' 형태로 사용해야 한다. 관계 연산의 결과는 다시 산술 연산에 그대로 이용될 수 있다. 다음 연산의 결과를 살펴보자.

```
3 = 4 ;                     //컴파일 오류
3 =< 4 ;                    //컴파일 오류
(3 > 2) + 10;               //(1)+10과 같다
(5 == 5) * 10;              //(1)*10과 같다
5 == 5 * 10;                //괄호가 없으면 산술 연산이 먼저 계산
```

【기초 예제 5.12】 관계 연산자와 산술 연산자의 결합

```
#include<stdio.h>
int main( )
{
    printf("%d\n", (3 > 2) + 10);        //1 + 10
    printf("%d\n", (5 == 5) * 10);       //1 * 10
    printf("%d\n", 5 == 5 * 10);         //5==50
    return 0;
}
```

실행 결과

```
11
10
0
```

5.5 논리 연산자

논리 연산자(logical operator)는 여러 개의 조건을 조합하여 참과 거짓을 판별하는 경우에 주로 사용된다. 다음 문장을 보자. "잘생겼고 부자면 결혼한다."라는 문장은 "잘생겼다."라는 조건과 "부자이다."라는 조건이 동시에 만족되면 "결혼한다."라는 의미로 해석할 수 있다. 여기서 두 개의 문장은 "그리고"라는 논리에 의해 결합되어 있고 두 조건이 모두 참이어야 결과가 참이 됨을 알 수 있다. C언어에서 이런 역할을 하는 연산자를 AND 연산자

라 하며 논리 형식에 따라 조건을 묶을 수 있는 두 개의 논리 연산자가 더 준비되어 있다.

1 논리 연산자의 기초

논리 연산은 AND, OR, NOT의 3가지 연산이 기본이 된다. 아마도 한 번쯤은 접해 본 내용일 것이다. 진리표를 정리해 보고 C언어에 적용해 보자. T는 참(True)을 의미하고, F는 거짓(False)을 나타낸다. 논리 연산의 피연산자들은 항상 참과 거짓 두 개의 조건만 가질 수 있으므로 AND, OR연산의 조합은 4가지밖에 나올 수 없다. 당연히 NOT연산은 2가지 조합이 얻어진다.

【표 5.7】 논리 연산자의 종류

피연산자		논리곱	논리합	논리부정
x	y	AND	OR	NOT x
T	T	T	T	F
T	F	F	T	F
F	T	F	T	T
F	F	F	F	T

AND와 OR연산은 최소한 2개의 피연산자가 필요한 연산이고, NOT연산자는 1개의 피연산자만 있으면 된다. AND연산은 두 개의 피연산자의 조건이 모두 참인 경우만 결과가 참이고 한 개라도 거짓이면 결과는 거짓이 된다. OR연산은 두 개의 피연산자의 조건 중 한 개만 참이면 참이고 두 개 모두 거짓일 때만 거짓이 되는 논리연산이다. NOT연산자는 피연산자가 참이면 거짓으로, 거짓이면 참으로 변환하는 연산자다.

2 C언어의 논리 연산자

C언어에서는 AND, OR, NOT연산자를 다음 기호로 표현하며 연산방법은 일반 논리연산과 동일하다. 연산결과는 관계연산과 동일하게 참(T)인 경우는 '1', 거짓(F)인 경우는 '0'을 돌려준다.

【표 5.8】 C언어의 논리 연산자와 사용 예

연산자 기호	의미	사용 예
&&	AND(논리곱)	a && b
||	OR(논리합)	a || b
!	NOT(논리부정)	!a

AND연산은 두 개의 피연산자 모두가 참(1)이면 참(1)을 돌려주는 연산이다. 다음 상수 연산의 결과를 살펴보자. C언어는 0을 제외한 모든 숫자는 부호나 크기에 관계없이 참(1)이라 했다.

```
3 && 4;          //참(1)
0 && -1;         //거짓(0)
100 && -1;       //참(1)
```

OR연산은 두 개의 피연산자 중에 하나만 참이면 1을 돌려주는 연산이다. NOT연산자는 피연산자의 조건을 무조건 부정하는 연산자이다.

```
3 || 4;          //참(1)
0 || -1;         //참(1)
!1;              //거짓(0)
!0;              //참(1)
```

변수가 포함된 논리 연산을 알아보자. 변수 a에는 10, b에는 20이 저장되어 있다고 가정하자.

```
a = 10 ; b = 20;
a && b;          //참(1)
a || b;          //참(1)
!a;              //거짓(0)
!! b;            //참(1)
```

【기초 예제 5.13】 논리 연산자의 기초 사용법

```
#include<stdio.h>
int main( )
{  int a, b;
   printf("%d\n", 3 && 4 );            //참
   printf("%d\n", 0 && -1 );           //거짓
   printf("%d\n", 3 || 4 );            //참
   printf("%d\n", !1 );                //거짓
   a = 10;  b = 20;
   printf("%d\n", a && b);             //참
   printf("%d\n", a || b);             //참
   return 0;
}
```

실행 결과

```
1
0
1
0
1
1
```

3 논리 연산자와 다른 연산자의 결합

논리 연산자들 사이에 우선순위는 단항 연산자(!)가 가장 높고 다음은 &&, ||순으로 정해진다. 동일한 논리 연산자를 연속적으로 사용하려면 반드시 괄호를 사용해서 연산의 우선순위를 결정해야 한다. 또한, 논리 연산의 결과를 다시 산술 연산에 이용할 수도 있다.

```
!1 && 1;          //NOT 연산자가 먼저 실행, 결과는 거짓
!1 * 3;           //논리 연산과 산술 연산의 결합, 결과는 0
```

관계 연산과 결합된 논리 연산을 알아보자. 변수 a에는 10, b에는 20이 저장되어 있다고 가정하자.

```
a = 10 ; b = 20;
(a>1) && (b<1);                        //거짓(0)
(a>1) || (b<1);                        //참(1)
```

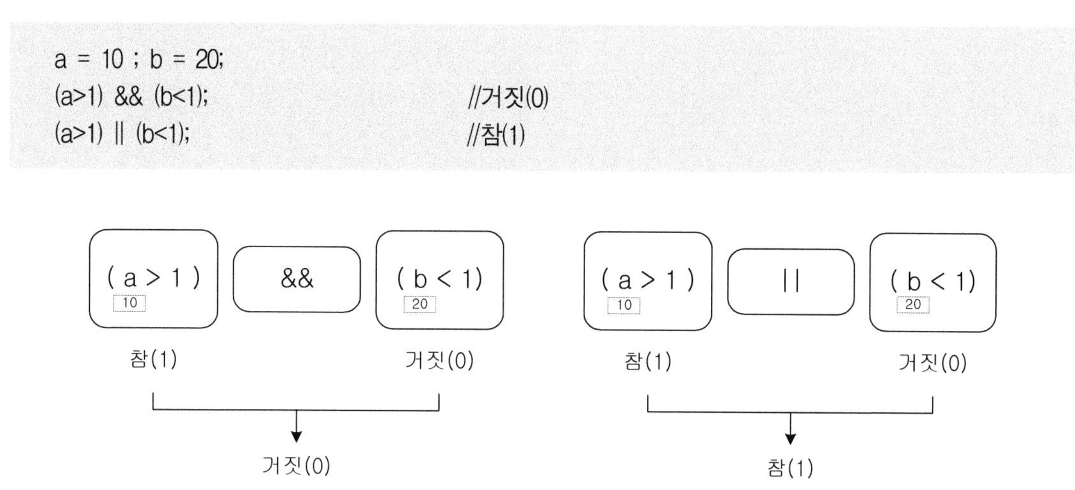

【그림 5.9】 논리 연산자로 결합된 관계 연산

a의 값은 10이므로 (a>1)는 참이다. b의 값은 20이므로 (b<1)거짓이 된다. 두 개의 피연산자 중에 하나가 거짓이기 때문에 AND연산의 결과는 거짓이다. 반면에 피연산자 중에 하나가 참이므로 OR연산의 결과는 참이 된다.

【기초 예제 5.14】 논리 연산자와 산술 연산자의 결합

```
#include<stdio.h>
int main( )
{   int a, b;
    a = 10; b = 20;
    printf("%d\n", !1 && 1 );          //①
    printf("%d\n", !1 * 3 );           //②
    printf("%d\n", !!!a );             //③
    printf("%d\n", !b + 10 );          //④
    printf("%d\n", (a>1) && (b<1));    //⑤
    printf("%d\n", (a>1) || (b<1));    //⑥
    return 0;
}
```

실행 결과

```
0
0
0
10
0
1
```

소스 관찰

① !1은 거짓이므로 0이다. 0과 1을 AND연산하면 결과는 거짓(0)이다.
② 논리 연산의 결과는 다시 산술 연산에 그대로 이용할 수 있다. 0*3 = 0이다.
③ 참을 3번 NOT하면 결과는 거짓(0)이다.
④ !20+10은 0+10과 같고 결과는 10이다.
⑤ (1)과 (0)의 AND연산이므로 결과는 거짓(0)이다.
⑥ (1)과 (0)의 OR연산이므로 결과는 참(1)이다.

5.6 비트 연산자

비트란 2진수 한 자리를 나타낸다. 따라서 비트 연산자는 지금까지의 연산자와는 다르게 메모리의 각각의 비트들이 피연산자가 되는 연산으로 하드웨어에 접근하는 프로그램을 작성할 때 많이 이용된다. 따라서 마이크로컨트롤러용 C 프로그램을 전공하는 사람은 이 장에 주목하자.

비트 연산자는 문자형과 정수형 자료에서만 이용할 수 있고 실수형에서는 오류가 발생한다. 비트 연산자는 비트 논리 연산자와 비트 이동 연산자 두 가지로 분류할 수 있다. 먼저 비트 논리 연산자를 알아보고 다음 단계로 넘어가자.

1 비트 논리 연산자

비트 연산자를 이해하기 위해서는 10진수와 2진수의 진법 변환을 반드시 알고 있어야 한다. 혹 모르는 사람은 제1장을 참고하고 돌아오자.

【표 5.9】 비트 논리 연산자의 종류와 의미

연산자 기호	의 미	사용 예	해 석
&	비트 AND	a&b	a와 b의 각각의 비트를 AND연산
|	비트 OR	a|b	a와 b의 각각의 비트를 OR연산
~	비트 NOT	~a	a의 각각의 비트를 반전
^	비트 XOR	a^b	a와 b의 각각의 비트를 XOR연산

다음과 같은 부호 없는 문자형 변수 a, b를 고려해 보자.

```
unsigned char a, b;
a = 9;                    // (9)10 = (00001001)2
b = ~a;
```

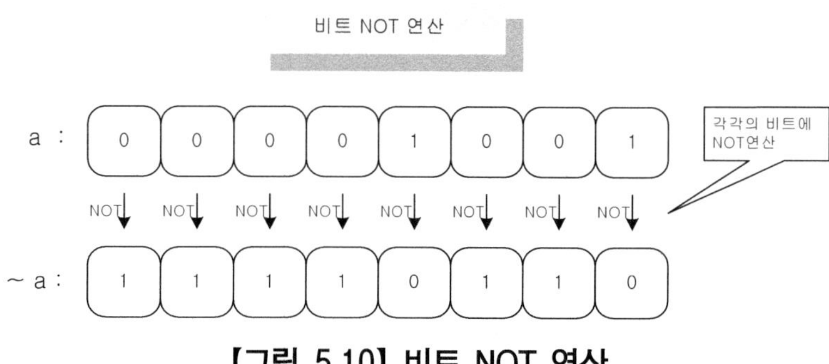

【그림 5.10】 비트 NOT 연산

부호 없는 문자형 변수 a, b는 메모리에 8비트가 할당된다. a에 십진수로 9를 대입하면 실제로는 2진수로 변환되어 (00001001)이 메모리에 저장된다. 만약 a에 ~a를 취하면 a의 모든 비트에 NOT연산을 취하므로 (11110110)이 된다. 이 값을 b에 저장하면 10진수로 246이 된다. 물론 이 경우 a에 저장된 값은 바뀌지 않는다.

비트 AND와 OR연산도 메모리 내에 각각의 비트가 피연산자가 된다는 사실만 명심하면 쉽게 이해할 수 있다. 다음 소스를 보면서 확인해 보자.

```
unsigned char a, c;
a = 9;          // (9)10 = (00001001)2
c = 3;          // (3)10 = (00000011)2
a & c;          //         (00000001)2
a | c;          //         (00001011)2
```

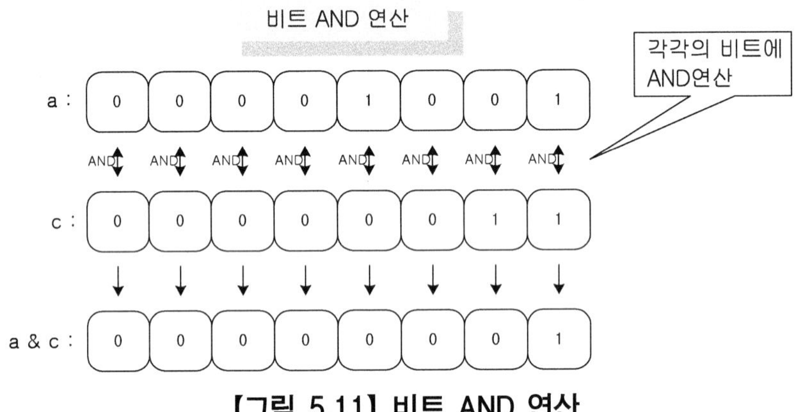

【그림 5.11】 비트 AND 연산

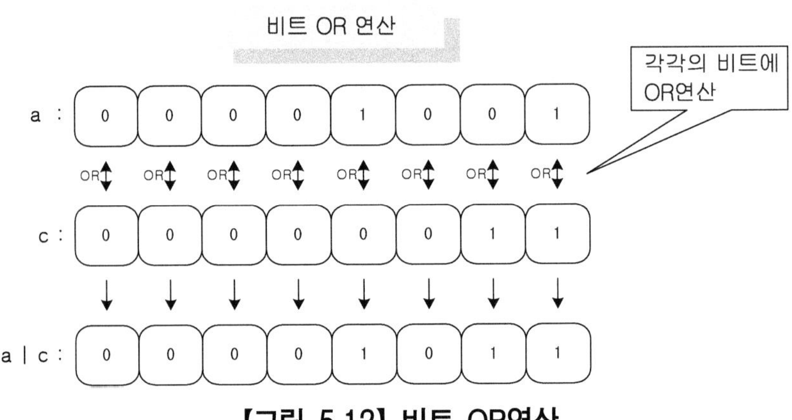

【그림 5.12】 비트 OR연산

a에는 9를 대입하고 c에는 3을 대입했다. a&c는 a와 c의 같은 위치에 있는 비트끼리 AND연산을 취하므로 결과는 1이 된다. a|c는 OR연산을 취하므로 11이 된다.

문자형 변수의 경우는 비트 연산이 수행될 때 8비트 각각에 대해 연산이 실행된다. 만약 정수형 변수를 사용하면 32비트가 같은 방법으로 연산된다. 비트 연산의 결과는 이진수로 바꾸어서 직접 연산해 보기 전에는 프로그래머가 예측하기 어렵다. 따라서 실수를 줄이려면 사용법을 확실히 알아두어야 한다.

【기초 예제 5.15】 비트 논리 연산자 실습

```
#include<stdio.h>
int main( )
{
   unsigned char a, b, c;
   a = 9;
   b = ~a;
   c = 3;
   printf("%d\n", b);                    //①
   printf("%d\n", a & c);                //②
   printf("%d\n", a | c);
   return 0;
}
```

실행 결과

```
246
1
11
```

소스 관찰

① ~a를 시켜서 b에 대입했으므로 b를 출력하면 246이 된다.
② a & c연산의 결과는 1이 되고, 연산 이후에도 a와 c의 값은 바뀌지 않는다.

비트 AND연산은 메모리의 같은 위치에 있는 두개의 비트가 모두 1일 때만 1이고 한 개의 비트라도 0이면 결과는 0이 된다. 이런 성질을 이용하면 임의의 변수에서 특정 비트 값을 추출해 낼 수 있다. 보통 이런 종류의 연산을 마스크(Mask) 연산이라 하며, 마이크로콘트롤러용 프로그램에서 자주 접하게 된다.

【응용 예제 5.16】 특정 비트 값을 추출하는 마스크 연산

임의의 정수를 키보드로 입력받아 최상위 비트와 최하위 비트의 값을 조사하자.

```
#include<stdio.h>
int main( )
{
  unsigned char a, b, c;
  printf("0~128사이의 값을 입력하시오:");
  scanf("%d", &a);
  b = 128;                                    //10000000
  c = 1;                                      //00000001
  printf("최상위 비트 = %d\n", a & b);
  printf("최하위 비트 = %d\n", a & c);
  return 0;
}
```

실행 결과

```
0~128 사이의 값을 입력하시오 : 3
최상위 비트 = 0
최하위 비트 = 1
```

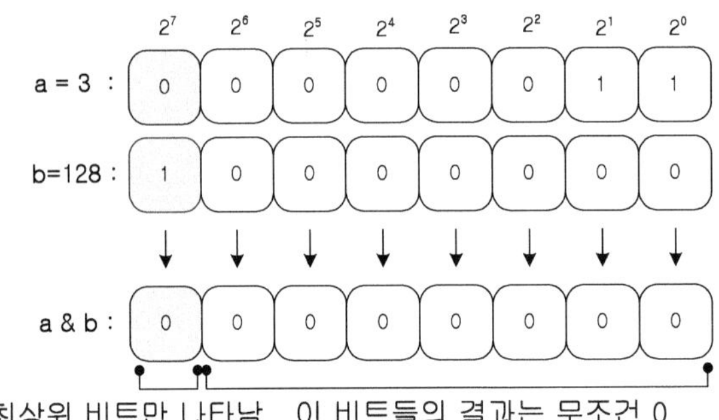

소스 관찰

십진수 128을 이진수로 변환하면 10000000이 되어 최상위 비트 1개만 1이고 나머지 비트는 모두 0이다. 비트 AND연산은 두 개의 피연산자가 모두 1인 경우만 1이므로 a 변수의 최상위 비트만 그대로 출력되고 나머지 비트는 모두 0이 된다.

OR(|)연산은 두 개의 피연산자 중에 한 개라도 1이면 결과는 1이 되고, 한 개라도 0이면 결과가 0이 되는 연산자다. 따라서 임의의 변수에서 특정 비트 값을 1로 변환하고 나머지 비트는 원상태로 유지하는데 많이 사용된다.

【응용 예제 5.17】 특정 비트만 변환시키는 OR연산

임의의 정수를 키보드로 입력받아 3번 비트, 4번 비트만 1로 변환해 보자.

```
#include<stdio.h>
int main( )
{
   unsigned char a, b, c;
   printf("0~128 사이의 값을 입력하시오:");
   scanf("%d", &a);
   b =  8;                          // 00001000(3번 비트)
   c = 16;                          // 00010000(4번 비트)
   printf("3번 비트 변경 = %d\n", a | b);
   printf("4번 비트 변경 = %d\n", a | c);
   return 0;
}
```

실행 결과

```
0~128 사이의 값을 입력하시오: 2
3번 비트 변경 = 10
4번 비트 변경 = 18
```

소스 관찰

OR연산은 특정 비트만을 1로 바꾸고, 나머지 비트는 그대로 유지시키는 경우에 매우 유용하다. 만약 3번 비트만 1로 변경하고 나머지 비트 값은 그대로 유지하려면 십진수 8과 OR연산을 수행하면 된다. 아래 그림을 참고하고 4번 비트를 변경하는 경우는 스스로 생각해 보자.

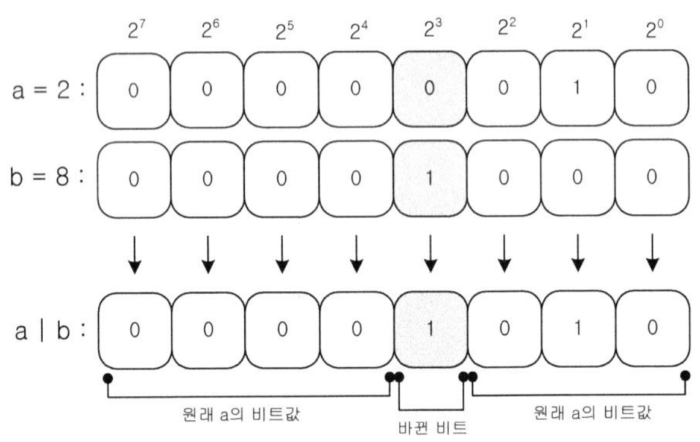

2 비트 이동 연산자

비트 이동(Shift) 연산자는 비트 전체를 왼쪽 혹은 오른쪽으로 지정한 횟수만큼 이동시키는 연산자다. 연산자 기호는 << 와 >>를 사용하며 화살표 방향이 이동시키는 방향이라 생각하면 기억하기 쉽다.

【표 5.10】 비트 이동 연산자의 종류와 의미

연산자 기호	의 미	사용 예	해 석
<<	왼쪽으로 이동	a<<x	a를 왼쪽으로 x비트만큼 이동
>>	오른쪽으로 이동	a>>y	a를 오른쪽으로 y비트만큼 이동

비트 이동 연산자도 문자형, 정수형 자료만 이용 가능

10진수로 2를 왼쪽으로 1비트, 2비트 이동시키고 결과를 살펴보자.

```
unsigned char a ;
a = 2;                    //(2)10 = (00000010)2
a << 1;                   //결과 = 4
a << 2;                   //결과 = 8
```

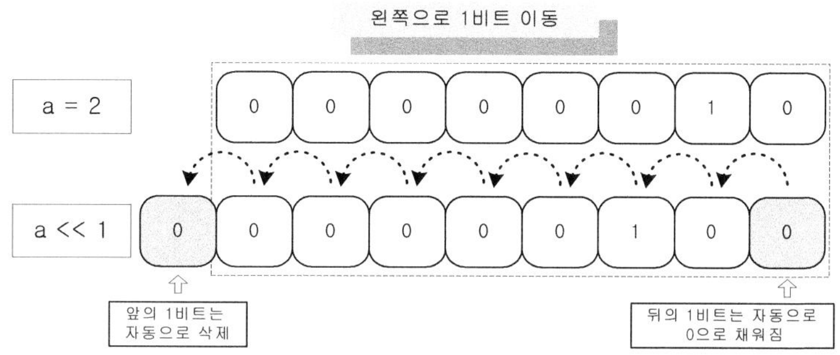

【그림 5.13】 비트 이동 연산 : a << 1

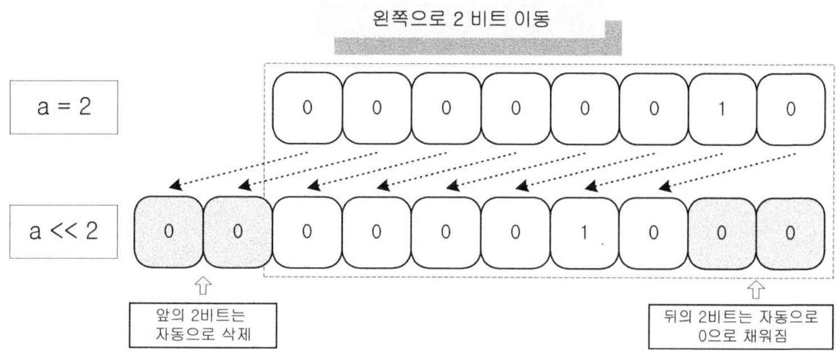

【그림 5.14】 비트 이동 연산 : a << 2

a에 10진수 2를 저장시키면 1번 비트만 1이 된다. 이때 8비트 전체를 1비트 왼쪽으로 이동시켜 보자. 8비트 각각이 왼쪽으로 1자리씩 이동했으므로 맨 앞의 1비트는 자동으로 잘려나가고 맨 뒤의 1비트는 자동으로 0으로 채워진다. 따라서 연산 결과는 4가 된다. 만약 왼쪽으로 2비트 이동하게 되면 앞의 2비트가 잘려나가고 뒤의 2비트가 0으로 채워져 결과는 8이 된다.

눈치 빠른 독자는 왼쪽 이동 연산이 1비트 실행될 때마다 2를 한 번 곱하는 효과가 있음을 직감할 수 있을 것이다. 만약 변수 a를 n비트 왼쪽으로 이동시키면 결과는 2^n을 곱한 값이 된다.

【기초 예제 5.18】 왼쪽 이동 비트 연산자 연습

```
#include<stdio.h>
int main( )
{
   unsigned char a;
   a = 2;
   printf("%d\n", a << 1);          //①
   printf("%d\n", a << 2);          //②
   printf("%d\n", a << 6);          //③
   printf("%d\n", a);               //④ 연산 후에도 a값은 불변
   return 0;
}
```

실행 결과

```
4
8
128
2
```

소스 관찰

① 문자형 변수 a의 모든 비트를 왼쪽으로 1비트 이동한다. a에 2가 대입되어 있으므로 연산 결과는 4가 된다.
② 문자형 변수 a의 모든 비트를 왼쪽으로 2비트 이동한다. 연산 결과는 8이 된다.
③ a를 왼쪽으로 6비트 이동하면 연산 결과는 128이 된다.
④ 이동 연산을 수행한 이후에도 a에 값을 대입한 적이 없으므로 a값은 변하지 않는다.

이번에는 10진수 2를 오른쪽으로 1비트, 2비트 이동시키고 결과를 살펴보자.

```
unsigned char a ;
a = 2;                    //(2)10 = (00000010)2
a >> 1;                   //결과 = 1
a >> 2;                   //결과 = 0
```

변수 a에 10진수 2를 저장시키고 오른쪽으로 1비트 이동시켜 보자. 이번에는 앞과 반대로 오른쪽 마지막 1자리가 자동으로 잘려나가고 맨 앞의 1비트는 자동으로 0으로 채워진다. 따라서 연산 결과는 1이 된다. 만약 오른쪽으로 2비트 이동하게 되면 마지막 2비트가 잘려나가고 앞의 2비트가 0으로 채워져 결과는 0이 된다.

오른쪽 이동 연산은 1번 실행될 때마다 2로 한 번 나누는 효과가 있다. 만약 변수 a를 n비트 오른쪽으로 이동하면 결과는 변수 a를 2^n으로 나눈 값이 된다.

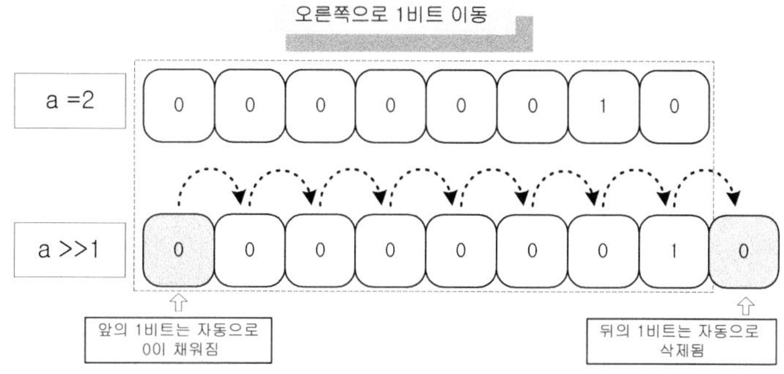

【그림 5.15】 비트 이동 연산 : a >> 1

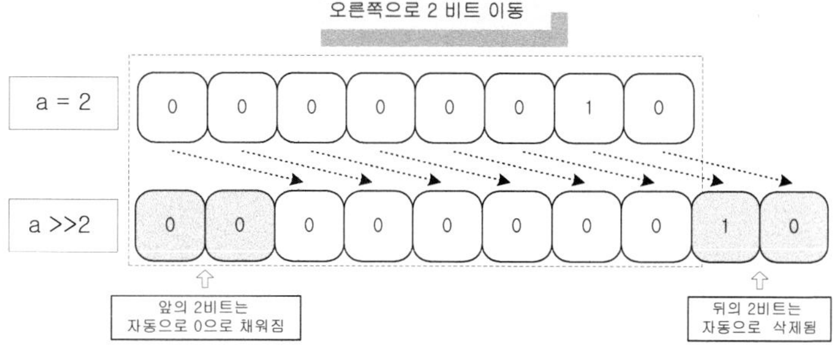

【그림 5.16】 비트 이동 연산 : a >> 2

【기초 예제 5.19】 오른쪽 이동 비트 연산자 연습

```
#include<stdio.h>
int main( )
{
   unsigned char a;
   a = 2;
   printf("%d\n", a >> 1);
   printf("%d\n", a >> 2);
   printf("%d\n", a);                  //연산 후 a값 불변
   return 0;
}
```

실행 결과

```
1
0
2
```

실수형 변수에 비트 이동 연산자를 이용하면 컴파일 오류가 발생한다. 하지만 정수형 변수는 비트 이동 연산자를 이용할 수 있고 연산 방법은 문자형과 동일하다. 다만, 문자형 자료는 8비트이지만 정수형 자료는 32비트라는 사실만 명심하면 된다. 정수형 자료의 비트 이동 연산의 예를 알아보자.

【응용 예제 5.20】 정수형 변수의 비트 이동 연산자 실습

```
#include<stdio.h>
int main( )
{
   unsigned int x;                      //부호 없는 정수형 변수
   x = 0xF123;                          //①
```

```
    printf("%04X\n", x >> 4);           //②16진수 4자리만 표시
    printf("%04X\n", x);
    printf("%04X\n", x & 0x000F);
    printf("%04X\n", x);
    return 0;
}
```

실행 결과

```
0F12
F123
0003
F123
```

소스 관찰

① 2진수 4자리는 16진수 1자리로 표현할 수 있다. 따라서 0xF123은 16진수이므로 2진수 16자리가 된다. x는 32비트지만 상위 16비트는 모두 0이므로 하위 16비트만 고려하자.

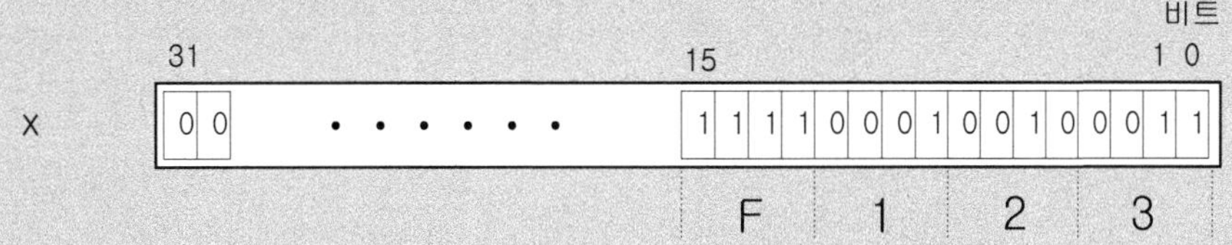

② %04X는 16진수로 4자리를 출력하고 값이 0이면 0도 출력하라는 뜻이다. 만약 x를 오른쪽으로 4비트 이동시키면 x의 하위 4비트는 잘려나가고 결과는 0F12가 된다.

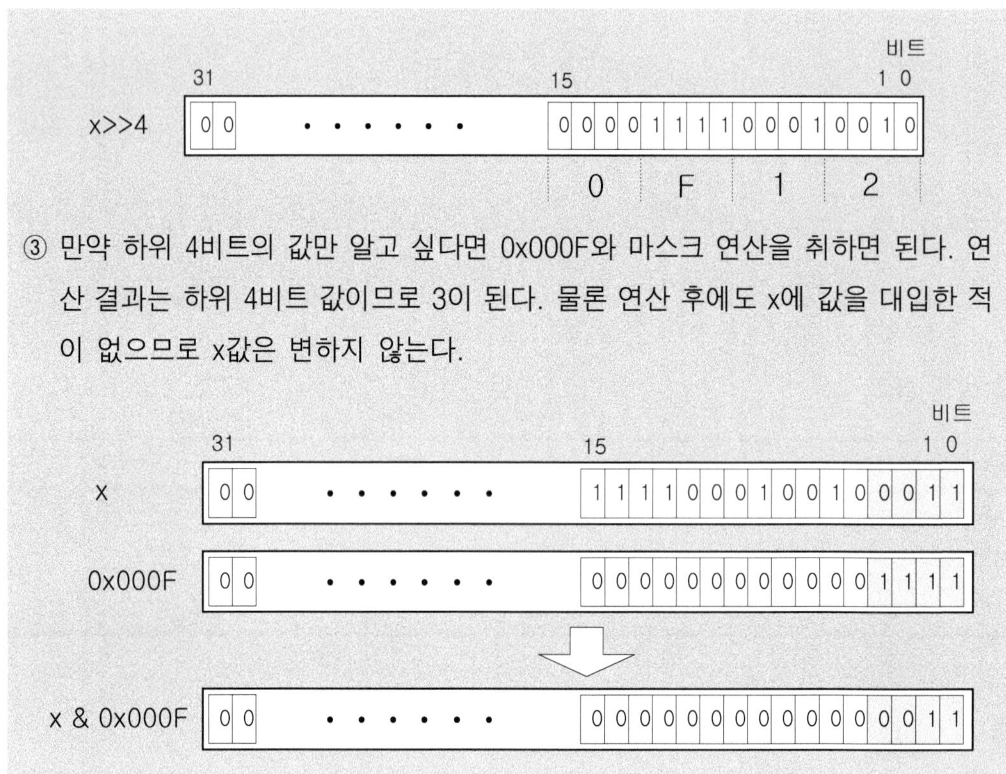

③ 만약 하위 4비트의 값만 알고 싶다면 0x000F와 마스크 연산을 취하면 된다. 연산 결과는 하위 4비트 값이므로 3이 된다. 물론 연산 후에도 x에 값을 대입한 적이 없으므로 x값은 변하지 않는다.

5.7 복합 대입 연산자

복합 대입 연산자란 대입 연산자와 산술 연산자 혹은 비트 연산자를 결합해 놓은 연산자를 의미한다. 보통 축약 연산자라고도 하며, 소스코드를 간결하게 만들 수 있으므로 알아두면 유용하다.

1 대입 연산자와 산술 연산자의 결합

대입 연산자와 산술 연산자가 결합된 형태를 먼저 살펴보자. a + = 1을 풀어쓰면 a = a+1이므로 "a의 값에 1을 더해서 다시 a에 대입하시오."라는 의미이다. 다른 복합 연산자들도 산술 연산의 종류만 다를 뿐 의미는 같으므로 스스로 생각해 보자.

【표 5.11】 대입 연산자와 산술 연산자의 결합

연산자 기호	사용 예	의미
+=	a += b	a = a + b
-=	a -= b	a = a - b
*=	a *= b	a = a * b
/=	a /= b	a = a / b
%=	a %= b	a = a % b

【기초 예제 5.21】 대입 연산자와 산술 연산자가 결합된 연산자 실습

```
#include<stdio.h>
int main( )
{   int a, b, c;
    a = 1;
    b = 1;
    c = 10;
    a += 1;                    //a = a + 1
    printf("%d\n", a);
    a += b;                    //a = a + b
    printf("%d\n", a);
    c %= a + b;                //c = c % (a+b)
    printf("%d\n", c);
    return 0;
}
```

실행 결과

```
2
3
2
```

2 대입 연산자와 비트 연산자의 결합

다음은 대입 연산자와 비트 연산자가 결합된 복합 연산자를 살펴보자. a <<= 1을 풀어 쓰면 a = a<<1이므로 "a를 1비트만큼 좌측으로 이동하고 결과를 a에 대입하시오."라는 의미다. 또한, a &= b는 "a와 b를 비트 AND연산을 수행한 후에 다시 a에 대입하시오."라는 의미가 된다.

【표 5.12】 대입 연산자와 비트 연산자의 결합

연산자 기호	사용 예	의미
<<=	a <<= x	a = a << x
>>=	a >>= x	a = a >> x
&=	a &= b	a = a & b
|=	a |= b	a = a | b
^=	a ^= b	a = a ^ b

【기초 예제 5.22】 대입 연산자와 비트 연산자가 결합된 연산자 실습

```
#include<stdio.h>
int main( )
{   unsigned char a, b, c;
    a = 1;
    b = 3;
    c = 4;
    a <<= 1;                    // a = a << 1
    b &= c;                     // b = b & c
    printf("%d\n", a);
    printf("%d\n", b);
    return 0;
}
```

실행 결과

```
2
0
```

5.8 기타 연산자와 형 변환

1 콤마 연산자

콤마 연산자는 두 개의 수식을 하나의 문장으로 표현하는 경우에 주로 사용된다. 가장 대표적인 사용 예는 변수 선언 문장이다. 연산은 언제나 좌측에서 우측으로 수행되며 연산자의 우선순위가 가장 낮다.

```
int a;
a = 1+2, 3-1;                // 결과 3
```

이 문장은 a = 1+2 와 3-1로 나누어 표현할 수 있다. 콤마 연산자는 대입 연산자보다 우선순위가 낮기 때문에 a에 3을 대입한 후 3-1은 연산은 하지만 아무 의미가 없는 문장이 된다. 다음 예를 보자.

```
int a;
a = (1+2, 3-1);              // 결과 2
```

콤마 연산자를 괄호로 묶으면 대입 연산자보다 먼저 실행되므로 1+2 와 3-1이 각각 연산되고 최종 연산 결과인 2가 a에 대입된다.

【기초 예제 5.23】 콤마 연산자 실습

```
#include<stdio.h>
int main( )
{   int a, b, c = 10;                    //콤마 연산자
    a = 1 + 2, 3 - 1;
    b = (1 + 2, 3 - 1);
    printf("%d\n", a);
    printf("%d\n", b);
    printf("%d\n", c);
    return 0;
}
```

실행 결과

```
3
2
10
```

2 sizeof 연산자

프로그램을 작성하다 보면 변수나 자료형이 메모리에서 차지하는 크기를 알고 싶을 때가 있다. 이런 경우에 sizeof 연산자를 이용하면 손쉽게 자료형의 크기를 바이트 단위로 알 수 있다.

```
sizeof(int);                //자료형의 크기
sizeof(a);                  //변수의 크기
```

sizeof 연산자 다음에 자료형이 오면 해당 자료형의 크기를 바이트 단위로 돌려준다. 정수형(int)이면 4바이트, 실수형(double)이면 8바이트를 돌려준다. 또한, 변수에 sizeof연산자를 사용하면 변수 선언 문장에서 선언된 자료형의 크기를 돌려준다.

【기초 예제 5.24】 sizeof() 연산자 실습

```
#include<stdio.h>
int main( )
{    int a = 10;
     double b = 2.5;
     printf("%d\n", sizeof(int));             //자료형
     printf("%d\n", sizeof(float));           //자료형
     printf("%d\n", sizeof(a));               //변수
     printf("%d\n", sizeof(b));               //변수
     return 0;
}
```

실행 결과

```
4
4
4
8
```

3 자료형 변환 연산자

자료형 변환이란 문자형을 정수형으로 혹은 정수형을 실수형으로 바꾸는 것을 말하며 줄여서 형 변환이라 한다. 형 변환은 크게 두 가지로 나눌 수 있다. 한 가지는 컴파일러가 자동으로 변환시켜 주는 것이고 다른 한 가지는 프로그래머가 강제로 변환시키는 것이다.

앞에서 정수형 변수에 실수를 대입하면 소수점 뒷부분이 잘려나가는 예를 본 적이 있을 것이다. 이것이 컴파일러가 자동으로 형을 변환시켜 주는 전형적인 예이다. 몇 가지 더 알아보자.

```
int x;
x = 3.14 ;                    //x에는 3이 저장
```

실수 데이터가 int형 변수에 대입되면 소수점 뒷부분은 잘려지고 정수 부분만 저장된다. 이와 같이 대입 연산이 수행될 때 작은 자료형으로 변환되는 것을 내림 변환(demotion)이라 한다. 반면에 대입 연산 시에 큰 자료형으로 변환되는 것을 올림 변환(promotion)이라 한다.

```
double y;
y = 5 ;                       // y에는 5.0이 저장
```

수식에서도 자동적인 형 변환이 발생한다. 실수형과 정수형의 산술 연산은 언제나 정수형을 실수형으로 변환한 후에 연산을 취한다.

```
double z;
z = 3.14 + 5;                 // 3.14 + 5.0으로 연산
```

cast 연산자의 형식

(자료형) 수식

사용 예

상수 : (int) 3.14

변수 : (double) x

수식 : (long) (x +10)

【그림 5.17】 형 변환 연산자의 형식과 사용 예

마지막으로 경우에 따라서는 프로그래머가 강제로 자료형을 변환시켜야 할 때가 있다. 이럴 때 이용하는 연산자가 형 변환 연산자로 캐스트(cast) 연산자라 한다. 캐스트 연산자는 변환하고자 하는 자료형을 ( ) 안에 넣어주고 다음에 상수나 변수 써주면 된다. (int)3.14는 실수 3.14를 정수형으로 변환하라는 의미이고 결과는 3이다.

【기초 예제 5.25】 형 변환 연산자 실습

```
#include<stdio.h>
int main( )
{    int a;
     double b;
     a = 1.5 + 3.7;                              //①
     printf("%d\n", a);
     a = (int)1.5 + (int)3.7;                    //②
     printf("%d\n", a);
     b = 3/2;                                    //③
     printf("%f\n", b);
     b = (double)3/2;                            //④
     printf("%f\n", b);
     return 0;
}
```

실행 결과

```
5
4
1.000000
1.500000
```

소스 관찰

① 1.5+3.7은 실수형과 실수형의 산술 연산이므로 결과는 5.2가 된다. 그런데 정수형 변수에 대입했으므로 소수점 이하는 잘리고 정수 부분만 저장되어 5가 된다.
② (int)1.5 + (int)3.7은 덧셈을 하기 전에 캐스트 연산자로 피연산자를 모두 정수형으로 변환했으므로 1+3을 계산해 결과는 4이다.
③ 정수형/정수형의 결과는 항상 정수형이므로 3/2의 결과는 1.0이다.
④ (double)3/2은 캐스트 연산자로 정수형을 실수형으로 변환하므로 결과는 실수가 되어 1.5가 된다.

5.9 연산자의 우선순위

1 연산자의 우선순위

프로그램은 항상 위에서부터 아래로 실행되고, 같은 줄에 있으면 좌측에서부터 우측으로 실행된다. 이는 위쪽 문장과 좌측 문장에 우선순위가 있다는 뜻이다. 이와 비슷하게 하나의 수식에 여러 개의 연산자가 사용된다면 어떤 연산자가 가장 먼저 실행될까? 규칙은 정하기 나름이겠지만 C언어에서 정해 놓은 규칙을 알아보자.

```
2 + 3 * 5;
```

위의 수식은 덧셈과 곱셈이 결합되어 있는 수식이다. 곱셈을 먼저 수행하면 결과는 17이 되고, 덧셈을 먼저 수행하면 25가 된다. 어느 쪽이 맞을까? 초등 수학에서 배웠듯이 곱셈과 나눗셈이 덧셈이나 뺄셈보다 먼저 실행된다. 이는 곱셈이나 나눗셈이 우선순위가 높다는 것을 의미한다. 만약 덧셈을 먼저 처리하고 싶으면 괄호로 묶으면 된다.

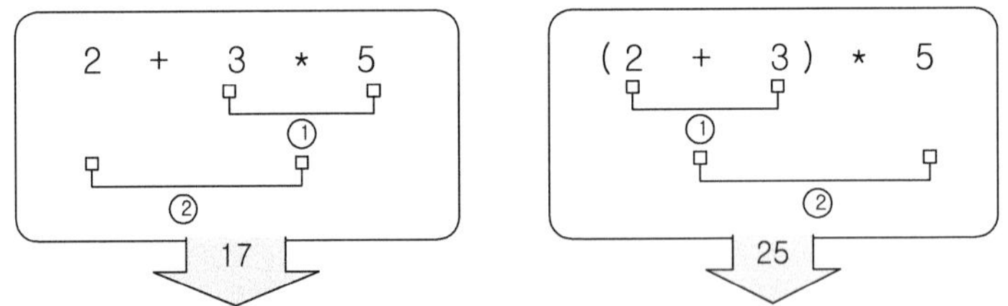

【그림 5.18】 덧셈과 곱셈의 우선순위에 따른 연산 결과

산술 연산자의 운선순위를 먼저 정리해 보자. 보통 단항 연산자가 이항 연산자보다 우선순위가 높다. 따라서 ++, --가 가장 먼저 연산되고, 다음에 *, /, %가 연산되고, 마지막으로 +, -이 연산된다.

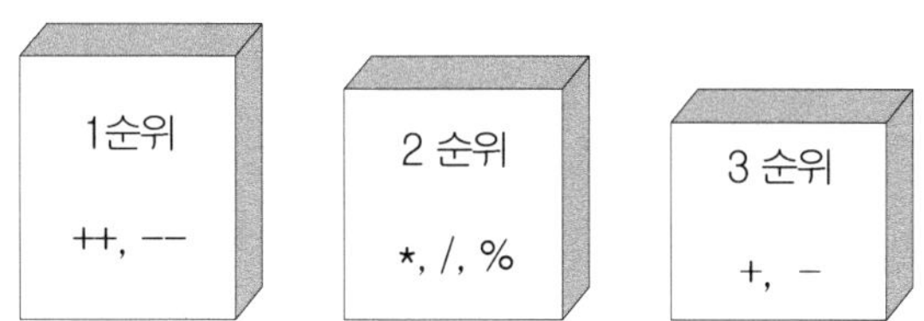

【그림 5.19】 산술 연산자의 우선순위

【기초 예제 5.26】 산술 연산자의 우선순위

```
#include<stdio.h>
int main( )
{  int a, b, c;
    a = 2 + 3 * 5;                          //곱셈이 우선
    b = (2 + 3) * 5;                        //괄호가 우선
    printf("a = %d, b = %d\n", a, b);
    c =  ++a % 10;                          //++이 먼저 계산
    printf("c = %d\n", c);
    return 0;
}
```

실행 결과

```
a = 17, b = 25
c = 8
```

C언어에서 사용되는 연산자들의 우선순위는 다음과 같다. 단항 연산자가 가장 우선순위가 높고 대입 연산자가 우선순위가 가장 낮다고 기억해 두자.

【그림 5.20】 C언어 연산자의 우선순위

2 연산자의 결합 규칙

우선순위가 같은 연산자로 결합되어 있는 다음 수식을 살펴보자. 어느 연산이 가장 먼저 실행될까? 정답은 "연산자마다 다르다."이다. 산술 연산의 경우는 좌측에서 우측 방향으로 연산이 진행된다. 따라서 a*b가 먼저 연산되고, 다음에 결과 값에 2가 곱해진다.

```
a * b * 2 ;                //산술 연산자
```

```
a = b = 2 ;                //대입 연산자
```

대입 연산자의 경우는 우측에서 좌측으로 연산이 진행된다. b=2가 먼저 대입되고, 다음에 a=b가 대입된다.

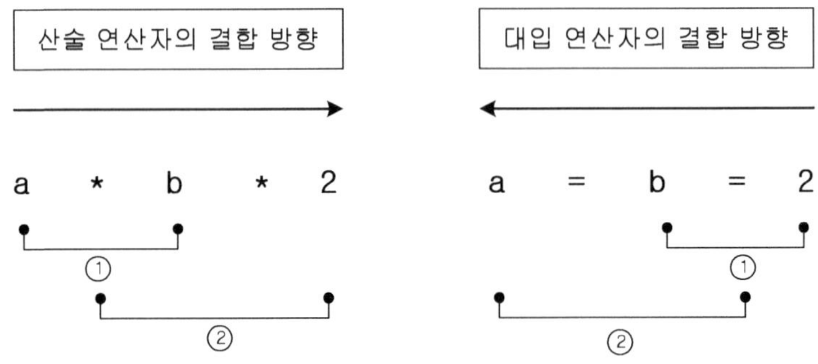

【그림 5.21】 산술 연산자와 대입 연산자의 결합 규칙 비교

연산자의 결합 규칙이란 동일한 우선순위를 갖는 연산자가 결합되어 있는 경우에 어떤 것을 먼저 수행하는가를 정해놓은 규칙이다. 이 규칙은 위에서 알아봤듯이 연산자마다 다르므로 눈여겨 봐두어야 한다. 한 가지 다행인 것은 연산자의 우선순위나 결합 규칙이 혼동될 때는 최우선 순위는 괄호에 있으니 조금이라도 의심이 가면 먼저 수행할 연산을 괄호로 묶으면 된다.

```
(a > 10) && (b > 20);        //관계 연산과 논리 연산
a && b || c ;                //논리 연산의 우선순위
```

【표 5.13】 C언어 연산자의 우선순위와 결합 규칙

<table>
<tr><th>우선순위</th><th>연산자 종류</th><th>연산자</th><th>결합 규칙</th></tr>
<tr><td>1</td><td>괄호, 구조체</td><td>( ) [ ] -></td><td>좌측에서 우측</td></tr>
<tr><td>2</td><td>단항 연산자</td><td>++ -- +(부호) -(부호) &(주소)
! ~ sizeof *(포인터)</td><td>좌측에서 우측</td></tr>
<tr><td>3</td><td rowspan="2">산술 연산자</td><td>*(곱셈) /(나눗셈) %(나머지)</td><td>좌측에서 우측</td></tr>
<tr><td>4</td><td>+(덧셈) -(뺄셈)</td><td>좌측에서 우측</td></tr>
<tr><td>5</td><td>이동 연산자</td><td><< >></td><td>좌측에서 우측</td></tr>
<tr><td>6</td><td rowspan="2">관계 연산자</td><td>< <= > >=</td><td>좌측에서 우측</td></tr>
<tr><td>7</td><td>== !=</td><td>좌측에서 우측</td></tr>
<tr><td>8</td><td rowspan="3">비트 연산자</td><td>&</td><td>좌측에서 우측</td></tr>
<tr><td>9</td><td>^</td><td>좌측에서 우측</td></tr>
<tr><td>10</td><td>|</td><td>좌측에서 우측</td></tr>
<tr><td>11</td><td rowspan="2">논리 연산자</td><td>&&</td><td>좌측에서 우측</td></tr>
<tr><td>12</td><td>||</td><td>좌측에서 우측</td></tr>
<tr><td>13</td><td>조건 연산자</td><td>?(삼항)</td><td>우측에서 좌측</td></tr>
<tr><td>14</td><td>대입 연산자</td><td>= += -= *= %= <<= >>= &=</td><td>우측에서 좌측</td></tr>
<tr><td>15</td><td>콤마 연산자</td><td>,(콤마)</td><td>좌측에서 우측</td></tr>
</table>

관계 연산과 논리 연산은 관계 연산이 우선순위가 높다. 혼동된다면 괄호를 이용해 먼저 연산할 부분을 묶는다. 논리 연산은 AND(&&) 연산이 OR(||) 연산보다 우선순위가 높다. 따라서 위 수식은 (a && b)||c와 같다. [표 5.13]에는 C언어에서 필요한 모든 연산자의 우

선순위와 결합 규칙을 정리해 놓았다. 필요하면 그때그때 참고하도록 하자.

【기초 예제 5.27】 연산자의 결합 규칙

```
#include<stdio.h>
int main( )
{    int a, b, c;
     a =  0;
     b = 20;
     c = 10;
     printf("%d\n", (a>10) && (b<10));     //①
     printf("%d\n",  a && b || c);         //② &&연산 우선
     printf("%d\n",  a && (b || c));       //③ ||먼저 연산
     return 0;
}
```

실행 결과

```
0
1
0
```

소스 관찰

① 괄호의 내용을 먼저 연산한 후에 && 연산이 수행된다.
② && 연산이 실행된 이후에 ||연산이 실행된다.
③ 괄호 안에 있는 || 연산이 실행된 이후에 && 연산이 실행된다.

프로그램 실습

1 산술 연산자 중에서 정수형에서만 사용할 수 있는 연산자를 모두 쓰고 간단한 예를 보이시오.

2 다음 프로그램의 실행 결과를 예상하시오.

```
 int main( )
{ int a = 0, b = 5, c;
  c = a && b++;
  printf("c = %d\n", c);
  a = b = 1;
  c = a++ - 5;
  printf("c = %d\n", c);
  return 0;
}
```

3 다음 비트 연산의 결과를 10진수로 쓰시오.

```
 int main( )
{
 unsigned char ch = 10;
 printf("%d\n", ~ch);
 printf("%d\n", ch >> 1);
 printf("%d\n", ch << 1);
 return 0;
}
```

4 다음 프로그램의 출력 결과와 우선순위를 표시하시오.

```
a = 0; b =1; c = -1;
printf("%d\n",  a+b <= !a );
printf("%d\n",  a && b || c && !a);
```

5 3자리의 정수를 입력받아 100의 자리, 10의 자리, 1의 자리를 출력하는 프로그램을 작성하시오.

```
3자리의 정수를 입력하세요 : 123
100의 자리 : 1
10의  자리 : 2
1의   자리 : 3
```

Hint 정수형의 나누기(/), 나머지(%) 연산을 이용한다.

제6장 조건문

프로그램은 작성된 순서대로 위에서 아래로 순차적으로 실행된다. 하지만 작업에 따라서는 프로그래머가 실행 순서를 강제로 변경해야 하는 경우가 있다. 이런 용도의 문장을 제어문이라 하며 조건문과 반복문이 대표적인 문장이다.

학습목표

- if문의 원리를 이해하고 실습을 통해 응용력을 기른다.
- switch문의 구조를 이해하고 사용법을 익힌다.
- goto문의 사용법을 익히고 문제점을 살펴본다.

RECIEVING
SIGNAL STRENGTH %100

6.1 제어문이란?

지금까지의 프로그램은 main() 함수 내부에 문장들을 작성해 놓고 첫 번째 문장부터 차례차례 실행하였다. 그러나 경우에 따라서는 실행할 문장을 선택하거나 문장의 특정 부분을 반복해서 처리해야 하는 상황이 발생한다. 이처럼 프로그램의 실행 순서를 프로그래머가 강제로 변경시키는 문장을 제어문(control statement)이라 한다. 제어문은 크게 조건문과 반복문 2가지로 분류할 수 있다.

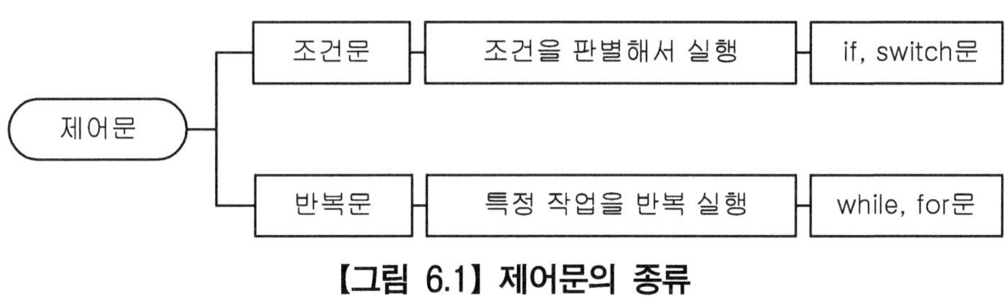

【그림 6.1】 제어문의 종류

조건문

조건이란 어떤 일을 이루거나 이루지 못하게 하려고 갖추어야 할 상태를 의미한다. 프로그램으로 주어진 문제를 해결하다 보면 두 개 혹은 여러 개의 경우 중에 반드시 1개만 선택해서 처리해야 하는 일이 발생한다. 예를 들어 시험 총점이 80점 이상이면 합격이고 아니면 불합격 처리를 해야 한다고 생각해 보자. 여기서 80점 이상은 조건이라고 할 수 있고, 합격과 불합격은 선택해야 하는 2가지 경우로 볼 수 있다. 이처럼 어떤 조건을 판별해 프로그램의 실행 경로를 선택하는 문장을 조건문이라 한다.

C언어의 조건문에는 if문과 switch~case문이 있다.

반복문

같은 작업을 여러 번 반복해야만 주어진 문제를 해결할 수 있는 프로그램도 있다. 컴퓨터가 사람보다 뛰어난 능력은 발휘하는 부분이 같은 일을 되풀이하는 작업이다. 예를 들어 성적 처리를 해야 할 학생의 숫자가 100명이라면 같은 작업을 100번 반복해서 수행해야 한다. 이처럼 반복문이란 프로그램의 특정 부분을 반복해서 처리하는 문장을 말한다.

C언어의 반복문에는 while문, do~while문, for문이 있다.

6.2 if문

일상생활에서도 주어진 조건에 따라 서로 다른 결정을 내려야 하는 일이 자주 발생한다. "만약 비가 오면 우산을 가지고 간다." 이 문장을 풀어쓰면 "비가 온다."라는 조건이 만족되면 "우산을 가지고 간다."라는 결정을 내린다는 뜻이다. 이 문장을 순서도로 그려보면 다음과 같다.

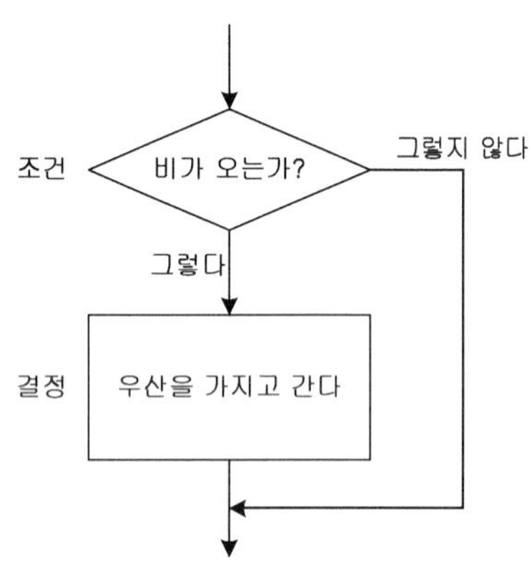

【그림 6.2】 일상생활의 조건문

일상생활과 비슷하게 프로그램 언어에서도 어떤 선택 조건을 제시하고 상황에 따라 다른 결정을 내려야 하는 경우가 자주 발생한다. 이때 사용하는 대표적인 문장이 if문이다. if라는 단어는 사전적 의미처럼 만약 ~라면이라고 해석하고 어떤 조건을 내세울 경우에 사용한다. 한 가지 주의할 점은 C언어에서 if문 다음에 오는 조건은 항상 참과 거짓을 명확히 판단할 수 있는 문장을 사용해야 한다.

1 기본 if문

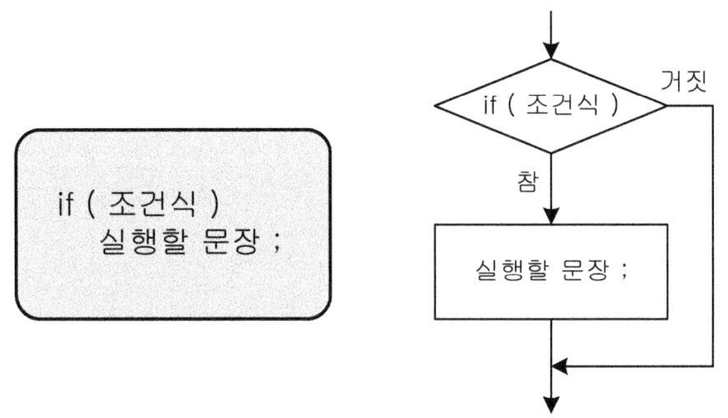

【그림 6.3】 기본 if문의 형식과 순서도

가장 기본적인 if문은 어떤 조건식을 주고 참일 때는 주어진 작업을 수행하고 거짓일 때는 아무 작업도 하지 않는다. C언어에서 if문 내부의 조건의 위치에는 반드시 수식이 들어간다. 이런 수식을 조건식이라 하며, 주로 대소 관계를 이용해 참과 거짓을 판별할 수 있는 관계 연산자가 많이 이용된다. 몇 가지 예를 통해 자세히 알아보자.

```
if ( number > 0)                    //조건식
   printf("양수입니다\n");           //처리할 작업
```

조건식은 항상 소괄호( )로 묶고 조건식 끝에 세미콜론(;)을 붙이지 않는다.

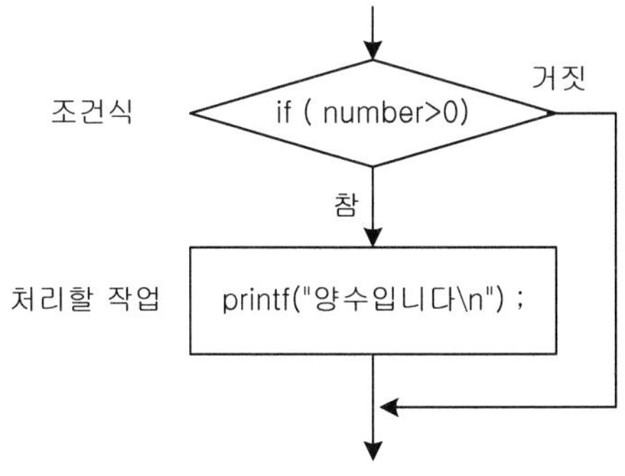

【그림 6.4】 if문을 이용한 양수 판별

만약 number에 저장된 값이 10이라면 if문 뒤에 따라오는 조건식은 참이 된다. 따라서 printf( ) 문장이 실행되어 '양수입니다'가 출력된다. 반면에 number에 저장된 값이 0이라면 조건식은 거짓이 되어 printf() 문장은 건너뛰고 실행되지 않는다.

다음과 같이 printf() 문장이 두 번 사용된 예를 살펴보자.

```
if( number > 0)                          //조건식
printf("양수입니다\n");                   //처리할 작업 1
printf("number = %d\n", number);         //처리할 작업 2(항상 실행)
```

첫 번째 printf() 문장은 if문과 연결되어 있는 블록으로 조건식의 참과 거짓에 따라 실행 유무가 결정된다. 하지만 두 번째 printf() 문장은 if문과는 관계없는 문장이므로 조건식의 참과 거짓에 관계없이 항상 실행된다. 이 문장의 순서도를 그려서 확인해 보자.

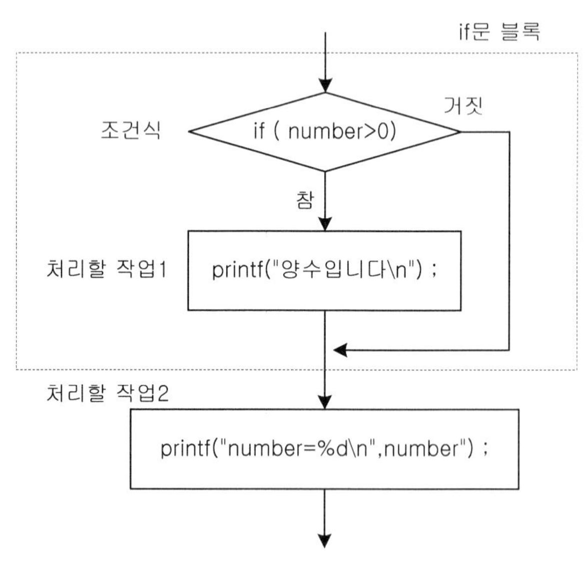

【그림 6.5】 if문 블록의 범위

만약 조건식이 참인 경우에 처리해야 할 작업이 여러 개라면 어떻게 해야 할까? 실행할 문장들을 { }로 묶어주면 된다. 다음 순서도를 보면서 앞의 경우와 비교해 보자.

```
if ( number > 0)                              //조건식
{   printf("양수입니다\n");                   //처리할 작업 1
    printf("number = %d\n", number);          //처리할 작업 2
}
```

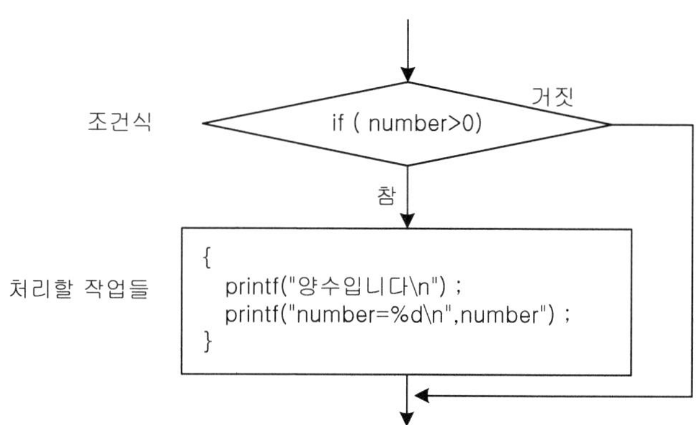

【그림 6.6】 실행 문장을 여러 개 갖는 if문

【기초 예제 6.1】 키보드로 1개의 정수를 입력받아 양수 판별하기

```
#include<stdio.h>
int main( )
{
  int number;
  printf("정수를 입력하시오:");
  scanf("%d", &number);
  if( number > 0 )                       //조건식
    printf("양수입니다\n");
  printf("number = %d\n", number);       //항상 실행
  return 0;
}
```

 **실행 결과**

```
정수를 입력하시오: 3                    //①
양수입니다
number = 3
```

```
정수를 입력하시오: 0                    //②
number = 0
```

소스 관찰

① 첫 번째는 키보드로 3을 입력한 경우이다. 이 경우에 조건식은 3>0가 되어 참이므로 '양수입니다'가 출력된다.

② 두 번째는 키보드로 0을 입력한 경우이다. 조건식은 0>0이 되어 거짓이므로 if문 바로 뒤에 따라오는 printf()문은 실행되지 않는다.

2 if ~ else문

기본적인 if문은 조건이 참인 경우에만 처리할 문장이 주어졌다. 하지만 조건이 참인 경우와 거짓인 경우를 분리해 두 개의 문장 중 하나를 선택하는 것이 더욱 자주 이용된다. 앞의 예를 조금 변형해 보자. "비가 오면 우산을 가지고 가고 비가 오지 않으면 우산을 안 가지고 간다." 이 문장은 비가 오느냐라는 조건을 검사해 참이면 우산을 가지고 가고, 거짓이면 우산을 안 가지고 간다라는 뜻이다. 즉 조건을 판별해 두 가지 중 한 가지 작업을 선택해 처리한다고 할 수 있다.

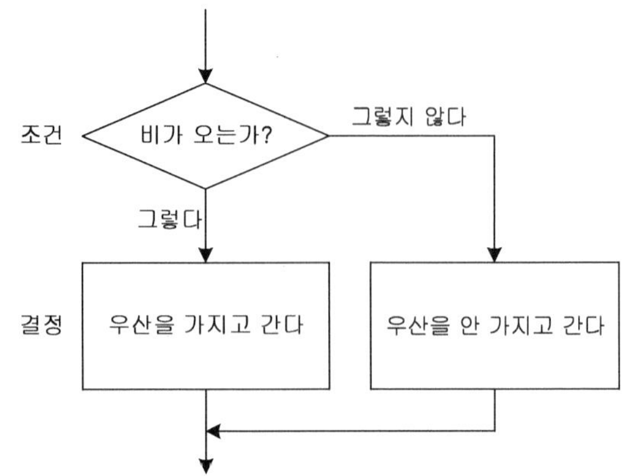

【그림 6.7】 조건에 따라 다른 결정을 내리는 예

C언어에서 조건식을 판별해 참인 경우에 실행할 문장과 거짓인 경우에 실행할 문장을 분리해 처리하는 문장이 if~else 문이다. if~else문은 조건식을 판별해 참이면 조건식 바로 뒤의 문장을 실행하고, 거짓이면 else 이후의 문장을 실행하게 된다.

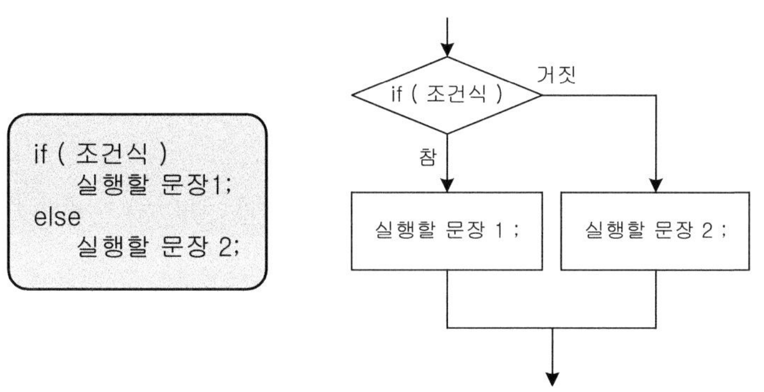

【그림 6.8】 if ~ else문의 형식과 순서도

임의의 정수를 입력받아 양수인지 아닌지를 판별하는 프로그램을 if~else문으로 작성해 보자.

```
if ( number > 0)                    //조건식
   printf("양수입니다\n");             //참인 경우 처리할 작업
else
   printf("양수가 아닙니다\n");         //거짓인 경우 처리할 작업
```

만약 number의 값이 0보다 크면 "양수입니다"가 출력되고 number의 값이 0보다 작거나 같으면 "양수가 아닙니다"라는 메시지가 출력된다. 만약 조건식에 따라 처리해야 하는 문장이 복문이라면 다음과 같이 반드시 중괄호로 묶어야 한다.

```
if ( number > 0)                    //조건식
{  printf("양수입니다\n");             //참인 경우 처리할 작업
   printf("프로그램을 종료합니다\n");
```

```
}
else
{  printf("양수가 아닙니다\n");            //거짓인 경우 처리할 작업
   printf("다시 입력하세요\n");
}
```

조건식 뒤와 중괄호({}) 뒤에는 세미콜론을 붙이지 않는다.

【기초 예제 6.2】 키보드로 1개의 정수를 입력 받아 양수인지 아닌지 판별하기

```
#include<stdio.h>
int main( )
{
  int number;
  printf("정수를 입력하시오: ");
  scanf("%d", &number);
  if( number > 0 )
    printf("양수입니다\n");               //참일 때 실행
  else
    printf("양수가 아닙니다\n");            //거짓일 때 실행
   return 0;
}
```

실행 결과

```
정수를 입력하시오: 3                 //①
양수입니다
```

```
정수를 입력하시오: 0                 //②
양수가 아닙니다
```

소스 관찰

① 조건식이 3>0가 되어 참이므로 조건식 바로 뒤의 문장이 실행된다.
② 조건식이 0>0가 되어 거짓이므로 else 뒤의 문장이 실행된다.

【응용 예제 6.3】 키보드로 1개의 자연수를 입력받아 짝수와 홀수 판별하기

```
#include<stdio.h>
int main( )
{
  int natural;
  printf("자연수를 입력하시오:");
  scanf("%d", &natural);
  if((natural % 2) == 0 )          //①
    printf("짝수입니다\n");         //참일 때 실행
  else
    printf("홀수입니다\n");         //거짓일 때 실행
  return 0;
 }
```

실행 결과

```
자연수를 입력하시오: 4
짝수입니다
```

```
자연수를 입력하시오: 1
홀수입니다
```

소스 관찰

① 2로 나눈 나머지가 0이면 짝수이고 그렇지 않으면 홀수이다. 따라서 나머지 연산자(%)를 이용해 나머지가 0이면 짝수이고, 0이 아니면 홀수이다.

3 중첩 if문

지금까지는 if문이 한 번만 사용되는 경우를 살펴보았다. 하지만 문제에 따라서는 if문 안에 또 다른 if문이 필요한 경우가 있을 수 있다. 예를 들어 남학생 중에서 성적이 80점 이상인 학생을 찾는 프로그램을 생각해 보자. 먼저 남학생인지 아닌지를 판별하고, 그 결과를 다시 80점 이상 인지를 판단해야 한다. 이처럼 조건식을 두 번 판별하는 문장을 중첩 if문이라 한다.

if문도 하나의 문장이므로 if문 안에는 또 다른 if문이 들어갈 수도 있다. 중첩 if문은 첫 번째 if문이 실행된 이후에 그 결과에 따라서 다시 두 번째 if문이 실행된다.

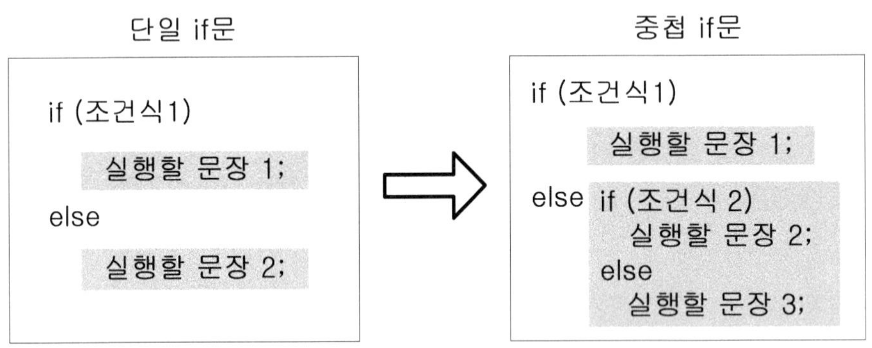

"문장 자리에 다른 if문이 들어감"

【그림 6.9】 중첩 if문의 개념

중첩 if문의 순서도를 보면서 실행 규칙을 꼼꼼히 따져 보도록 하자. 먼저 조건식 1이 참이면 문장 1이 실행되고 if문은 종료된다. 만약 조건식 1이 거짓이면 조건식 2를 판별해 참이면 문장 2가 실행되고 거짓이면 문장 3이 실행된다. 따라서 중첩 if문은 두 개의 조건식을 이용해 세 개의 실행 문장 중에 한 개를 선택해 처리하게 된다.

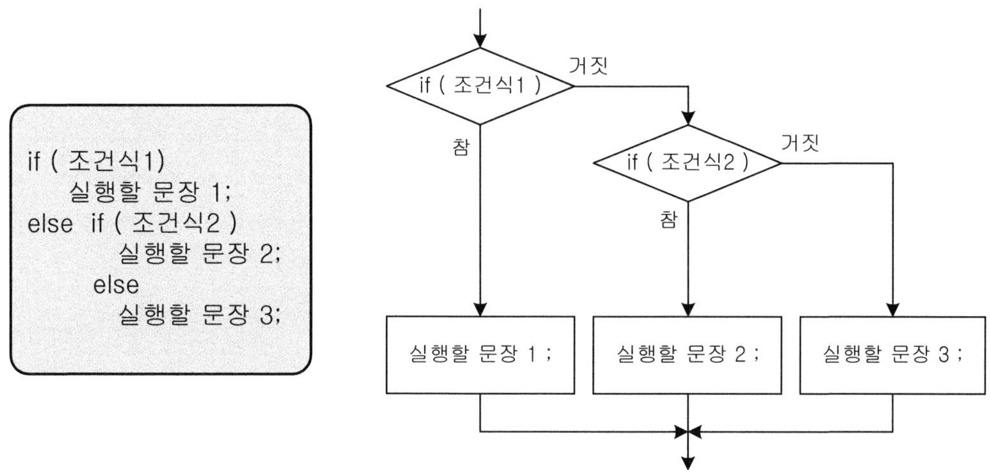

【그림 6.10】 중첩 if문의 형식과 순서도

【기초 예제 6.4】 키보드로 1개의 정수를 입력받아 양수, 0, 음수 판별하기

정수는 양의 정수(자연수), 영(0), 음의 정수로 나눌 수 있다. 따라서 조건식 두 개를 이용해 세 가지 경우 중에 한 가지를 선택하면 된다.

```
#include<stdio.h>
int main( )
{
  int a1;
  printf("정수를 입력하세요:");
  scanf("%d", &a1);
  if(a1 > 0)                          //조건식 1
    printf("양수입니다\n");           //문장 1
  else if(a1 < 0)                     //조건식 2
         printf("음수입니다\n");      //문장 2
       else
         printf("영(0)입니다\n");     //문장 3
  return 0;
}
```

실행 결과

```
정수를 입력하세요: 2                    //①
양수입니다
```

```
정수를 입력하세요: -3                   //②
음수입니다
```

```
정수를 입력하세요: 0                    //③
영(0)입니다
```

소스 관찰

① a1에 2가 저장되므로 조건식 1은 2>0가 되어 참이다. 따라서 문장 1만이 실행되고 중첩 if문은 종료된다.
② 조건식 1은 거짓이고 조건식 2는 참이 된다. 따라서 문장 2가 실행된다.
③ 조건식 1은 거짓이고 조건식 2도 거짓이다. 따라서 문장 3이 실행된다.

4 다중 if문

if문 다음에는 사용자가 원하는 만큼의 if문을 계속해서 사용할 수 있다. 이런 if문을 다중 if문이라 한다. if문 안에 아무리 많은 if문이 오더라도 if문은 조건식을 판별해 참이면 바로 다음의 문장을 실행한다는 규칙만 알고 있으면 어려울 것이 없다.

다중 if문의 실행 규칙을 알아보자. 조건식 1을 판별해 참이면 문장 1만 실행되고 if문을 종료한다. 만약 조건식 1이 거짓이면 다시 조건식 2를 판별하고 참이면 문장 2가 실행되고 종료한다. 조건식 2가 거짓이면 다시 조건식 3을 판별해 앞과 같은 방법으로 계속 진행한다.

결국 다중 if문은 n개의 조건식을 이용해 n+1개의 문장 중에 반드시 1개를 선택해 실행시키게 된다. 따라서 다중 if문을 다중 택일 문장이라 한다. 만약 조건식의 개수가 많아지게 되면 if문은 복잡해지므로 보통 뒤에 나오는 switch~case 문장을 이용하는 것이 좋다.

```
if ( 조건식1)
    실행할 문장 1;
else  if (조건식 2)
          실행할 문장 2;
      else  if (조건식 3)
          실행할 문장 3;

      .......

          else  if (조건식 n)
                 실행할 문장 n;
                else
                 실행할 문장 n+1;
```

【그림 6.11】 다중 if문의 형식

【응용 예제 6.5】 학점 처리 프로그램 작성

키보드로 학생들의 성적을 입력받아 90점 이상은 A, 80점 이상은 B, 70점 이상은 C, 60점 이상은 D, 60점 미만은 F학점을 출력시키는 프로그램을 작성해 보자.

```
#include<stdio.h>
int main( )
{
  int jumsu;
  printf("점수를 입력하시오:");
  scanf("%d", &jumsu);

  if(jumsu >= 90)
      printf("A");
  else if(jumsu >= 80)
      printf("B");
  else if(jumsu >= 70)
       printf("C");
  else if(jumsu >= 60)
       printf("D");
  else
```

```
        printf("F");
    printf("학점입니다\n");                              //항상 실행
    return 0;
}
```

실행 결과

```
점수를 입력하세요: 95                                //①
A학점입니다
```

```
점수를 입력하세요: 40                                //②
F학점입니다
```

소스 관찰

① jumsu에 95가 입력되면 첫 번째 if문의 조건식 jumsu>=90 참이 되므로 바로 뒤의 문장이 실행되고 if문은 종료된다.

② jumsu에 40이 입력되면 만족되는 조건식이 없으므로 맨 끝의 else 이후의 문장이 실행된다.

6.3 switch ~ case문

C언어의 조건문은 크게 if문과 switch문으로 나눌 수 있다. 두 문장의 차이점은 뭐고 어떤 경우에 사용되는 것일까? 보통 if문은 참과 거짓 중 한 가지를 선택해서 처리하는 양자택일 문장에 주로 사용된다. 반면에 switch문은 여러 개 중에서 하나를 선택하는 다중 택일 문장에 많이 이용된다. 예를 들어 식당에 가서 메뉴를 선택하는 경우를 생각해 보자. 여러 개의 메뉴 중에 한 개를 선택해서 주문할 경우에 if문을 이용해도 되지만 switch문을 이

용하면 보기도 좋고 사용하기도 쉽다. 먼저 switch~case문의 형식을 알아보자.

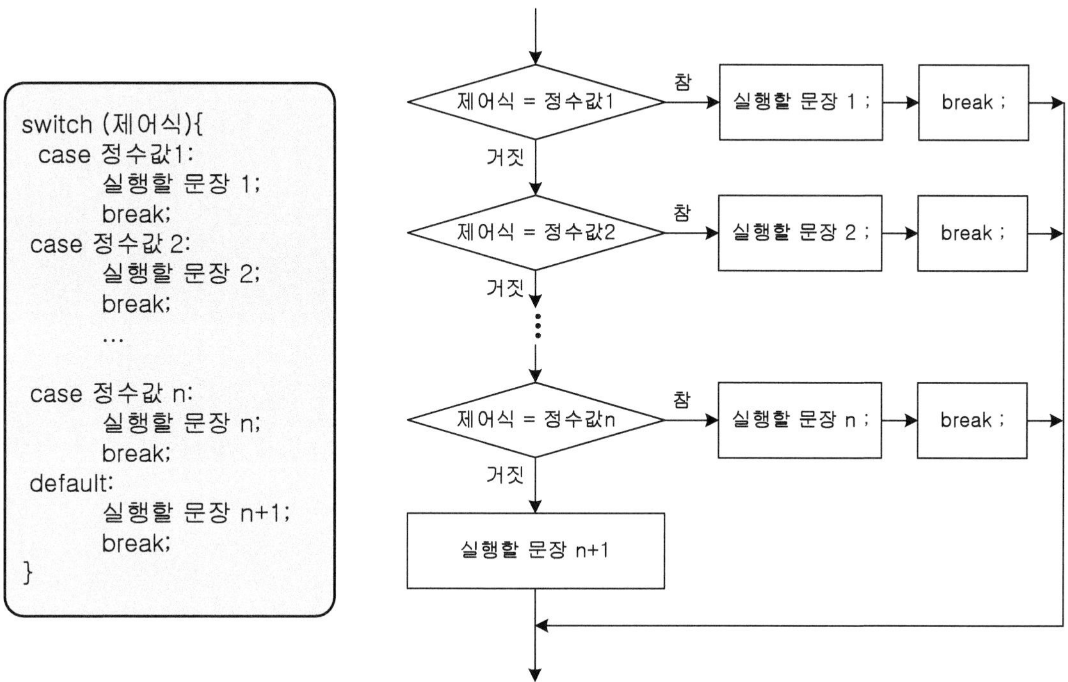

【그림 6.12】 switch ~ case 문장의 형식과 순서도

case 다음의 문장은 { }로 묶지 않는다.
실행 문장의 끝에는 반드시 break문을 추가한다.

switch문은 제어식을 계산하여 case 뒤에 있는 정수값1~정수값n과 위에서부터 차례로 비교한다. 만약 정수값 중에서 제어식과 일치하는 값이 있으면 해당 case 문장 뒤에 있는 문장을 실행한다. 실행 문장을 모두 처리한 후에는 break문이 실행되어 switch문은 종료된다.

만약 제어식과 일치하는 정수값이 없으면 default문 뒤에 따라오는 실행 문장이 자동으로 실행된다. switch문은 n+1개의 문장 중에서 반드시 1개의 문장을 선택해서 실행시키는 조건문이다. switch문의 간단한 예를 하나 살펴보자.

```
number = 2;
switch( number ){                    //제어식
   case 1:                           //number == 1인가?
     printf("1입니다\n");            //number가 1인 경우 실행
     break;
   case 2:                           //number == 2인가?
     printf("2입니다\n");            //number가 2인 경우 실행
     break;
}
```

제어식 number를 첫 번째 case문 뒤에 있는 정수 1과 비교해 같으면 case 1: 뒤에 나열된 문장을 순차적으로 실행한다. 만약 일치하지 않으면 두 번째 case문 뒤에 있는 정수 2와 비교해 같으면 case 2: 뒤에 나열된 문장들을 실행한다.

처음에 number에는 2를 대입했으므로 case 2:가 참이 되어 '2입니다'라는 메시지가 출력된다.

break문은 현재 위치에서 가장 가까운 중괄호({}) 하나를 빠져나오라는 뜻으로 이해하면 쉽다. 만약 case 뒤에 break문을 쓰지 않으면 switch문을 종료하지 않고 계속해서 다음번 case 문장들을 실행하게 된다.

【기초 예제 6.6】 정수 1, 2, 3 중 한 개의 정수 선택하기

```
#include<stdio.h>
int main( )
{
   int number;
   printf("1,2,3 중 1개의 정수를 선택하시오:");
   scanf("%d", &number);
   switch( number ){                          //정수값
     case 1:
          printf("1을 선택했습니다\n");
          break;
```

```
        case 2:
            printf("2를 선택했습니다\n");
            break;

        case 3:
            printf("3을 선택했습니다\n");
            break;
        default:
            printf("잘못 선택했습니다\n");
    }
}
```

실행 결과

```
1, 2, 3 중 1개의 정수를 입력하시오: 2          //①
2를 선택했습니다
```

```
1, 2, 3 중 1개의 정수를 입력하시오: 5          //②
잘못 선택했습니다
```

소스 관찰

① number가 2이므로 case 2: 뒤의 문장이 실행되고 switch문이 종료된다.
② number가 5이면 일치하는 case문이 없으므로 default: 뒤의 문장이 실행된다.

switch문과 if~else문

switch문과 if~else문은 서로 변환이 가능하다. 두 개의 문장 중 어떤 것을 사용하는 가는 프로그래머의 선택에 달려 있다. 다만, 선택해야 하는 실행문의 개수가 많아지면 switch문을 이용하는 것이 보기도 좋고 편리하다. 앞의 정수를 선택하는 예제를 if~else문으로 변경해 보자.

```
if( number == 1)
    printf("1을 선택했습니다\n");
else if (number == 2 )
    printf("2를 선택했습니다\n");
else if (number == 3 )
    printf("3을 선택했습니다\n");
else
    printf("잘못 선택했습니다\n");
```

주의할 점

case문 뒤에 있는 따라오는 정수값은 반드시 정수 상수를 이용해야 한다. 만약 변수나 실수를 사용하면 컴파일 오류가 발생한다.

```
switch( number ){
  case a:                          // 변수 사용 불가
    printf("a입니다\n");
    break;
```

```
switch( number ){
  case 1.0:                        // 실수 사용 불가
    printf("1.0입니다\n");
    break;
```

문자는 메모리에 저장될 때 아스키코드로 저장되므로 case 다음에 문자 상수를 이용하는 것은 가능하다.

```
switch( menu ){
    case 'a':                          // 문자 상수
      printf("a 입니다\n");
      break;
```

【기초 예제 6.7】 메뉴 중에서 좋아하는 프로그램 언어 선택하기

```
#include<stdio.h>
int main( )
{
    char menu;
    printf("\n\n\n\n\n\n");
    printf(" a. C언어            b. Basic언어\n");
    printf(" c. Fortran언어      d. Pascal언어\n");
    printf("\n");
    printf(" 메뉴 중 1개(a-d)를 선택하세요:");
    scanf("%c", &menu);                            //①
    printf("\n\n");
    switch( menu ){                                //②
        case 'a':   printf("C언어\n");          break;
        case 'b':   printf("Basic언어\n");      break;
        case 'c':   printf("Fortran언어\n");    break;
        case 'd':   printf("Pascal언어\n");     break;
        default:    printf("잘못된 메뉴입니다\n");
    }
    return 0;
}
```

실행 결과

```
a. C언어          b. Basic 언어
```

```
c. Fortran언어      d. Pascal언어
메뉴 중 1개(a-d)를 선택하세요: d

Pascal언어
```

소스 관찰

① 문자 한 개를 키보드로 입력받아 menu 변수에 저장한다.

② 입력받은 문자와 case 뒤의 문자를 차례로 비교해 일치하는 case문을 실행한다. 만약 'd'를 입력받았다면 case 뒤의 'a', 'b', 'c', 'd'를 차례로 비교하고 menu에 저장된 값과 일치하는 case 'd': 이후의 문장이 실행된다.

【응용 예제 6.8】 출생연도를 입력받아 자신의 띠 알아보기

```
#include<stdio.h>
int main( )
{
    int year;
    printf("본인의 출생연도를 입력하시오:");
    scanf("%d", &year);
    printf("\n");
    printf("당신은  ");
    switch(year % 12){                                //①
        case 0 :   printf("원숭이띠\n");     break;
        case 1 :   printf("닭띠\n");         break;
        case 2 :   printf("개띠\n");         break;
        case 3 :   printf("돼지띠\n");       break;
        case 4 :   printf("쥐띠\n");         break;
        case 5 :   printf("소띠\n");         break;
        case 6 :   printf("호랑이띠\n");     break;
        case 7 :   printf("토끼띠\n");       break;
        case 8 :   printf("용띠\n");         break;
```

```
        case  9 :   printf("뱀띠\n");          break;
        case 10 :   printf("말띠\n");          break;
        case 11:    printf("양띠\n");          break;
    }
    printf("입니다\n");
    return 0;
}
```

실행 결과

```
본인의 출생연도를 입력하세요: 1992                    //②

당신은 원숭이띠입니다
```

```
본인의 출생연도를 입력하세요: 1965                    //③

당신은 뱀띠입니다
```

소스 관찰

① 서기 0년은 원숭이띠이다. 따라서 출생연도를 입력받아 12로 나눈 나머지를 구하면 출생연도가 무슨 띠인지 알 수 있다.
② 1992를 12로 나누면 나머지가 0이다.
③ 1965를 12로 나누면 나머지가 9이다.

6.4 goto문

goto문은 프로그램의 정상적인 실행 순서를 바꾸어 특정 위치로 이동시키는 제어문이다. 주로 프로그램의 실행 위치를 강제적으로 변경시킬 때 사용된다. 프로그램이 실행 중에 goto문을 만나면 모든 실행을 중단하고 행선지(레이블)가 표시된 곳으로 건너뛰게 된다.

goto문은 goto와 이동을 원하는 레이블(label)로 구성된다. 레이블은 변수명의 규칙에 따라 영문자와 숫자를 이용해 편리하게 붙이면 된다.

```
goto  label;
    ⋮
label :
```

【그림 6.13】 goto문의 형식

```
goto loop;                    //레이블 loop로 점프
 ....
loop:
```

goto문을 사용하면 일정 구간을 반복해서 처리할 수 있다. 다음 장에 나오는 반복문을 대신할 수 있다는 뜻이다. goto문을 이용해 1에서 10까지의 정수를 출력해 보자.

```
int main( )
{
    int i = 1;
  loop:                       //레이블
    printf("%d\n", i);
    i++;
    if(i==11) goto stop;
    goto loop;
  stop:                       //레이블
    printf("----------\n");
    return 0;
}
```

초기 프로그램 언어에서는 goto문이 다양한 용도로 광범위하게 사용되었다. 하지만 무조건적으로 goto문을 사용하면 프로그램의 흐름을 점점 꼬이게 만들어 소스코드를 이해하기 어렵게 만든다. 따라서 goto문은 가능하면 사용하지 않는 것이 좋다.

C언어는 while문이나 for문을 이용하면 goto문을 이용하지 않고도 반복 연산을 손쉽게 처리할 수 있다. 만약 프로그램 작성 중에 goto문이 필요하다면 이전까지의 코드를 논리적으로 다시 생각해 보는 것이 좋다. 분명 잘못 작성된 경우가 대부분이기 때문이다.

프로그램 실습

1 두 개의 정수를 키보드로 입력받아 큰 수와 작은 수를 판별하는 순서도와 프로그램을 작성하시오.

2 한 개의 영문자를 입력받아 대문자는 소문자로, 소문자는 대문자로 변환하는 프로그램을 작성하시오.

3 다음 표에 따라 나이를 입력받아 뷔페의 이용 요금을 출력하는 프로그램을 작성하시오.

구분	이용 요금
영유아(0~7세)	8,000원
초등학생(8~13세)	16,000원
청소년(14세~18세)	27,000원
성인(19세 이상)	31,000원

4 키보드로 a, b, c의 값을 입력받아 이차방정식 $ax^2+bx+c=0$ 근을 판별하는 프로그램을 작성하시오.

Hint 근의 공식 : b^2-4ac

5 switch ~ case문을 이용해 +, -, *, /을 수행하는 정수형 계산기 프로그램을 작성하시오.

```
두 수를 입력하세요 : 2, 3
연산의 종류를 선택하세요 : +
연산 결과 : 2 + 3 = 5
```

Hint case문 뒤에 '+', '-', '*', '/' 문자를 이용한다.

제7장 반복문

오늘날 컴퓨터가 여러 분야에서 다양한 용도로 응용되게 된 가장 큰 이유는 빠른 연산 속도에 있다. 이런 장점을 가장 잘 살린 문장이 반복문이다. 반복문부터는 직관적으로 이해하기가 어렵다. 꼼꼼히 소스를 분석하는 습관을 길러야 한다.

학습목표

- 반복문의 개념을 이해한다.
- while문의 구조와 사용법을 학습한다.
- do~while문의 구조와 사용법을 학습한다.
- for문의 구조와 사용법을 학습한다.
- 중첩된 반복문의 사용법을 익힌다.

7.1 반복문이란?

반복문은 프로그램의 일정 부분을 반복해서 실행하는 문장으로 컴퓨터의 빠른 연산을 가장 잘 활용하는 문장이라 할 수 있다. 만약 반복문이 없다면 실용적인 프로그램들은 개발 자체가 불가능할 정도로 반복문은 매우 중요하다. 1에서 5까지의 정수를 출력하는 프로그램을 통해 반복문이 필요한 이유를 생각해 보자.

```
printf("%d\n", 1 );
printf("%d\n", 2 );
printf("%d\n", 3 );
printf("%d\n", 4 );
printf("%d\n", 5 );
```

지금까지 배운 지식으로는 위와 같이 printf()를 5번 실행해서 결과를 얻을 수 있다. 그런데 어떤 이유에 의해서 프로그램이 1에서 10까지의 정수를 출력하는 방식으로 바뀌었다고 하자. 그러면 다음과 같이 printf() 문장 10번을 실행해 원하는 결과를 얻을 수 있다.

```
printf("%d\n", 1 );
printf("%d\n", 2 );
printf("%d\n", 3 );
printf("%d\n", 4 );
printf("%d\n", 5 );
printf("%d\n", 6 );
printf("%d\n", 7 );
printf("%d\n", 8 );
printf("%d\n", 9 );
printf("%d\n",10 );
```

만약 문제가 다시 바뀌어 1에서 1000까지의 정수를 출력한다고 하자. 물론 인내심을 가지고 printf() 문장을 1000번 실행시키면 된다. 그런데 1에서 10000까지의 정수를 출력한다고 할 때도 인내심만으로 해결할 수 있을까? 다행히도 이런 문제는 반복문을 사용하면 쉽게 해결할 수 있다. C언어의 반복문은 while문, do~while문, for문이 있다. 사용법은 한 가지만 이해하면 거기서 거기다. while문부터 시작해 보자.

7.2 while문

1 while문

while문은 조건식이 참인 동안 중괄호 내부의 문장들을 반복 수행하는 가장 단순한 반복문이다. 순서도를 보면서 형식을 살펴보자.

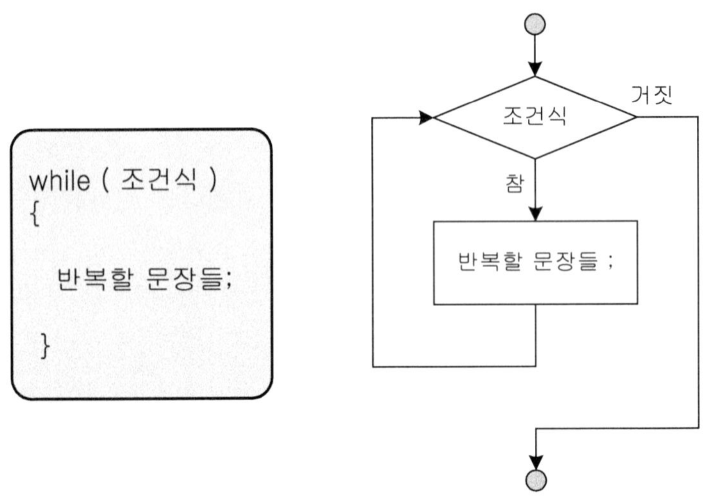

【그림 7.1】 while문의 형식과 순서도

while문 블록은 중괄호({})로 감싸여진 문장 전체를 의미한다.
while문 블록 내부의 문장이 단문이면 중괄호({})를 생략할 수 있다.

프로그램 실행 중에 while문을 만나면 while 바로 뒤에 따라오는 조건식을 검사해서 참이면 중괄호 안의 내용을 1번 실행하고 다시 조건식으로 돌아간다. 만약 조건식이 거짓이면 반복을 중단하고 while문은 종료된다. 따라서 while문은 조건식이 참인 동안 반복할 문장들을 계속 반복 실행하게 된다.

1에서 3까지의 정수를 모니터에 출력하는 프로그램을 while문으로 작성해 보자.

```
int i = 1;
while ( i<=3 )                    //조건식
{
  printf("%d\n", i);              //반복 문장 1
  i++;                            //반복 문장 2
 }
```

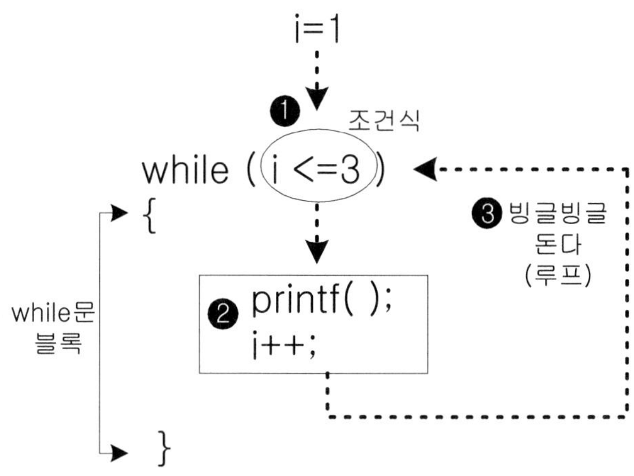

【그림 7.2】 while문의 실행 순서

i의 초깃값이 1일 때 while문은 다음과 같은 순서로 실행된다.

(1) 1번째 반복 구간

조건식 (1<=3)이 참이므로 중괄호 내부의 문장들이 1번씩 실행된다. 먼저 중괄호 내부의 printf()문이 실행되어 정수 1이 화면에 출력된다. 다음에 i++에 의해 i = 1+1이 연산되어 i는 2가 된다. 중괄호의 끝(})을 만나면 다시 조건식으로 되돌아간다.

(2) 2번째 반복 구간

현재 i가 2이므로 조건식 (2<=3)은 참이다. 따라서 중괄호 내부의 문장들이 1번씩 실행되어 정수 2가 출력되고 i는 3이 된다.

(3) 3번째 반복 구간

i가 3인 경우에도 조건식 (3<=3)은 참이다. 따라서 정수 3이 출력되고 i는 4가 된다.

(4) while문 종료

i가 4일 때는 조건식 (4<=3)는 거짓이 되므로 while문을 탈출해 반복문이 끝난다. 따라서 중괄호 내부의 문장들은 총 3번 반복 연산되게 된다.

반복 구간	i 값	조건식(i<=3)	반복 여부	출력 정수 값
1번째	1	1<=3 (참)	반복	1
2번째	2	2<=3 (참)	반복	2
3번째	3	3<=3 (참)	반복	3
4번째	4	4<=3 (거짓)	중단	

혹시 1에서 3까지의 정수를 출력하는 while문이 printf() 문장을 3번 쓰는 것보다 불편하다고 생각하는 사람이 있다면 오산이다. 반복문이 처음에는 복잡해 보일지 모르지만 조건식만 바꾸면 1에서 100까지이든 1000까지이든 얼마든지 크기를 변경할 수 있다는 장점이 있다. 다음 예제로 확인해 보자.

【기초 예제 7.1】 1~100까지 정수 출력하기

```
#include<stdio.h>
int main( )
{
  int i = 1;
  while ( i<=100 )                    //① 조건식
```

```
  {
    printf( "%d\n", i);                    //반복 문장 1
    i++;                                   //반복 문장 2
  }
  return 0;
}
```

실행 결과

```
1
2
...
99
100
```

소스 관찰

① while문은 조건식이 참인 동안 중괄호 내부를 반복 연산한다. 따라서 i가 1에서부터 100까지의 값을 갖는 동안 반복 실행한다. i가 101이 되면 while문은 종료된다.

```
int i = 1;
while ( i<=3 )                       //조건식이 항상 참
{
  printf( "%d\n", i);                //조건식을 변경시키는 문장이 없음
}
```

while문을 사용할 때 주의할 점을 알아보자. 먼저 while문은 블록 내부에 조건식을 변경하는 문장을 사용자가 직접 만들어 넣어야 한다. 앞의 예제에서 i++와 같은 문장을 의미한다. 만약 이 문장이 없으면 조건식이 변경되지 않고 항상 참이 되어 무한 루프에 빠지게 된

다. 이 프로그램은 무한 루프를 돌며 항상 1이 출력된다. 만약 실수로 무한 루프에 빠지게 되면 Ctrl+Break키를 눌러 빠져나오면 된다.

앞으로 반복문을 설명할 때 루프(loop)라는 용어를 자주 사용하게 된다. 루프란 프로그램 속에서 흐름이 고리처럼 이어지는 부분을 말한다. 앞의 그림에서 빙글빙글 도는 부분을 루프로 생각하면 된다. 또한, i와 같이 루프의 지속 여부를 제어하는 변수를 루프 제어 변수라 한다. 몇 가지 재미있는 예제들을 더 다루어 보자.

【응용 예제 7.2】 입력된 정수만큼 별표 출력하기

```
#include<stdio.h>
int main( )
{
  int i=1, number=0;
  printf("별의 개수를 입력하시오:");
  scanf("%d", &number);
  while ( i<=number )                    //조건식
  {
     printf("*");
     i++;
   }
   printf("\n");                          //줄 바꾸기
   return 0;
}
```

실행 결과

```
별의 개수를 입력하시오: 3              //①
***
```

```
별의 개수를 입력하시오: 5              //②
*****
```

소스 관찰

① 키보드로 3을 입력했다면 number 값은 3이 된다. 따라서 조건식은 (i<=3)가 된다. i가 1, 2, 3인 경우만 참이므로 while 블록 내부의 printf()문이 3번 실행되고 별이 3개가 출력된다.

② 조건식은 (i<=5)가 되고 블록 안의 printf()문이 5번 실행된다.

【응용 예제 7.3】 while문으로 정수의 합 구하기 : 1 + 2 + 3 = ?

수학 시간에 많이 다루어 봤던 1에서 3까지의 정수의 합을 구해 보자. 연산 결과는 6이다. 이 예제는 간단하지만 변수에 값이 어떻게 누적되는지를 보여주는 중요한 예제이다. 철저히 따져보고 넘어가자.

```
#include<stdio.h>
int main( )
{
  int i, sum;
  i = 1;                                    //루프 제어 변수
  sum = 0;                                  //값을 누적할 변수
  while( i<=3 ){
      sum += i;                             //sum = sum+i
      i++;
  }
  printf("1+2+3 = %d입니다\n", sum);
  return 0;
}
```

실행 결과

```
1+2+3 = 6입니다
```

소스 관찰

while루프가 시작되기 전에 i에는 1, sum에는 0을 대입했다. sum은 반복 구간마다 값을 누적시키기 위한 변수로 반드시 0으로 초기화해야 한다. 만약 초기화하지 않으면 현재 sum에 저장되어 있는 쓰레기 값까지 더해지므로 주의해야 한다.

메모리에 값이 더해지는 과정

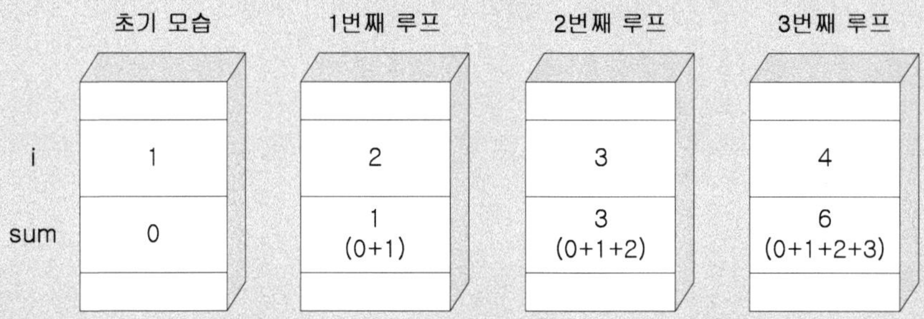

	초기 모습	1번째 루프	2번째 루프	3번째 루프
i	1	2	3	4
sum	0	1 (0+1)	3 (0+1+2)	6 (0+1+2+3)

① 1번째 루프 : i는 1이므로 조건식 (1<=3)은 참이다. 따라서 sum = sum(0) + 1, i = i(1)+1이 1번씩 연산되고 sum = 1, i = 2가 된다.

② 2번째 루프 : i가 2이므로 조건식은 참이다. sum = sum(1) + 2, i = i(2)+1이 연산되고 sum = 3, i = 3이 된다. 그림에서 소괄호의 내용은 실제 저장되는 값이 아니고 지금까지 sum에 더해진 값들을 보여 주기 위한 것이다.

③ 3번째 루프 : i가 3이므로 역시 조건식은 참이다. sum = sum(3) + 3을 계산해 sum에는 6이 저장된다. 또한, i = 4가 된다.

④ 4번째 루프 : 조건식 (4<=3)은 거짓이 되어 while문이 종료된다.

반복 구간	i 값	조건식(i<=3)	반복 여부	sum에 누적된 값	실제 sum 값
1번째 반복	1	1<=3 (참)	반복	1	1
2번째 반복	2	2<=3 (참)	반복	1+2	3
3번째 반복	3	3<=3 (참)	반복	1+2+3	6
4번째 반복	4	4<=3 (거짓)	중단		

만약 1에서 100까지의 합을 구하는 문제라면 어떻게 하면 될까? while문 뒤의 조건식만 (i<=100)로 바꿔주면 된다.

2 무한 루프를 만들기 위한 while문

프로그램을 작성하다 보면 가끔 강제로 무한 루프를 만들어야 할 경우가 생긴다. 특히 하드웨어 제어용 프로그램에서는 꼭 필요한 기능이므로 알아두도록 하자. while문으로 무한 루프를 만들려면 조건식이 항상 참이 되도록 설정하면 된다. C언어에서는 0을 제외한 모든 숫자는 크기와 부호에 관계없이 참이라 했다. 따라서 조건식 자리에 1을 써넣으면 무조건 참이 되어 무한 루프를 돌게 된다. 0이 아닌 다른 수를 넣어도 되지만 보통 관습적으로 1을 사용한다.

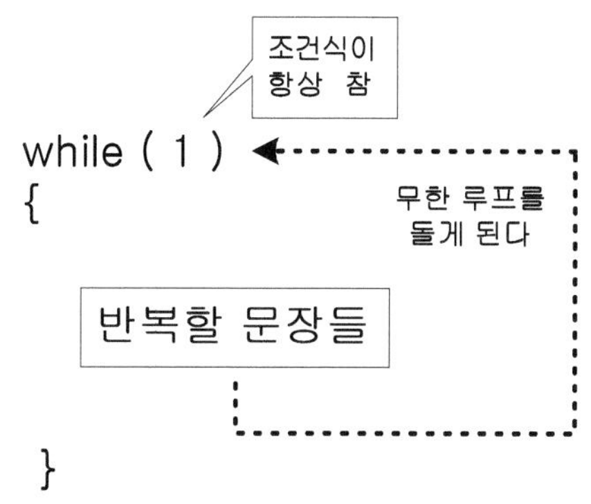

【그림 7.3】 무한 루프를 도는 while문

【기초 예제 7.4】 무한 루프를 이용해 연속으로 짝수, 홀수 판별하기

```
#include<stdio.h>
int main( )
{
  int natural;
  while(1){                                          //① 무한 루프
    printf("자연수를 입력하시오(멈추려면 Ctrl+C):");
    scanf("%d", &natural);                           //②
    if((natural % 2) == 0 )
      printf("짝수입니다\n");
    else
      printf("홀수입니다\n");
```

```
    }
    return 0;
}
```

실행 결과

```
자연수를 입력하시오(멈추려면 Ctrl+C):5
홀수입니다
자연수를 입력하시오(멈추려면 Ctrl+C):2
짝수입니다
자연수를 입력하시오(멈추려면 Ctrl+C):                //③
```

소스 관찰

① C언어에서 0을 제외한 모든 정수는 크기나 부호에 관계없이 참이라고 했다. 따라서 while(1)은 조건식이 1이므로 무조건 참이고 루프 내부에서 조건식을 변경시킬 방법이 없으므로 무한 루프를 돌게 된다.

② 키보드로 자연수를 입력받아 natural 변수에 대입한다. 입력된 값을 2로 나누어 나머지가 0이면 짝수, 1이면 홀수로 판별한다.

③ 프로그램 실행 중에 무한 루프를 탈출하려면 Ctrl+C키를 누르면 빠져나온다.

【응용 예제 7.5】 임의의 키를 입력받아 해당 키의 아스키코드 알아내기

```
#include<stdio.h>
int main( )
{
    char c;                              //문자형 변수 선언
    while(1){                            //① 무한 루프
        printf("문자를 입력하세요:");
        scanf("%c", &c);                 //②
        if( c != 10 )                    //③ Enter키 무시
```

```
        printf(" %c ===> %d\n", c, c);      //④
    }
    return 0;
}
```

실행 결과

```
문자를 입력하세요: a                    //⑤
a ===> 97
문자를 입력하세요: 3
3 ===> 51
문자를 입력하세요:
```

소스 관찰

① while문의 조건식이 1이므로 항상 참이다. 따라서 무한 루프를 돈다.
② 키보드로 문자 1개를 입력받아 문자형 변수 c에 저장한다.
③ if문의 조건식 (c != 10)이 참이 되려면 c가 10이 아니면 된다. 왜 아스키코드 10을 뺀 것일까? 십진수 10에 해당하는 아스키코드는 Enter↵키이다. 따라서 이 문장을 쓰지 않으면 Enter키에 해당되는 아스키코드도 출력된다. if문 뒤에 printf()문은 단문이므로 중괄호를 생략했다.
④ printf("%c ====> %d\n",c, c)는 변수 c에 저장된 값을 문자형과 정수형으로 각각 출력한다. 따라서 입력된 문자의 아스키코드를 확인하기 쉽다.
⑤ 키보드에 있는 모든 문자에는 아스키코드가 할당되어 있다. 소문자 a의 아스키코드는 십진수로 97이다. 문자 3의 아스키코드는 십진수로 51이다.

7.3 do ~ while문

do~while문은 while문의 사용법과 비슷하지만 한 가지 큰 차이점이 있다. while문은 반복 조건을 루프가 시작되기 전에 검사하지만 do~while문은 루프를 종료하는 시점에 검사

한다. 따라서 do~while문은 루프 내부를 반드시 한 번은 실행하게 된다.

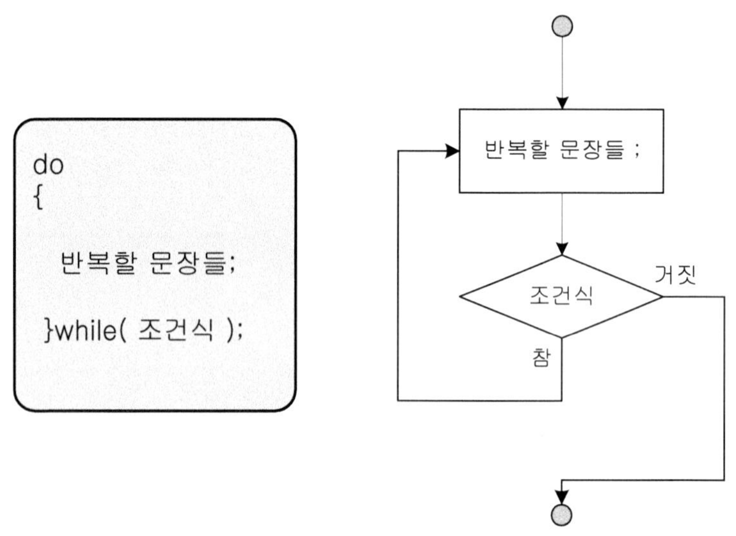

【그림 7.4】 do ~ while문의 형식과 순서도

do~while문은 문장의 끝에 반드시 세미콜론(;)을 붙인다.
루프 내부에 반드시 조건식을 변경시키는 문장이 있어야 한다.

do를 만나면 중괄호 안의 반복할 문장을 무조건 1번 실행한다. 다음에 조건식을 판별해 참이면 다시 중괄호 안의 문장을 실행한다. 만약 거짓이면 반복을 중단하고 do~while문을 종료한다. do~while문도 while문과 동일하게 조건식이 참인 동안 반복할 문장을 계속 반복 수행하게 된다. 이번에는 1에서 3까지의 정수를 출력하는 프로그램을 do~while문으로 작성해 보자.

```
int i = 1;
do
{
  printf( "%d\n", i);              //반복 문장 1
  i++;                             //반복 문장 2
 }while ( i<=3 );                  //조건식
```

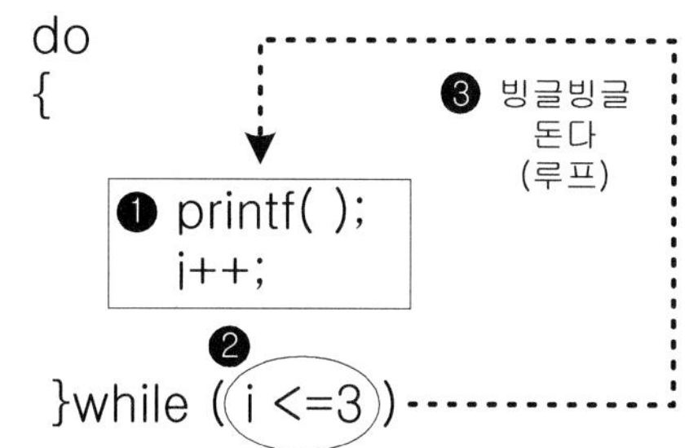

【그림 7.5】 do ~ while문의 실행 순서

do를 만나면 블록 내부의 문장을 무조건 1번 수행한다. 1번째 루프에서 i값은 1이 출력되고 i++에 의해 i값에 1이 추가되므로 i는 2가 된다. 루프 내부를 1번 실행한 후에는 조건식을 판별한다. 현재 i값은 2이므로 조건식 (2<=3)은 참이다. 따라서 다시 루프 내부를 실행하고 i는 3이 된다. i가 3일 때까지는 조건식이 참이므로 루프 내부를 1번 더 연산한다. i값이 4가 되면 조건식이 거짓이므로 반복 수행을 중단한다.

【기초 예제 7.6】 1~100까지의 정수 출력하기

```
#include<stdio.h>
int main( )
{
  int i = 1;
  do
  {
     printf( "%d\n", i);                    //① 반복 문장 1
     i++;                                   // 반복 문장 2
   }while ( i<=100 );                       //② 조건식
   return 0;
}
```

실행 결과

```
1
2
....
99
100
```

소스 관찰

① 반복 문장 1과 2는 무조건 1번은 실행된다.
② i가 1에서 100까지의 값을 갖는 동안 조건식은 참이므로 블록 내부의 문장을 100번 반복 연산한다. i가 101이 되면 do~while 문장을 중단한다.

【응용 예제 7.7】 do~while문으로 1+2+ … +100까지의 합 구하기

```
#include<stdio.h>
int main( )
{
  int i, sum;
  i = 1;                          //루프 제어 변수
  sum = 0;                        //값을 누적할 변수
  do
  {
     sum += i;                    //①sum = sum + i
     i++;
   }while(i <= 100);              //②
   printf("1+2+...+100 = %d입니다\n", sum);
  return 0;
}
```

실행 결과

```
1+2+...+100 = 5050입니다
```

소스 관찰

① 처음에 sum = 0, i = 1을 대입했다. 첫 번째 do 루프를 수행하면 sum = 1이 되고, i = 2가 된다. 이 경우에 while문 뒤의 조건식 (2<=100)은 참이다. 따라서 다시 블록 내부가 반복 실행된다.

② i가 101이 되면 조건식은 거짓이 되고 do~while루프는 중단된다.

반복 구간	sum에 누적된 값	실제 sum값	i 값	조건식(i<=100)	반복 여부
1번째 반복	0+1	1	2	2<=100 (참)	반복
2번째 반복	0+1+2	3	3	3<=100 (참)	반복
3번째 반복	0+1+2+3	6	4	4<=100 (참)	반복
…	…	…	…	…	반복
100번째 반복	0+1+2+3+…+100	5050	101	101<=100(거짓)	중단

【응용 예제 7.8】 do~while문과 while문의 실행 순서 비교

```
#include<stdio.h>
int main( )
{
  int i;
  printf("실행할 반복문을 선택하시오\n");
  printf("while문(1), do-while문(2):");
  scanf("%d", &i);
  while( i==1 )                              //① 조건식 판단 후 실행
  {
     printf("while루프 내부입니다\n");
     i++;                                    //② 조건식 변경 문장
  }
 do
  {
```

```
        printf("do-while루프 내부입니다\n");
        i++;                                    //③ 조건식 변경 문장
    }while( i==2 );                             //④ 먼저 실행 후  조건식 판단
  return 0;
}
```

실행 결과

```
실행할 반복문을 선택하시오
while문(1), do-while문(2): 1
while 루프 내부입니다
do-while 루프 내부입니다
```

```
실행할 반복문을 선택하시오
while문(1), do-while문(2): 2
do-while 루프 내부입니다
```

소스 관찰

① while문은 먼저 조건식을 판단해서 블록의 실행 유무를 결정한다. 만약 1이 입력되면 조건식이 참이 되어 블록 내부를 1번 실행한다. 물론 1이 아니면 루프를 실행하지 않고 그냥 건너뛴다.
② i++는 조건식을 변경시켜 while문이 무한 루프에 빠지는 것을 방지한다.
③ i++도 do~while문의 조건식을 변경시켜 무한 루프에 빠지는 것을 막는다.
④ do~while문은 do 뒤에 따라오는 블록을 먼저 1번 실행하고 조건식을 판단하므로 블록 내부가 한 번은 실행된다. 따라서 i값에 관계없이 'do-while 루프 내부입니다'라는 메시지가 1번은 출력된다.

7.4 for문

반복문 중의 반복문이 for문이라 할 수 있다. 물론 어떤 반복문을 선택하는가는 전적으로 프로그래머에게 달렸지만 가장 활용도가 높은 반복문은 for문이다. 보통 while문이나 do~while문은 반복 횟수가 정해지지 않은 경우에 주로 사용되지만 for문은 정해진 횟수만큼 반복할 때 많이 사용된다.

1 for문의 기초

for문의 일반적인 형식과 순서도는 다음과 같다. 앞서 살펴본 다른 반복문과는 약간의 차이가 있으니 순서도를 보면서 꼼꼼히 살펴보자.

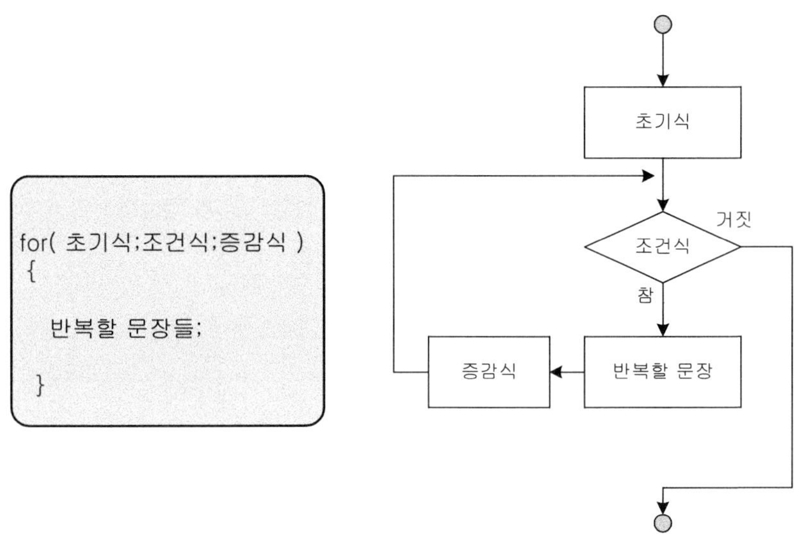

【그림 7.6】 for문의 형식과 순서도

증감식은 증가식과 감소식을 의미한다.
( )내부의 식들은 세미콜론(;)으로 분리한다.

for문은 실행 순서를 혼동하기 쉬우므로 다음 순서를 먼저 익혀 두자.

- for문이 시작되면 초기식은 맨 처음에 딱 한 번만 실행한다. 다음부터 초기식은 없다고 생각해도 된다.
- 조건식을 판별해 참이면 for 루프 내부를 한 번 실행한다. 그리고 증감식을 한 번 실행한 후에 다시 조건식을 판별한다.
- 만약 조건식을 판별해 거짓이면 for 루프를 중단한다.

'Hong Gil Dong'이란 이름을 화면에 5번 출력하는 for문의 예를 보면서 실행 순서를 단계별로 살펴보자.

```
int main( )
{
  int i;
  for( i=0 ; i<5 ; i++ )
  {
    printf( "Hong Gil Dong\n" );
  }
}
```

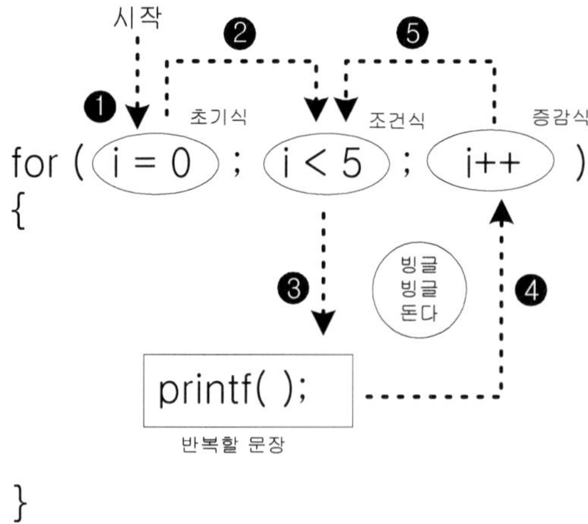

【그림 7.7】 for문의 실행 순서

for 루프 내부가 단문이면 { }를 생략할 수 있다.

(1) for문을 사용하려면 루프 제어 변수 1개가 필요하다. 보통 i, j, k를 주로 이용한다. 초기식 i=0은 대입문으로 for 루프가 처음 실행될 때 딱 1번만 실행된다.

(2) 현재 i값은 0이므로 조건식 i<5는 참이 된다. 따라서 for 루프 내부를 1번 실행한다. 만약 거짓이라면 for 루프를 종료한다.

(3) for 루프 내부의 printf()문이 한 번 실행되어 Hong Gil Dong이 출력된다.

(4) 중괄호의 끝(})을 만나면 증감식을 1번 실행한다. i++는 i=i+1이므로 이제 i값은 1이 된다. 여기까지가 1번째 for 루프가 된다.

(5) 2번째 for 루프에서 i는 1이므로 조건식 i<5는 참이다. 따라서 ③에서 ⑤까지를 다시 반복한다.

(6) i가 0, 1, 2, 3, 4일 때 조건식이 참이므로 for 루프 내부는 5번 실행된다. 만약 i가 5가 되면 조건식은 거짓이 되고 for문을 종료한다.

for문의 실행 규칙

```
for ( 루프 제어 변수의 초기화 ; 종료 조건식 ; 제어변수의 증감 값)
{
        반복할 문장들;
}
```

1. 루프 제어 변수의 초기화는 처음에 한 번만 실행

2. 종료 조건식이 참(1) ⇨ 루프를 반복

거짓(0) ⇨ 루프를 탈출

【그림 7.8】 for문의 실행 규칙 정리

【기초 예제 7.9】 루프 제어변수에 저장된 값 출력하기

```
#include<stdio.h>
int main( )
{
```

```
    int i;
    for(i=0 ;i<3 ;i++)                                    //①
        printf("%d 번째 루프에서 i = %d\n", i+1, i);      //②
    return 0;
}
```

실행 결과

```
1 번째 루프에서 i = 0
2 번째 루프에서 i = 1
3 번째 루프에서 i = 2                                     //③
```

소스 관찰

① for 루프 내부가 단문이므로 중괄호가 생략되어 있다. 각각의 루프에서 i값을 조사해 보자.

반복 구간	i 값	조건식(i<3)	반복 여부
1번째 반복	0	0<3 (참)	반복
2번째 반복	1	1<3 (참)	반복
3번째 반복	2	2<3 (참)	반복
4번째 반복	3	3<3 (거짓)	종료

② i+1을 출력한 이유는 i가 0부터 시작되기 때문이다.

③ for문이 종료된 후 i값을 출력하면 3이 된다.

【기초 예제 7.10】 for문을 이용해 1~100까지의 정수를 출력

```
#include<stdio.h>
int main( )
{
```

```
    int i;
    for(i=1; i<=100; i++)                //①
        printf( "%d\n", i);              //반복할 문장
    return 0;
}
```

실행 결과

```
1
2
....
99
100
```

소스 관찰

① i가 1에서 100까지 조건식이 참이므로 for문은 100번 반복된다.

반복 구간	i 값	조건식(i<=100)	반복여부
1번째 반복	1	1<=100 (참)	반복
2번째 반복	2	2<=100 (참)	반복
3번째 반복	3	3<=100 (참)	반복
…	…	…	반복
100번째 반복	100	100<=100(참)	반복
101번째 반복	101	101<=100(거짓)	중단

2 for문의 활용

for문은 다양한 형태로 이용될 수 있는데 몇 가지 예를 들어보자. 설명의 편의를 위해 for문 뒤에 문장은 생략했다. 조건식과 증감식을 보고 for 루프가 몇 번 실행되는지 계산해 보도록 하자.

```
(1) for( i=1 ;  i<=3; i++ )          [ 3번 ]
(2) for( j=0 ;  j<5;  j++ )          [ 5번 ]
(3) for( k=0 ; k<=10; k+=2)          [ 6번 ]
(4) for( i=5 ; i>0;   i-- )          [ 5번 ]
(5) for( c='a'; c<'d'; c++)          [ 3번 ]
(6) for(      ;      ;     )         [무한 ]
```

(1) 초기식이 1부터 시작하고 조건식에 등호가 있다. i가 1, 2, 3일 때 참이다.
(2) 초기식이 0부터 시작하고 조건식에 등호가 없다. j가 0, 1, 2, 3, 4일 때 참이다.
(3) 증가식 k+=2는 k=k+2이므로 2씩 증가한다. k가 0, 2, 4, 6, 8, 10일 때 참이다.
(4) 증가식 대신 감소식을 사용한 경우다. i가 5, 4, 3, 2, 1일 때 참이다.
(5) 'a'의 아스키코드는 십진수로 97이다. 'd'의 아스키코드는 100이다. 따라서 c가 97, 98, 99일 때 참이다.
(6) for 루프에서 초기식, 조건식, 증감식을 모두 생략하면 무한 루프를 돈다.

【기초 예제 7.11】 for문을 이용해 100 ~ 1까지의 정수를 출력

```
#include<stdio.h>
int main( )
{
   int i;
   for(i=100; i>=1; i--)                  //①
       printf( "%d\n", i);                //반복할 문장
   return 0;
}
```

실행 결과

```
100
99
```

```
....
2
1
```

소스 관찰

① 초기 i값은 100이고 감소식이 i--이므로 한 번 for 루프를 실행할 때마다 i값은 1씩 감소한다. i가 0이 되면 for 루프를 중단한다.

【기초 예제 7.12】 for문을 이용해 1~100까지의 정수 중 짝수만 출력

```
#include<stdio.h>
int main( )
{
  int i;
  for(i=2; i<=100; i+=2)
    printf( "%d\n", i);
  return 0;
}
```

실행 결과

```
2
4
....
98
100
```

홀수만 출력하고 싶으면 초기식을 i=1로 바꾸면 된다.

【기초 예제 7.13】 for문을 이용해 원하는 개수의 별표(*) 출력하기

```
#include<stdio.h>
int main( )
{
  int number, i;
  printf("출력할 별표의 개수를 입력:");
  scanf("%d", &number);
  for(i=1; i<=number; i++)                    //①
      printf( "*");
  printf("\n");                               //②
  return 0;
}
```

실행 결과

```
출력할 별표의 개수를 입력:10
**********
```

```
출력할 별표의 개수를 입력:5
*****
```

소스 관찰

① 키보드로 10을 입력하면 number 값은 10이 된다. 이 값이 다시 조건식에 이용되므로 조건식은 i<=10이다. 따라서 i가 1에서 10까지 참이므로 별표 10개를 출력한다.

② for루프의 반복할 문장이 단문이므로 2번째 printf()문은 for 루프와 무관하며 줄만 바꾸는 기능을 수행한다.

【응용 예제 7.14】 정수 1에서 5까지의 합을 구해보자. 1 + 2 + 3 + 4 + 5 = ?

```
#include<stdio.h>
int main( )
{
   int i, sum;
   sum = 0;
   for(i=1; i<=5; i++){
      sum += i;                                    //①
      printf("i = %d, sum = %d\n", i, sum);
   }
   return 0;
}
```

실행 결과

```
i = 1, sum = 1
i = 2, sum = 3
i = 3, sum = 6
i = 4, sum = 10
i = 5, sum = 15
```

소스 관찰

① i값과 sum에 누적된 값은 각각의 반복 구간에서 다음 표와 같다. 이 예제는 반복할 문장이 복문이므로 중괄호를 생략할 수 없다. sum에 누적된 값은 실제 변수에 저장된 형태가 아니라 각 반복 구간의 값들이 더해진 모습을 보여주기 위한 것이므로 혼동하지 말자.

반복 구간	i 값	조건식(i<=5)	반복 여부	sum에 누적된 값	실제 sum 값
1번째 반복	1	1<=5 (참)	반복	1	1
2번째 반복	2	2<=5 (참)	반복	1+2	3

반복 구간	i 값	조건식(i<=5)	반복 여부	sum에 누적된 값	실제 sum값
3번째 반복	3	3<=5 (참)	반복	1+2+3	6
4번째 반복	4	4<=5 (참)	반복	1+2+3+4	10
5번째 반복	5	5<=5 (참)	반복	1+2+3+4+5	15
6번째 반복	6	6<=5 (거짓)	종료		

② 만약 1에서 100까지의 합을 구하고 싶으면 조건식만 다음과 같이 변경하면 된다. for(i=1;i<=100;i++)

③ 이 예제는 printf()문이 for 루프 내부에 들어 있으므로 각 반복 구간의 값들이 모두 출력된다. 따라서 100까지를 출력하면 100개의 문장이 출력된다. 만약 마지막 결과만을 보고 싶다면 printf()문을 for 루프가 종료된 다음에 실행하면 된다.

【응용 예제 7.15】 for문을 이용한 구구단 출력하기

```
#include<stdio.h>
int main( )
{
  int dan, i;
  printf("몇 단을 출력할까요?");
  scanf("%d", &dan);                              //①
  for(i=1; i<=9 ;i++)                              //②
     printf( "%d * %d = %d\n", dan, i, dan*i);     //③
  return 0;
}
```

실행 결과

```
몇 단을 출력할까요? 3
3 * 1 = 3
3 * 2 = 6
3 * 3 = 9
3 * 4 = 12
```

```
3 * 5 = 15
3 * 6 = 18
3 * 7 = 21
3 * 8 = 24
3 * 9 = 27
```

소스 관찰

① 키보드로 입력받은 정수가 출력할 구구단의 단수가 된다. 여기서는 3단을 입력 받았다고 하자.

② for문은 1~9까지 9번 반복 수행되고 단문이므로 중괄호는 생략했다.

③ printf()문의 1번째 %d는 변수 dan과 짝이므로 3을 9번 출력한다. 2번째 %d는 루프 제어 변수 i와 짝이므로 1에서 9까지를 출력한다. 마지막 %d는 입력받은 dan의 값과 i를 곱한 값이 출력된다. 만약 dan의 값이 3이라면 출력은 다음과 같다.

dan	i	dan * i
3	1	3 * 1 = 3
3	2	3 * 2 = 6
3	3	3 * 3 = 9
3	4	3 * 4 = 12
3	5	3 * 5 = 15
3	6	3 * 6 = 18
3	7	3 * 7 = 21
3	8	3 * 8 = 24
3	9	3 * 9 = 27

7.5 중첩 반복문

중첩 반복문(nested loop)이란 반복문 내에 또 다른 반복문이 들어 있는 반복문을 말한다. while문 내부에 for문이 들어올 수도 있고, for문 내부에 do~while문이 들어올 수도 있다. 가

장 많이 사용되는 중첩 반복문은 for문 안에 또 다른 for문이 들어오는 경우라 할 수 있다.

중첩 반복문에서 외부에 있는 반복문을 외부 루프(outer loop)라 하고, 내부에 있는 반복문을 내부 루프(inner loop)라 한다. 반복문이 아무리 많이 중첩되어 있어도 외부 반복문이 한 번 실행될 때마다 내부 반복문은 처음부터 끝까지 다시 실행된다는 원리만 이해하고 있으면 쉽게 해석할 수 있다.

중첩 반복문을 사용할 때는 각각의 반복문을 제어하는 변수가 반드시 서로 달라야 한다. for문 내부에 또 다른 for문이 사용되는 예를 보면서 하나씩 알아보자.

```
for( i=1 ; i<=2; i++ ){                    // 외부 for문
        for( j=1 ; j<=3; j++ ){            // 내부 for문
              반복할 문장;
        }
}
```

외부 for문을 제어하기 위한 변수로 i를 사용했고, 내부 for문을 제어하기 위한 변수는 j가 이용되고 있다. 만약 외부 for문과 내부 for문의 제어변수 i와 j가 같으면 논리 오류가 발생한다. 위의 예에서 외부 for문의 제어 변수 i는 1, 2일 때 참이고, 내부 for문의 제어 변수 j는 1, 2, 3일 때 참이다.

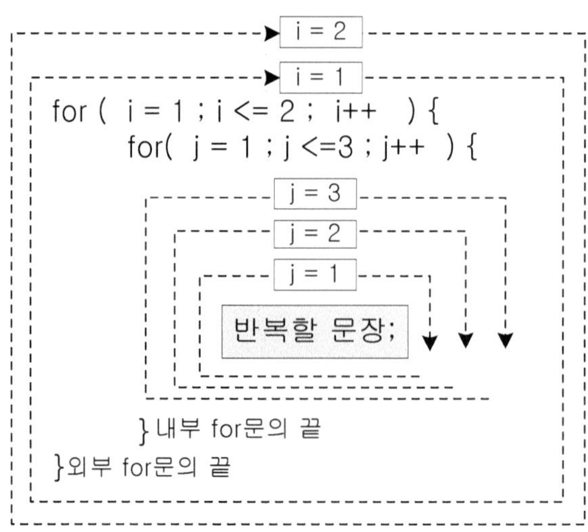

【그림 7.9】 중첩된 for문의 실행 순서

외부 for문의 i가 1일 때 내부 for문의 j는 1, 2, 3까지 3번 반복 실행된다. 또한, 외부 for문의 i가 2일 때 내부 for문의 j는 1, 2, 3까지 3번 반복 실행된다. 따라서 반복할 문장은 전체 6번 반복 수행되게 된다.

【기초 예제 7.16】 이중 for 루프의 제어 변수 값 출력하기

```
#include<stdio.h>
int main( )
{
  int i, j;
  for(i=1; i<=2; i++){                          //①
     for(j=1; j<=3; j++){
        printf("i = %d, j = %d\n", i, j);
     }
     printf("외부 for 루프 %d번 실행\n", i);     //②
  }
  return 0;
}
```

실행 결과

```
i = 1, j = 1
i = 1, j = 2
i = 1, j = 3
외부 for 루프 1번 실행
i = 2, j = 1
i = 2, j = 2
i = 2, j = 3
외부 for 루프 2번 실행
```

소스 관찰

① i는 1, 2일 때 참이고, j는 1, 2, 3일 때 참이다. 따라서 i=1일 때 j는 1에서 3까

지 3번 반복되고, i=2일 때도 j는 1에서 3까지 3번 반복된다.

② 두 번째 printf()문은 내부 for 루프와는 무관하고, 외부 for 루프가 몇 번 실행되는가를 알기 위해 추가하였다.

외부 for문 제어 변수 i	내부 for문 제어 변수 j	printf 출력 형태	실행 순서
i = 1일 때	j = 1	i = 1, j = 1	1
	j = 2	i = 1, j = 2	2
	j = 3	i = 1, j = 3	3
i = 2일 때	j = 1	i = 2, j = 1	4
	j = 2	i = 2, j = 2	5
	j = 3	i = 2, j = 3	6

앞서 공부한 이중 for 루프에서 몇 가지 중요한 사항을 알아보도록 하자. 만약 반복할 문장 1과 3이 다음과 같이 추가됐다면 이 문장들은 각각 몇 번씩 실행될까?

```
for( i=1; i<=2; i++ ){                    //외부 for문
      문장 1;
      for( j=1; j<=3; j++ ){              //내부 for문
          문장 2;
      }
      문장 3;
}
```

문장 1과 3은 내부 for문과는 관계가 없다. 따라서 이 문장들은 각각 2번씩 실행된다. 하지만 실행되는 시점이 다르다. 문장 1은 내부 for 루프가 실행되기 전에 실행되고, 문장 3은 내부 for루프가 실행된 이후에 실행된다.

【응용 예제 7.17】 구구단 출력하기

이중 for 루프를 이해하기 위한 가장 좋은 예제는 구구단을 출력해 보는 것이다. 구구단은 단수가 결정되면 뒤따라오는 곱셈은 1에서 9까지 계속 반복된다. 따라서 2개의 for 루프를 이용하면 쉽게 출력할 수 있다.

```
#include<stdio.h>
int main( )
{
  int i, j;
  char a;
  for(i=1; i<=9; i++){                                          //①
     for(j=1; j<=9; j++){
        printf("%d * %d = %d\n", i, j, i*j);                    //②
     }
     printf("Enter키를 누르면 다음 단으로 이동합니다!");         //③
     scanf("%c", &a);                                           //④
  }
  return 0;
```

실행 결과

```
1 * 1  = 1
1 * 2  = 2
1 * 3  = 3
1 * 4  = 4
1 * 5  = 5
1 * 6  = 6
1 * 7  = 7
1 * 8  = 8
1 * 9  = 9
Enter키를 누르면 다음 단이 출력됩니다!
```

소스 관찰

① 루프 제어 변수 i와 j는 모두 1에서 9까지 참이다. 따라서 i가 1일 때 j는 1에서 9까지 9번 반복 수행된다. 또한, i가 2 ~ 9인 경우에도 j는 9번씩 동일하게 실행되므로 printf()문은 총 81번 실행된다.

② 외부 for문의 i(단수)와 내부 for문의 j(곱) 그리고 i(단수)*j(곱)를 이용해 구구단

을 출력한다.

③ 다음 단을 출력하려면 Enter↵키를 입력하라는 메시지를 출력한다.

④ 키보드로 Enter↵키를 받아 실제 이용하지는 않는다. 이 문장은 프로그램의 진행을 잠시 멈추기 위해 사용했다. 만약 이 문장이 없으면 1단부터 9단까지가 한꺼번에 출력된다.

【기초 예제 7.18】 삼각형 모양 별표(*) 출력하기

```
#include<stdio.h>
int main( )
{
   int j, k;
   for(j=0; j<=3 ; j++){                    //①
       for(k=0 ; k<=j ; k++){               //②
           printf("*");                     //③
       }
       printf("\n");                        //④
   }
   return 0;
}
```

실행 결과

```
*
**
***
****
```

소스 관찰

① 외부 for 루프의 제어 변수 j는 0, 1, 2, 3일 때 참이다.

② 내부 for 루프의 제어 변수 k의 초깃값은 0이지만 종료 값은 j에 따라 다음과 같이

변경된다.

외부 루프 j	실제 내부 루프	k가 참인 경우	반복 횟수
j = 0일때	for(k=0;k<=0;k++)	0	1
j = 1일때	for(k=0;k<=1;k++)	0, 1	2
j = 2일때	for(k=0;k<=2;k++)	0, 1, 2	3
j = 3일때	for(k=0;k<=3;k++)	0, 1, 2, 3	4

③ k루프의 반복 횟수만큼 별표를 화면에 출력한다. \n이 없으므로 줄을 바꾸지 않고 바로 오른쪽에 출력한다.

④ 내부 k루프가 종료되면 줄을 바꿔 다음 줄에 별표가 출력된다.

중첩 반복문은 for문만 사용되는 것이 아니라 while문과 do~while문도 혼용되어 사용할 수 있다. 앞의 예제를 while문과 for문의 중첩 반복문으로 작성해 보자.

【기초 예제 7.19】 while문과 for문으로 삼각형 모양 별표(*) 출력하기

```
#include<stdio.h>
int main( )
{
  int j, k;
  j = 0;
  while(j<=3){                    //외부 while문
     for(k=0; k<=j; k++){         //내부 for문
        printf("*");
     }
     printf("\n");
     j++;
  }
  return 0;
}
```

실행 결과

```
*
**
***
****
```

소스 관찰

앞의 예제와 크게 다른 점은 없고 외부 for문을 while문 문법에 맞게 고치기만 하면 된다. 따라서 while 뒤에 조건식(j<=3)을 붙이고 while 루프 내부에 증가식(j++)를 추가했다.

실용적인 프로그램에서는 다중 반복문이 필요한 경우가 있다. 3중 for문, 4중 for문 등의 for문도 사용할 수 있고, 필요하다면 프로그래머가 원하는 만큼의 for문을 계속해서 열 수도 있다. 아무리 복잡한 다중 for문이라도 앞서 배운 원칙만 지킨다면 해석에는 문제가 없을 것이다.

다중 for문의 대표적인 예인 디지털 시계를 프로그램으로 작성해 보자. 디지털 시계는 0시 0분 0초에서 23시 59분 59초까지의 시간을 출력한다. 시간의 변화는 초가 0초에서 59초로 변하면 분이 1분 올라가고, 분이 0분에서 59분으로 변하면 시가 1시간 올라가는 구조로 되어 있다. 따라서 3중 for 루프를 이용해 안쪽의 for 루프부터 초, 분, 시를 대입하면 쉽게 구현할 수 있다.

【실전 예제 7.20】 디지털 시계 만들기

```
#include<stdio.h>
int main( )
{
   int i, j, k, l, m;
    for(i=0; i<=23; i++){                                          //①
           for(j=0; j<=59; j++){                                   //②
```

```
                for(k=0; k<=59; k++){                          //③
                        printf("%d 시 %d 분 %d 초\n", i, j, k);   //④
                    for(l=0; l<=30000; l++) {                  //⑤
                        for(m=0; m<=20000; m++);
                    }
                }
            }
        }
        return 0;
}
```

실행 결과

```
0 시  0분  0초                                  //1초 후 자동 증가
0 시  0분  1초
0 시  0분  2초
0 시  0분  3초
0 시  0분  4초
0 시  0분  5초
  ......                                        //계속 증가
23시 59분 59초                                  //3중 for 루프 마지막 값
```

소스 관찰

① 가장 바깥에 있는 for 루프는 시간을 표시하며 0시에서 23시까지 증가한다.
② 중간에 있는 for루프는 분을 표시하며 0분에서 59분까지 증가한다.
③ 가장 안쪽에 있는 for 루프는 초를 표시하며 0에서 59초까지 변화한다.
④ i, j, k 값을 각각 출력한다. 처음에는 i=0, j=0인 상태에서 k는 0에서 59까지 증가한다. 다음에는 i=0, j=1인 상태에서 다시 k는 0에서 59까지 증가한다. 이 후 이런 방식으로 계속 증가하다가 i=23, j=59, k=59이면 종료된다.
⑤ printf() 다음의 이중 for 루프는 시간 지연을 위한 루프이다. 아무리 빠른 컴퓨터라 할지라도 30000× 20000번의 연산을 반복 수행하려면 시간이 걸린다. 실제

for 루프 내에 실행되는 문장은 없지만 1초라는 시간을 맞추기 위해 사용했다. 이 루프의 반복 값은 사용자 PC의 성능에 따라 달라지므로 적절히 가감하면 된다.

디지털 시계는 system("cls")를 이용해 화면을 지우면서 출력해 보면 더욱 실제 시계처럼 만들 수 있다. 부록 B의 라이브러리 함수를 확인해 보자.

7.6 break문과 continue문

break문

break문은 현재 수행 중인 반복문을 탈출할 때 사용한다. 반복문의 루프 내부에서 break문이 실행되면 반복문은 즉시 종료되고 루프 외부에 있는 다음 문장이 실행된다. 예를 들어 1에서 100까지의 정수를 출력하는 다음 while문을 보자.

```
i = 1;
while(i <=100 ){
    printf("i = %d\n", i);
    if(i >= 3) break;
    i++;
}
```

처음에 while문은 1에서 100까지 반복 수행하기 위해서 사용됐지만 변수 i가 3이 되면 if문의 조건식이 참이 되어 break문이 실행된다. break문이 실행되면 현재 진행되고 있는 while문을 즉시 빠져나오게 된다. 따라서 이 프로그램은 세 개의 정수 1, 2, 3만 출력되고 종료된다.

break문은 switch~case문에서도 필수적으로 사용된다.

【기초 예제 7.21】 for문에서 사용된 break문

```
#include<stdio.h>
int main( )
{
  int i;
  for(i=1; i<=100; i++){
    printf("    %d", i);
    if(i >= 10)   break;                    //①
  }
  printf("\n");                             //② for 루프 외부 문장
  return 0;
}
```

실행 결과

```
1 2 3 4 5 6 7 8 9 10
```

소스 관찰

① i가 1에서 9까지는 if문은 거짓이 되고 break문은 실행되지 않는다. 만약 i가 10이 되면 if문이 참이 되고 break문이 실행된다. 따라서 수행되던 for문은 종료되고 루프 외부에 있는 printf("\n")문이 실행되어 줄을 바꾸게 된다.
② 정수 10이 출력된 이후에 줄을 바꾸게 된다.

continue문

contine문은 현재 실행되고 있는 반복문의 처음으로 이동시키는 역할을 한다. 만약 반복 루프에서 continue문을 만나면 continue 이후의 문장들은 실행되지 않는다. 다음 예제로 확인해 보자.

【기초예제 7.22】 1에서 100까지의 정수 중에서 홀수의 합 구하기

```
#include<stdio.h>
int main( )
{
   int i, sum = 0;
   for(i=1; i<=100; i++){
       if((i % 2 ) == 0)   continue;                    //① i가 짝수이면 참
       sum += i;                                         //②
   }
   printf("sum = %d\n", sum);
   return 0;
}
```

실행 결과

```
sum = 2500
```

소스 관찰

① 만약 i가 짝수이면 if문의 조건식은 참이 되고 continue문이 실행된다. 따라서 sum += i 문장은 실행되지 않고 for문의 증가식(i++)으로 이동하게 된다.
② i가 홀수인 경우에만 sum에 값을 더해 출력한다.

프로그램 실습

1 1에서 50 사이의 정수 중에서 3의 배수를 출력하는 프로그램을 while문으로 작성하시오.

2 1에서 100 사이의 정수 중에서 홀수의 합과 짝수의 합을 구하는 프로그램을 for문으로 작성하시오.

3 다음과 같은 모양으로 홀수가 출력되는 프로그램을 반복문으로 작성하시오.

```
1
1  3
1  3  5
1  3  5  7
....
1  3  5  7  9  11  13  15  17
```

4 다음과 같은 형식으로 구구단이 출력되는 프로그램을 다중 for문으로 작성하시오.

5 다중 for문을 이용해 다음과 같은 타이머를 제작하시오. 단, 타이머 시간 설정은 1분~100분까지로 한다.

```
타이머 입력 시간을 설정하시오(1분~100분): 100
1시간 39분 59초
1시간 39분 58초
1시간 39분 57초
...
```

제8장 함수

보통 C언어를 함수에 바탕을 둔 구조적 프로그램 언어라 한다. 그 만큼 C언어에서 함수가 차지하는 비중이 크다는 뜻이다. 함수는 소스코드의 재사용 및 프로그램의 분산화를 지원하므로 프로그램의 신뢰성을 증가시킨다.

학습목표

- 함수의 기본 개념을 이해한다.
- 함수를 정의하는 방법을 익히고 사용법을 이해한다.
- 함수의 입력 값과 반환 값의 사용법을 익힌다.
- 다양한 함수의 호출 방법을 학습한다.

SIGNAL STRENGTH %100

8.1 함수란?

함수(function)란 특정 작업을 수행하도록 설계된 명령어들의 집합이라 정의할 수 있다. 지금까지는 프로그램을 작성할 때 main() 함수 하나만 이용했지만 C 프로그램은 보통 여러 개의 함수로 구성된다. 먼저 함수의 필요성과 개념에 대해 알아보도록 하자.

1 함수의 필요성

일상생활을 하다보면 운전하기, 식사하기, 전화걸기 등과 같이 자주 반복되는 일들이 있다. 프로그램을 작성할 때도 자주 반복되는 작업들이 있는데, 이를 효과적으로 처리하기 위해 고안된 것이 함수이다. 무슨 말인지 전화번호부 프로그램의 예를 들어 알아보자. 전화번호부 프로그램을 기능별로 분류하면 전화번호를 입력, 저장, 출력, 수정하는 프로그램들이 필요하다.

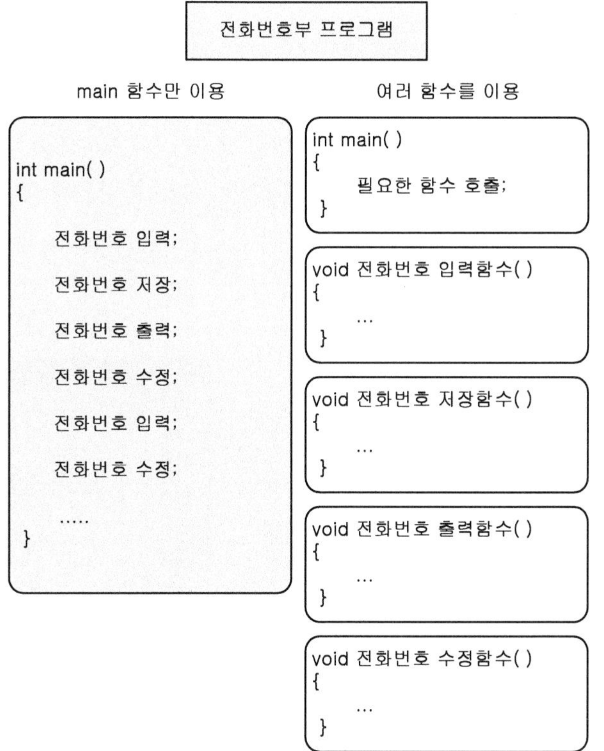

【그림 8.1】 전화번호부 프로그램

지금까지는 이런 네 가지 기능을 수행하는 소스코드를 main() 함수 안에 모두 코딩해서 사용했다. 하지만 이 방법은 그리 좋은 방법이 아니다. 왜냐하면 전화번호를 입력받아 저장하고 출력한 후에 다시 입력을 받아야 한다면 같은 소스코드가 중복되기 때문이다. 따라서 이런 방식의 프로그램은 소스코드가 길어지고 효율성이 떨어진다.

반면에 함수를 이용하는 경우에는 각각의 기능을 수행하는 독립적인 함수를 만들어 놓고 main() 함수에서는 필요한 함수를 그때그때 호출해서 사용한다. 따라서 전화번호 저장 프로그램이 100번 수행되더라도 소스코드는 하나만 있으면 된다. 또한, 한 번 작성된 함수는 계속해서 재사용하게 되므로 프로그램의 신뢰성을 향상시킬 수도 있다.

2 함수의 개념

함수는 처음에 반복되는 소스코드를 재사용하기 위해 고안되었다. 하지만 지금은 대규모 프로그램을 작성할 때 여러 사람이 프로그램을 분할해서 작성할 수 있도록 해주는 기능이 더욱 중요시되고 있다.

자동차는 약 3만개의 기능을 갖는 부품들이 모여서 완성 차가 만들어진다. 한 사람이 엔진부터 차체까지 혼자서 자동차를 제작하는 경우와 여러 사람이 각자 필요한 부품을 제작한 후에 조립해 완성시키는 경우 중 어느 쪽이 더 효율적일까? 현재 대부분의 자동차 회사는 여러 중소기업에서 제작한 독립적인 기능을 갖고 있는 부품을 조립해 완성 차를 만들고 있다. 이와 유사하게 보통 프로그램도 여러 개의 기능을 갖는 함수들을 모아서 실용적인 프로그램을 만들고 있다.

자동차

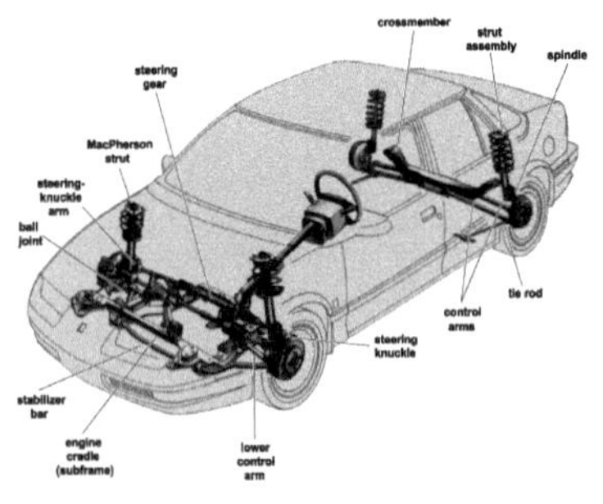

독립된 기능을 갖는 부품들로 구성

응용 프로그램

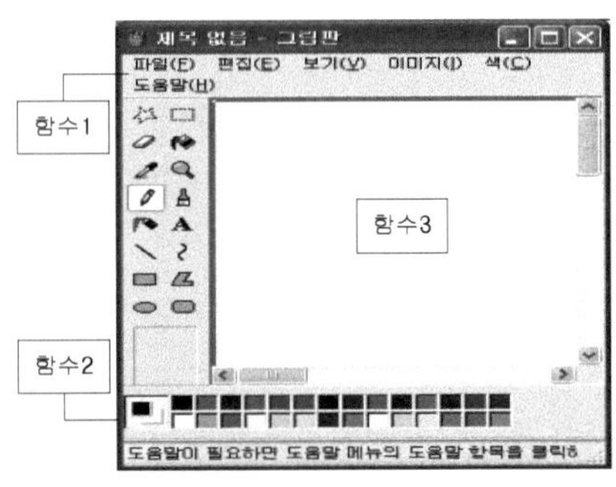

독립된 기능을 갖는 함수들로 구성

【그림 8.2】 자동차와 응용 프로그램의 비교

윈도우에서 쉽게 접할 수 있는 그림판을 살펴보자. 그림판 내부에는 주메뉴에 관련된 함수, 색상을 변경하는 함수, 바탕화면을 관리하는 함수와 같은 많은 함수들이 결합되어 하나의 응용 프로그램을 구성하고 있다.

보통 프로그램을 작성할 때는 전체적인 구성이 갖추어지면 다음 작업은 소스를 분리해 작성할 수 있도록 독립된 기능별로 함수를 만드는 것이다. 함수는 독립적으로 컴파일할 수도 있고 그때그때 필요한 기능을 추가할 수도 있다. 따라서 함수를 사용하면 꼭 대규모 프로그램의 경우가 아니더라도 소스코드를 재활용할 수 있을 뿐 아니라 유지 보수 측면에서도 훨씬 효과적이다.

일반 수학에서 함수란 내부의 내용은 잘 몰라도 입력이 들어가면 출력이 나오는 관계가 성립될 때 함수라 한다. 예를 들면 10과 20을 입력받아 함수 내부에서 어떤 연산을 수행한 이후에 30이 출력되면 함수라 한다.

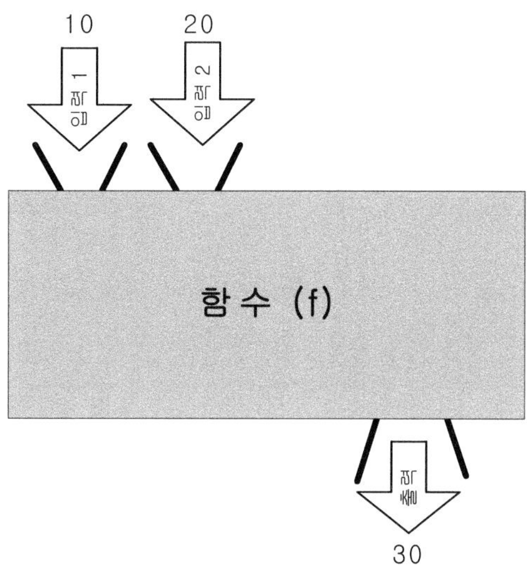

【그림 8.3】 일반 수학에서 함수의 개념

프로그램 언어의 함수도 수학 함수의 기능과 유사하다. 입력 데이터를 받아 함수 내부를 수행한 후에 출력을 내보낸다. 함수는 다른 함수와 구별하기 위해 자신만의 이름을 갖고 있으며 이를 함수 이름이라 한다. 함수 이름은 변수명과 동일한 규칙으로 사용자가 적절히 부여하면 된다. 다만, 함수는 변수와는 다르게 함수 이름 뒤에 반드시 소괄호를 붙여야 한다.

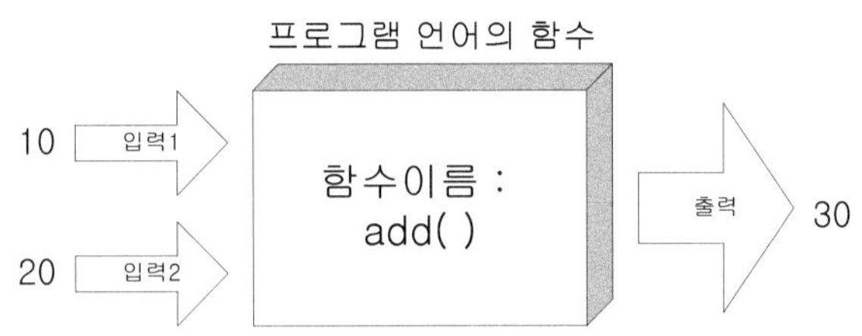

【그림 8.4】 프로그램 언어의 함수 개념

함수는 입력 데이터를 받아 특정한 작업을 수행한 후에 그 결과를 반환하는 독립적인 프로그램이다. 여기서 특정한 작업이란 해당 함수가 수행하는 알고리즘을 말하며 앞의 예의 경우는 입력된 두 수의 덧셈이다.

C 프로그램은 함수들의 집합체로 볼 수 있다. main() 함수는 가장 먼저 실행되는 특별한 기능을 갖고 있는 함수로 다른 함수들을 호출하여 실행시킨다. 함수 호출(function call)이란 함수 이름을 이용하여 해당 프로그램을 실행시키는 것을 의미하며, 호출되는 순서에 따라 순차적으로 실행된다.

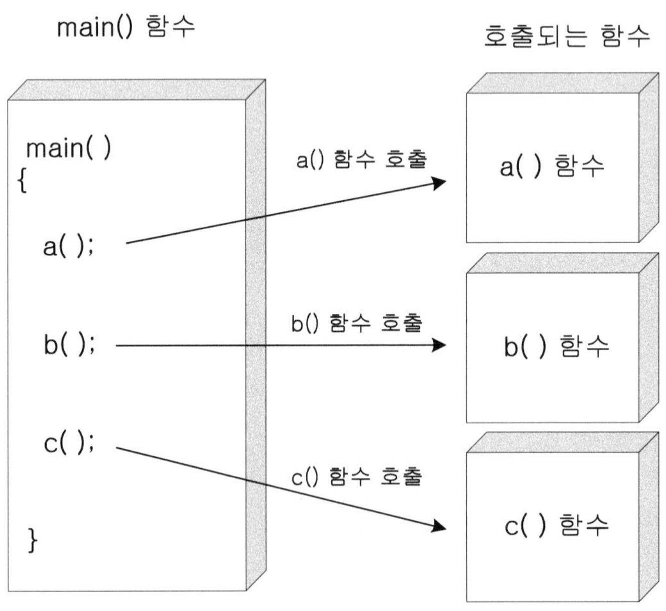

【그림 8.5】 함수 호출의 순서

C언어는 main() 함수를 제외한 모든 함수는 서로 호출할 수 있다.

오늘날에는 프로그램 언어가 발전하면서 함수 자체가 프로그램을 구성하는 기본 요소로 자리 잡고 있는 추세이므로 함수의 개념을 확실히 해두는 것이 무엇보다도 중요하다.

3 함수의 종류

C언어의 함수는 만들어지는 주체에 따라 라이브러리(library) 함수와 사용자 정의(user defined) 함수로 분류된다. 라이브러리 함수는 컴파일러를 만든 회사에서 사용자의 편의를 위해 미리 만들어 놓은 함수로 단순히 호출해서 사용하기만 하면 된다. 라이브러리 함수에는 주로 수학 계산, 문자 입출력, 화면 출력 함수들이 포함되어 있다.

예를 들어 프로그램을 작성하다가 sin() 함숫값을 계산할 필요가 생겼다고 하자. 물론 직접 코딩할 수도 있지만 이렇게 자주 접하게 되는 함수는 미리 만들어져 라이브러리 함수에 포함되어 있다. 따라서 사용자는 호출해서 사용하기만 하면 된다.

이때 한 가지 주의할 점은 sin() 함수가 포함되어 있는 헤더파일을 포함(include)시켜야 한다. 이 작업은 프로그램의 최상단에 #include<math.h>를 추가하면 끝난다. 그런데 어떤 함수가 어떤 헤더파일에 포함되어 있는지를 어떻게 알 수 있을까? 가장 좋은 방법은 컴파일러 제작회사의 매뉴얼을 확인하는 것이지만 보통은 직관적으로 알 수 있다. 예를 들어 수학에 관련된 함수들은 <math.h>라는 헤더파일에 들어 있다. 또한, 지금까지 수도 없이 사용했던 printf()문도 라이브러리 함수로 <stdio.h> 안에 포함되어 있다.

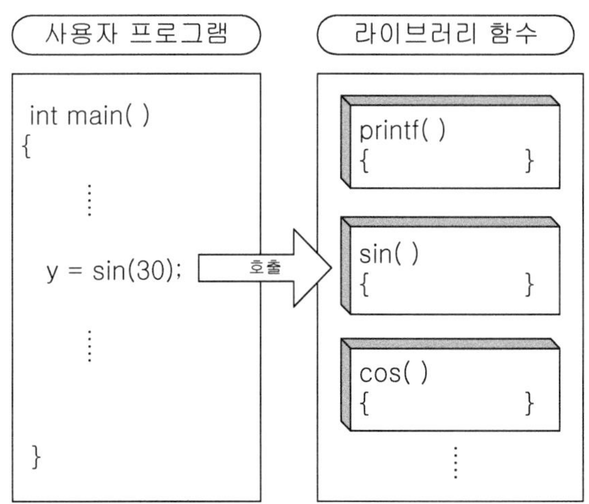

【그림 8.6】 라이브러리 함수의 호출 개념

사용자 정의 함수는 사용자의 필요에 의해 그때그때 작성되는 함수로 보통 함수라 하면 사용자 정의 함수를 말한다. 다음 장에서 함수를 만드는 방법과 데이터를 입출력하는 방법을 자세히 알아보자.

4 함수의 장점

함수를 사용하면 얻어지는 장점은 다음과 같이 정리할 수 있다. 가볍게 읽어보고 지나가자. 이 장이 끝날 때쯤 이해가 될 것이다.

- 코드의 모듈화 : 프로그램을 기능별로 작성
- 코드의 간략화 : 소스코드의 중복을 방지
- 코드의 재사용성 : 한 번 작성된 코드를 다시 사용
- 코드의 수정 용이 : 프로그램 오류를 쉽게 수정

8.2 함수의 정의

이제 본격적으로 사용자 정의 함수를 만드는 방법을 알아보자. 이번 장의 내용은 C언어를 공부하는데 있어서 가장 중요한 내용이므로 철저히 알아두어야 한다. 함수는 자료형을 정의하는 헤더(header) 부분과 알고리즘을 기술하는 몸체(body) 부분으로 구성되어 있다. 우선 가장 일반적인 함수의 정의 형식을 알아보자.

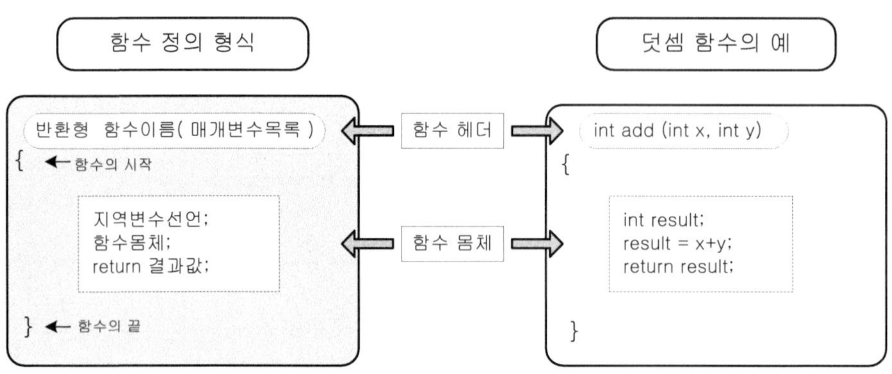

【그림 8.7】 사용자 정의 함수의 형식과 예

1 반환형(Return data type)

함수 헤더에 포함된 반환형은 함수가 실행을 마치고 해당 함수를 호출한 곳으로 돌아올 때 반환하는 데이터의 형식을 말한다. 반환형은 앞에서 배운 데이터 형들이 모두 이용될 수 있으며 char, int, double 등이 주로 사용된다. 함수를 사용하다 보면 함수가 실행을 종료한 후에 되돌려 주는 값이 없을 수도 있다. 이런 경우에 사용하는 것이 void형이다. void 형으로 지정된 함수는 값을 돌려줄 수 없으며 값을 반환하면 오류가 발생한다.

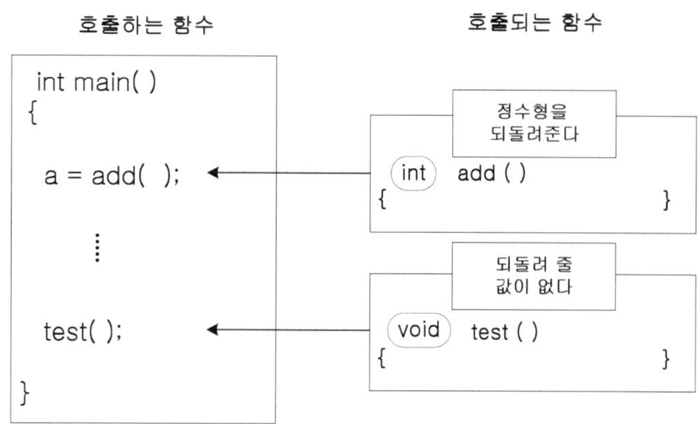

【그림 8.8】 반환 값이 있는 함수와 void형 함수

2 함수 이름(Function name)

함수 이름은 다른 함수들과 특정 함수를 구별하기 위해 사용되며 함수 이름을 붙일 때는 변수 이름의 규칙을 그대로 따르면 된다. 다만, 나중에 다시 함수가 사용될 때를 대비해 가능하면 함수 내부의 기능을 쉽게 알아볼 수 있도록 이름을 부여하는 것이 좋다. 실제로 함수 이름은 이런 표면적인 이유 말고도 내부적으로 중요한 역할을 수행하는데 뒤에서 자세히 알아보자. 다음 표는 적합한 함수 이름의 몇 가지 예를 보여준다.

【표 8.1】 함수 이름의 적합한 예

함수 이름	설 명
add( )	덧셈을 구하는 함수
average( )	평균을 계산하는 함수
data_sort( )	데이터 정렬을 수행하는 함수 (가장 좋음)
abc( )	사용할 수는 있지만 권장하지 않음

3 매개 변수(Parameter)

수학에서 매개 변수는 어떤 함수의 독립 변수와 종속 변수 사이에 연관을 지어 주는 변수로 정의된다. 이와 유사하게 C언어의 매개 변수도 호출하는 함수의 데이터를 입력받아 호출되는 함수로 가져오는 변수를 말한다. 매개 변수는 여러 개가 될 수도 있으며 없어도 무관하다. 다만, 매개 변수가 여러 개 사용될 때는 콤마를 이용해 각각의 매개 변수를 분리해야 한다. 매개 변수에는 실제 매개 변수와 형식 매개 변수 두 종류가 있으며 함수 호출에서 매우 중요한 역할을 하게 된다.

【표 8.2】 매개 변수의 개수에 따른 함수 모양

함수의 매개 변수	설 명
int add( )	매개 변수가 없는 경우
int add(int x)	매개 변수가 1개인 경우
int add(int x, int y)	매개 변수가 2개인 경우
int add(int x, int y, int z)	매개 변수가 3개인 경우

4 함수 몸체(Body)

함수 헤더는 반환형, 함수 이름, 매개 변수로 구성된다. 함수 헤더가 끝나고 중괄호로 둘러싸인 부분이 함수 몸체이다. 함수 몸체는 크게 지역 변수 선언 부분과 알고리즘으로 구성된다.

지역 변수(local variable)는 함수 내부에서 정의되어 해당 함수 내부에서만 유효한 변수를 말한다. 지금까지 main() 함수 내부에 정의된 변수들이 모두 지역 변수이다.

알고리즘은 입력된 데이터를 이용해 원하는 출력을 유도해 내는 소스 코드의 집합이다. 함수가 호출되면 함수 내부에 기술된 소스 코드들이 순차적으로 실행되며 return문이나 중괄호(})를 만나면 함수가 종료되고 호출한 곳으로 다시 되돌아간다. 함수 내부의 알고리즘에는 지금까지 배운 모든 문장들을 사용할 수 있고, 문장의 길이도 제한은 없다.

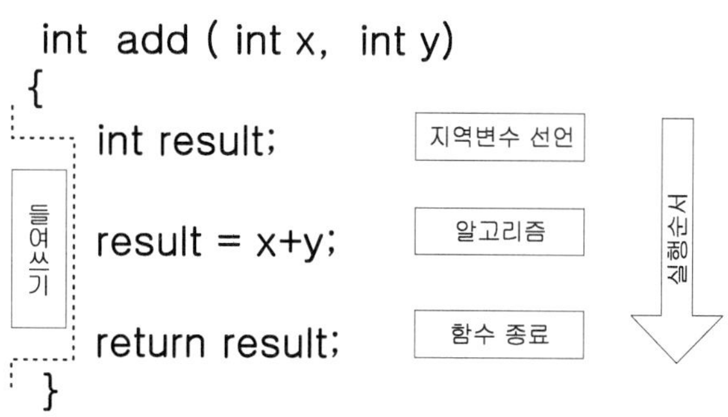

【그림 8.9】 함수 몸체와 실행 순서

덧셈을 수행하는 간단한 함수를 보자. 함수 내부에서 선언된 result는 지역 변수로 add() 함수 안에서만 이용할 수 있다. add() 함수에서 입력된 두 데이터를 더하는 부분이 알고리즘이다. 보통 알고리즘은 실제 작업이 진행되는 부분이므로 가장 중요하며 소스코드도 길어지게 된다. return 문장은 add() 함수에서 연산된 결과를 이 함수를 호출한 곳으로 보내주고 함수를 종료시키는 역할을 한다. 꼭 지켜야 하는 의무사항은 아니지만 함수 내부의 문장들은 들여쓰기를 해주면 보기도 좋고 디버깅하기도 용이하다.

지금까지 함수의 정의에 필요한 용어들을 간략히 살펴보았다. 입력 값과 반환 값의 유무에 따른 함수의 정의 형태는 다음 표와 같이 정리해 볼 수 있다. 함수 이름은 test라고 하자.

【표 8.3】 함수의 정의 형태의 예

함수의 정의 형태	설 명
void test( )	입력 값과 반환 값이 모두 없음
void test(int x)	입력 값은 있고 반환 값은 없음
int test( )	입력 값은 없고 반환 값은 있음
int test(int x, int y)	입력 값과 반환 값이 모두 있음

8.3 입력과 반환이 모두 없는 함수의 호출

함수는 소스코드에 포함되어 있어도 호출되기 전에는 실행되지 않는다. 함수 호출이란

이미 작성된 함수를 불러서 사용하는 것을 말하며, 함수를 호출하려면 함수 이름을 써주고 세미콜론을 붙여 주면 된다. 함수가 호출되면 현재 실행 중이던 작업을 잠시 멈추고 호출된 함수로 점프해서 호출된 함수 내부를 1번 실행한 후에 다시 돌아오게 된다.

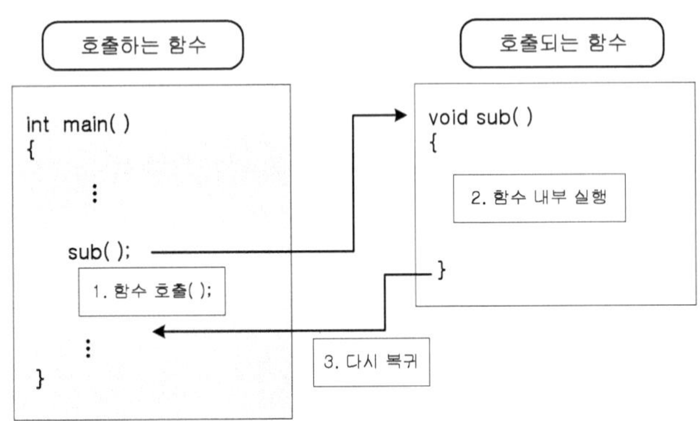

【그림 8.10】 void형 함수 호출 및 실행 순서

함수를 사용하다 보면 함수가 실행을 종료한 이후에 반환 값을 돌려주는 함수도 있고, 반환 값이 필요 없는 함수도 있다. 반환 값이 없으면 반환형의 자리에 void를 써주고, 반환 값이 있으면 돌려받을 데이터 형을 써준다. 먼저 반환 값이 없는 void형 함수를 이용해 함수가 어떻게 호출되고 실행되는지 알아보자.

【기초 예제 8.1】 void형 함수의 호출 1

```
#include<stdio.h>
void sub( );                          //함수 원형
int main( )                           //①
{
  printf("main함수 내부입니다\n");
  sub( );                             //② 함수 호출
  return 0;
}
void sub( )                           //void형 함수
{
```

```
    printf("sub함수 내부입니다\n");
}
```

실행 결과

```
main함수 내부입니다
sub함수 내부입니다
```

소스 관찰

void형 함수는 실행을 마친 후에 돌려주는 값이 없는 가장 간단한 함수이다. 이런 유형의 함수는 프로그램의 실행 순서만 주의해서 보면 된다.

① 소스코드에 여러 개의 함수가 있어도 항상 main( ) 함수가 가장 먼저 실행된다. 이 예제처럼 main( ) 함수와 sub( ) 함수 두 개의 함수가 있어도 main( ) 함수가 먼저 실행된다. 따라서 main( ) 함수 내부의 printf( )문이 먼저 실행되어 화면에 'main 함수 내부입니다'라는 메시지가 출력된다.

② sub( ) 함수를 호출하는 문장이다. 함수가 호출되면 호출된 함수로 점프해서 함수의 내부를 1번 실행한다. 따라서 sub( ) 함수 내부의 printf()문이 실행되어 'sub함수 내부입니다'라는 메시지가 출력된다. 마지막으로 중괄호(})를 만나면 해당함수를 종료하고 다시 호출한 곳으로 되돌아온다. 다음 그림을 보면서 프로그램을 실행 순서를 살펴보자.

```
void main( )
{
  printf(" main함수 내부입니다\n");

  sub( );

}
```

1 2 3 4

```
void sub( )
{
   printf(" sub함수 내부입니다\n");
}
```

C언어에서 사용되는 변수는 반드시 선언하듯이, 사용되는 함수도 반드시 함수 원형을 선언해 주어야 한다. 함수 원형이란 함수의 헤더 부분을 나열한 후에 세미콜론을 붙인 부분을 말한다. 만약 함수의 원형을 선언하기가 번거롭다면 호출되는 함수를 호출하는 함수의 위쪽에 위치시키면 된다. 위의 예제는 다음과 같은 형식으로 사용할 수도 있다. 물론 실행 결과는 전과 동일하다.

```
 void sub( )                                  //호출되는 함수
{ ....                   }                    (위쪽에 위치)

 int main( )                                  //호출하는 함수
{ .......               }
```

【기초 예제 8.2】 void형 함수의 호출 2

```
#include<stdio.h>
void sub1( );                                 //⑤ 함수 선언
void sub2( );
int main( )
{
  printf("main함수 내부입니다\n");            //①
  sub1( );                                    //② sub1함수 호출
  sub2( );                                    //③ sub2함수 호출
  printf("main 함수를 종료합니다\n");         //④
  return 0;
}
void sub1( )
{
   printf("sub1함수 내부입니다\n");
}
void sub2( )
{
   printf("sub2함수 내부입니다\n");
}
```

실행 결과

```
main함수 내부입니다
sub1함수 내부입니다
sub2함수 내부입니다
main함수를 종료합니다
```

소스 관찰

main() 함수와 sub1(), sub2() 2개의 함수로 구성되어 있다.

① main() 함수가 가장 먼저 실행되어 함수 내부의 printf()문에 의해 'main 함수 내부입니다'라는 메시지가 출력된다.

② sub()1 함수를 호출한다. 따라서 sub1() 함수 내부의 printf()문에 의해 'sub1함수 내부입니다'라는 메시지를 출력하고 다시 main() 함수로 되돌아온다.

③ sub()2 함수를 호출한다. 따라서 sub2() 함수 내부의 printf()문에 의해 'sub2 함수 내부입니다'라는 메시지를 출력하고 다시 main() 함수로 되돌아온다.

④ 'main 함수를 종료합니다'라는 메시지를 출력하고 main() 함수가 종료된다.

⑤ 사용된 함수가 sub1()과 sub2() 2개라면 모두 함수 원형을 선언해 주어야 한다.

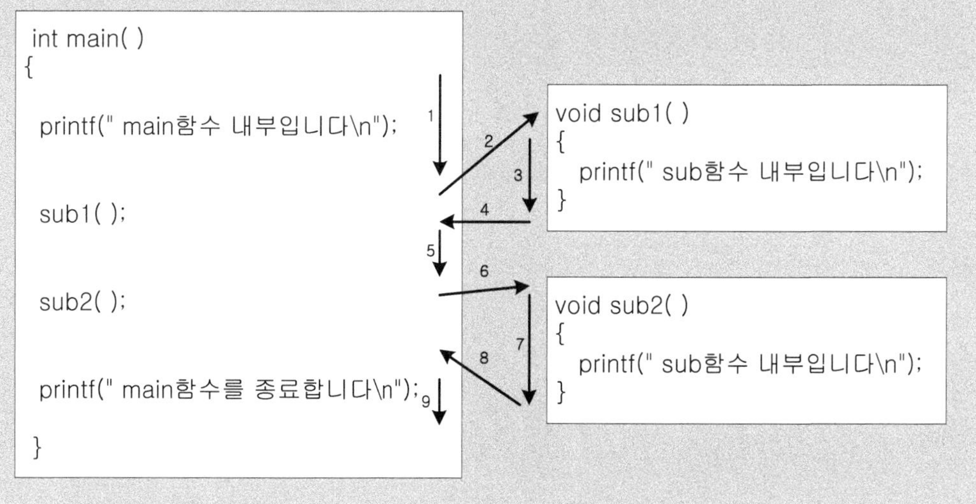

함수 선언 시에 주의해야 할 점을 정리해 보자.

Note

- 사용되는 함수는 반드시 프로그램 상단에 함수 원형을 명기
- 호출되는 함수를 호출하는 함수 위쪽에 놓으면 함수 원형 생략 가능

8.4 입력만 있는 함수의 호출

함수의 기본적인 원리와 호출 방법을 알아보았다. 하지만 함수에서 가장 중요한 것은 매개 변수를 이용해 입력 값을 전달하는 방법과 함수가 실행을 마친 이후에 결과 값을 반환하는 방법이라 할 수 있다. 먼저 호출되는 함수에 입력 값을 전달하는 방법을 알아보자.

1 인자 전달

인자 전달이란 호출되는 함수의 매개 변수에 값을 전달하는 것을 말한다. 인자(argument)에는 실제 매개 변수와 형식 매개 변수가 있다. 실제 매개 변수는 호출하는 함수에 위치하면서 값을 넘겨주는 인자를 의미한다. 또한, 형식 매개 변수는 호출되는 함수에 위치하고 있는 인자로 실제 매개 변수의 값을 넘겨받는 역할을 한다.

실제 매개 변수와 형식 매개 변수는 책마다 사용하는 용어가 약간씩 다르다. 실제 매개 변수는 실인자 또는 실인수라고도 한다. 또한, 형식 매개 변수는 형식인자 또는 형식인수라고도 한다. 앞으로 이 책에서는 인자 전달의 의미를 명확하게 나타내기 위해서 실인자와 형식인자라는 용어를 사용하겠다.

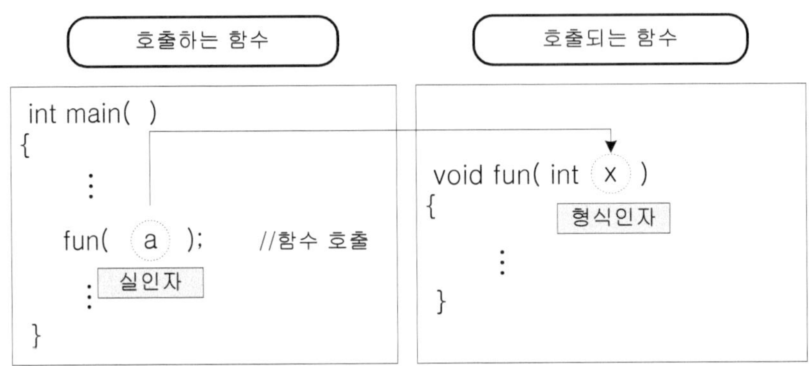

【그림 8.11】 입력 값만 있는 함수의 호출

입력 값만 있는 fun() 함수가 호출되면 main() 함수에서 정의된 실인자 a의 값을 형식인자 x로 그대로 넘겨준다. 이때 fun() 함수의 함수 이름 뒤에 붙어 있는 소괄호는 실인자와 형식인자를 연결해 주는 다리 역할을 하며 데이터의 입력 통로로 생각하면 된다.

2 C언어의 인자 전달 방법

C언어의 인자 전달 방법은 크게 2가지가 있다. 첫 번째는 실인자의 메모리에 저장되어 있는 값(value)을 전달하는 방식으로 인자 값 호출(call by value)이라 한다. 두 번째는 실인자의 메모리의 위치, 즉 주소(Referrence)를 전달하는 방법으로 주소 값 호출(Call by Referrence) 방식이 있다.

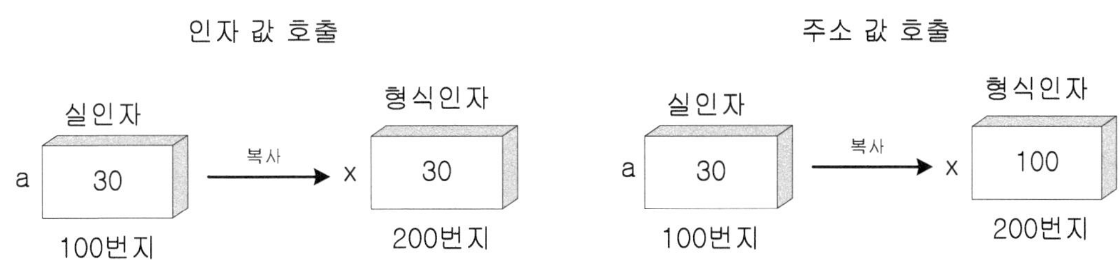

【그림 8.12】 인자 값 호출과 주소 값 호출

메모리상에 변수명이 a인 실인자와 x인 형식인자가 있다고 하자. a의 주소는 100번지이고 30이라는 정수가 저장되어 있다. 인자 값 호출은 함수가 호출되어 실인자의 값이 형식인자로 복사될 때 메모리에 저장된 값을 그대로 복사하게 된다. 따라서 형식인자 x에는 30이 복사된다. 반면에 주소 값 호출은 함수가 호출될 때 메모리에 저장된 값이 아니라 실인자의 주소를 복사해 간다. 따라서 이 경우에는 형식인자 x에 100번지가 복사된다. 주소 값 호출은 포인터의 개념이 필요하므로 뒤에서 자세히 살펴보도록 하고 먼저 인자 값 호출을 알아보도록 하자.

【기초 예제 8.3】 입력 값이 1개인 함수 호출

```
#include<stdio.h>
void fun(int x);                                    //함수 선언
int main( )
```

```
{
  int a;                                   //실인자 a
  a = 30;
  printf ("실인자의 값: a = %d\n", a);      //①
  fun(a);                                  //②
  return 0;
 }
void fun(int x )                           //③
{
   printf ("형식인자의 값: x = %d\n", x);
}                                          //④
```

실행 결과

```
실인자의 값: a = 30
형식인자의 값: x = 30
```

소스 관찰

① 실인자 a에 정수 30을 대입했으므로 30이 출력된다.

② 함수 이름은 fun이고 1개의 입력 인자를 갖고 있으며 반환 값은 없다. fun() 함수가 호출되면 실인자 a의 값이 그대로 형식인자 x에 복사된다. 따라서 x에는 30이 저장된다.

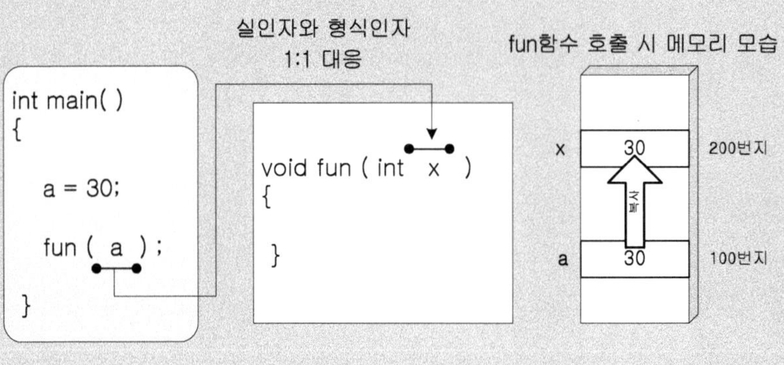

③ 실인자 a와 형식인자 x는 개수와 자료형은 항상 같아야 한다. 여기서는 실인자와 형식인자는 각각 1개이고 자료형은 모두 정수형이다. fun() 함수에서 형식인자 x를 출력하면 30이 된다.

④ 호출된 함수는 중괄호(})를 만나면 종료된다. 이때 fun() 함수에서 정의되었던 형식인자는 메모리에서 완전히 사라진다.

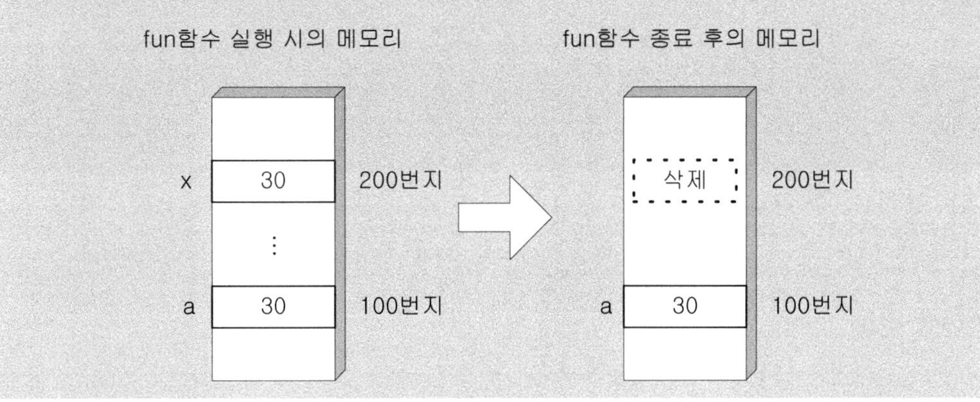

인자 값 호출에서 형식인자는 반드시 변수이어야 하지만 실인자는 변수, 상수, 수식을 모두 이용할 수 있다. 따라서 main() 함수의 실인자를 다음과 같이 상수로 바꿔도 앞과 동일한 결과를 얻을 수 있다.

```
fun(30);                              //변수 대신 상수 이용
```

【기초 예제 8.4】 입력 값이 2개인 함수 호출

실인자 2개를 형식인자로 넘겨받아 이들의 덧셈을 출력하는 프로그램을 작성해 보자.

```
#include<stdio.h>
void add(int x, int y);
int main( )
{
  int a, b;                           //실인자 a, b
```

```
    a = 30;
    b = 20;
    printf ("실인자의 값: a = %d, b = %d\n", a, b);        //①
    add( a, b);                                          //②
    return 0;
}

void add(int x, int y)            //형식인자 x, y
{
    printf ("형식인자 x+y = %d\n", x+y);                //③
}                                                        //④
```

실행 결과

```
실인자의 값: a = 30, b = 20
형식인자 x+y = 50
```

소스 관찰

① 실인자 a와 b는 각각 30과 20이 출력된다.

② 함수 이름은 add이고 2개의 입력 인자를 갖고 있으며 반환되는 값은 없다. add() 함수가 호출되면 실인자 a, b의 값이 그대로 형식인자 x, y에 순서대로 복사된다. 따라서 x의 값은 30, y의 값은 20이 된다. 물론 복사의 개념이므로 실인자 a, b값은 변경되지 않는다.

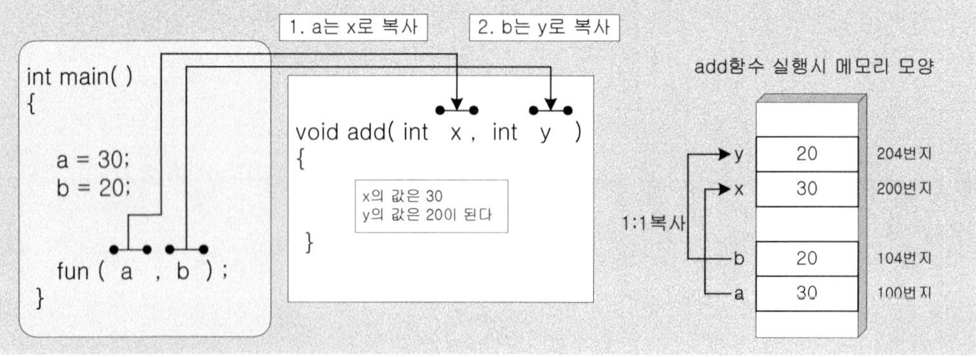

③ 형식인자의 덧셈 x+y는 50이 된다.

④ 호출된 함수는 중괄호{})를 만나면 종료된다. 이때 add()함수에서 정의되었던 형식인자 x, y는 모두 메모리에서 완전히 사라진다.

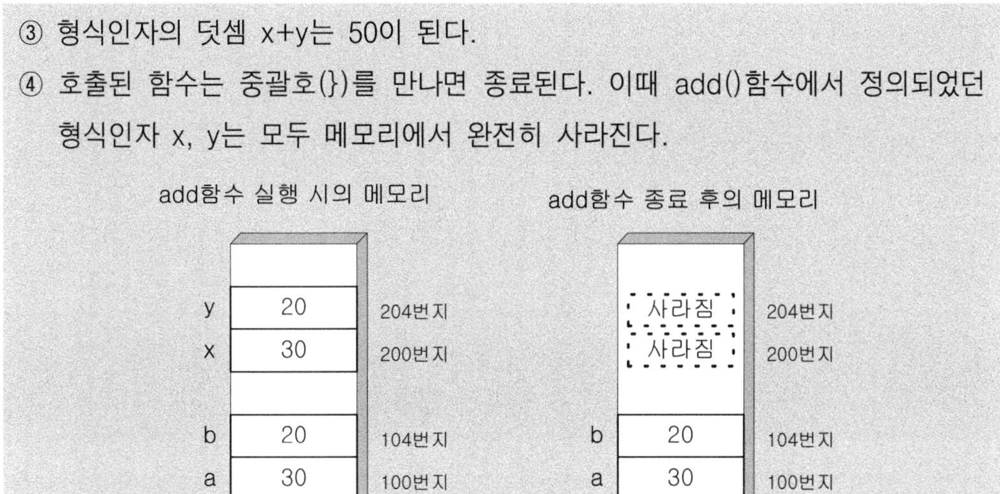

그런데 한 가지 의문이 든다. 형식인자 x+y의 연산 결과를 main() 함수에서 사용하고 싶다면 어떻게 해야 할까? 바로 뒤에 나오는 반환 값을 이용하는 함수 호출을 이용하면 된다. 함수의 인자 값 호출에서 몇 가지만 정리하고 넘어가자.

Note

- 실인자는 상수, 변수, 수식 모두 사용 가능
- 형식인자는 반드시 변수만 사용 가능
- 실인자와 형식인자는 항상 개수도 같고 자료형도 동일

8.5 입력과 반환이 모두 있는 함수의 호출

함수의 인자 전달이란 호출되는 함수에 입력 값을 넘겨주는 작업을 말한다. 반면에 반환 값은 호출된 함수가 종료될 때 함수를 호출한 곳으로 작업 결과를 되돌려 주는 것을 말한다. 함수의 입력 인자는 여러 개를 사용할 수 있지만 반환 값은 반드시 1개만 사용해야 한다.

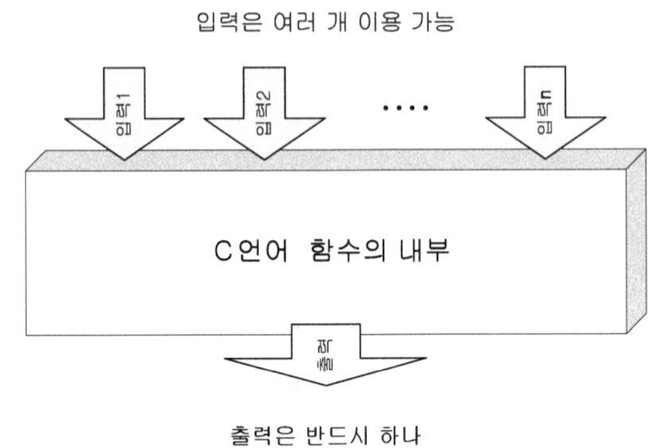

【그림 8.13】 C 함수의 입출력의 개수

1 반환 값

함수가 종료되면 해당 함수 내부에서 사용되었던 모든 데이터들은 지워지게 된다. 따라서 호출된 함수가 사라지기 전에 작업한 결과를 호출한 함수로 넘겨줘야 데이터를 보관할 수 있다.

함수가 반환 값을 넘겨주려면 return문을 쓰고 반환하고자 하는 값을 써주면 된다. return문 뒤의 반환 값에는 상수, 변수, 수식이 모두 올 수 있다. ()는 써도 되고 쓰지 않아도 무관하다. 사용 가능한 return문의 예를 살펴보자.

```
return 0;                // 정수 0을 반환
return x;                // 변수 x의 값을 반환
return ( x + y );        // 수식 x + y의 연산결과를 반환
return;                  // 반환 값 없음
```

반환 값이 없는 경우에는 return 문장 자체를 생략해도 되고 return문만 써도 된다. 또한, 반환 값이 없는 함수를 사용할 때는 반드시 반환형을 void형으로 정의해야 컴파일 오류가 발생하지 않는다.

2개의 입력 값을 받아서 이들의 덧셈을 연산한 후에 결과 값을 반환하는 add() 함수를 고려해 보자.

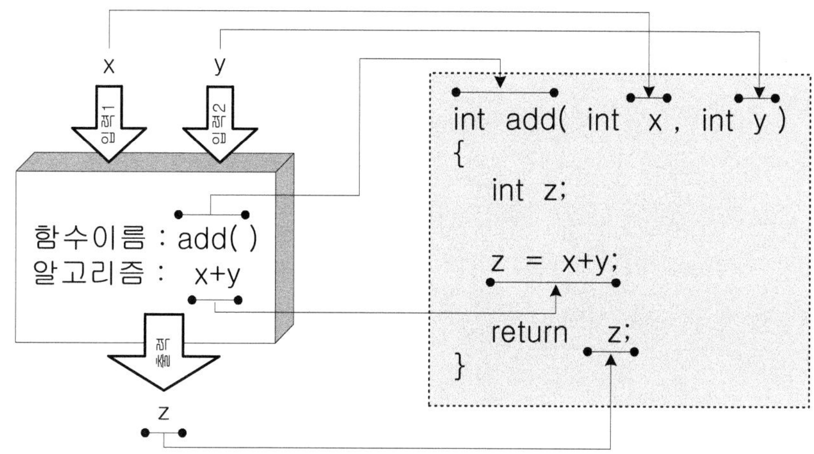

【그림 8.14】 add() 함수의 입력 인자와 반환 값

add() 함수가 호출되면 형식인자 x와 y는 실인자의 값을 넘겨받는다. 함수 내부에서는 넘겨받은 입력 값을 이용해 x와 y의 덧셈을 연산하고 z에 저장한다. return문을 만나면 반환 값 z를 add() 함수를 호출한 곳으로 되돌려준다.

main() 함수에서 add() 함수를 호출하는 프로그램의 예를 보면서 입, 출력 데이터가 어떻게 전달되는지 자세히 살펴보자.

```
int main( )
{
    int result;
    result = add(2, 3);                    //add()함수 호출
    ....
}
int add(int x, int y)                     //add()함수
{
   int z;
   z = x + y;                              //알고리즘
   return z;                               //반환 값 z
}
```

main() 함수의 실인자는 상수 2와 3이므로 add() 함수가 호출되면 형식인자 x에는 2, y에는 3이 복사된다. 이때 실인자와 형식인자의 자료형과 인자의 개수는 서로 같아야 한다. add() 함수 내부는 단순히 형식인자 x와 y를 더해 변수 z에 저장하는 알고리즘으로 이루어져 있다. add() 함수는 return문을 만나면 z의 값인 5를 호출한 함수 이름으로 main() 함수에게 반환한 후에 종료된다. 이때 add() 함수의 반환형이 int형이므로 이를 받는 main() 함수의 result 변수도 반드시 int형이어야 한다. 만약 자료형이 서로 같지 않으면 컴파일 오류가 발생한다. 다음 그림은 함수 호출 시에 데이터의 흐름을 보여준다. 순서에 주의해서 정리해 보자.

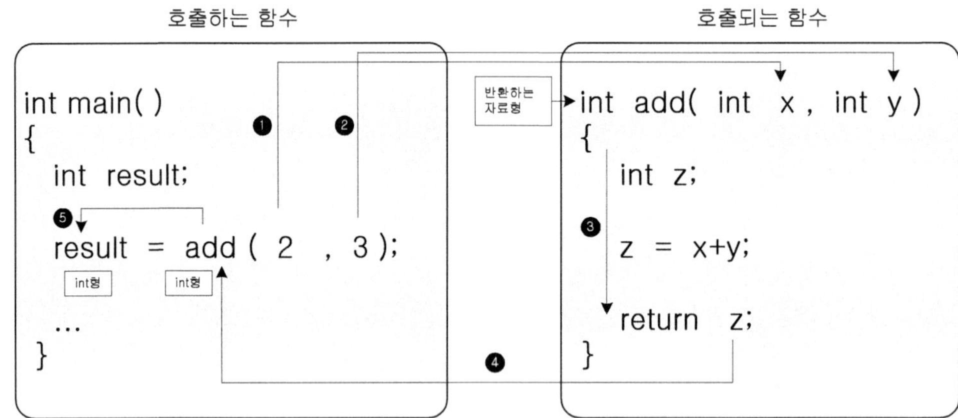

【그림 8.15】 add() 함수 호출 시에 데이터의 흐름

입력 값과 반환 값이 모두 있는 함수의 몇 가지 예를 표로 정리해 보자. 함수 이름 앞의 반환형은 반환되는 값의 자료형을 나타내며 반드시 1개만 허용된다. 또한, 함수 이름 뒤에 붙어 있는 소괄호의 내부는 입력 값의 자료형과 개수를 표시하고 있다.

【표 8.4】 입력 값과 반환 값이 모두 있는 함수의 예

함수의 정의 형태	설 명	
	입력 자료형	반환 자료형
char test(char)	char형 1개	char형
int add(int)	int형 1개	int형
int add(int, int)	int형 2개	int형
int add(int, double)	int형 1개, double형 1개	int형
double divide(int x, int y)	int형 2개	double형

【기초 예제 8.5】 입력 값 1개와 반환 값이 있는 함수의 호출

함수로 전달된 입력 값에 10을 더해 다시 되돌려주는 프로그램을 작성해 보자.

```
#include<stdio.h>
int add(int x);                                  //함수 선언
int main( )
{
  int a, result;
  a = 30;
  result = add(a);                               //① 실인자 1개
  printf ("result = %d\n", result);              //③
  return 0;
}
int add(int x)                                   //② 형식인자 1개
{
   return (x+10);
 }
```

실행 결과

```
result = 40
```

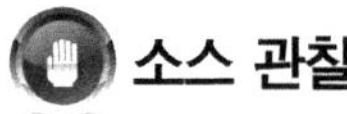

소스 관찰

① 실인자 a의 값인 30이 형식인자 x로 복사된다.
② x에 10을 더한 값 40을 add() 함수 이름으로 main() 함수에 되돌려준다.
③ result에는 add() 함수로부터 받은 반환 값이 저장되어 있으므로 40이 출력된다.

【기초 예제 8.6】 입력 값 2개와 반환 값이 정수형인 함수의 호출

2개의 정수를 함수로 입력받아 이들의 덧셈을 계산한 후에 정수형으로 돌려주는 프로그램을 작성해 보자.

```
#include<stdio.h>
int add(int, int );                              //함수 선언
int main( )
{
  int a, b, result;
  a = 30;
  b = 50;
  result = add(a, b);                            //① 실인자 2개
  printf("result = %d\n", result);               //③
  return 0;
}
int add(int x, int y)                            //형식인자 2개
{
   return (x+y);                                 //②
}
```

실행 결과

```
result = 80
```

소스 관찰

① 실인자 a는 형식인자 x로, 실인자 b는 형식인자 y로 1:1 복사된다. 따라서 add() 함수가 호출되면 x에는 30, y에는 50이 각각 대입된다.

② return문을 만나면 x와 y를 더한 값 80을 add() 함수 이름으로 main() 함수에 돌려준다. 이때 add()의 반환 값이 int형이므로 result도 반드시 int형이어야 한다.

③ result를 출력하면 80이 출력된다.

【기초 예제 8.7】 입력 값이 2개이고 반환 값이 실수형인 함수의 호출

2개의 정수를 함수로 입력받아 이들의 나눗셈을 계산한 후에 실수형으로 돌려주는 프로그램을 작성해 보자.

```
#include<stdio.h>
double divide(int, int );                         //함수 선언
int main( )
{
  int a, b;
  double result;
  a = 2;
  b = 3;
  result = divide(a, b);                          //①
  printf ("result = %f\n", result);               //④
  return 0;
}
double divide(int x, int y)                       //②
{
   double z;
   z = x;                                         //③
   return (z/y);
}
```

실행 결과

```
result = 0.666667
```

소스 관찰

① divide() 함수는 반환되는 값이 실수형이므로 이를 받는 result 변수도 실수형이어야 한다. divide() 함수 호출 시 데이터의 흐름을 살펴보자.

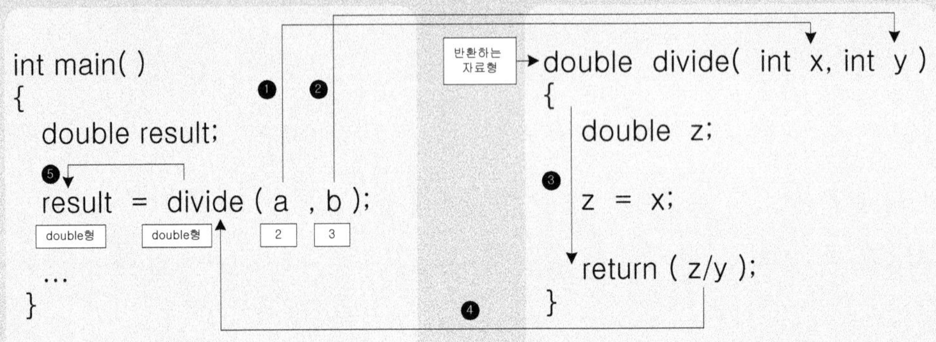

실인자 a, b의 값을 형식인자 x, y로 입력받아 divide() 함수 내부를 1번 실행하고 결과 값을 실수형으로 되돌려준다.

② divide() 함수 내부에서 정의된 변수 x, y, z는 함수가 종료되면 메모리에서 삭제된다.

③ 정수형 자료를 실수형에 대입하면 자동으로 실수형으로 변환된다. 만약 정수형/정수형을 연산하면 결과는 정수형이 되므로 실수형/정수형으로 변환해서 연산을 해야 한다.

④ result는 divide() 함수의 반환 값을 저장하고 있는 실수형 변수이므로 %f를 이용해서 출력한다.

2 여러 개의 함수 호출

함수는 일종의 블랙박스로 생각할 수 있다. 함수 내부의 연산이 어떻게 수행되는지보다는 입출력 정보가 중요하다는 뜻이다. 이런 함수의 특징은 대규모 프로그램을 작성할 때 아주 유용하게 활용될 수 있다.

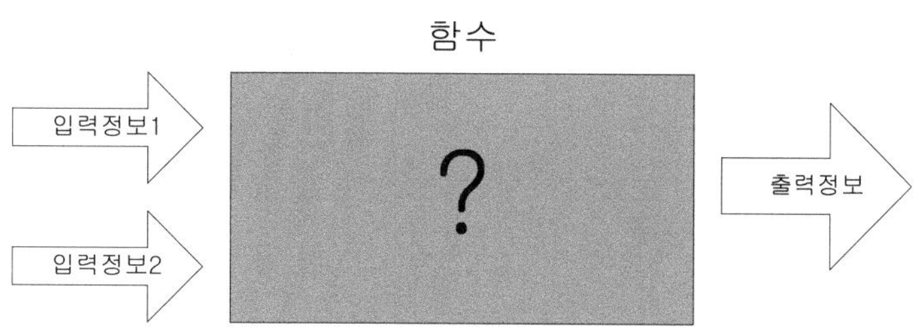

【그림 8.16】 함수의 특징

예를 들어 갑, 을, 병 세 명이 모여서 주소록 프로그램을 작성한다고 하자. 주소록 프로그램 작성에 필요한 프로그램을 기능별로 분류해 보면 주(main) 프로그램 부분, 데이터 입력 부분, 데이터 출력 부분 정도로 나눌 수 있다. 회의를 통해 갑은 주 프로그램 부분, 을은 데이터 입력 부분, 병은 데이터 출력 부분을 담당했다고 하자.

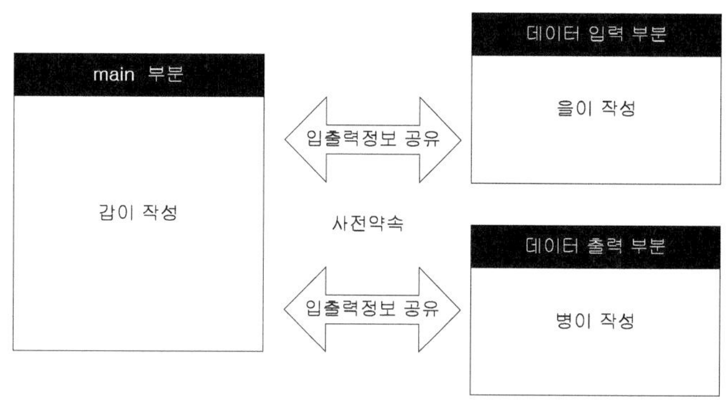

【그림 8.17】 주소록 프로그램의 분담 예

이때 중요한 점은 갑은 을과 병이 작성한 프로그램의 내부까지 자세히 알 필요가 없다는 것이다. 왜냐하면 을과 병이 작성한 프로그램의 입출력 정보만 사전에 약속되면 프로그램 작성에 전혀 문제가 없기 때문이다. 물론 을과 병도 갑의 프로그램 내부를 자세히 알 필요는 없다.

이런 방식으로 프로그램을 작성하면 각자 자신이 맡은 부분에 더 많은 시간과 노력을 투자할 수 있게 된다. 그리고 각자 맡은 프로그램이 완성되면 처음에 약속했던 입출력 정보를 이용해 전체 프로그램을 효과적으로 구동할 수 있다. 여기서 각자 맡은 부분이 바로 함수를 의미하며, 입출력 정보는 입력 값과 반환 값을 의미한다. 이것이 함수를 사용하는 가장 큰 매력이라 할 수 있다.

【응용 예제 8.8】 여러 개의 함수 호출

키보드를 통해 2개의 정수를 입력받아 이들의 사칙연산을 계산하는 프로그램을 작성해 보자. 단 각각의 연산은 별도의 함수를 이용한다.

```
#include<stdio.h>
int add(int, int);                                  //①
int sub(int, int);
int mul(int, int);
double div(int, int);
int main( )
{
  int a, b, a_result, s_result, m_result;
  double d_result;
  printf("두 개의 정수를 입력하시오:");
  scanf(" %d, %d", &a, &b);                         //②

  a_result = add(a, b);                             //③
  s_result = sub(a, b);
  m_result = mul(a, b);
  d_result = div(a, b);

  printf(" a + b = %d\n", a_result);
  printf(" a - b = %d\n", s_result);
  printf(" a * b = %d\n", m_result);
  printf(" a / b = %f\n", d_result);
  return 0;
}//End of main

int add(int x, int y)                               //덧셈 함수
```

```
{
    return(x+y);
}
int sub(int x, int y)                                  //뺄셈 함수
{
    return(x-y);
}
int mul(int x, int y)                                  //곱셈 함수
{
    return(x*y);
}
double div(int x, int y)                               //나눗셈 함수
{
   double z;
   z = x;                                              //④
   return(z/y);
}
```

실행 결과

```
두 개의 정수를 입력하시오: 2, 3
 a + b = 5
 a - b = -1
 a * b = 6
 a / b = 0.666667
```

소스 관찰

① 덧셈, 뺄셈, 곱셈, 나눗셈 4개의 함수가 사용되므로 이들 각각의 함수 원형을 반드시 선언해야 한다.
② "%d, %d"는 키보드로 정수를 받을 때 반드시 콤마(,)로 구분하라는 의미이다.
③ 4개의 함수를 차례로 호출해 반환형과 같은 자료형의 변수에 저장한다.
④ 정수형/정수형은 정수형이 되므로 x를 실수형 변수 z로 변환한 후에 연산한다.

3 함수 원형

함수 원형(function prototype)은 함수를 사용하기 전에 컴파일러에게 사용할 함수의 함수 이름, 매개 변수, 반환형과 같은 기본 정보를 알려주는 것을 말한다. C언어에서 변수를 선언하는 것과 같은 의미로 보면 된다.

함수 원형을 선언할 때는 함수 헤더 부분을 나열하고 마지막에 세미콜론(;)을 붙여준다. 또한, 매개 변수는 자료형은 반드시 나열해야 하며, 변수 이름은 적어도 되고 적지 않아도 된다. 다음에 몇 가지 함수 원형의 선언 방법을 보였으니 참고하도록 하자.

그런데 함수 원형은 왜 필요할까? 함수 원형은 컴파일러가 오류를 검출하는데 반드시 필요하다. 컴파일러는 함수 원형을 근거로 호출되는 함수의 전달인자 유무와 반환 값의 자료형 등을 비교해 오류를 검출한다.

```
void test(void);
int test(int a);                    //변수 이름 있음
int test(int );                     //변수 이름 생략
double divide(int, int, int);       //매개 변수 3개
double sunjuk(double, double);      //매개 변수 2개
```

프로그램 실습

1 함수의 입력 값에 100을 더해 반환하는 프로그램의 미완성 부분을 완성하시오.

```
int main( )
{
   int a, r;
   a = 10;
   r = fun(a);
   printf("r = %d\n", r);
}
int fun( int x )
{


}
```

2 키보드로 1개의 정수를 입력받아서 절댓값을 계산하는 프로그램을 함수로 작성하시오. 단 함수 이름은 abs()로 한다.

3 사각형의 면적을 계산하는 함수를 작성하시오. 단 함수 이름은 rectangle()로 한다.

4 키보드로 2개의 정수를 입력받아서 큰 수를 출력하는 프로그램을 작성하시오. 단 입력은 2개 출력은 1개인 별도의 함수를 이용하시오.

```
2개의 정수를 입력하세요 : 2  3
큰 수 : 3
```

Hint int max(int, int)를 이용한다.

5 키보드로 정수 n을 입력받아 1에서 n까지의 곱셈(1× 2× ··× n)을 계산하는 프로그램을 함수로 작성하시오. 단 함수 이름은 factorial()로 한다.

제9장 변수의 영역

변수는 선언된 위치에 따라 지역 변수와 전역 변수로 구분된다. 지역 변수는 함수 내부에서 선언되어 해당 함수가 실행될 때 그 함수 내부에서만 사용할 수 있다. 반면에 전역 변수는 함수 외부에서 선언되어 소스 파일의 모든 영역에서 사용할 수 있는 변수를 말한다.

학습목표

- 변수 영역의 기본 개념을 이해한다.
- 지역 변수와 전역 변수의 차이점을 이해한다.
- 레지스터 변수와 정적 변수의 사용법을 익힌다.
- 외부 변수의 사용법을 익힌다.

RECIEVING
SIGNAL STRENGTH %100

9.1 변수의 영역

세상의 모든 사람은 태어나면 죽기 마련이다. 짧고 굵게 살다가 죽는 사람도 있고, 길고 가늘게 사는 사람도 있다. 이런 진리는 C언어도 비켜갈 수 없다. C언어의 변수도 태어나는 시점과 소멸되는 시점을 갖는다. 어떤 변수는 짧게 살고 어떤 변수는 길게 산다. 변수의 영역(scope)이란 변수가 어느 영역에서 유효하고 언제 소멸되는지를 결정하는 것을 의미한다.

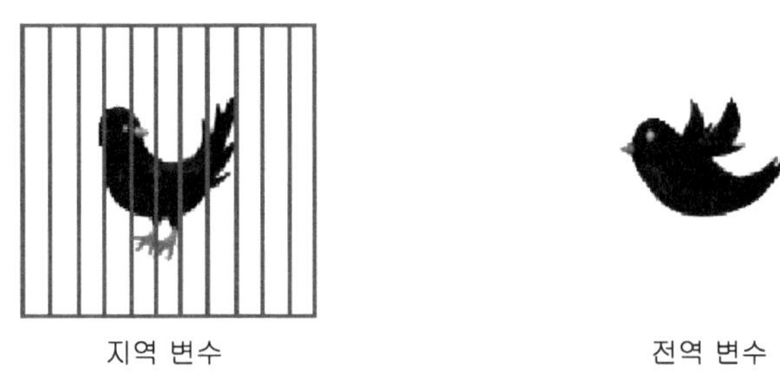

【그림 9.1】 지역 변수와 전역 변수의 개념

새장(함수)에 들어 있는 새(변수)는 새장 내에서만 움직일 수 있다. 하지만 새장 밖의 새는 어디든 자유롭게 움직일 수 있다. 새장 안에 갇혀 있는 새를 지역 변수, 새장 밖의 새를 전역 변수의 개념으로 생각하자.

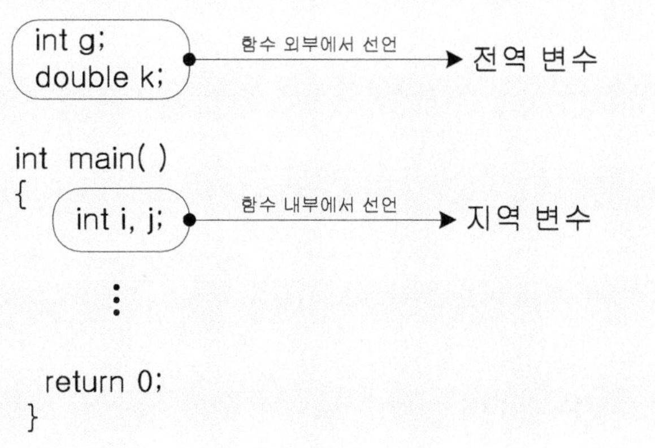

【그림 9.2】 전역 변수와 지역 변수의 선언

지역 변수(local variable)는 함수 내부에서 선언되어 해당 함수의 블록 내부에서만 사용할 수 있다. 따라서 사용 영역이 좁고 빨리 소멸된다. 반면에 전역 변수(global variable)는 함수 외부에서 선언되어 소스파일 내의 모든 함수에서 마음대로 사용할 수 있다. 따라서 사용 영역이 넓고 천천히 소멸된다.

9.2 지역 변수

지역 변수는 함수 내부에서 선언되어 해당 함수가 호출되어 실행될 때 그 함수 내부에서만 유효한 변수이다. 따라서 중괄호 블록으로 둘러싼 한정된 지역(local)에서만 사용할 수 있고 선언된 블록을 벗어나면 사용할 수 없다. 지금까지 별도의 언급 없이 사용된 모든 변수들은 지역 변수라고 생각하면 된다.

1 지역 변수의 생성과 소멸

지역 변수는 함수가 호출되어 사용되는 시점에서 생성되고 함수가 종료되면 자동으로 소멸된다. 여기서 생성이란 메모리에 변수의 공간이 생긴다는 의미고, 소멸은 메모리에서 공간이 제거된다는 뜻이다.

다음의 void형 sum() 함수에서 i, j는 지역 변수로 변수 선언 문장이 실행됨과 동시에 생성되며 중괄호(})에서 소멸된다.

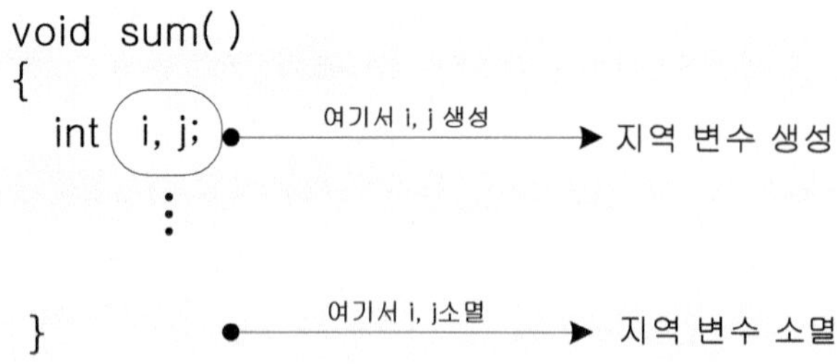

return 값이 있는 함수들은 return 문장을 만나면 지역 변수가 소멸된다. main() 함수의 예를 들어보자.

```
int  main( )
{
   int  a =10;  ●──여기서 a 생성──▶ 지역 변수 생성
       ⋮
   return 0;    ●──여기서 a 소멸──▶ 지역 변수 소멸
}
```

2 지역 변수의 사용 영역

지역 변수는 정의된 함수 내부에서만 사용할 수 있다. main() 함수에서 선언된 변수 a는 main() 함수 내부에서만 사용할 수 있다.

```
int  main( )
{
   int  a =10;   ▲
                 │
       ⋮         │ 지역 변수 a의 사용 영역
                 │
   return 0;     ▼
}
```

fun1( ) 함수에서 선언된 지역 변수 a는 이 함수 내부에서만 이용할 수 있다. 만약 다른 함수에서 사용하면 선언되지 않은 변수로 간주해 컴파일 오류가 발생한다.

```
int  fun1( )
{
  int  a ;    ▲
     ⋮        │ 지역변수 a의 사용 영역
              ▼
}

void fun2( )
{
   a = 10;  ●────▶ 컴파일 오류 : a 사용 불가

}
```

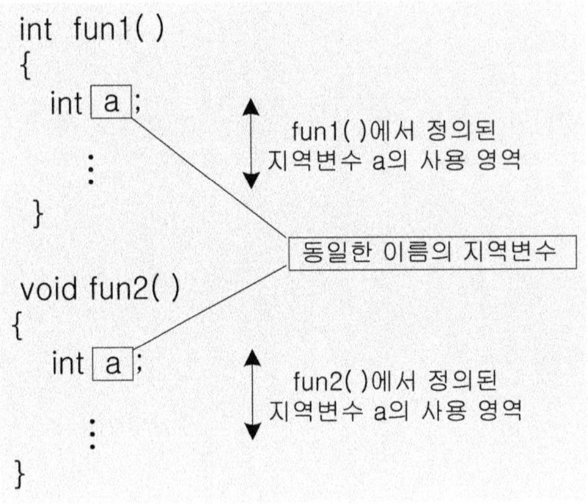

```
int fun1( )
{
   int [a];          ↕ fun1( )에서 정의된
      :                지역변수 a의 사용 영역
 }
                     [동일한 이름의 지역변수]
void fun2( )
{
   int [a];          ↕ fun2( )에서 정의된
      :                지역변수 a의 사용 영역
}
```

같은 이름의 지역 변수를 서로 다른 함수에서 사용할 수도 있다. 이때 두 지역 변수는 이름만 같을 뿐 완전히 다른 변수로 간주된다. 따라서 컴파일 오류가 발생하지는 않는다. fun1()에 a라는 지역 변수가 선언되어 있고, fun2()에도 a라는 지역 변수를 선언했다고 하자. 이들은 변수 이름은 같지만 별도의 메모리를 차지하고 있는 완전히 다른 변수이다. 따라서 지역 변수가 선언되어 있는 해당 함수의 내부에서만 이용하면 아무런 문제가 없다.

【기초 예제 9.1】 동일한 이름의 지역 변수

```
#include<stdio.h>
int fun1( );
int fun2( );
int main( )
{
  printf("fun1 = %d\n", fun1( ));      //①
  printf("fun2 = %d\n", fun2( ));      //②
  return 0;
}
int fun1( )
{
  int a;                               //지역 변수
  a= 10;
  return a;
```

```
}
int fun2( )
{
   int a = 100;                        //지역 변수
   return a;
}
```

실행 결과

```
fun1 = 10
fun2 = 100
```

소스 관찰

① fun1()에서 정의된 지역 변수 a의 값을 반환받아 출력하므로 10이 출력된다.

② fun2()에서 정의된 지역 변수 a는 변수 선언과 초기화를 동시에 수행한 경우이다. 이 경우도 함수 내부에서 선언했으므로 a는 지역 변수이고 a 값을 반환받아 출력하면 100이 출력된다.

3 지역 변수의 초깃값

초깃값(default value)은 변수가 메모리에 생성될 때 기본적으로 저장되어 있는 값을 말한다. 지역 변수는 사용자가 직접 초기화하지 않으면 쓰레기 값을 갖고 있다. 따라서 사용하기 전에 반드시 초기화를 해야만 원하는 결과를 얻을 수 있다. 특히 a=a+1과 같이 변수에 값이 누적되는 프로그램에서 주의해야 한다.

【기초 예제 9.2】 지역 변수의 쓰레기 값

```
#include<stdio.h>
int main( )
```

```
{
   int x;
   printf("x = %d\n", x);          //①쓰레기 값 출력
   x = 10;
   printf("x = %d\n", x);          //②대입된 값 출력
   return 0;
}
```

실행 결과

```
x = -858993460
x = 10
```

소스 관찰

① 지역 변수를 초기화하지 않고 출력하면 전혀 예측하지 못한 값이 출력된다. 이를 보통 쓰레기 값이라 하며 컴파일할 때 초기화되지 않았다는 경고가 발생한다.

② 대입문을 이용해 x에 10을 대입한 후 출력했다. 초기화는 int x =10;과 같이 선언과 동시에 할 수도 있다.

4 함수의 매개 변수

함수의 매개 변수(형식인자)도 함수 내부에서 선언된 지역 변수이다. 다만, 초기화될 때 실인자의 값으로 초기화된다는 것만 주의하면 된다.

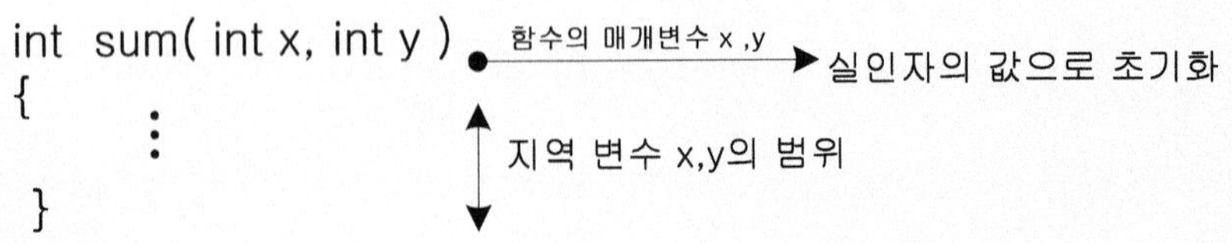

```
int  sum( int x, int y )  ● 함수의 매개변수 x ,y ──► 실인자의 값으로 초기화
{                         ▲
        ⋮                 │ 지역 변수 x,y의 범위
 }                        ▼
```

【기초 예제 9.3】 함수의 매개 변수의 특징

```
#include<stdio.h>
int sum(int, int);
int main( )
{
   int a, b, result;                    //①
   a = 10;
   b = 20;
   result = sum(a, b);
   printf("result = %d\n", result);
   return 0;
}
int sum(int x, int y)                   //②
{
   return (x+y);
}
```

실행 결과

```
result = 30
```

소스 관찰

① a, b, result는 모두 main() 함수에서만 사용할 수 있는 지역 변수이다.

② 매개 변수(형식인자) x, y는 sum()함수 내부에서만 사용할 수 있는 지역 변수로 별도의 초기화는 필요 없다. 왜냐하면 sum() 함수가 호출될 때 실인자 a, b의 값으로 자동으로 초기화되기 때문이다.

9.3 전역 변수

전역 변수(global variable)는 함수의 외부에서 선언되어 소스 파일 전체에서 이용할 수 있는 변수이다. 또한, 필요하다면 전역 변수가 선언된 파일 이외에 다른 소스파일에서도 사용할 수 있다. 전역 변수의 특징들을 차례로 알아보자.

1 전역 변수의 선언 및 사용법

전역 변수는 지역 변수를 선언하는 방법과 동일하게 함수 외부에서 선언하면 된다. 변수 global은 함수 외부에서 선언된 전역 변수이다. 따라서 main() 함수는 물론이고 fun1(), fun2() 함수에서도 자유자재로 사용할 수 있다.

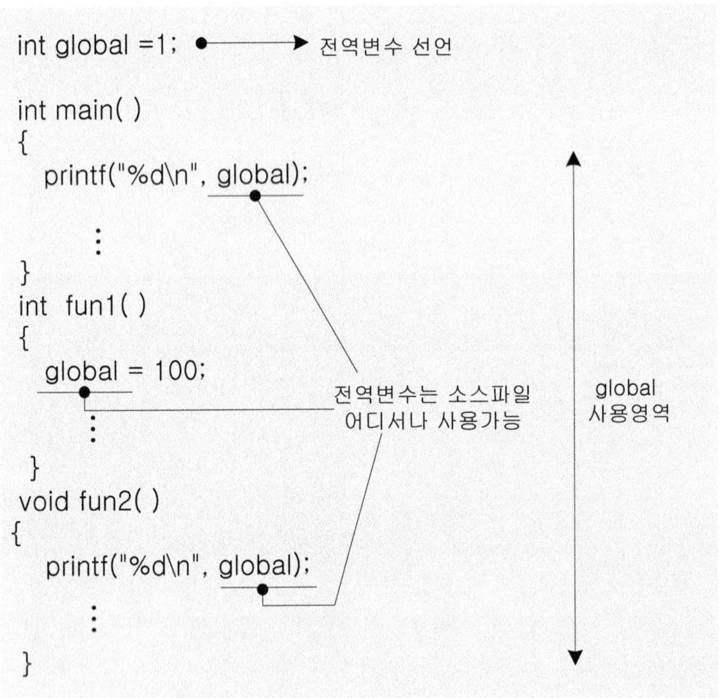

얼핏 보기에 전역 변수는 매우 편리하고 유용할 것처럼 보이지만 실제로는 그 반대이다. 전역 변수는 꼭 필요한 경우가 아니면 쓰지 않는 것이 좋다. 왜냐하면 여러 함수에서 변수

에 접근할 수 있다는 것이 장점이자 단점이 되기 때문이다.

특히 대규모 프로그램을 작성할 경우에 전역 변수를 사용하게 되면 함수와 함수 사이에 데이터 교환이 서로 꼬이게 되고, 특정 함수에 포함되어 있는 전역 변수를 변경하면 전체 소스코드를 수정해야만 된다. 따라서 특정 영역에서만 유효한 지역 변수를 이용해 프로그램을 작성하는 것이 더욱 효율적이고 소스코드의 수정도 용이하다.

2 전역 변수의 생성과 소멸

전역 변수는 프로그램의 시작과 동시에 메모리에 생성되어 프로그램이 끝날 때까지 항상 메모리에 상주하고 있다. 따라서 전역 변수는 프로그램이 시작될 때 생성되어 소스파일 전체에서 접근이 가능하고 프로그램이 종료되는 시점에서 소멸된다. 꼭 지켜야 하는 의무 사항은 아니지만 전역 변수의 이름을 부여할 때는 가능하면 변수 이름 앞에 'g'라는 접두어를 사용하는 것이 좋다. 이렇게 하면 지역 변수와 전역 변수를 쉽게 구분할 수 있다. 변수명만 보고도 어떤 자료 형이고, 저장된 값이 뭔지를 쉽게 구분할 수 있도록 변수 이름을 정하는 것이 좋다.

3 전역 변수의 초깃값

전역 변수는 앞의 지역 변수와는 다르게 사용자가 초기화하지 않아도 컴파일러가 자동으로 0으로 초기화시켜 준다. 따라서 값을 대입하지 않고 바로 출력해도 지역 변수처럼 쓰레기 값이 출력되지 않는다.

【기초 예제 9.4】 전역 변수의 초깃값

```
#include<stdio.h>
void fun( );
int global;                              //①
int main( )
{
   printf("global = %d\n", global);      //②
   fun( );                               //③
   printf("global = %d\n", global);      //⑤
   return 0;
```

```
}
void fun( )
{
    global = 100;                       //④
}
```

실행 결과

```
global = 0
global = 100
```

소스 관찰

① global 변수는 함수 외부에서 선언된 전역 변수이다.
② 전역 변수는 컴파일러가 자동으로 0으로 초기화시킨다. 따라서 global의 값을 출력하면 0이 된다.
③ fun() 함수를 호출해 함수 내부를 실행한다.
④ global 변수는 소스파일 어디서나 접근 가능한 전역 변수이므로 100이 대입된다. 또한, 다음에 다른 값이 대입될 때까지 이 값이 유지된다.
⑤ fun()함수에서 global 값을 100으로 변경했으므로 100이 출력된다.

4 동일한 이름의 전역 변수와 지역 변수

자주 쓰이지는 않지만 한 소스파일에 전역 변수와 지역 변수가 같은 이름으로 사용될 수도 있다. 이런 경우에는 지역 변수가 유효한 영역에서 전역 변수는 차단된다.

함수 외부에서 number라는 변수 이름으로 전역 변수가 선언되었고, main() 함수 내부에서도 number라는 동일한 이름의 지역 변수가 선언되었다. 전역 변수는 소스파일 전체에서 사용할 수 있지만 이 경우만은 예외이다. 만약 전역 변수와 같은 이름의 지역 변수가 사용되면 지역 변수가 사용되는 영역에서 전역 변수는 차단된다.

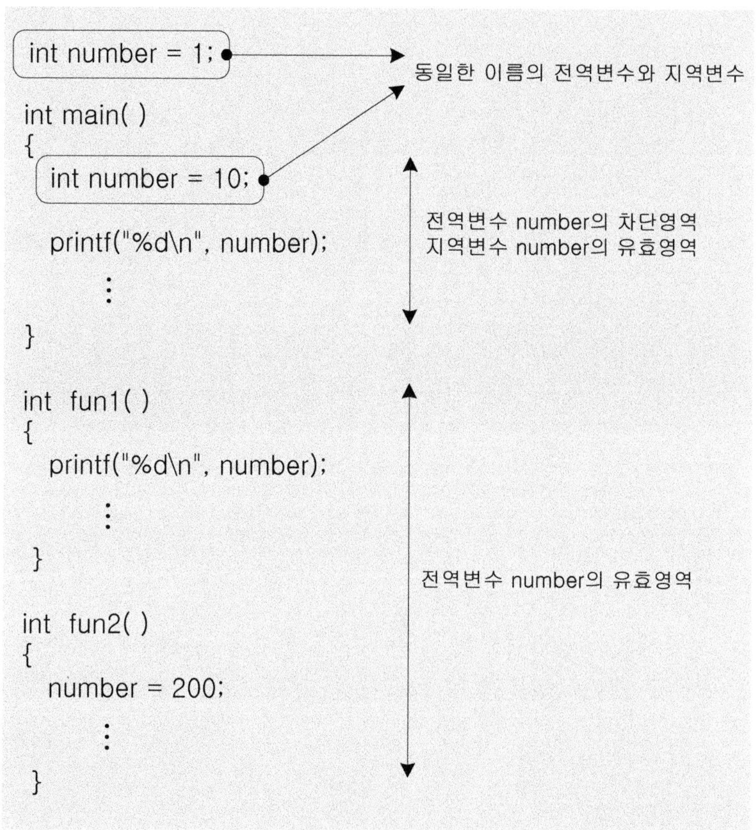

main() 함수에서 정의된 지역 변수 number는 main() 함수 내부에서 우선권이 있으므로 이 영역에서는 전역 변수 number는 사용할 수 없다. 따라서 main() 함수에서 number를 출력하면 10이 출력된다. 그러나 main() 함수를 제외한 소스 파일의 다른 모든 부분에서는 전역 변수 number를 사용할 수 있다. fun1()에서 number 값은 1이 출력된다.

5 변수의 우선순위

동일한 이름의 전역 변수와 지역 변수는 지역 변수에 우선순위가 있다. 그런데 한 가지 더 고려할 것이 있다. 지역 변수는 함수 내부에서 선언된다고 했다. 하지만 좀 더 엄밀히 말하면 지역 변수는 블록 내에서 선언되는 변수다. 여기서 블록이란 중괄호({ })로 쌓여 있는 부분을 의미한다. 따라서 다음과 같이 for문 블록 내부에서도 지역 변수를 선언해 사용할 수도 있고 for문 내부에서만 유효하다.

```
int  fun( )
{
   int  i ;

   for( i=0; i<10 ;i++){
     int j;
        :
   }

        :

 }
```

지역변수 j의 사용 영역

지역변수 i의 사용 영역

만약 함수 내부의 지역 변수와 for 블록 내부의 지역 변수를 동일한 이름으로 사용하며 어떻게 될까? 이 경우에도 하위 블록에 있는 지역 변수에 우선순위가 있다. 따라서 해당 블록에서는 상위 블록의 지역 변수는 완전히 차단된다.

【표 9.1】 지역 변수의 우선순위

변수의 우선순위 원칙
• 지역 변수가 전역 변수보다 우선순위가 높다. • 같은 지역 변수라도 하위 블록의 지역 변수가 상위 블록의 지역 변수보다 우선순위가 높다.

【기초 예제 9.5】 지역 변수의 우선순위 확인

```
#include<stdio.h>
int temp = 100;                          //전역변수 temp
void fun( )
{
   printf("global temp = %d\n", temp);   //③
}
```

```
int main( )
{
  int temp = 1;                          //지역변수 temp
  printf("main temp= %d\n", temp);       //①
  for(temp = 1; temp<2; temp++){
     int temp = 10;                      //지역변수 temp
     printf("for temp = %d\n", temp);    //②
  }
  fun( );
  return 0;
}
```

실행 결과

```
main temp = 1
for temp = 10
global temp = 100
```

소스 관찰

① main() 함수 내부에 전역 변수 temp와 같은 이름의 지역 변수가 있다. 지역 변수에 우선순위가 있으므로 temp는 1이 출력된다.
② for 블록 내부에 상위 블록과 같은 이름의 지역 변수가 있다. 하위 블록의 지역 변수에 우선순위가 있으므로 temp는 10이 출력된다.
③ fun() 함수는 전역 변수 temp의 유효 영역이므로 temp는 100이 출력된다.

9.4 변수의 저장 영역 지정자

C언어는 지역 변수와 전역 변수의 개념을 좀 더 구체적으로 지정할 수 있는 auto,

register, static, extern의 키워드를 갖고 있다. 이 키워드들은 변수 앞에 붙어서 변수의 기억 영역(class)을 지정한다.

1 auto(자동) 지정자

자동 변수는 초깃값을 사용자가 지정하지 않으면 쓰레기 값으로 할당되는 지역 변수를 말한다. 지금까지 사용했던 모든 지역 변수의 정확한 이름은 자동 지역 변수라 할 수 있다. 왜냐하면 지역 변수 앞에 auto라는 키워드를 사용하지 않아도 컴파일러가 알아서 자동 변수로 인식하기 때문이다.

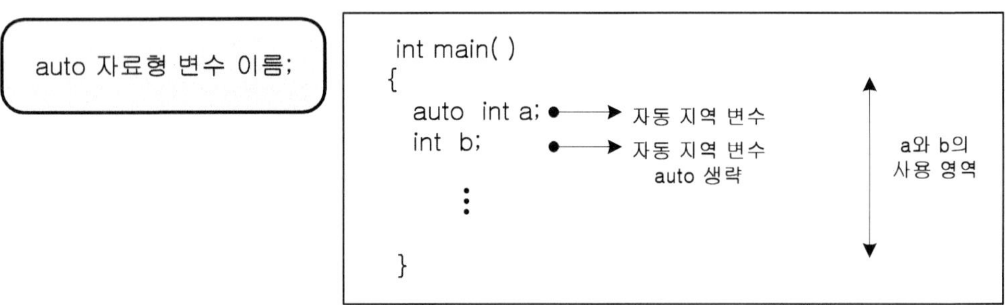

【그림 9.3】 auto 변수의 형식 및 사용 영역

2 register 지정자

레지스터란 CPU 내부에 있는 임시 기억 장소를 말한다. 보통 자동 지역 변수는 메모리에 할당되지만 지역 변수 앞에 register라는 키워드를 붙이면 CPU 내부의 레지스터에 공간이 할당된다. 레지스터는 메모리에 비해 처리 속도가 매우 빠르므로 빈번히 사용되는 지역 변수를 레지스터 변수로 지정해 놓으면 프로그램의 처리 속도를 올릴 수 있다.

register 자료형 변수 이름;

```
int main( )
{
  register int a;  → 레지스터 변수
  int b;           → 자동 지역변수
     :
}
```

a와 b의 사용 영역

【그림 9.4】 register 변수의 형식 및 사용 영역

CPU 내부의 레지스터의 개수는 한정되어 있으므로 레지스터 변수는 레지스터가 비어 있는 경우에만 사용할 수 있다. 따라서 레지스터 변수로 지정해도 시스템의 상황에 따라 레지스터에 저장될 수도 있고, 메모리에 저장될 수도 있다. 또한, 레지스터로 지정하지 않아도 레지스터가 비어 있으면 자동 지역 변수 중에 일부를 컴파일러가 자동으로 레지스터에 할당한다. register 지정자는 전역 변수에는 사용할 수 없고, 지역 변수에서만 사용할 수 있다.

3 static(정적) 지정자

정적(static) 변수는 지역 변수와 전역 변수의 성질을 반반씩 갖고 있는 변수라 할 수 있다. 변수가 선언되는 위치에 따라 내부 정적 변수와 외부 정적 변수로 구분되며 변수의 유효 영역도 달라진다. 내부 정적 변수는 함수 내부에서 선언되며 외부 정적 변수는 함수 외부에서 선언된다.

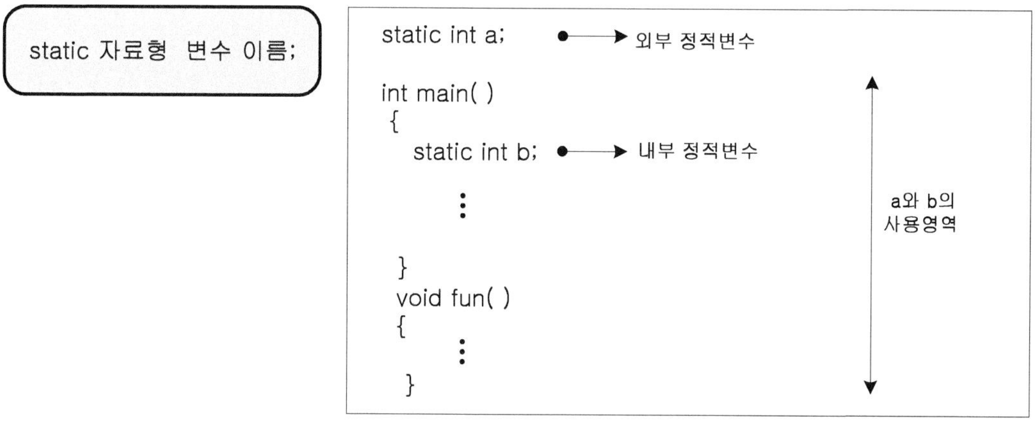

```
static 자료형  변수 이름;
```

```
static int a;      ●──▶ 외부 정적변수

int main( )
{
   static int b;   ●──▶ 내부 정적변수
       ⋮
 }
 void fun( )
 {
       ⋮
  }
```

a와 b의 사용영역

【그림 9.5】 static 변수의 형식 및 사용 영역

내부 정적 변수

블록 내부에서 선언된 지역 변수는 블록을 벗어나면 메모리에서 사라진다고 했다. 만약 블록을 벗어나도 값을 유지시킬 수 있는 방법은 없을까? 이럴 때 사용하는 변수가 내부 정적 변수이다. 내부 정적 변수는 함수나 블록 내부에서 선언되지만 전역 변수와 동일하게 프로그램이 시작될 때 메모리에 생성되고, 프로그램이 종료될 때 메모리에서 소멸된다. 간단한 예를 들어보자.

【기초 예제 9.6】 내부 정적 변수의 사용 방법

```
#include<stdio.h>
void called( );
int main( )
{
  called( );                                    //①
  called( );
  called( );
  return 0;
}
void called( )
{
   static int still = 1;                        //② 내부 정적 변수
   int now = 1;                                 //③ 자동 지역 변수
   printf("still = %d, now = %d\n", still++, now++);   //④
}
```

실행 결과

```
still = 1, now = 1
still = 2, now = 1
still = 3, now = 1
```

소스 관찰

① main() 함수에서는 단순히 called() 함수를 3번 호출한다.
② still 변수는 함수 내부에서 선언된 내부 정적 변수로 프로그램이 끝날 때까지 값이 유효하다.
③ now 변수는 함수 내부에서 선언된 자동 지역 변수로 called() 함수가 호출될 때 메모리에 생성되어 함수가 실행을 마치면 메모리에서 사라진다.
④ still과 now의 값을 출력한 후에 각각 1씩 더하고 called() 함수가 종료된다.

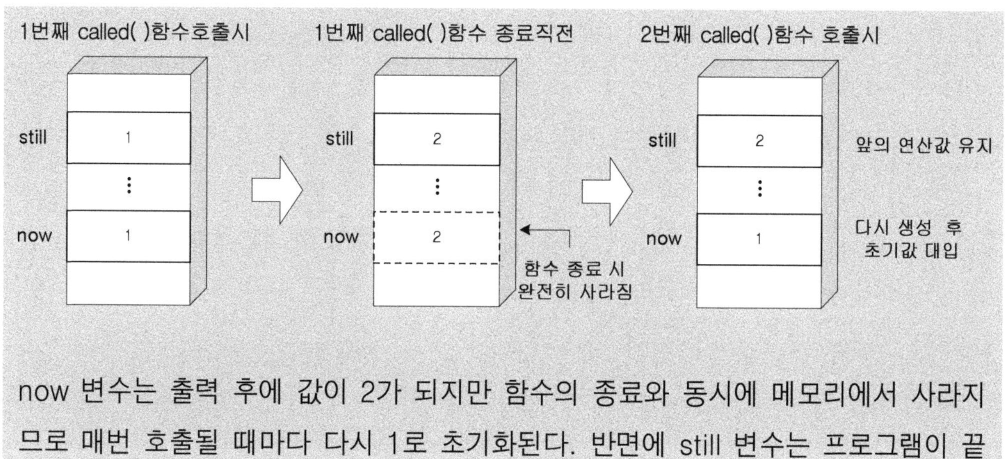

외부 정적 변수

실용적인 프로그램은 하나의 소스파일로 작성되는 경우는 거의 없고 보통은 여러 개의 파일로 분할해서 작성된다. 이런 경우에 외부 정적 변수와 외부 변수가 이용되는데 먼저 외부 정적 변수부터 알아보자.

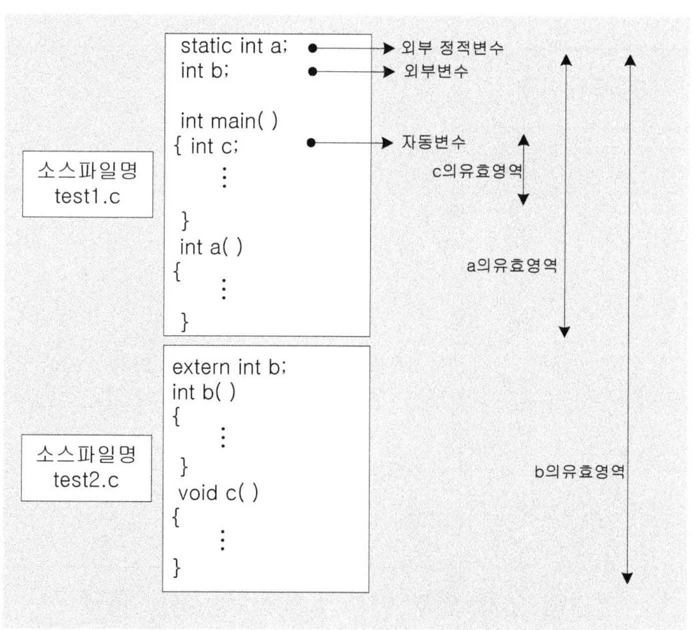

【그림 9.6】 외부 정적 변수와 외부 변수의 사용 영역 비교

외부 정적 변수는 함수 외부에서 선언되어 해당 변수가 선언된 파일 내부에서만 유효하고 다른 파일에서는 차단되는 변수이다. 따라서 특정 파일 내부에서만 사용할 수 있는 정적 변수로 프로그램이 끝날 때까지 값이 유지된다.

test1.c라는 소스파일의 상단에 외부 정적 변수 a와 외부 변수 b가 선언되어 있다. 외부 정적 변수는 해당 변수가 선언되어 있는 파일 내에서만 유효하므로 변수 a는 main() 함수와 a() 함수에서만 사용할 수 있다. 따라서 test2.c 소스파일에 포함되어 있는 b() 함수나 c() 함수에서 사용하면 컴파일 오류가 발생한다.

하지만 test1.c에서 선언된 외부 변수 b는 test1.c 파일 이외에 test2.c에서도 사용할 수 있다. 이것이 외부 정적 변수와 외부 변수의 차이점이라 할 수 있다.

4 extern 지정자

외부(extern) 변수는 함수 외부에서 선언되어 프로그램 파일의 나머지 전 영역에서 사용할 수 있는 전역 변수이다. 또한, 필요에 따라 extern 키워드를 이용해 다른 위치나 다른 파일에서 선언된 외부 변수를 이용할 수도 있다. extern 키워드는 컴파일러에게 해당 변수가 현재의 위치가 아닌 다른 위치에 선언되어 있다는 것을 알려주는 역할을 한다.

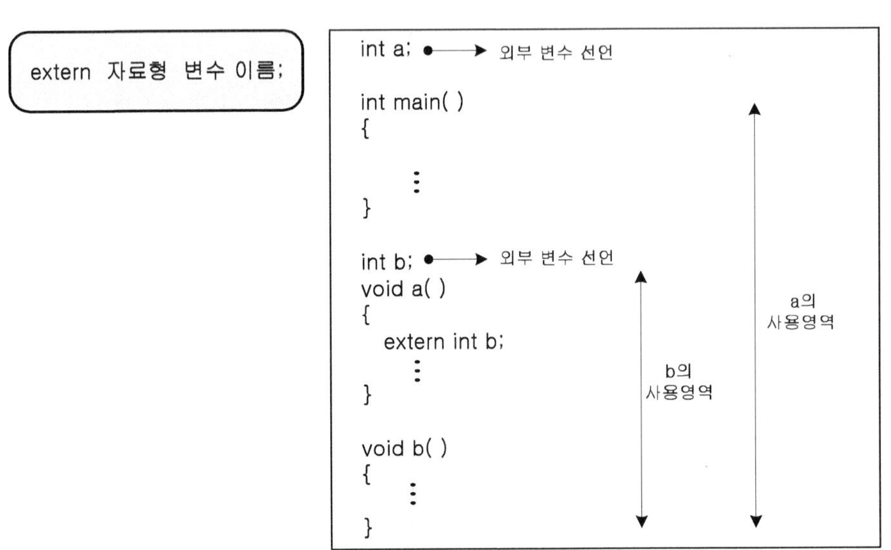

【그림 9.7】 외부 변수의 형식 및 사용 영역

외부 변수는 함수 외부이면 어디서나 선언할 수 있다. 그러나 선언된 위치에 따라 사용 영역이 달라진다. 프로그램의 최상단에 선언된 외부 변수 a는 선언된 위치에서 시작해 프로그램의 나머지 전 영역에서 이용할 수 있다. 하지만 a() 함수 바로 위에서 선언된 외부 변수 b는 a() 함수와 b() 함수에서만 이용할 수 있다. 만약 main() 함수에서 변수 b를 사용하면 컴파일 오류가 발생한다.

만약 외부 변수 b를 main() 함수에서 이용하려면 b 변수가 다른 위치에 선언되어 있다는 것을 컴파일러에게 알려줘야 한다. 이 작업은 프로그램의 처음 두 줄을 다음과 같이 변경하면 된다.

```
int a;
extern int b;
```

a() 함수 내부의 extern int b; 라는 문장은 외부 변수 b가 a() 함수 외부에서 선언되어 있음을 알려주는 문장이다. 하지만 이 경우에는 외부 변수 b가 a() 함수 위에 정의되어 있으므로 없어도 무방하다.

【기초 예제 9.7】 1개의 소스파일에서 외부 변수의 사용법

```
#include<stdio.h>
void a( );
void b( );
void c( );
extern int var;                    //① 전역 변수의 전방 선언
int main( )
{
    var = 10;                      //② ①이 없으면 오류
    printf("var = %d\n", var);
    a( );
    b( );
    c( );
    return 0;
```

```
}
int var;                                    //③ 외부 변수 선언
void a( )
{
    extern int var;                         //④ var가 함수 외부에 선언
    var = 20;
    printf("var = %d\n", var);
}
void b( )
{
    int var;                                //⑤ 지역 변수 선언
    var = 500;
    printf("var = %d\n", var);
}
void c( )
{
   printf("var = %d\n", var);               //⑥
}
```

실행 결과

```
var = 10
var = 20
var = 500
var = 20
```

소스 관찰

① 외부 변수 var가 다른 곳에 선언되었음을 컴파일러에게 알려준다. 이 문장이 없으면 main() 함수에서 var 변수를 사용할 수 없다. 이런 선언을 전역 변수의 전방 선언이라 한다.

② var 변수에 10을 대입했으므로 10을 출력 후 프로그램 종료 시까지 메모리에 남아 있다.

③ 외부 변수 var를 선언한다.
④ var는 a() 함수 위에서 선언했으므로 이 문장은 있어도 되고 없어도 된다. var에 20을 대입했으므로 10은 지워지고 20이 출력된다.
⑤ 외부 변수 var와 같은 이름의 지역 변수가 선언됐으므로 외부 변수 var는 b() 함수에서 차단된다. var는 지역 변수의 저장 값 500이 출력된다.
⑥ 외부 변수 var는 프로그램 전체에서 유효하므로 c() 함수에서도 이용할 수 있다. a() 함수에서 20을 대입했으므로 그 값이 그대로 유지되고 20이 출력된다.

실제 외부 변수를 사용하는 더욱 중요한 이유는 서로 다른 소스파일에서 전역 변수를 공유할 수 있기 때문이다. 먼저 test1.c라는 소스파일과 test2.c라는 소스파일을 만들어 보자. 비주얼 C++ 컴파일러에 다음과 같이 test1.c라는 소스파일이 있다고 하자.

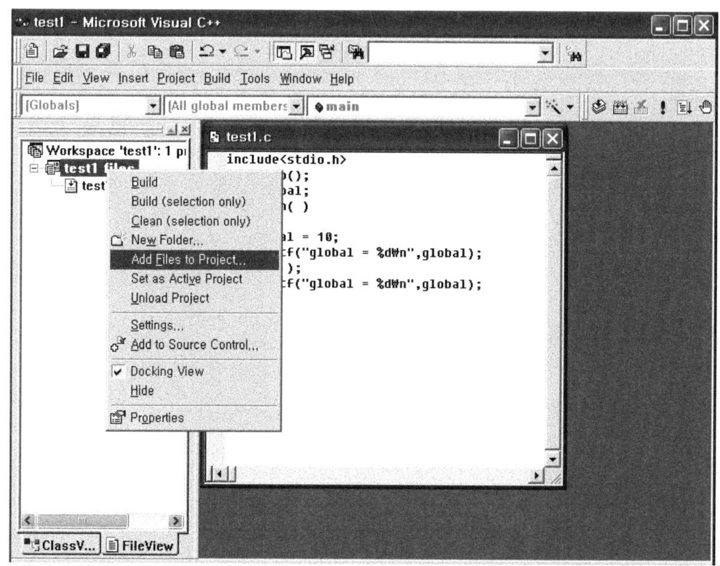

【그림 9.8】 Visual C++ 컴파일러에서 소스 파일 추가하기 1

워크스페이스 윈도우에서 FileView 탭을 클릭한다. test1 files 위에 마우스를 올려놓고 마우스 오른쪽 버튼을 클릭해 팝업 메뉴 중 Add Files to Project를 선택한다. 대화상자가 열리면 새로운 파일명을 test2.c로 설정한다. test2.c 창이 열리면 원하는 소스파일을 입력한다. 복잡해 보이지만 test1이라는 프로젝트가 2개의 소스파일을 갖게 되는 것이다. 물론 필요하다면 더 많은 소스 파일을 사용할 수도 있다.

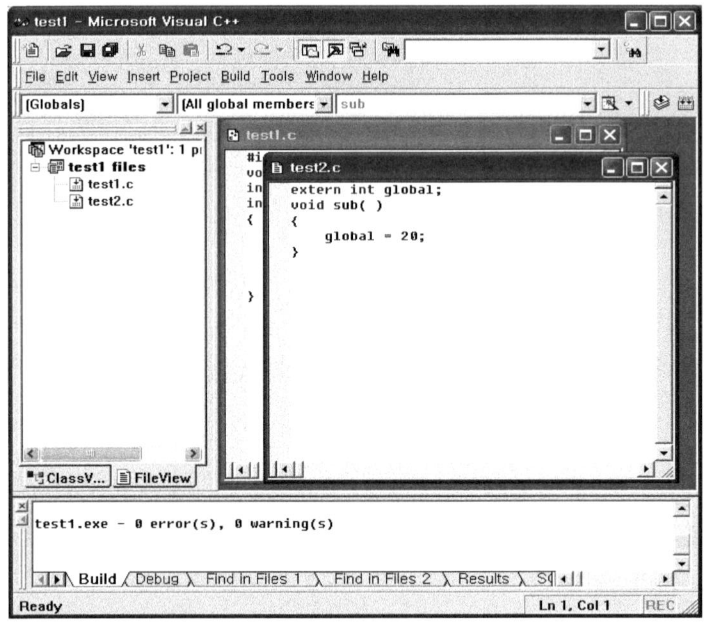

【그림 9.9】 Visual C++ 컴파일러에서 소스 파일 추가하기 2

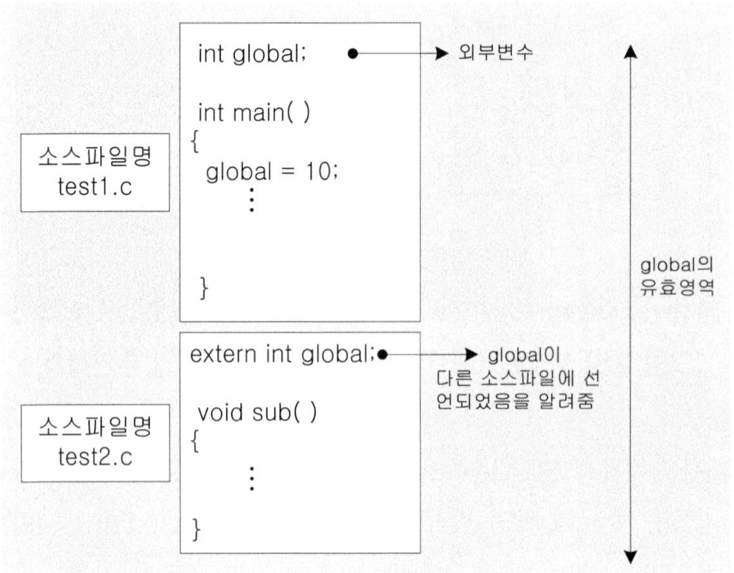

【그림 9.10】 2개의 소스 파일에서 외부 변수의 사용법

test1.c 소스파일에서 global이라는 외부 변수를 선언했다. 그러나 test2.c라는 소스파일에서는 global 변수를 사용할 수 없다. 이런 경우에 extern 지정자를 이용해 global 변수가 다른 소스파일에서 선언되어 있음을 컴파일러에게 알려주면 test2.c에서도 global 변수를 사용할 수 있다. 따라서 변수 선언에 extern을 지정하면 다른 파일에서 선언된 외부 변수를 별도의 메모리 할당 없이 그대로 사용할 수 있게 된다.

test1.c와 test2.c의 소스파일은 별도로 컴파일한다. 그러나 링크를 실행하면 두 파일을 하나로 합쳐 한 개의 실행 파일을 만든다. 따라서 하나의 프로젝트에 여러 개의 소스파일을 이용해도 실행 파일은 1개가 만들어 진다.

【기초 예제 9.8】 서로 다른 소스 파일에서 외부 변수 사용하기

```
// 파일명: test1.c
#include<stdio.h>
void sub( );
int global;                                   //①
int main( )
{
    global = 10;
    printf("global = %d\n", global);          //②
    sub( );
    printf("global = %d\n", global);          //④
    return 0;
}
```

```
//파일명 : test2.c
extern int global;                            //③
void sub( )
{
    global = 20;
}
```

실행 결과

```
global = 10
global = 20
```

소스 관찰

① 외부 변수 global이 메모리에 할당되고 test1.c 전체에서 유효하다.
② global에 10을 대입했으므로 10이 출력된다.
③ global 변수를 test2.c에서 사용할 수 있도록 extern 지정자를 이용해 다른 소스 파일에 선언되어 있음을 컴파일러에게 알려준다.
④ sub() 내부에서 global을 20으로 변경했으므로 20이 출력된다.

5 변수 사용 규칙

C언어에서 변수를 사용하는 데는 몇 가지 유용한 규칙이 있다. 알아두면 여러모로 편리하므로 참고하도록 하자.

【표 9.2】 C언어의 변수 사용 방법

변수 사용 방법
• 외부 변수보다는 외부 정적 변수를 이용 • 외부 변수, 외부 정적 변수보다는 자동 변수를 이용 • 자주 사용되는 자동 변수는 레지스터 변수로 선언 • 내부 정적 변수는 가능한 한 사용하지 말 것(값의 예측이 어렵다)

프로그램 실습

1 지역 변수와 전역 변수의 차이점을 설명하시오.

2 내부 정적 변수와 외부 정적 변수의 차이점을 설명하시오.

3 다음 프로그램의 출력 결과를 쓰시오.

```
#include<stdio.h>
int main( )
{
  int x = 1;
  {
     int x = 5;
     printf("%d\n", x);
     x++;
  }
  printf("%d\n", x);
  return 0;
}
```

4 다음 프로그램의 출력을 예측하시오.

```
#include<stdio.h>
int number = 1;
void sub( )
```

```
{
    printf("%d\n", number);
}
int main( )
{
    int number = 100;
    printf("%d\n", number);
    sub( );
    return 0;
}
```

5 다음 두 개의 소스파일에서 오류가 발생하는 부분을 수정하고 출력을 예측하시오.

```
/* 소스파일 이름 : ex1.c */
#include<stdio.h>
int global;
static int outer;
int main( )
{
    global = 10;
    outer = 20;
    printf("%d\n", global);
    sub1( );
    sub2( );
    return 0;
}
void sub1( )
{
    global = 100;
    printf("%d\n", outer);
}
```

```
/*  소스파일 이름 : ex2.c */
void sub2( )
{
    printf("%d\n", global);
}
```

제10장 배열

실용적인 프로그램을 작성할 때 꼭 필요한 자료형이 배열이다. 배열의 사전적 의미는 어떤 물건을 같은 간격으로 나열해 놓은 것을 말한다. 이와 유사하게 C언어에서도 같은 자료형의 집합을 배열이라 한다.

학습목표

- 배열의 개념과 필요성을 이해한다.
- 배열의 선언 방법과 초기화 방법을 학습한다.
- 다양한 형태의 배열에 원소를 참조하는 방법을 학습한다.
- 함수를 이용한 배열의 참조 방법을 이해한다.

RECIEVING
SIGNAL STRENGTH %100

10.1 배열의 개념

동네 가게에 가면 맛있는 파인애플 슬라이스 통조림이 진열되어 있다. 이 통조림을 구입해 열어보면 크기가 같은 파인애플 조각들이 같은 간격으로 나열되어 있는 것을 볼 수 있다. 이처럼 같은 크기의 물건이 일정한 간격으로 나열되어 있는 것을 배열이라 한다. 이와 유사하게 C언어에서도 같은 자료형을 일정한 간격으로 나열한 것을 배열이라 한다.

【그림 10.1】 배열의 개념

1 배열의 선언

C언어에서는 모든 자료형을 사용하기 전에 반드시 선언해야 한다. 따라서 배열도 사용하기 전에 먼저 선언해야 한다. C 컴파일러는 선언된 배열을 이용해 자료형은 무엇이고 배열 내부의 원소의 개수는 몇 개인지를 파악하게 된다.

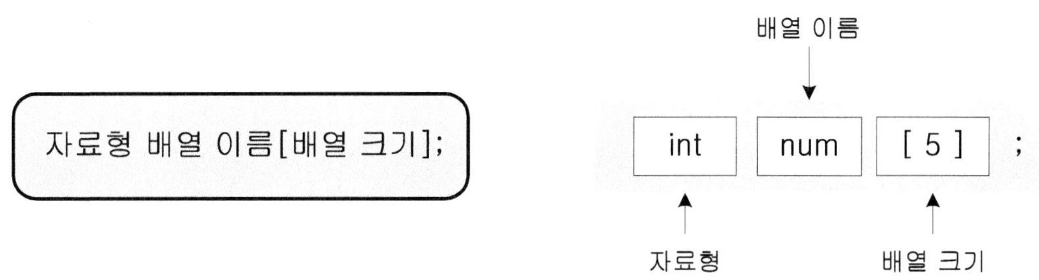

【그림 10.2】 배열의 선언 방법 및 선언 예

배열 선언의 처음에는 사용할 원소들의 자료형을 쓴다. 다음에는 배열 이름을 붙여준다. 마지막으로 대괄호를 열고 사용할 배열의 크기를 적은 후에 대괄호를 닫아주면 배열 선언이 끝난다. 예를 들어 int num[5]는 배열 이름이 num이고 정수형 원소가 5개인 배열이라는 뜻이다.

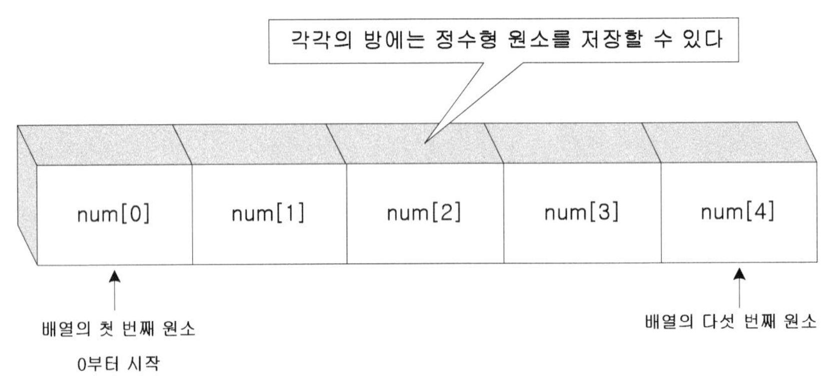

【그림 10.3】 배열 내부의 원소

배열 내부에 들어 있는 자료들을 배열의 원소(element)라고 한다. 배열의 원소들은 대괄호 안에 번호가 붙어 있는데, 이를 첨자(subscript) 혹은 인덱스(index)라고 한다. 배열의 인덱스는 항상 0부터 시작하고 정수 값만 가질 수 있다.

```
int num[5];                    // 인덱스의 유효 범위 0~4까지의 정수
```

num[5]는 인덱스를 0부터 4까지 사용할 수 있다. 따라서 배열의 크기가 정수 n이라면 사용할 수 있는 인덱스의 범위는 0에서 n-1까지가 된다.

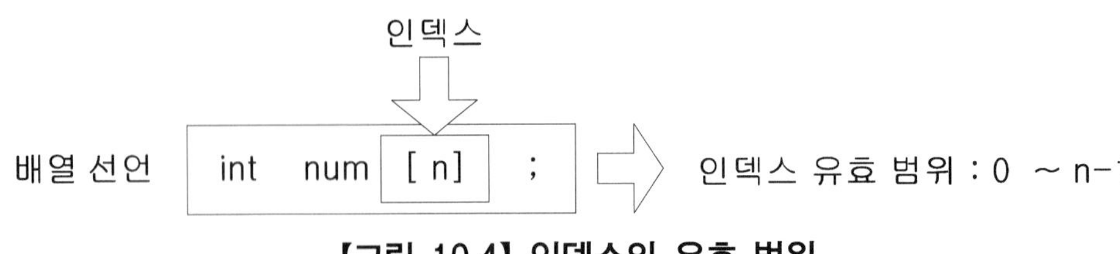

【그림 10.4】 인덱스의 유효 범위

몇 가지 배열 선언의 예와 인덱스의 범위를 살펴보자.

【표 10.1】 배열 선언의 예와 인덱스의 범위

배열 선언 예	자료형	배열 이름	원소 크기	인덱스의 범위
char name[10];	문자형	name	10	0 ~ 9
int num[5];	정수형	num	5	0 ~ 4
float result[100];	실수형	result	100	0 ~ 99
double add[500];	실수형	add	500	0 ~ 499

2 배열의 필요성

학생 5명의 수학 점수와 영어 점수를 입력받아 평균을 계산하는 프로그램을 작성하는 경우를 생각해 보자. 평균을 계산하려면 입력받은 점수를 메모리에 저장해야 한다. 따라서 수학 점수를 저장하는데 5개의 변수가 필요하고 영어 점수를 저장하는데도 5개의 변수가 필요하다. C언어에서는 사용되는 변수는 반드시 선언해야 하므로 다음과 같이 전체 10개의 정수형 변수를 선언해야 한다.

```
int mat0, mat1, mat2, mat3, mat4;
int eng0, eng1, eng2, eng3, eng4;
```

만약 성적 처리 학생의 인원이 100명이라면 어떻게 해야 할까? 인내심을 갖고 mat0에서 mat99까지, eng0에서 eng99까지 200개의 변수를 선언하면 된다. 그런데 10,000명이라면 이야기가 달라진다. 아무리 인내심을 발휘해도 변수 20,000개를 선언하는 것은 인내심만으로 해결되지 않는다. 이럴 때 사용하는 것이 배열이다. 배열은 같은 변수 이름으로 여러 개의 변수를 손쉽게 선언하고 사용할 수 있도록 해준다. 보통 실용적인 프로그램에서는 입출력되는 데이터가 수백 개에서 수천 개가 되므로 배열은 가장 실용적인 자료형이라 할 수 있다. 앞의 수학 점수와 영어 점수를 저장할 변수를 배열을 사용하여 선언하면 다음과 같이 간단해 진다. 물론 10,000명이라면 대괄호 안의 인덱스만 5에서 10,000으로 변경하면 된다.

```
int mat[5];      //mat[0]에서 mat[4]까지 5개의 정수형 변수
int eng[5];      //eng[0]에서 eng[4]까지 5개의 정수형 변수
```

3 배열 원소의 사용법

배열에 값을 저장하거나 배열에 저장되어 있는 값을 읽기 위해서는 배열 이름과 인덱스를 이용한다. 배열은 모양만 다를 뿐 일종의 변수이므로 변수에서 사용되던 규칙들이 그대로 적용된다.

배열에 값을 저장하려면 대입 연산자(=)를 기준으로 왼쪽에 배열 이름과 저장을 원하는 인덱스를 지정한 후에 오른쪽에 저장할 값을 써주면 된다. 반면에 배열에 저장된 값을 꺼내오려면 대입 연산자(=)를 기준으로 오른쪽에 배열 이름과 원하는 인덱스를 지정한 후에 왼쪽에 저장할 변수를 써주면 된다. 물론 복사의 개념이므로 값을 꺼내도 원래 값은 변하지 않는다.

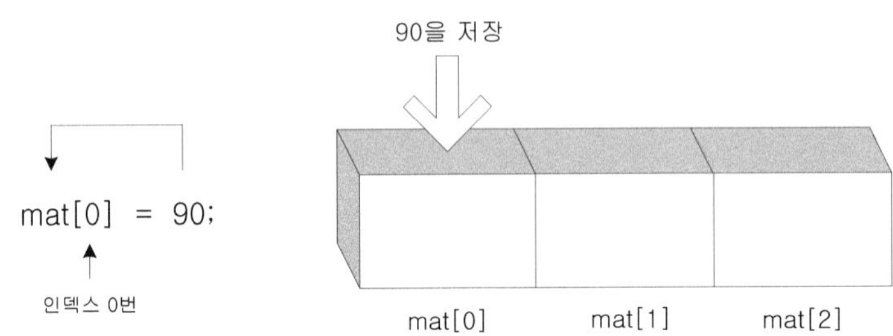

【그림 10.5】 배열 원소에 값을 저장하는 방법

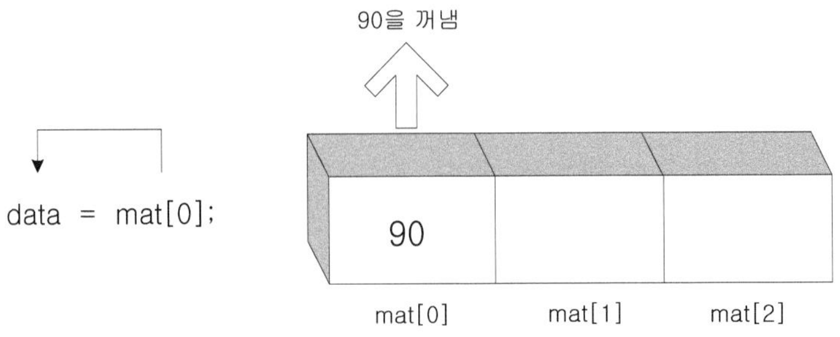

【그림 10.6】 배열 원소의 값을 출력하는 방법

또한, 필요하다면 배열 원소의 값을 꺼내 다른 배열 원소에 저장할 수도 있다. 몇 가지 사용 예를 보자.

```
int mat[3];                  // 배열 선언
mat[0] = 90;                 //0번째 원소에 90을 저장
data = mat[0];               //0번째 원소의 값을 꺼내 data변수에 저장
mat[1] = mat[0]              //0번째 원소의 값을 1번째 원소에 저장
mat[2] = 100;                //2번째 원소에 100을 저장
```

【기초 예제 10.1】 배열 원소에 값 저장 및 출력하기

```
#include<stdio.h>
int main( )
{
  int mat[3], data;                        //① 배열 및 변수선언
  mat[0] = 90;
  data = mat[0];
  mat[1] = mat[0];
  mat[2] = 100;
  printf("mat[0] = %d\n", mat[0]);         //② mat[0]에 저장된 값 출력
  printf("data = %d\n", data);             //data에 저장된 값 출력
  printf("mat[1]=%d\n", mat[1]);
  printf("mat[2]=%d\n", mat[2]);
  return 0;
}
```

실행 결과

```
mat[0] = 90
data = 90
mat[1]=90
mat[2]=100
```

소스 관찰

① 배열과 일반 변수는 콤마 연산자를 이용해 한꺼번에 선언해도 된다.
② printf()문의 콤마 뒤에 변수가 오면 변수 내부에 저장된 값이 출력된다. 만약 배열 이름을 쓰고 인덱스를 지정하면 배열의 원소 중에 지정된 인덱스에 저장된 값이 출력된다.

배열은 많은 변수를 간단히 선언한다는 장점만 갖고 있을까? 배열을 사용하는 가장 큰 이유는 반복문을 배열의 인덱스에 적용하면 소스코드를 획기적으로 줄일 수 있기 때문이다.

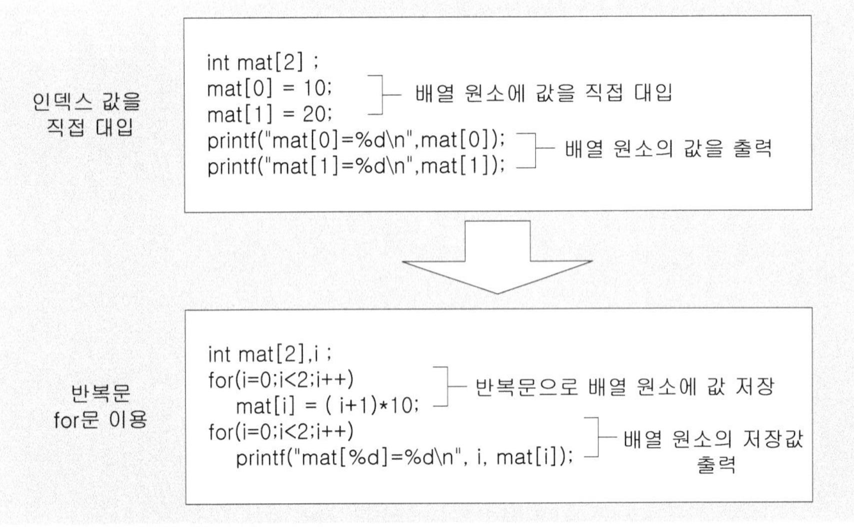

【그림 10.7】 배열의 인덱스에 반복문을 이용하는 방법

앞의 프로그램은 배열의 인덱스에 직접 값을 지정하는 경우와 반복문을 이용하는 경우를 각각 보여주고 있다. 두 개의 프로그램은 동일한 결과를 얻을 수 있다. 어느 경우가 간략하고 보기도 좋을까? 물론 처음 배열을 접하는 사람은 첫 번째라고 대답할 수도 있을 것이다. 하지만 배열 원소의 개수가 1,000개라도 그럴까? 보통 프로그래머들은 두 번째를 선호한다. 반복문을 사용하면 프로그램이 어떻게 변경되는지 자세히 살펴보고 넘어가자.

【기초 예제 10.2】 반복문을 이용한 배열의 사용법

```
#include<stdio.h>
int main( )
{
  int mat[2], i ;
  for(i=0; i<2; i++)                    //①
      mat[i] = (i+1)*10;
  for(i=0; i<2; i++)
      printf("mat[%d]=%d\n", i, mat[i]);     //②
  return 0;
}
```

실행 결과

```
mat[0]=10
mat[1]=20
```

소스 관찰

① for 루프의 변수 i는 0과 1일 때만 참이다. 먼저 i가 0이면 루프 내부의 i는 다음과 같이 0으로 변환한 후에 연산이 수행된다. 또한, i가 1일 때도 루프 내부의 i는 1로 변환되어 연산된다.

- i가 0일 때: mat[0] = (0+1)*10 ⇨ mat[0] = 10이 저장
- i가 1일 때: mat[1] = (1+1)*10 ⇨ mat[1] = 20이 저장

② 두 번째 for루프도 i가 0과 1일 때만 참이므로 다음과 같이 실행된다.

- i가 0일 때: printf("mat[%d] = %d\n",0, mat[0]) ⇨ mat[0]=10이 출력
- i가 1일 때: printf("mat[%d] = %d\n",1, mat[1]) ⇨ mat[1]=20이 출력

10.2 배열의 초기화

배열의 초기화란 메모리에 할당되어 있는 배열의 원소에 값을 대입하는 것을 말한다. 배열의 초기화에는 두 가지가 있다. 첫 번째는 앞에서 사용했던 것처럼 배열을 먼저 선언하고 다음에 배열의 원소에 값을 대입하는 방법이다. 두 번째는 배열의 선언과 동시에 배열 원소에 값을 저장하는 방법이 있다.

첫 번째부터 알아보자. 다음과 같이 먼저 배열을 선언한 후에 대입문을 이용해 각각의 배열 원소를 초기화시킬 수 있다.

```
int number[3];              //먼저 배열 선언
number[0] = 10;             //배열 각각의 원소에 값을 대입
number[1] = 20;
number[2] = 30;
```

두 번째는 배열을 선언할 때 배열 원소에 저장될 값들을 콤마로 분리하여 중괄호로 묶어주는 방법이다. 이 방법은 나열된 값의 순서에 따라 차례로 배열의 0번 인덱스부터 값이 대입되게 된다.

```
int number[3] = {10, 20, 30};     //배열 선언과 동시에 초기화
```

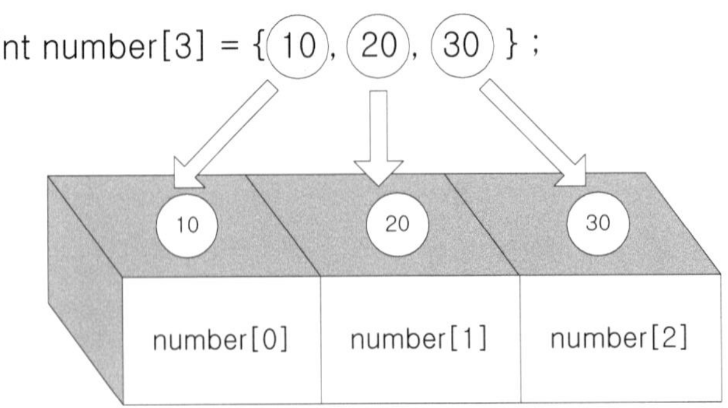

【그림 10.8】 중괄호를 이용한 배열의 초기화

초기화가 실행되고 나면 number[0]=10, number[1]=20, number[2]=30과 같이 차례로 저장되게 된다. 만약 배열의 크기보다 적은 초깃값이 나열되어 있다면 어떻게 될까? 앞에서부터 차례로 대입되고 부족한 초깃값은 자동으로 0으로 초기화된다.

```
int number[3] = {10, 20};            //초깃값이 부족한 경우
```

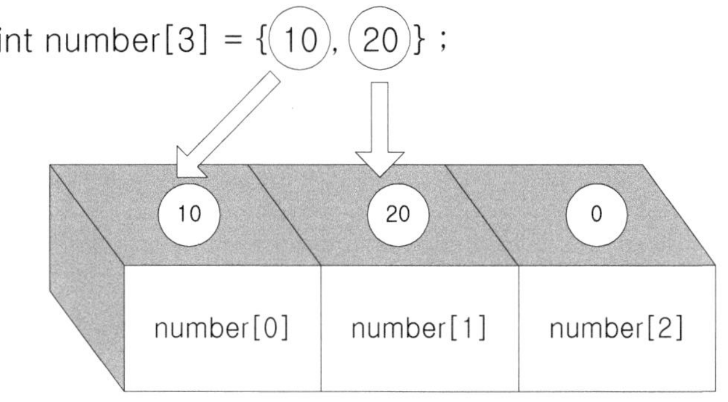

【그림 10.9】 초깃값이 부족한 경우의 초기화

배열의 인덱스가 3이므로 배열 원소는 number[0], number[1],number[2] 3개가 된다. 그런데 배열의 초기화 값은 10, 20 밖에 없으므로 처음 2개의 원소에 10과 20이 차례로 대입되고 마지막 number[2]는 컴파일러가 자동으로 0으로 초기화시킨다.

또 한 가지 초기화에 많이 쓰이는 방법은 배열의 크기를 지정하지 않고 초기화시키는 방법이다. 이런 경우에는 컴파일러가 뒤에 오는 초기화 값들의 개수에 맞추어 자동으로 그 크기만큼 배열을 만든다. 따라서 다음 문장은 오류로 처리되지 않고 int number[3] = {10, 20, 30}과 동일한 문장이 된다.

```
int number[ ] = {10, 20, 30};        //배열 크기가 지정되지 않은 초기화
```

【기초 예제 10.3】 중괄호를 이용한 배열의 초기화

```
#include<stdio.h>
int main( )
{
   int number[3] = {10, 20, 30};                      //①
   int i;
   for(i=0; i<3; i++)
      printf("number[%d]=%d\n", i, number[i]);        //②
   return 0;
}
```

실행 결과

```
number[0]=10
number[1]=20
number[2]=30
```

소스 관찰

① 정수형 배열 number[3]을 선언과 동시에 초기화했다. number[0]=10, number[1]=20, number[2]=30으로 초기화된다.
② for 루프의 제어 변수 i는 0, 1, 2일 때 참이다. 따라서 루프 내부가 3번 반복 수행되면서 배열 내부의 값들을 출력하게 된다.

【기초 예제 10.4】 초깃값이 부족한 배열의 초기화

```
#include<stdio.h>
int main( )
{
   int number[3] = {10, 20};                          //①
   int i;
```

```
    for(i=0; i<3; i++)
        printf("number[%d]=%d\n", i, number[i]);            //②
    return 0;
}
```

실행 결과

```
number[0]=10
number[1]=20
number[2]=0
```

소스 관찰

① number[3]의 배열 크기는 3이다. 그런데 초깃값으로 주어진 정수가 2개밖에 없으므로 number[0]=10, number[1]=20이 저장되고 number[2]는 자동으로 0이 저장된다.

② for 루프의 제어 변수 i는 0, 1, 2일 때 참이다. 따라서 루프 내부가 3번 반복 수행되면서 number[i]의 값들을 출력하게 된다.

【기초 예제 10.5】 배열의 크기가 주어지지 않은 배열의 초기화

```
#include<stdio.h>
int main( )
{
    int grade[ ] = {1, 2, 3, 4, 5};                         //①
    int i;
    for(i=0; i<5; i++)
        printf("grade[%d]=%d\n", i, grade[i]);              //②
    return 0;
}
```

실행 결과

```
grade[0]=1
grade[1]=2
grade[2]=3
grade[3]=4
grade[4]=5
```

소스 관찰

① 배열의 선언 시에 크기가 주어지지 않으면 컴파일러는 중괄호 내부의 초깃값의 개수만큼 자동으로 크기를 할당한다. 따라서 grade[5]={1, 2, 3, 4, 5}를 선언한 것과 동일하게 처리된다.

② i는 0, 1, 2, 3, 4까지 참이므로 5번 반복 수행되면서 grade[] 배열에 저장된 값들을 출력한다.

다음과 같이 먼저 배열을 선언하고 초깃값을 저장하는 경우에도 배열의 크기를 생략할 수 있을까? 이 문장은 구문 오류가 발생하므로 사용할 수 없다.

```
int grade[ ];                    //구문 오류 발생
grade[0] = 1;
grade[1] = 2;
grade[2] = 3;
grade[3] = 4;
grade[4] = 5;
```

초기화의 예를 더 살펴보자. 만약 배열의 크기보다 더 많은 초깃값을 쓰면 어떻게 될까? 남는 초깃값이 자동으로 무시될까? 이 문장도 구문 오류가 발생하므로 사용할 수 없음을 주의하자.

```
int grade[5] = {1, 2, 3, 4, 5, 6};          //초깃값 6개
```

정수형 배열을 초기화할 때 정수형 상수를 이용하듯이 문자형 배열을 초기화할 때는 문자 상수를 작은따옴표('')로 묶어 중괄호 안에 넣어준다. 또한, 실수형 배열은 배열의 크기만큼의 실수형 상수를 나열하면 된다. 초기화에 따른 다른 규칙들은 정수형 배열과 동일하게 적용된다.

```
int name[3] = {'A', 'B', 'C'};              //문자형 배열의 초기화
double average[2] = { 3.14, 5.16};          //실수형 배열의 초기화
```

10.3 배열의 종류

물리학에서 1차원(dimension)은 선을 말한다. 2차원은 평면, 3차원은 공간을 의미한다. 재미있게도 배열에도 차원이 있는데 배열을 차원으로 분류하면 쉽게 이해할 수 있다.

배열을 선언할 때 대괄호([ ])가 1개로 선언된 경우를 1차원 배열이라 한다. 1차원은 선이므로 직선과 같이 배열이 일렬로 나열되어 있고 인덱스는 1개가 된다. 대괄호가 2개로 선언된 배열을 2차원 배열이라 하고 평면으로 구성된다고 생각하면 된다. 3차원 이상의 배열을 다차원 배열이라 하며 3차원보다 더 높은 차원의 배열도 선언할 수 있지만 거의 사용되지 않으므로 생략하기로 한다.

```
int dim[5];                                 //1차원 배열, 인덱스 1개
int dim[5][3];                              //2차원 배열, 인덱스 2개
int dim[5][4][2];                           //3차원 배열, 인덱스 3개
```

1 1차원 배열의 선언과 메모리의 할당

1차원 배열의 선언과 사용법은 이미 알아보았다. 여기서는 1차원 배열이 선언되었을 때 메모리가 어떻게 할당되는지에 초점을 맞춰 알아보도록 하자.

1차원 배열을 선언하면 컴파일러는 메모리의 공간을 찾아 지정된 크기만큼의 메모리를 할당한다. 이때 꼭 알아야 할 것은 반드시 중간에 빈곳이 없는 일련의 메모리 공간을 할당한다는 것이다. 뒤에 알게 되겠지만, 이렇게 하면 포인터라는 것을 이용해 배열을 처리할 수 있기 때문이다.

```
int num[3];                    //1차원 정수형 배열
```

int num[3]라고 선언하면 배열의 자료형은 정수형이 된다. 정수형 변수는 메모리에서 4바이트를 차지하므로 정수형 배열의 한 원소의 크기도 당연히 4바이트가 된다. 예를 들어 num[0]의 시작 주소가 100번지였다면 100번지부터 103번지까지 4바이트가 할당되고, num[1]은 바로 뒤의 메모리 104번지부터 107번지까지가 자동으로 할당된다. num[2]는 108번지부터 111번지까지를 차지하게 된다. 따라서 4바이트 정수형 변수 3개를 선언한 것과 동일하게 전체 12바이트의 메모리가 할당된다.

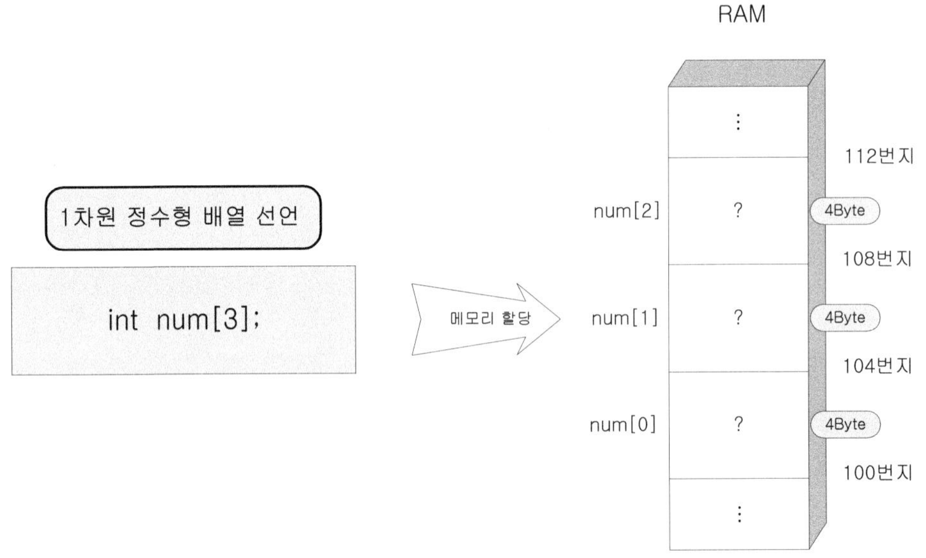

【그림 10.10】 1차원 정수형 배열과 메모리 할당

문자형 변수를 선언하면 메모리 1바이트가 할당된다. 따라서 문자형 배열을 선언했다면 배열 원소 1개는 메모리에서 1바이트를 차지하게 되므로 선언된 배열의 크기가 전체 할당되는 메모리의 크기와 같다.

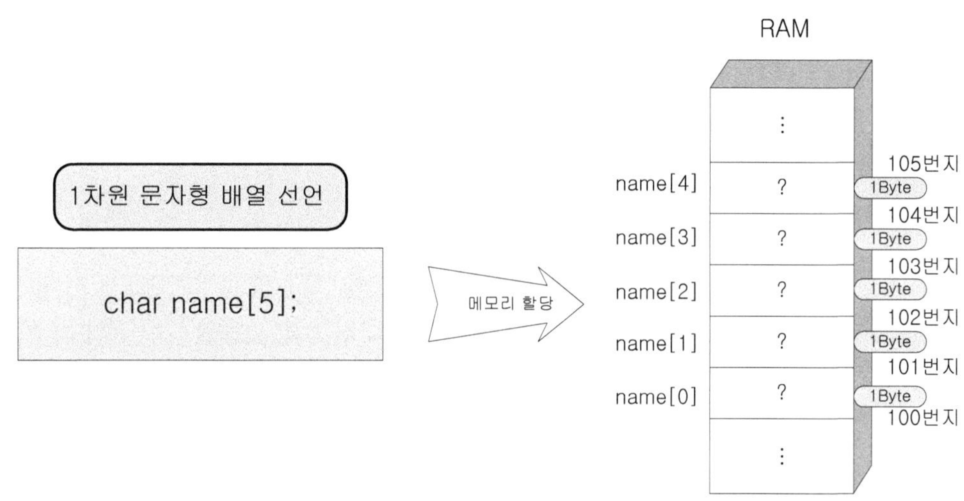

【그림 10.11】 1차원 문자형 배열과 메모리 할당

앞의 그림들에서 메모리 내부의 물음표는 뭘 의미할까? 만약 배열이 함수 내부에서 선언됐다면 지역 변수와 동일한 특징을 갖는다. 따라서 배열 내부에 값을 대입하기 전까지는 쓰레기 값이 저장되어 있으며 출력은 할 수 있지만 아무 의미 없는 값이라는 뜻이다.

【기초 예제 10.6】 1차원 정수형 배열의 메모리 할당과 출력

```
#include<stdio.h>
int main( )
{
  int num[3] = {10, 20, 30};                    //①
  int i;                                         //②
  for(i=0; i<3; i++)
      printf("num[%d] = %d\n", i, num[i]);      //③
  return 0;
}
```

실행 결과

```
num[0] = 10
num[1] = 20
num[2] = 30
```

소스 관찰

① 앞에서 살펴본 예제지만 메모리를 위주로 다시 한 번 자세히 알아보자. 정수형 배열의 크기는 3으로 선언되어 있고, 3개의 초깃값이 주어졌다. 배열의 선언 및 초기화 문장이 실행되면 컴파일러는 12바이트의 메모리를 연속적으로 할당하고 초깃값을 대입하는 작업까지 마치게 된다.

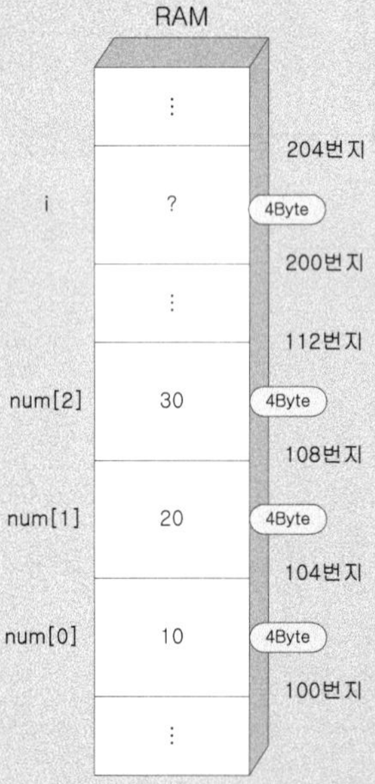

② 지역 변수 i는 배열이 할당된 이후에 메모리의 적당한 부분(꼭 연속적일 필요 없음)에 컴파일러가 할당한다. for문이 실행되기 전까지는 대입한 초깃값이 없으므로 쓰레기 값이 들어 있다. 위 그림에서는 200번지라고 가정하자.

③ i가 0,1,2일 때 참이므로 배열 이름과 배열 원소의 값을 화면에 출력한다.

【기초 예제 10.7】 1차원 문자형 배열의 메모리 할당

```
#include<stdio.h>
int main( )
{
  char name[5] = {'A', 'B', 'C', 'D', 'E'};          //① 문자형 배열
  int i;                                             //② 지역 변수 선언
  for(i=0; i<5; i++)
     printf("name[%d] = %c\n", i, name[i]);          //③ 배열 원소 출력
  return 0;
}
```

실행 결과

```
name[0] = A
name[1] = B
name[2] = C
name[3] = D
name[4] = E
```

소스 관찰

① 문자형 배열의 선언 및 초기화가 실행된 후 메모리의 모습은 다음과 같다.

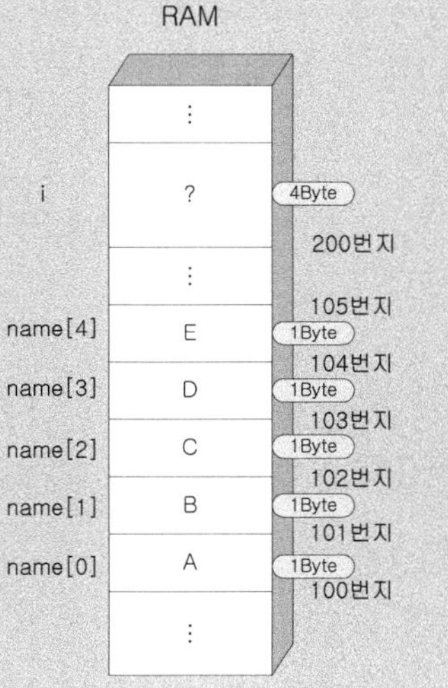

② 지역 변수 i는 문자형 배열이 할당된 이후에 메모리에 4바이트가 할당된다.
③ i는 0, 1, 2, 3, 4까지 참이므로 for 루프 내부를 5번 반복 연산하면서 배열의 원소들을 차례로 출력한다.

2 2차원 배열의 선언과 메모리의 할당

1차원 배열은 인덱스가 1개밖에 없지만 2차원 배열은 인덱스를 2개 갖고 있으며 다음과 같이 정의한다.

```
int two[2][3];                //2차원 정수형 배열의 선언
```

배열 원소의 자료형은 정수형이고 배열 이름은 two이다. 대괄호의 첫 번째 인덱스의 크기는 2이고 두 번째 인덱스의 크기는 3이므로 전체 6(2×3)개의 원소를 갖는다. 그런데 앞에서도 언급했지만 배열의 크기가 2이면 사용 가능한 인덱스는 0과 1이다. 또한, 배열의 크기가 3이면 인덱스는 0, 1, 2까지 이용할 수 있음을 주의해야 한다.

보통 2차원 배열은 앞의 인덱스를 행, 뒤의 인덱스를 열로 생각하면 쉽게 이해할 수 있다. two[2][3]은 행의 개수가 2이고 열의 개수가 3이라고 이해하면 된다.

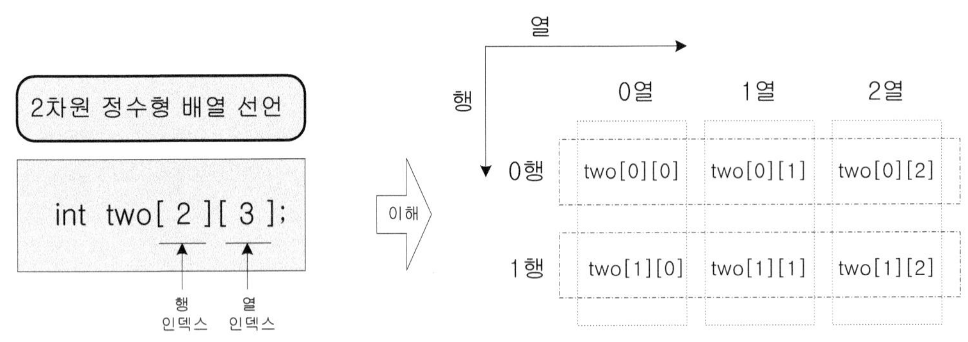

【그림 10.12】 2차원 배열을 행과 열로 이해하는 방법

two[0][0]은 첫 번째 대괄호의 인덱스가 0이고, 두 번째 대괄호의 인덱스도 0이므로 0행

0열의 원소를 의미한다. 이와 마찬가지로 two[1][2]는 1행 2열의 원소를 말한다. 배열의 인덱스가 항상 0부터 시작하므로 행과 열도 0부터 시작해야 한다.

몇 가지 자주 사용되는 2차원 배열의 선언 방법을 살펴보자.

【표 10.2】 2차원 배열 선언의 예와 인덱스의 범위

2차원 배열 선언	자료형	배열 이름	행의 범위	열의 범위	원소 개수
char name[5][2];	문자형	name	0 ~ 4	0 ~ 1	10
int two[2][3];	정수형	two	0 ~ 1	0 ~ 2	6
double test[3][5];	실수형	test	0 ~ 2	0 ~ 4	15

한 가지 의문점을 가져보자. 2차원 배열이 메모리에 할당될 때 실제로 평면적(2차원)으로 할당될까? 그런 일은 절대 없다. 메모리는 물리적으로 1Byte의 크기를 갖고 있는 방들이 1차원적으로 나열되어 있을 뿐이다. 따라서 two[2][3]과 같은 2차원 배열도 실제 메모리는 1차원 배열과 같은 방식으로 할당된다. 다만, 2차원 배열의 사용을 편리하게 하기 위해 행과 열의 개념을 이용한 것에 불과하다.

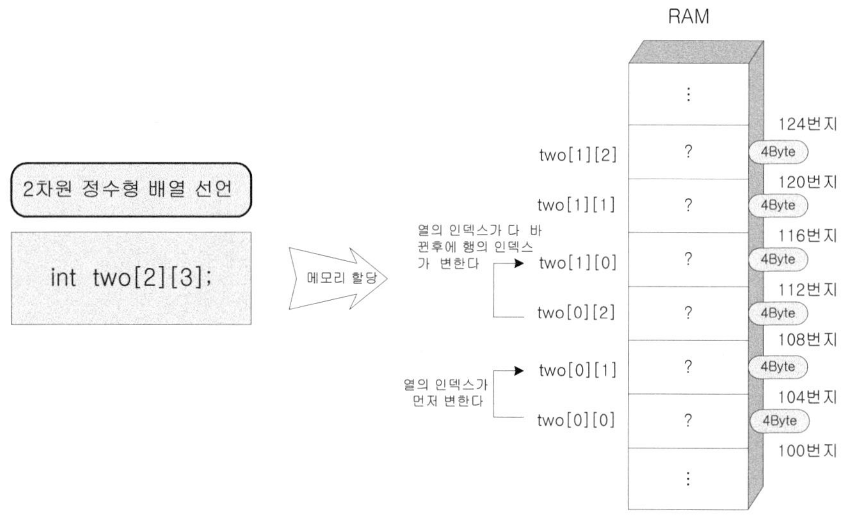

【그림 10.13】 2차원 배열의 실제 메모리 할당(열 우선 할당 방식)

2차원 배열이 실제 메모리에 할당될 때는 항상 열이 먼저 할당되고 다음에 행이 할당된다. 이를 보통 열 우선 할당 방식이라 부르며, 열의 인덱스가 차례로 모두 바뀐 후에 행의 인덱스가 차례로 바뀐다.

2차원 배열의 한 원소의 크기는 몇 바이트일까? 2차원 배열이라고 특별히 다른 것은 없고 어떤 자료형의 배열이냐에 따라 달라진다. 정수형 배열이면 한 원소의 크기는 4바이트이다. 반면에 문자형 배열이면 한 원소의 크기는 1바이트가 된다.

2차원 배열도 1차원 배열과 동일하게 두 가지 방법으로 초기화할 수 있다. 먼저 2차원 배열을 선언한 후에 대입문을 이용해 배열 원소들을 하나씩 차례로 초기화할 수 있다.

```
int two[2][3];                //2차원 정수형 배열의 선언
```

```
two[0][0] = 10;               //대입문을 이용한 초기화
two[0][1] = 20;
two[0][2] = 30;
two[1][0] = 40;
two[1][1] = 50;
two[1][2] = 60;
```

2차원 배열도 선언과 동시에 중괄호로 묶어 초기화할 수 있다. 다만, 혼동을 줄이기 위해 같은 행에 있는 초깃값들을 중괄호로 다시 한 번 묶어주는 방식이 더욱 많이 이용된다. 다음 문장들은 모두 사용 가능한 초기화 방법들이고 실행 결과는 모두 같다.

```
int two[2][3] = {10, 20, 30, 40, 50, 60};          //중괄호 이용
int two[2][3] = {{10, 20, 30}, {40, 50, 60}};      //이중 중괄호 사용
int two[ ][3] = {{10, 20, 30}, {40, 50, 60}};      //행의 개수 지정 안 함
```

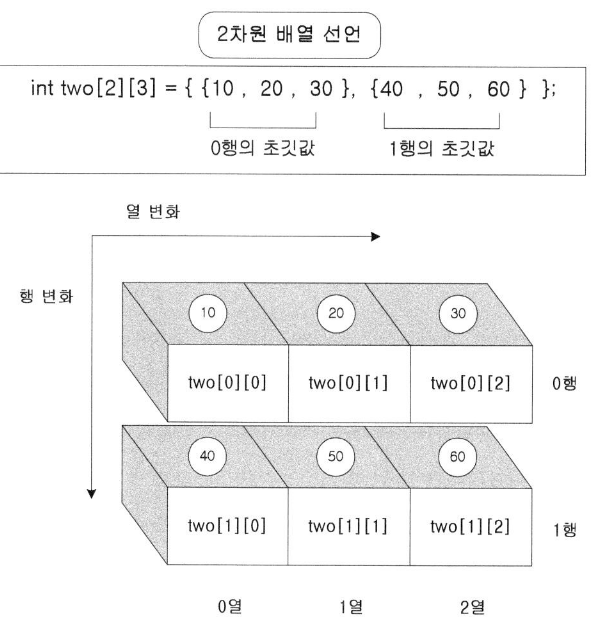

【그림 10.14】 2차원 배열의 선언과 초기화

중괄호를 이용해 초기화할 경우에 행의 개수는 지정해도 되고, 지정하지 않아도 초깃값의 개수와 지정된 열의 크기를 이용해 컴파일러가 자동으로 지정해 준다. 하지만 열의 개수는 반드시 지정해야 한다. 다음은 잘못된 초기화의 예이고 모두 잘못된 첨자를 사용했다는 오류 메시지가 출력되므로 주의하자.

```
int two[ ][ ] = {{10, 20, 30}, {40, 50, 60}};        //행과 열의 크기 모두 생략
int two[2][ ] = {{10, 20, 30}, {40, 50, 60}};        //열의 크기 지정 안 함
```

【기초예제 10.8】 2차원 정수형 배열의 초기화 및 배열 원소 출력

```
#include<stdio.h>
int main( )
{
  int two[2][3] = {{10, 20, 30}, {40, 50, 60}};        //① 2차원 배열선언
  int i, j;
```

```
    for(i=0; i<2; i++)                              //② 행의 인덱스
        for(j=0; j<3; j++)                          //③ 열의 인덱스
            printf("two[%d][%d]=%d\n", i, j, two[i][j]);
    return 0;
}
```

실행 결과

```
two[0][0]=10
two[0][1]=20
two[0][2]=30
two[1][0]=40
two[1][1]=50
two[1][2]=60
```

소스 관찰

① 2차원 배열 two[2][3]을 선언하고 0행과 1행을 행별로 중괄호로 묶어 초기화시켰다.

② i는 0과 1일 때 참이다. 따라서 i가 0인 동안 j는 0, 1, 2까지 변화하고, i가 1이 증가되어 i가 1일 때도 j는 0, 1, 2까지 변화한다. 따라서 2중 for 루프는 전체 6번 반복 수행을 통해 2차원 배열의 모든 원소들의 값을 화면에 출력한다.

2차원 문자형 배열이나 실수형 배열도 정수형 배열의 규칙이 그대로 적용된다. 먼저 2차원 문자형 배열의 초기화는 작은따옴표('')로 초깃값들을 묶어주면 된다.

```
char name[2][2] = {'A', 'B', 'a', 'b'};             //중괄호 이용
char name[2][2] = {{'A', 'B'}, {'a', 'b'}};         //이중 중괄호 사용
```

2차원 실수형 배열도 동일하게 초기화시킬 수 있다.

```
double test[4][2] = {1.3, 2.3, 3.4, 5.6, 1.0, 3.0, 7.8, 5.8};
double test[4][2] = {{1.3, 2.3}, {3.4, 5.6}, {1.0, 3.0}, {7.8, 5.8}};
```

【기초 예제 10.9】 2차원 문자형 배열의 초기화 및 배열 원소 출력

```
#include<stdio.h>
int main( )
{
  char name[2][2] = {{'A', 'B'}, {'a', 'b'}};          //① 2차원 문자형 배열
  int i, j;
  for(i=0; i<2; i++){                                  //② 행 번호 인덱스
      printf(" %d 행 :", i);
      for(j=0; j<2; j++){
          printf("    %c", name[i][j]);                //공백 추가
      }
      printf("\n");                                    //줄 바꾸기
   }
  return 0;
}
```

실행 결과

```
0 행 :   A   B
1 행 :   a   b
```

소스 관찰

① 2차원 문자형 배열을 선언하고 중괄호로 묶어 초기화시켰다. 문자형 배열은 메모리에 1바이트가 할당되므로 전체 4Byte가 할당된다.

② 행 번호로 사용될 i는 0과 1일 때 참이다. 먼저 i가 0일 때 for루프 내부를 한번

실행한다. 첫 번째 for 루프 내부에 printf()문을 출력하고 줄 바꿈 문자가 없으므로 바로 옆에 다음 문장을 출력한다. j는 0과 1일 때까지 참이므로 2번의 반복 연산을 통해 name[0][0], name[0][1]에 저장된 값들을 출력한다. 이때도 출력한 이후에 줄을 바꾸는 문자가 없으므로 계속해서 바로 옆에 출력한다. 내부 for 루프가 끝나면 한 행의 원소가 모두 출력되고 printf("\n") 문장에 의해 줄을 바꾼다.

```
for(i=0;i<2;i++){
    printf(" %d 행 :",i);
    for(j=0;j<2;j++){
      printf("   %c", name[i][j]);
    }
    printf("\n");
}
```

i가 0인 경우
행번호를 출력: 0행
j가 0에서 1까지 name원소 2개 출력 : A B
첫번째 행의 출력이 끝나면 줄을 바꿈

i가 1인 경우
행번호를 출력: 1행
j가 0에서 1까지 name원소 2개 출력 : a b
두번째 행의 출력이 끝나면 줄을 바꿈

10.4 배열의 응용

배열은 실용적인 프로그램에서 약방의 감초처럼 아주 중요한 역할을 한다. 배열이 응용되는 분야는 너무 많아서 일일이 다 열거할 수는 없지만 응용 프로그램에 자주 나타나는 진법 변환, 자료 정렬 프로그램을 작성해 보자. 또한, 2차원 배열의 가장 좋은 실용적인 예라고 할 수 있는 행렬 연산 프로그램을 통해 앞서 배운 배열의 응용력을 길러 보도록 하자. 이장의 내용이 어렵게 느껴진다면 생략하고 넘어가도 다음 장을 공부하는 데 지장은 없다.

1 진법 변환(Base conversion)

진법이란 수를 표기하는 기수법으로 10진법, 16진법, 2진법 등이 주로 사용된다. 따라서 진법 변환이란 10진법을 2진법으로 또는 2진법을 10진법으로 바꾸는 방법을 말한다. C언어는 10진법, 16진법, 8진법을 사용할 수 있지만 2진법은 이용할 수 없다. 보통은 2진법 대신 16진법을 이용하면 되므로 큰 불편은 없지만 하드웨어 제어 프로그램을 작성할 경우에는 2진법이 꼭 필요하므로 배열을 이용해 10진법을 2진법으로 변경하는 방법을 알아보자.

10진수 11을 2진수로 변환하려면 11을 2로 나눈 나머지를 오른쪽에 표시하고 몫이 0이

될 때까지 연산한 후에 나머지 값들을 거꾸로 나열하면 된다. 반대로 2진수를 10진수로 변환하려면 각각의 2진수에 자리 가중치를 곱한 후에 모두 더하면 된다.

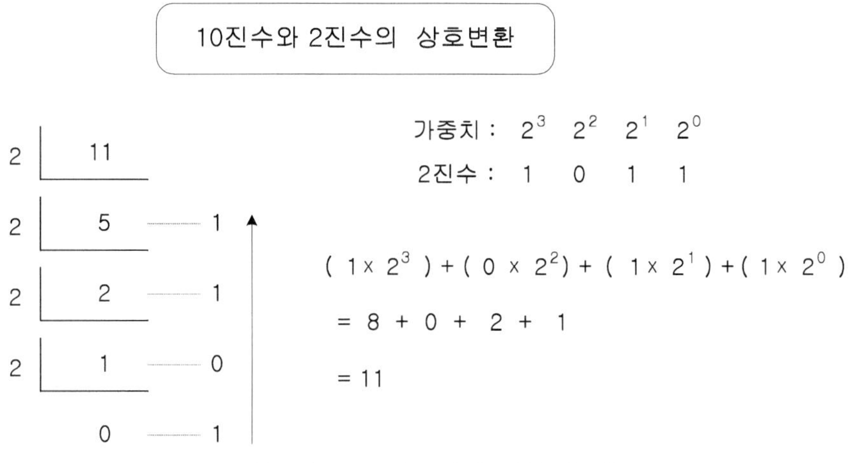

【그림 10.15】 진법 변환의 예

10진수를 2진수로 변환하는데 가장 주목해야 하는 부분은 얻어진 나머지 숫자들을 거꾸로 나타내야 한다는 것이다. 배열을 사용하면 이 문제를 쉽게 해결할 수 있다. 연산에서 얻어진 나머지들을 배열에 차례로 저장한 후에 역순으로 출력하면 되기 때문이다.

십진수 11을 2진수로 변환해 보자. number는 키보드를 통해 입력된 10진수이고, bin[i]는 나머지를 저장하기 위해 선언된 배열이다. 진법 변환 부분만 먼저 생각해 보자.

```
i = 0;
while(number>0){
   bin[i] = number % 2;              // % 나머지 연산자
   number = number / 2;              // 십진수를 2로 나눈 후 다시 저장
   i++;
}
```

만약 입력된 10진수가 11이라면 number에는 11이 저장되고 while문의 처리 단계는 다음과 같다.

【표 10.3】 집법 변환 시에 while문 내부의 처리 순서

반복 단계 i	처리	나머지	배열에 저장되는 값
1	11%2	1	bin[0] = 1
2	5%2	1	bin[1] = 1
3	2%2	0	bin[2] = 0
4	1%2	1	bin[3] = 1

11%2 연산은 몫은 버리고 나머지만 돌려주므로 결과는 1이다. 얻어진 나머지 값을 배열에 저장하고, number/2를 수행한 후에 다시 number에 저장한다. number가 0보다 작거나 같아지면 반복 연산을 중지한다.

【실전 예제 10.10】 10진수를 2진수로 변환하기

```
#include<stdio.h>
int main( )
{
  int number, count, i=0;
  int bin[100];
  printf("10진수를 입력하세요:");
  scanf("%d", &number);
  printf("\n 10진수 : %d ", number);
  while(number>0){
     bin[i] = number % 2;                        //% 나머지 연산자
     number = number / 2;                        //밑으로 나눔
     i++;
  }
  count = i-1;                                   //①count값 설정
  printf("\n  2진수 : ");
  for(i=count; i>=0; i--)                        //역순으로 출력
       printf(" %d", bin[i]);
  printf("\n");
```

```
    return 0;
}
```

실행 결과

```
10진수를 입력하세요:11
10진수 : 11
 2진수 :  1 0 1 1
```

```
10진수를 입력하세요:59
 10진수 : 59
  2진수 :  1 1 1 0 1 1
```

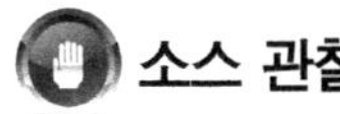

소스 관찰

① 2진수 변환이 완료되면 나머지 값들을 역순으로 출력해야 하므로 현재의 i값보다 1 작은 수를 count 변수에 설정한다. 왜냐하면 while 루프를 탈출할 때 i에 1이 더해졌기 때문이다. 마지막으로 for문을 이용해 bin[ ]배열의 값들을 역순으로 출력한다.

```
count = i-1;
for(i=count;i>=0; i--)          //count는 i-1부터 0까지 역순으로 출력
    printf(" %d", bin[i]);      //나머지 값을 출력
printf("\n");                   //출력이 완료되면 줄을 바꾼다
```

2 자료 정렬 (Data sorting)

정렬이란 주어진 자료를 어떤 기준에 의하여 일정한 순서로 재배열 하는 것을 의미한다. 예를 들어 1에서 10까지의 번호가 적힌 카드가 순서 없이 나열되어 있다고 하자. 만약 이 카드들을 오름차순(ascending order)으로 정렬한다면 1, 2, 3, 4, 5, 6, 7, 8, 9, 10까지의 순서

대로 재배열하는 것을 말한다. 반대로 내림차순(descending order)은 10, 9, 8, 7, 6, 5, 4, 3, 2, 1로 재배열하는 것을 의미한다.

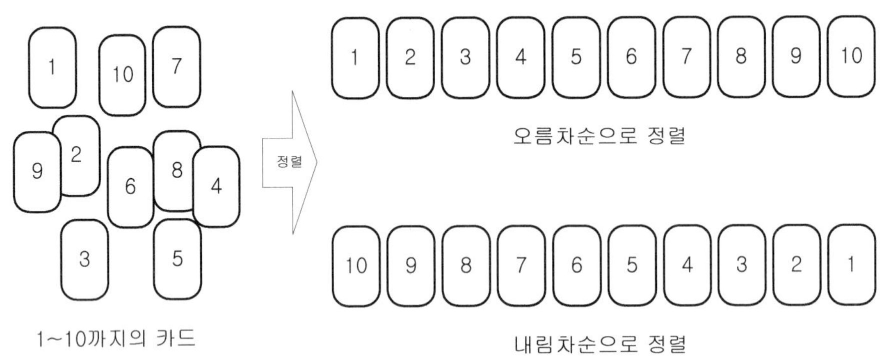

【그림 10.16】 정렬의 개념

정렬은 컴퓨터로 주어진 문제를 해결하는데 가장 많이 접하게 되는 문제 중의 하나다. 따라서 알고리즘 중에서도 가장 역사가 깊고 다양한 형태의 연구가 진행되어 온 분야이다. 정렬 알고리즘에는 거품 정렬(bubble sort), 삽입 정렬(insert sort), 선택 정렬(selection sort) 등의 다양한 방법들이 개발되어 있다. 가장 간단하고 이해가 쉬운 선택 정렬에 대해 알아보도록 하자.

선택 정렬은 실생활에서 직관적으로 많이 사용되는 정렬 알고리즘이다. 1에서 10까지의 숫자가 적힌 10개의 카드를 정렬하라는 문제가 주어졌다고 하자. 아마도 대부분의 사람은 가장 작은 숫자가 적힌 카드를 제일 앞쪽에 놓고, 그 다음 작은 카드를 찾아서 그 다음에 놓고, 다음 작업을 반복하는 방식으로 문제를 해결할 것이다. 이런 정렬 방법을 선택 정렬이라 한다. 이 순서를 알고리즘으로 만들어 보자.

【표 10.4】 카드 선택 정렬의 알고리즘

카드의 선택 정렬 순서
• 전체 배열에서 최솟값을 찾아 첫 번째 배열 원소와 교환 • 첫 번째 원소를 제외한 나머지 배열 원소에서 다시 최솟값을 찾아 두 번째 배열 원소와 교환 • 이 과정을 배열 크기-1만큼 반복 연산

【그림 10.17】 선택 정렬의 단계별 과정

지금까지의 내용을 순서도로 작성해 보자. 1에서 10까지의 정수가 저장된 정수 배열을 int sort[10]이라 하자. 배열의 크기는 10이므로 인덱스는 0 ~ 10-1까지 사용할 수 있다. 최솟값을 저장하기 위한 변수는 min으로, 최솟값의 배열 인덱스를 저장하기 위한 변수를 minindex로 설정했다고 하자. 또한, 정렬할 원소의 개수가 10개이므로 반복 단계로 사용할 변수 i는 0에서 9까지 증가한다.

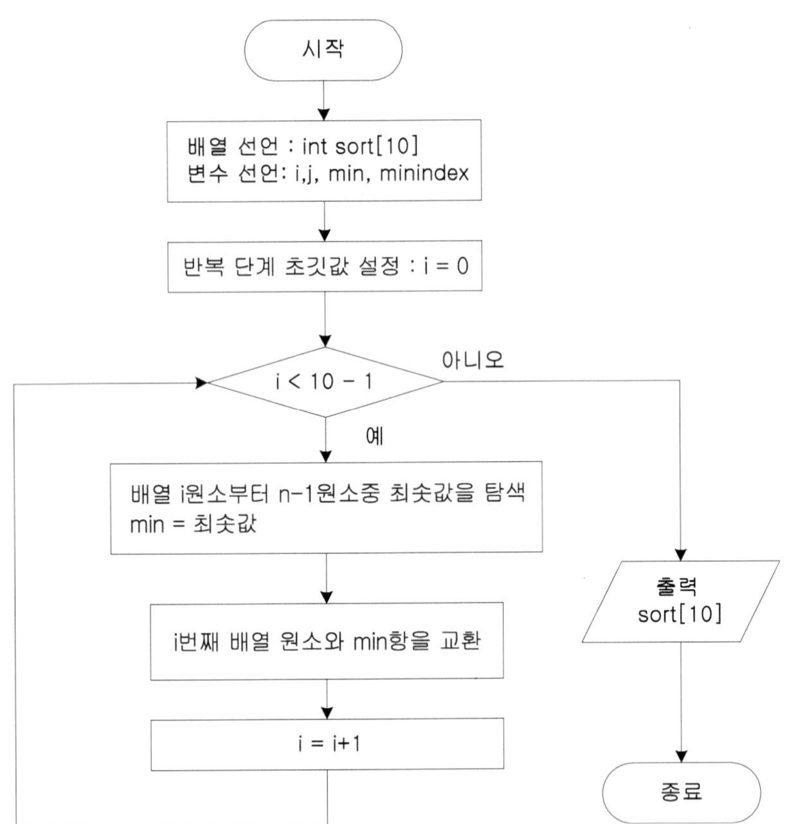

【그림 10.18】 선택 정렬의 순서도

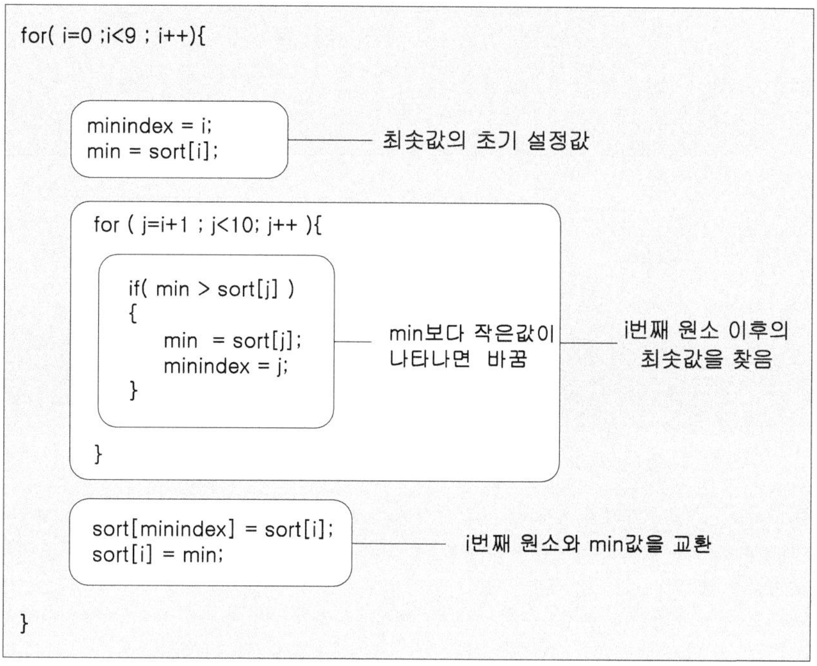

```
for( i=0 ;i<9 ; i++){

    minindex = i;
    min = sort[i];                 ─── 최솟값의 초기 설정값

    for ( j=i+1 ; j<10; j++ ){
        if( min > sort[j] )
        {
            min  = sort[j];        ─── min보다 작은값이    ─── i번째 원소 이후의
            minindex = j;              나타나면 바꿈           최솟값을 찾음
        }
    }

    sort[minindex] = sort[i];
    sort[i] = min;                 ─── i번째 원소와 min값을 교환

}
```

【그림 10.19】 선택 정렬의 중요 프로그램

【실전 예제 10.11】 1에서 10까지의 정수를 선택 정렬하기

```
#include<stdio.h>
int main( )
{
    int sort[10] = {6, 3, 9, 5, 4, 2, 7, 10, 1, 8};
    int i, j, minindex, min;
    for(i=0; i<9; i++){                              //①
        minindex = i;
        min = sort[i];
        for(j=i+1; j<10; j++){                       //②
            if( min > sort[j] )
            {
                min  = sort[j];
                minindex = j;
            }
```

```
        }
        sort[minindex] = sort[i];
        sort[i] = min;
    }
    for(i=0; i<10; i++)                              //정렬 값 출력
         printf("  %d", sort[i]);
    printf("\n");
    return 0;
}
```

실행 결과

```
1 2 3 4 5 6 7 8 9 10
```

소스 관찰

① 첫 번째 for 루프는 정렬되지 않은 숫자들 중에 최솟값을 결정해 맨 앞의 배열 원소와 교환하는 반복 루프로 원소가 n개면 n−1번 반복 연산된다.

② 두 번째 for 루프는 i번째 원소 뒤에 있는 i+1번째 배열 원소부터 마지막 원소까지에서 최솟값을 찾는다. 현재 설정된 최솟값과 비교해 더 작은 값이 나타나면 그 정수 값과 배열의 인덱스를 저장한다. 반복 연산의 횟수는 i값의 크기에 따라 변경된다.

3 행렬 연산 (Matrix operating)

행렬이란 직사각형 모양으로 수를 나열한 것을 말한다. 행렬의 가로 줄을 행(row), 세로 줄을 열(column)이라 정의한다. 행렬의 차원은 행의 개수와 열의 개수를 이용해(행의 개수×열의 개수)로 나타낸다. 즉 2×3 행렬이란 행의 개수가 2개이고 열의 개수가 3개인 행렬을 말한다. 다음에서 A는 2×3행렬이고 B는 3×3행렬이라 부른다. 행의 개수와 열의 개수가 같은 행렬을 정방(square) 행렬이라 부르며 B는 정방 행렬이다.

$$A_{(2\times 3)} = \begin{bmatrix} 1\ 3\ 4 \\ 0\ 5\ 1 \end{bmatrix}, \qquad B_{(3\times 3)} = \begin{bmatrix} 2\ 3\ 5 \\ 8\ 3\ 0 \\ 1\ 5\ 9 \end{bmatrix}$$

행렬은 이론적으로 매우 명쾌하고 기호적으로도 간결하기 때문에 응용 범위가 상당히 넓으며, 수학이나 물리학에서는 꼭 필요한 연산 도구이다. 행렬 연산에는 덧셈, 뺄셈, 곱셈이 성립하며 나눗셈은 정의되지 않는다. 두 행렬의 덧셈과 뺄셈은 서로 차원이 같은 행렬에서만 정의되며 같은 위치에 있는 원소끼리 더하거나 빼면 결과를 얻을 수 있다. 3×3 행렬 A, B가 주어졌을 때 덧셈은 다음과 같다.

$$A = \begin{bmatrix} 1\ 0\ 1 \\ 2\ 3\ 1 \\ 1\ 5\ 9 \end{bmatrix},\ B = \begin{bmatrix} 2\ 3\ 5 \\ 8\ 3\ 0 \\ 1\ 5\ 9 \end{bmatrix}, \qquad A+B = \begin{bmatrix} 1+2 & 0+3 & 1+5 \\ 2+8 & 3+3 & 1+0 \\ 1+1 & 5+5 & 9+9 \end{bmatrix} = \begin{bmatrix} 3 & 3 & 6 \\ 10 & 6 & 1 \\ 2 & 10 & 18 \end{bmatrix}$$

배열의 응용에 왜 갑자기 행렬 타령일까? 행렬 연산과 2차원 배열이 찰떡궁합이기 때문이다. 3×3 행렬의 덧셈을 수행하는 프로그램을 작성해 보자.

【실전 예제 10.12】 2차원 행렬의 덧셈 계산

```
#include<stdio.h>
#define DIM 3                                                    //①
int main( )
{
    int a[DIM][DIM] = { {1, 0, 1}, {2, 3, 1}, {1, 5, 9} };       //②
    int b[DIM][DIM] = { {2, 3, 5}, {8, 3, 0}, {1, 5, 9} };
    int c[DIM][DIM], i, j;
    //행렬 덧셈 수행
    for(i=0; i<DIM; i++) {
        for(j=0; j<DIM; j++) {
            c[i][j] = a[i][j] + b[i][j];                         //③
        }
    }
    //행렬 덧셈 결과 출력
    printf("행렬 합(c[][] = a[][]+b[][]) \n");
```

```
        for(i=0; i<DIM; i++) {
                for(j=0; j<DIM; j++) {
                        printf("%5d", c[i][j]);
                }
                printf("\n");                                   //④
        }
        return 0;
}
```

실행 결과

```
행렬 합(c[][] = a[][]+b[][])
    3    3    6
   10    6    1
    2   10   18
```

소스 관찰

① 선행 처리기로 소스코드에 DIM이라는 문자 상수가 있으면 모두 3으로 교체한 이후에 컴파일한다.

② 3×3 행렬 A와 B를 입력하기 위한 2차원 배열 a[][]와 b[][]를 선언과 동시에 초기화했다.

③ 2차원 배열 a와 b의 같은 위치에 있는 원소끼리 더한 이후에 2차원 배열 c에 대입한다. DIM이 3이므로 외부 for 루프는 3번, 내부 for 루프도 3번 반복되므로 전체 9번의 반복 연산이 실행된다.

④ 1개의 행 원소를 모두 출력한 후에 줄을 바꾼다.

행렬의 뺄셈은 앞의 덧셈 예제에서 부호만 +에서 -로 교환하면 간단히 해결된다. 하지만 행렬의 곱셈의 경우는 몇 가지 더 고려할 부분이 있다. 두 행렬의 곱셈은 앞 행렬의 열의 개수와 뒤 행렬의 행의 개수가 서로 같아야만 정의된다. 즉 A가 3×2이고 B가 2×4이면 행렬의 곱셈이 정의되며 연산 결과는 3×4가 된다. 만약 A가 3×3이고 B가 2×4이면 행렬의 곱셈이 정의되지 않는다.

A가 3×3 행렬이고 B가 3×3일 때, 행렬 곱셈 A×B의 1행 1열의 원소는 A행렬의 1행의 원소와 B행렬의 1열의 원소를 원소끼리 차례로 곱한 후에 모두 더해 주면 된다. 같은 방법으로 1행의 원소를 모두 구하면 다음은 2행, 3행의 원소를 차례로 계산해 준다. A×B의 연산 결과는 3×3 행렬이다.

$$A = \begin{bmatrix} 1\ 0\ 1 \\ 2\ 3\ 1 \\ 1\ 5\ 9 \end{bmatrix}, \qquad B = \begin{bmatrix} 2\ 3\ 5 \\ 8\ 3\ 0 \\ 1\ 5\ 9 \end{bmatrix}$$

$$AB = \begin{bmatrix} 1\cdot 2+0\cdot 8+1\cdot 1 & 1\cdot 3+0\cdot 3+1\cdot 5 & 1\cdot 5+0\cdot 0+1\cdot 9 \\ 2\cdot 2+3\cdot 8+1\cdot 1 & 2\cdot 3+3\cdot 3+1\cdot 5 & 2\cdot 5+3\cdot 0+1\cdot 9 \\ 1\cdot 2+5\cdot 8+9\cdot 1 & 1\cdot 3+5\cdot 3+9\cdot 5 & 1\cdot 5+5\cdot 0+9\cdot 9 \end{bmatrix} = \begin{bmatrix} 3 & 8 & 14 \\ 29 & 20 & 19 \\ 51 & 63 & 86 \end{bmatrix}$$

【실전 예제 10.13】 2차원 행렬의 곱셈 계산

```
#include<stdio.h>
#define DIM 3
int main( )
{
    int a[DIM][DIM] = { {1, 0, 1}, {2, 3, 1}, {1, 5, 9} };
    int b[DIM][DIM] = { {2, 3, 5}, {8, 3, 0}, {1, 5, 9} };
    int d[DIM][DIM], i, j, k;

    // 행렬 곱셈 수행
    for(i=0; i<DIM; i++) {
          for(j=0; j<DIM; j++) {
                d[i][j] = 0;                          //①
                for(k=0; k<DIM; k++) {
                      d[i][j] += a[i][k] * b[k][j];   //②
                }
          }
```

```
    }
    //행렬 곱셈 결과 출력
    printf("행렬 곱(d[][] = a[][]*b[][]) \n");
    for(i=0; i<DIM; i++) {
            for(j=0; j<DIM; j++) {
                    printf("%5d", d[i][j]);
            }
            printf("\n");
     }
    return 0;
}
```

실행 결과

```
행렬 곱(d[][] = a[][]*b[][])
    3    8   14
   29   20   19
   51   63   86
```

소스 관찰

① 2차원 배열 d[][]에 값이 계속 누적해서 더해지므로 반드시 0으로 초기화해야 한다. 그렇지 않으면 쓰레기 값에 계속 값을 더하므로 엉뚱한 결과가 얻어진다.

② i와 j가 일정한 값일 때 k는 0에서 2까지 반복 연산된다. a 행렬의 행의 원소는 i로 고정시킨 상태에서 열이 0에서 2까지 변경된다. 또한, b 행렬의 열의 원소도 j로 고정시킨 상태에서 행이 0에서 2까지 변경되면서 3번의 곱셈을 연산해 d행렬에 매번 더해 준다.

프로그램 실습

1 다음과 같은 정수형 1차원 배열을 선언하고 각 원소를 화면에 표시하시오.

- 배열 원소의 개수 : 6개
- 각 원소의 값 : 10, 4, 5, 11, 9, 0

2 다음 프로그램의 실행 결과를 예측하시오.

```
int main()
{
  int i;
  int aa[3] = { 1, 7 };
  int bb[3] = { 0 };
  for(i=0 ; i<3 ; i++) {
        printf("%5d", aa[i]);
        printf("%5d\n", bb[i]);
  }
  return 0;
}
```

3 배열 sum[5]의 초깃값을 1, 3, 5, 7, 9로 했을 때 모든 원소의 합을 계산하는 프로그램을 작성하시오.

4 1차원 문자형 배열에 Visual이라는 문자를 차례로 저장하고 역순으로 출력하는 프로그램을 작성하시오.

5 10진수 2자리를 키보드로 입력받아 8진수로 변환하는 프로그램을 작성하시오.

Hint 나눗셈(/)과 나머지 연산자(%)를 이용한다.

제11장 포인터

C언어의 가장 강력한 도구인 포인터는 컴퓨터 메모리에 직접 접근해 프로그램을 간결하게 만들고 효율성을 증대시킨다. 하지만 잘못 사용된 포인터는 치명적인 오류를 발생시킬 수도 있으므로 항상 주의해야 한다.

학습목표

- 포인터의 기본 개념을 이해한다.
- 포인터의 선언 및 초기화 방법을 학습한다.
- 포인터를 이용한 일반 변수의 접근법을 익힌다.
- 포인터를 이용한 배열의 접근 방법을 익힌다.
- 포인터를 이용한 함수의 실행 방법을 익힌다.
- 포인터 배열의 개념을 학습한다.

11.1 포인터의 기본 개념

포인터(pointer)란 무언가를 가리킨다는 뜻이다. 강의 중에 널리 사용되는 레이저포인터는 많은 자료 중에 특정 자료를 강조해서 가리키는 용도로 사용된다. C언어에서 포인터의 개념도 어딘가를 가리킨다는 점에서 같다고 생각할 수 있다.

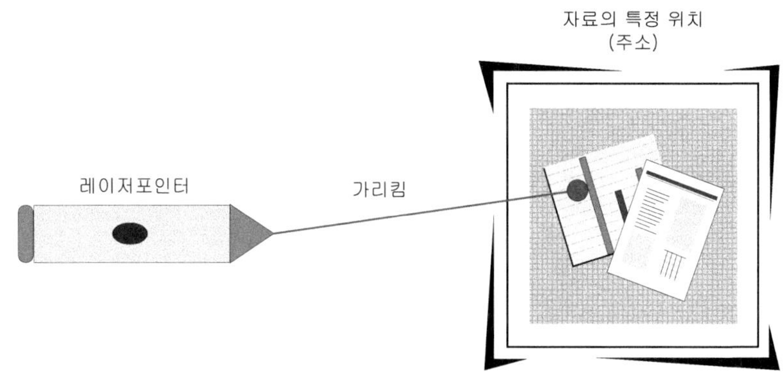

【그림 11.1】 포인터의 개념

C언어에서 포인터는 어디를 가리키는 것일까? 메모리 내의 특정 주소를 가리키는 것을 포인터라 한다. 따라서 포인터 변수란 주소를 저장하고 있는 변수이다. 먼저 일반 변수와 주소 연산자를 이해하고 포인터 변수에 도전해 보도록 하자.

1 변수의 주소 값과 주소 연산자

변수의 주소 값

하나의 변수가 만들어지면 항상 네 가지를 생각해야 한다고 여러 차례 강조했다. 이제 그 이유를 자세히 살펴보자.

```
int main( )
{
```

```
    char a = 'A';                    //변수 선언
    int  b = 100;
    double c = 3.14;
    ....
}
```

a, b, c 3개의 변수가 선언되면 컴파일러는 선언된 변수들을 차례로 메모리의 공간에 할당하게 된다. 이때 만들어지는 변수의 크기는 자료형에 따라 달라진다. 일반적인 PC 환경이라면 문자형은 1바이트, 정수형은 4바이트, 실수형(double)은 8바이트가 할당된다. 메모리는 한 번지의 크기가 1바이트이므로 a, b, c 변수는 다음과 같이 메모리에 배치된다.

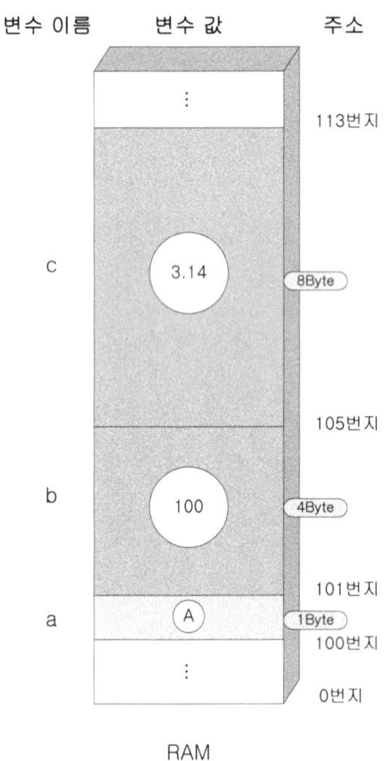

【그림 11.2】 변수의 메모리 할당

각 변수가 메모리에 할당받는 실제 주소는 PC의 상태에 따라 그때그때 달라진다. 따라서 그림에서의 100번지는 예를 들어 설정한 것이다. 문자형 변수 a는 메모리 100번지에 할당되었고, 정수형 변수 b는 101번지~104번지까지 4바이트, 실수형 변수 c는 105번지~112

번지까지 8바이트가 할당되었다. 여기서 각 변수에 할당된 시작 주소가 중요하다. 왜냐하면 변수의 시작 주소를 알면 포인터를 이용해 해당 변수에 접근할 수 있기 때문이다. 그림에서 a 변수의 시작 주소는 100번지, b 변수의 시작 주소는 101번지, c 변수의 시작 주소는 105번지이다.

주소 연산자(&)

컴파일러가 메모리에 설정해 놓은 실제 주소를 아는 방법은 없을까? C언어는 변수의 실제 주소를 계산해서 돌려주는 주소 연산자(&)를 갖고 있다. 일반 변수 앞에 주소 연산자를 붙이면 해당 변수의 실제 메모리상의 시작 주소를 반환해 준다.

```
int b;
printf("%d\n", &b);                    //&b = 101번지
```

&b는 메모리 내에 설정되어 있는 변수 b의 시작 주소를 돌려주므로 정수형으로 출력하면 101번지가 된다. 또한, &a는 100번지, &c는 105번지가 된다.

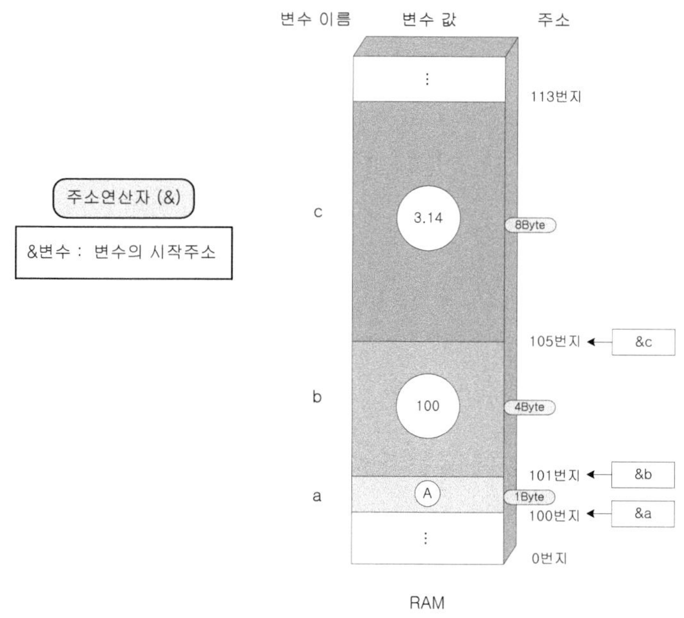

【그림 11.3】 주소 연산자의 사용법 및 개념

【기초 예제 11.1】 주소 연산자의 개념

```
#include<stdio.h>
int main( )
{
    int a;
    a =  10;
    printf("a=%d\n", a);                    //①변수 값 출력
    printf("&a=%d\n", &a);                  //②10진수 주소 출력
    printf("&a=%X\n", &a);                  //③16진수 주소 출력
    return 0;
}
```

실행 결과

```
a=10
&a=1245052
&a=12FF7C
```

소스 관찰

① 일반 변수 a에 저장된 변수 값을 출력한다.
② 변수 a 앞에 주소 연산자를 붙이면 a의 주소를 계산해서 돌려준다.
③ 변수 a의 주소 값을 16진수로 출력한 경우이다.

【기초예제 11.2】 여러 자료형의 주소 연산자

```
#include<stdio.h>
int main( )
{ char a = 'A';
  int  b = 100;
  double c = 3.14;
```

```
   printf("a의 주소 = %u\n", &a);           //a의 주소 출력
   printf("b의 주소 = %u\n", &b);           //b의 주소 출력
   printf("c의 주소 = %u\n", &c);           //c의 주소 출력
   return 0;
}
```

실행 결과

```
a의 주소 = 1245052
b의 주소 = 1245048
c의 주소 = 1245040
```

소스 관찰

%u는 부호 없는 10진수로 출력하라는 의미이다. 여기서 주소 값은 실제 메모리의 주소 값으로 지금까지 예를 들어 사용했던 100번지 혹은 200번지와는 차이가 있다. 이 주소는 컴파일러가 메모리의 상태를 조사해 설정한다.

2 포인터

포인터 변수의 선언

포인터(pointer)란 무언가를 가리킨다는 뜻이다. C언어에서 포인터는 메모리 내의 특정 주소를 가리킨다. 따라서 포인터 변수는 일반 변수와는 다르게 변수의 주소를 저장하고 있는 변수이다. 일반 변수와 포인터 변수는 선언 방법부터 차이가 있다.

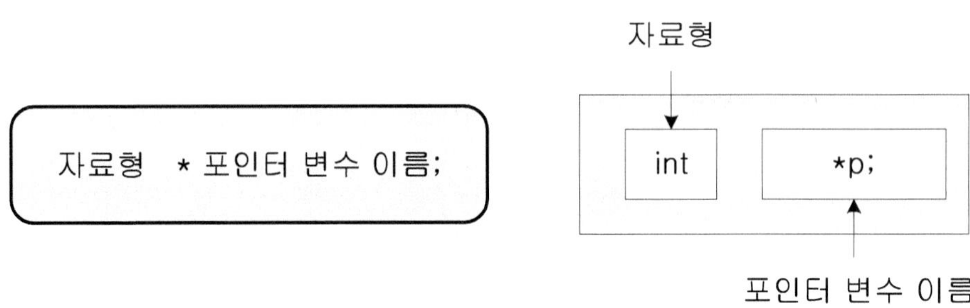

【그림 11.4】 포인터 변수의 선언 및 선언 예

포인터 변수는 일반 변수와 구분하기 위해 변수 앞에 반드시 곱셈(*) 기호를 붙여 선언한다. 여기서의 곱셈 기호는 산술 연산자에서 사용했던 곱셈과는 무관하다. 또한, 포인터 변수 이름은 일반 변수의 규칙과 동일하게 부여한다. 꼭 지켜야 하는 의무사항은 아니지만 포인터 변수 이름 앞에는 pointer의 첫 문자인 p를 붙여 일반 변수와 구분하는 방법이 많이 이용된다.

포인터 변수를 선언할 때에 맨 앞에 위치한 자료 형은 선언된 포인터 변수가 지시하는 자료형에 따라 달라진다. 만약 정수형 일반 변수를 가리킬 포인터 변수라면 반드시 정수형을 이용해야 하고, 실수형 일반 변수를 가리킬 포인터 변수라면 반드시 실수형 포인터 변수를 사용해야 한다. 만약 실수형 포인터로 문자형 변수를 가리키면 실행 오류가 발생한다. 몇 가지 예를 들어보자.

【표 11. 1】 포인터 변수의 종류와 설명

포인터 변수 선언	설명
char *pc;	문자형을 가리키는 포인터 변수
int *pi;	정수형을 가리키는 포인터 변수
double *pd;	실수형을 가리키는 포인터 변수

포인터 변수의 초기화

포인터 변수도 일반 변수와 동일하게 선언한 이후에 반드시 초기화해야 한다. 일반 변수는 초기화 과정이 없어도 쓰레기 값을 출력하는 정도로 끝나지만 포인터 변수는 초기화에 주의하지 않으면 치명적인 오류가 발생할 수도 있다.

포인터 변수도 선언하면 일반 변수와 동일하게 메모리상에 공간만 할당된다. 따라서 초기화를 하지 않으면 저장되어 있는 값은 의미가 없다. 포인터 변수를 초기화하려면 주소 연산자(&)를 이용해 변수의 주소를 대입해 주면 된다.

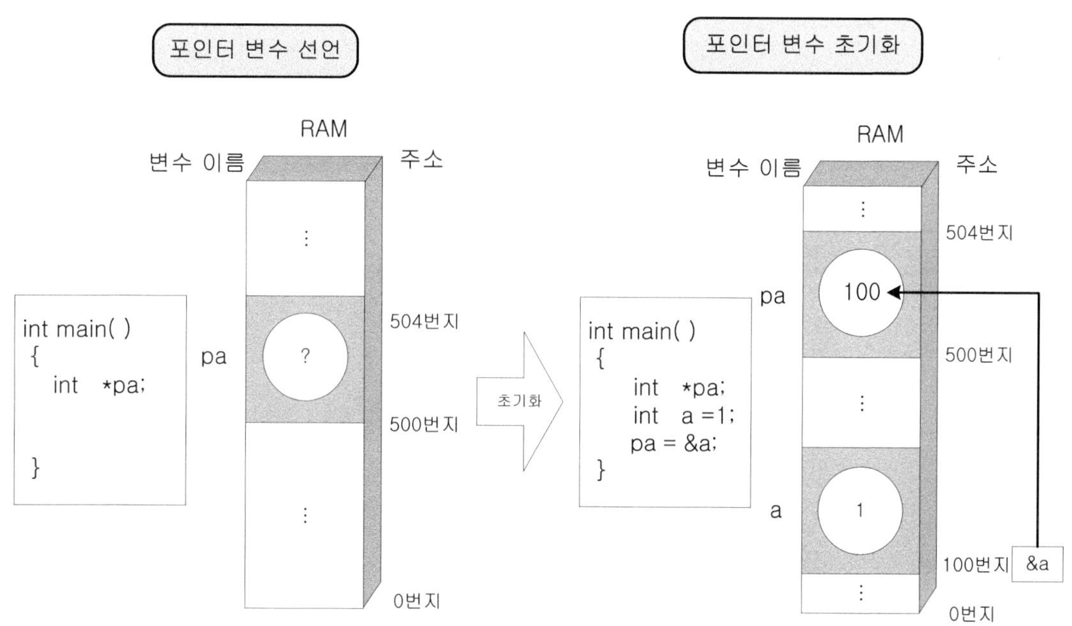

【그림 11.5】 포인터 변수의 초기화 과정

&a는 변수 a의 주소를 계산한다. pa=&a는 계산된 주소를 포인터 변수에 대입시키는 초기화 문장이다. 포인터 변수는 일반 변수와 달리 주소를 저장하기 위한 변수이다. 따라서 pa는 반드시 주소를 이용해 초기화해야 한다.

【기초 예제 11.3】 포인터 변수의 저장 주소

```
#include<stdio.h>
int main( )
{
  int a = 10;
```

```
    int  *pa ;                                    //포인터 변수 선언
    pa = &a;                                      //①
    printf("&a의 주소 = %u\n", &a);
    printf("pa의 주소 = %u\n", pa);
    return 0;
}
```

실행 결과

```
&a의 주소 = 1245052                               //②
pa의 주소 = 1245052
```

소스 관찰

① pa는 포인터 변수이므로 일반 변수 a의 주소(&a)로 초기화했다.

② &a의 주소를 pa에 대입했으므로 포인터 변수 pa에는 a의 주소가 저장되어 있다. 따라서 pa와 &a를 출력하면 서로 같은 주소가 출력된다.

포인터 변수 사용 시 주의 사항

포인터 변수는 강력한 기능을 갖고 있는 만큼 잘못 사용하면 치명적인 실행 오류를 발생시킨다. 포인터를 사용할 경우에 범하기 쉬운 몇 가지 주의사항을 알아보자.

첫 번째는 포인터 변수를 초기화할 때 주의해야 한다. 다음 문장을 보자.

```
int *pa;                                  //포인터 변수선언
pa = 10;                                  //정수상수 10을 대입!
```

pa는 포인터 변수다. 별생각 없이 일반 변수에 정수 상수를 대입하듯이 10을 대입하면 문법 오류를 발생시키지는 않지만 pa는 10번지를 가리키게 된다. 이 상태에서 pa를 이용해 메모리의 내용을 변경하면 예상치 못한 중대한 오류를 발생시킬 수 있으므로 주의해야 한다.

보통 포인터 변수가 아무것도 가리키지 않을 때는 NULL 상수로 초기화하는 습관을 길러 두는 것이 좋다. NULL 상수는 <stdio.h>파일 내에 0으로 정의되어 있다.

```
int *pa = NULL;                    //포인터 변수 선언과 초기화
```

주소 0번지는 운영 체제의 영역으로 일반 응용 프로그램은 접근할 수 없는 영역이다. 따라서 pa가 0번지에 접근하려고 하면 운영 체제에서 오류를 감지해 자동으로 해결해 주기 때문에 좀 더 안전한 소스코드를 만들 수 있다.

두 번째는 포인터 변수의 자료형과 가리킬 변수의 자료형이 반드시 일치해야 한다. 다음 소스코드를 보자.

```
int a;
double *pd;                        //실수형 포인터 변수 선언
pd = &a;                           //정수형 일반 변수의 주소 저장
```

실수형 포인터 변수(pd)에 정수형 일반 변수의 주소(&a)를 저장해도 문법적인 오류는 아니지만 컴파일 시에 경고가 발생하게 된다. 자료형이 다른 경우에는 이웃 변수의 영역을 침범해 심각한 실행 오류가 발생할 수 있으므로 절대 사용하지 말아야 한다.

포인터 변수의 메모리 크기

포인터 변수에는 여러 가지 자료형이 있다고 했다. 그런데 이들 자료형도 일반 변수들의 자료형과 동일한 크기의 메모리가 할당될까? 예를 들어 정수형은 4바이트, 문자형은 1바이트일까? 정답은 "아니다"이다. 포인터 변수는 주소를 저장하기 위한 변수이므로 자료형에 관계없이 항상 4바이트의 크기를 갖는다. 과거 윈도우즈는 32비트 운영 체제로 최대 4G(2^{32})바이트까지의 메모리를 사용할 수 있었다. 따라서 이 저장 공간을 모두 가리키기 위해서는 32비트 포인터가 필요하다.

【기초 예제 11.4】 포인터 변수의 NULL 주소 및 크기 출력

```
#include<stdio.h>
int main( )
{
   char *pa = NULL;                     //문자형 포인터 변수 및 초기화
   int  *pi = NULL;                     //정수형 포인터 변수 및 초기화
   double *pd = NULL;                   //실수형 포인터 변수 및 초기화
   printf("pa의 주소 = %u\n", pa);                  //①
   printf("pi의 주소 = %u\n", pi);
   printf("pd의 주소 = %u\n", pd);
   printf("pa의 크기 = %d\n", sizeof(pa));          //②
   printf("pi의 크기 = %d\n", sizeof(pi));
   printf("pd의 크기 = %d\n", sizeof(pd));
   return 0;
}
```

실행 결과

```
pa의 주소 = 0
pi의 주소 = 0
pd의 주소 = 0
pa의 크기 = 4
pi의 크기 = 4
pd의 크기 = 4
```

소스 관찰

① pa는 포인터 변수이고 NULL 상수로 초기화했으므로 0번지를 지시한다.

② sizeof(변수)는 소괄호 내의 변수가 메모리에서 차지하는 크기를 바이트 단위로 되돌려준다. 포인터 변수는 자료 형에 관계없이 모두 4바이트의 크기를 갖는다.

11.2 포인터를 이용한 일반 변수의 접근

포인터 변수는 메모리의 주소를 저장하고 있는 변수라 했다. 포인터로는 어떤 일들을 할 수 있을까? C언어에서 포인터가 유용한 이유는 포인터가 가리키는 메모리 내부의 값(value)들을 읽어오거나 변경할 수 있기 때문이다.

1 간접 참조 연산자(*)

어떤 변수가 포인터 변수로 선언되어 있을 때 포인터 변수 앞에 다시 *를 붙이면 포인터 변수가 가리키는 메모리의 내용이 된다. 이렇게 사용된 *를 간접 참조 연산자(indirect referencing)라 하며, 포인터가 가리키는 메모리의 내용을 참조하는 역할을 한다. 간접 참조 연산자는 괄호 다음으로 연산의 우선순위가 높다.

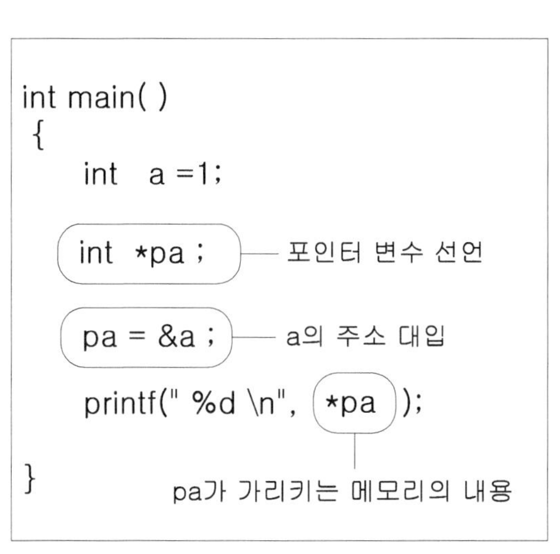

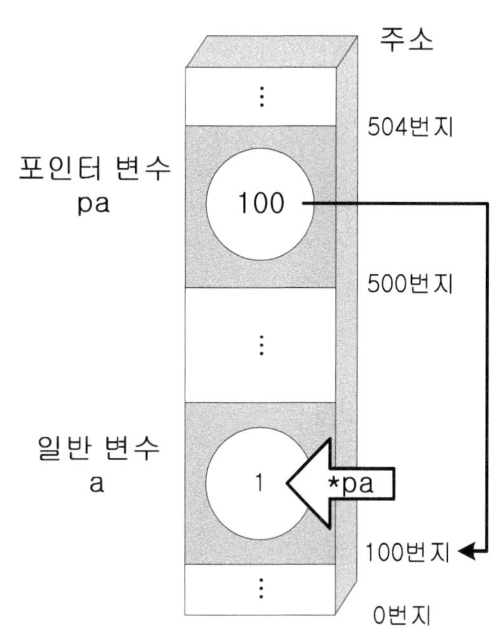

【그림 11.6】 간접 참조 연산자의 사용법

참조란 메모리 내부에 데이터를 읽거나 쓰는 작업을 말한다.

pa가 포인터 변수로 선언되어 있으므로 pa에는 a의 주소(&a)를 대입해 초기화했다. 만약 pa가 가리키는 주소의 내용을 참조하고 싶으면 간접 참조 연산자(*)를 포인터 변수 앞에 붙이면 된다. 따라서 printf() 문장에 있는 *pa는 그림에서 100번지의 내용이므로 1이 된다.

【기초 예제 11.5】 포인터 변수로 정수형 변수에 접근하기

```
#include<stdio.h>
int main( )
{
    int a, *pa;                         //정수형 포인터 변수 선언
    a =  1;
    pa = &a;
    *pa = 20;                           //① 간접 참조 연산자
    printf("a = %d\n", a);              //②
    return 0;
}
```

실행 결과

```
a = 20
```

소스 관찰

① *pa = 20은 pa가 가리키는 메모리의 값에 20을 대입하라는 의미이다. 따라서 원래 a에 저장되어 있던 1은 삭제되고 20이 대입된다. 간접 참조 연산자를 이용하면 포인터가 가리키는 변수의 값을 변경할 수 있다.

② 변수 a는 변수 이름을 이용해 저장된 값을 변경시킨 적이 없지만 a의 값을 출력하면 20이 출력된다.

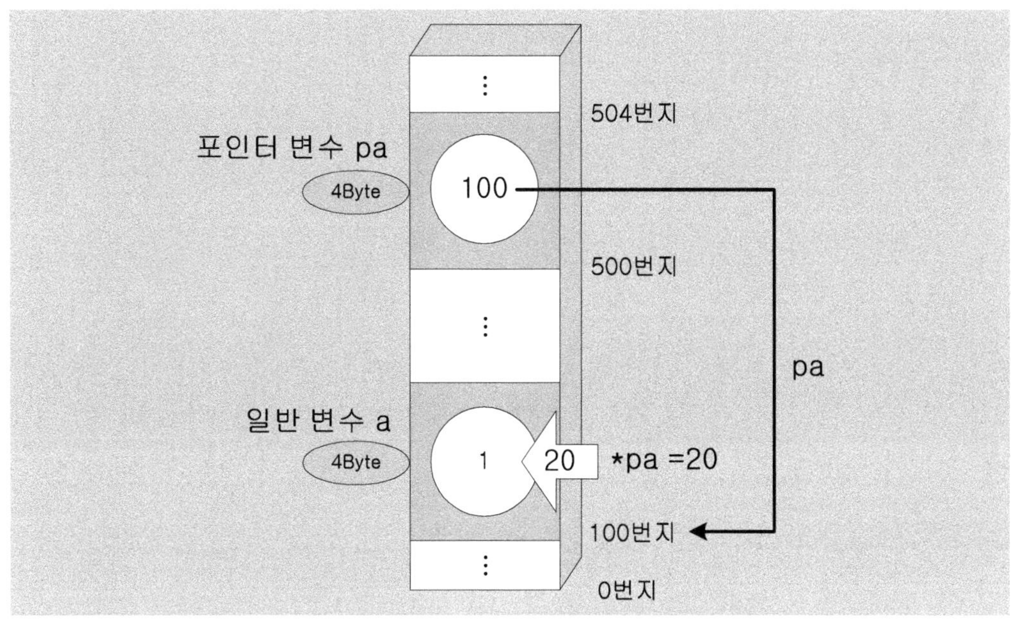

【기초 예제 11.6】 포인터 변수로 실수형 변수에 접근하기

```
#include<stdio.h>
int main( )
{
    double d, *pd;                      //실수형 포인터 변수 선언
    d =  3.14;
    pd = &d;
    *pd += 1.0;                         //① 간접 참조 연산자
    printf("d = %f\n" ,d);
    return 0;
}
```

실행 결과

```
d = 4.140000
```

소스 관찰

① *pd += 1.0은 *pd = *pd + 1.0을 뜻하므로 pd가 가리키는 메모리의 값을 꺼내서 1.0과 더한 후에 다시 pd가 가리키는 메모리에 저장하란 의미이다. 결국 이 문장은 *pd = 3.14 + 1.0으로 생각할 수 있다.

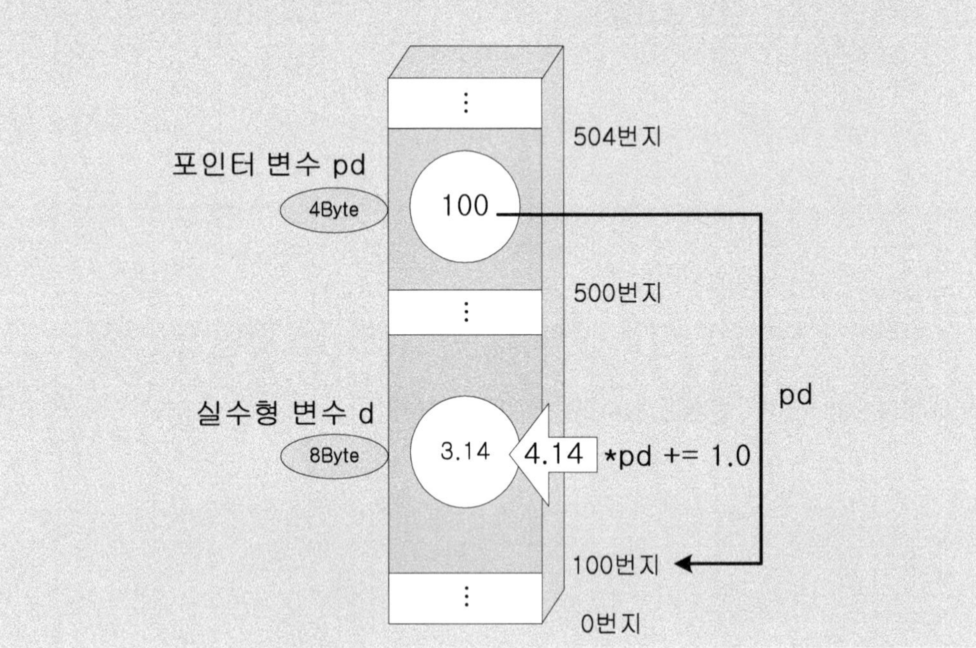

포인터 변수도 끝에 변수라는 용어가 붙어 있다. 변수란 그때그때 값이 바뀌는 메모리 내의 방이라 했다. 따라서 포인터 변수의 값도 필요에 의해 마음대로 변경할 수 있다. 단 포인터 변수는 주소만 저장할 수 있으므로 바뀌는 값도 반드시 주소라는 사실만 명심하자.

【기초 예제 11.7】 포인터 변수 값의 변경

```
#include<stdio.h>
int main( )
{
    int a = 1, b = 2;
    int *pab;                              //정수형 포인터 변수 선언
```

```
    pab = &a;                                          //①
    printf(" pab가 가리키는 주소 = %u\n", pab);
    printf("*pab의 값 = %d\n", *pab);
    printf("———————————————\n");
    pab = &b;                                          //②
    printf(" pab가 가리키는 주소 = %u\n", pab);
    printf("*pab의 값 = %d\n", *pab);
}
```

실행 결과

```
 pab가 가리키는 주소 = 1245052
*pab의 값 = 1
--------------------------
 pab가 가리키는 주소 = 1245048
*pab의 값 = 2
```

소스 관찰

① 포인터 변수 pab를 변수 a의 주소로 초기화했다. 따라서 pab는 a의 주소를 가리키게 된다. 만약 *pab를 출력하면 a에 저장된 값이 출력되므로 1이 출력된다. 포인터 변수 pab에 a의 주소를 저장한 후에 필요한 작업이 모두 종료됐다면 다른 변수의 주소를 저장해서 다시 사용할 수도 있다. 물론 같은 자료형인 경우만 가능하다.

② 다시 pab에 변수 b의 주소를 대입했다. 앞에 저장되었던 a의 주소는 당연히 삭제된다. pab는 b를 가리키고 있으므로 *pab는 2가 출력된다.

2 포인터의 덧셈과 뺄셈

포인터는 메모리의 주소를 갖고 있으므로 곱셈과 나눗셈은 의미가 없지만 덧셈과 뺄셈이 가능하다. 또한, 단항 연산자인 증가 연산자와 감소 연산자도 사용할 수 있다. 그러나 산술 연산에서 배운 덧셈, 뺄셈과는 차이가 있다. 왜 그런지 하나씩 알아보자.

포인터와 증감 연산자

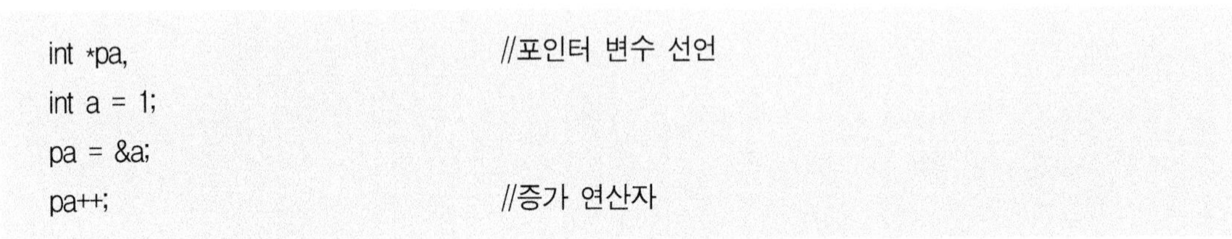

```
int *pa,                        //포인터 변수 선언
int a = 1;
pa = &a;
pa++;                           //증가 연산자
```

pa에 주소 100번지가 저장되어 있었다고 하자. 이때 pa++이란 연산은 어떻게 수행될까? 단순히 100번지의 주소에 1을 더해 101이란 주소가 될까? 그럴 수도 있고 아닐 수도 있다.

포인터에 증가 연산자를 사용하면 포인터가 가리키는 자료형에 따라 덧셈의 크기가 달라진다. 포인터가 char형 자료를 가리키고 있다면 ++연산은 1바이트가 증가한다. 만약 int형을 가리키고 있다면 4바이트, double형이라면 8바이트가 증가한다.

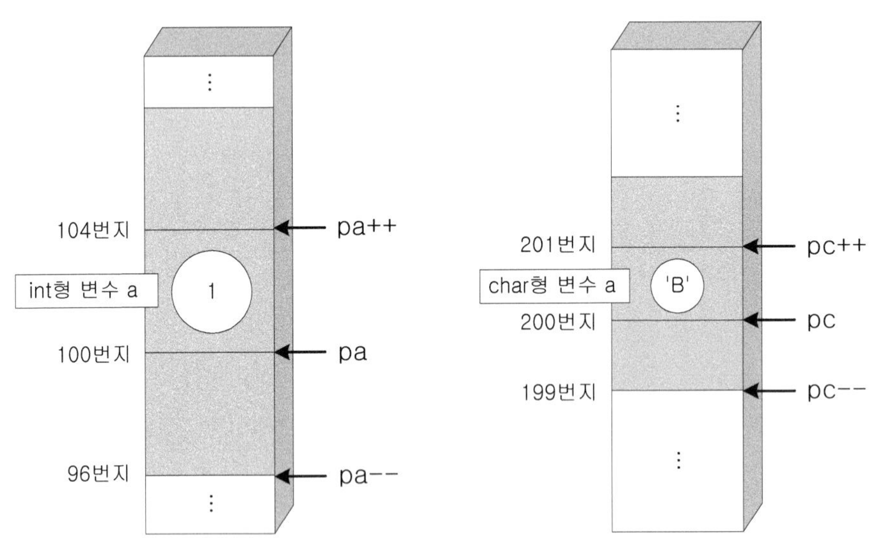

【그림 11.7】 정수형, 문자형 포인터와 증감 연산자

정수형 포인터 pa에 100번지가 저장되어 있다고 하자. 이때 pa++는 pa가 가리키는 정수형의 크기(4바이트)만큼 증가하므로 104번지가 된다. 당연히 pa--는 96번지가 된다. 문자

형 포인터 pc에 200번지가 저장되어 있었다면 char 자료형의 크기는 1바이트이므로 pc++는 201번지, pc--는 199번지를 가리킨다. 여러 자료 형에 따른 증감연산자의 결과를 정리해 보자.

【표 11. 2】 포인터와 증감 연산의 결과

포인터 형	++ 연산 후 증가 값	-- 연산 후 감소 값
char	1	1
int	4	4
double	8	8

【기초 예제 11.8】 포인터와 증감 연산자

```
#include<stdio.h>
int main( )
{
    int a = 1, *pa;                          //정수형 포인터 변수 선언
    char c = 'B', *pc;                       //문자형 포인터 변수 선언
    pa = &a;
    pc = &c;
    printf("pa   = %u\n", pa);
    pa++;                                                    //①
    printf("pa++ = %u\n", pa);
    pa--;                                                    //②
    printf("pa-- = %u\n", pa);
    printf("------------------------------\n");
    printf("pc   = %u\n", pc);
    pc++;                                                    //③
    printf("pc++ = %u\n", pc);
    pc--;                                                    //④
    printf("pc-- = %u\n", pc);
    return 0;
}
```

실행 결과

```
pa    = 1245052
pa++ = 1245056
pa-- = 1245052
------------------------------
pc    = 1245044
pc++ = 1245045
pc-- = 1245044
```

소스 관찰

① pa++는 pa=pa+1이고 정수형 포인터이므로 처음 pa에 저장된 주소에 4바이트를 더한 값이 된다.
② pa--는 4바이트를 감소시키므로 처음 저장된 주소가 출력된다.
③ pc++는 문자형이므로 처음 pc에 저장된 주소에 1바이트를 더한 값이다.
④ pc--는 1바이트를 감소시키므로 처음 저장된 주소가 출력된다.

포인터와 정수의 덧셈과 뺄셈

```
int *pa,                        //포인터 변수 선언
int a = 1;
pa = &a;
pa + 2;                         //포인터와 정수의 덧셈
```

포인터와 정수의 곱셈과 나눗셈은 문법 오류가 발생하지만 덧셈과 뺄셈은 자주 사용된다. 포인터와 정수의 덧셈인 pa+2는 포인터가 가리키는 자료형의 크기에 2를 곱한 값만큼 증가된 값이다. 따라서 char형의 경우는 2바이트, int형의 경우는 8바이트, double형의 경우는 16바이트가 증가된다. 뺄셈도 같은 방법으로 빼주면 된다.

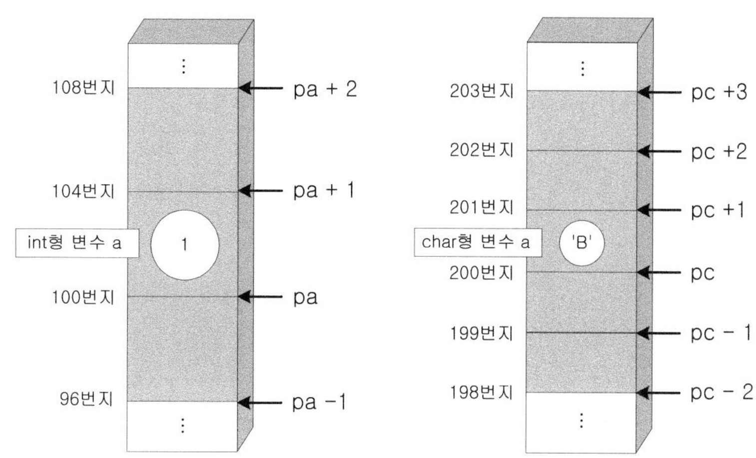

【그림 11.8】 정수형, 문자형 포인터와 정수의 덧셈과 뺄셈

정수형 포인터 pa에 100번지가 저장되었다면 pa+1은 104번지, pa+2는 108번지를 가리킨다. 같은 방법으로 pa-1은 96번지, pa-2는 92번지를 지시한다. 문자형 포인터 pc에 200번지가 저장되어 있다면 pc+1은 201번지, pc-1은 199번지를 가리킨다. 포인터가 가리키는 자료형과 정수의 덧셈 결과를 표로 정리해 보자.

【표 11. 3】 포인터와 정수 덧셈 시에 실제 증가 값

포인터 형	포인터 + 1	포인터 + 2	포인터 + 3	포인터 + 4
char pc	1	2	3	4
int pa	4	8	12	16
double pd	8	16	24	32

포인터가 가리키는 자료 형의 크기가 N바이트일 때 해당 포인터에 정수 M을 더하면 포인터가 지시하는 값은 N×M만큼 증가한다. 또한, 정수 M을 빼면 N×M만큼 감소한다.

【기초 예제 11.9】 포인터와 정수의 덧셈과 뺄셈

```
#include<stdio.h>
int main( )
{
    int a = 1, *pa;                              //정수형 포인터 변수 선언
    char c = 'B', *pc;                           //문자형 포인터 변수 선언
    pa = &a;
    pc = &c;
    printf("pa   = %u\n", pa);
    printf("pa+2 = %u\n", pa+2);                              //①
    printf("pa+3 = %u\n", pa+3);
    printf("pa-1 = %u\n", pa-1);                              //②
    printf("————————————————————\n");
    printf("pc   = %u\n", pc);
    printf("pc+2 = %u\n", pc+2);                              //③
    printf("pc+3 = %u\n", pc+3);
    printf("pc-1 = %u\n", pc-1);                              //④
    return 0;
}
```

실행 결과

```
pa   = 1245052
pa+2 = 1245060
pa+3 = 1245064
pa-1 = 1245048
-----------------------------
pc   = 1245044
pc+2 = 1245046
pc+3 = 1245047
pc-1 = 1245043
```

소스 관찰

① pa는 정수형 포인터이므로 pa+2는 pa의 시작 주소에 8바이트를 더한 값이 된다.
② pa-1은 pa의 시작 주소에서 4바이트를 뺀 값이다.
③ pc는 문자형 포인터이므로 pc+2는 pc의 시작 주소에 2바이트를 더한 값이다.
④ pc-1은 pc의 시작 주소에서 1바이트를 뺀 값이다.

포인터 변수들의 덧셈과 뺄셈

```
int *pa, *pb;                    //포인터 변수 선언
int a = 1, b = 2;
pa = &a;
pb = &b;
pa = pa + pb;                    //포인터 변수들의 덧셈
```

두 개의 포인터 변수가 있을 때 이들의 덧셈과 뺄셈이 가능할까? 덧셈의 경우는 가리키는 주소의 크기가 4바이트 범위를 넘을 수도 있기 때문에 연산 자체를 할 수 없다. 따라서 문법 오류가 발생한다. 반면에 뺄셈의 경우는 문법 오류는 아니지만 실행 오류를 발생시킬 가능성이 높으며 경고가 발생한다. 따라서 뺄셈의 경우도 사용하지 않는 것이 좋다. 물론 곱셈과 나눗셈은 문법 오류가 발생한다.

11.3 배열과 포인터

포인터는 배열, 함수 호출, 문자열 처리 등 C언어의 거의 모든 곳에 응용할 수 있다. 그만큼 포인터가 차지하는 비중이 높다는 의미이다. 먼저 배열과 포인터의 관계를 살펴보자.

1 배열과 포인터의 관계

배열은 동일한 자료 형의 모임이다. 배열을 선언할 때는 자료형 뒤에 배열 이름을 부여

한다. 이때 배열 이름은 그 자체가 해당 배열의 시작 주소를 갖고 있는 포인터가 된다. 배열 이름과 포인터는 어떤 관계가 있는지 알아보자.

```
int a[3] = {1, 2, 3};          //정수 배열 선언 및 초기화
int *pa;
pa = &a[0];                    //배열의 시작 주소
pa = a;                        //배열의 시작 주소
```

정수형 배열 a[3]이 메모리 100번지부터 111번지까지 12바이트에 할당되었다고 하자. 배열 이름은 a이고 원소의 개수는 3개이다. 배열에 저장되어 있는 각각의 원소들의 주소는 어떻게 알 수 있을까?

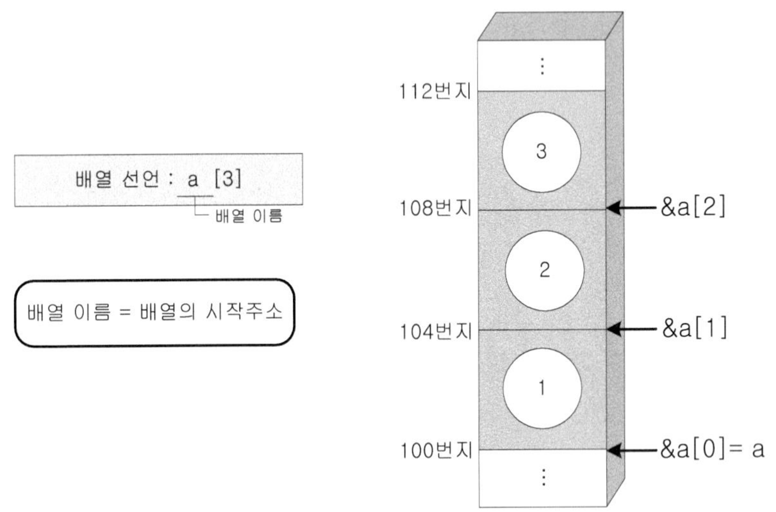

【그림 11.9】 배열 이름에 저장되어 있는 배열 주소

가장 먼저 떠오르는 방법은 주소 연산자를 이용하는 것이다. a[]배열의 0번째 원소의 주소는 주소 연산자를 이용해 &a[0]로 구할 수 있다. 1번째와 2번째 원소는 &a[1], &a[2]로 각각 얻을 수 있다. 가능한 방법이다. 배열의 주소 중에 가장 중요한 주소는 배열의 시작 주소이다. 왜냐하면 배열의 시작 주소를 알면 포인터를 이용해 배열의 다른 원소들도 쉽게 접근할 수 있기 때문이다.

배열을 선언하면 컴파일러는 메모리를 조사해 선언한 크기만큼의 메모리를 할당하고 해당 배열의 시작 번지를 배열 이름에 저장해 놓는다. 따라서 배열 이름은 그 자체가 배열의 시작 번지를 가리키고 있는 포인터 상수이다. 앞에서 배열의 시작 주소를 포인터 변수에 대입하는 문장은 pa = &a[0]도 가능하지만 pa=a가 더욱 좋은 방법이다. 물론 결과는 서로 같다.

【기초 예제 11.10】 배열의 시작 주소 구하기

```
#include<stdio.h>
int main( )
{
    int a[] = {1, 2, 3};                    //정수형 배열 선언 및 초기화
    int *pa, *pb;
    pa = &a[0];                             //① 주소 연산자 이용
    pb = a;                                 //② 배열 이름 이용
    printf("pa = %u\n", pa);
    printf("pb = %u\n", pb);
    return 0;
}
```

실행 결과

```
pa = 1245044                              //③
pb = 1245044
```

소스 관찰

① pa에는 주소 연산자를 이용해 배열 a[0]의 시작 주소를 저장한다.
② a는 배열 이름이므로 a[]배열의 시작 주소를 가리키고 있다. 따라서 pb에는 a[] 배열의 시작 주소가 대입된다.
③ pa와 pb에는 같은 주소가 저장되어 있다.

2 포인터를 이용한 배열의 접근

배열 이름에 저장되어 있는 시작 주소는 어디에 이용되는 것일까? 배열의 시작 주소를 알면 포인터를 이용해 배열의 모든 원소의 값을 읽거나 변경할 수 있다. 배열 이름이 a인 정수 배열이 있다고 하자. 포인터 변수 pa에 배열의 시작 주소를 저장한 후에 간접 참조 연산자(*)를 붙인 *pa는 뭘 의미할까?

```
int a[3] = {1, 2, 3};
int *pa;
pa = a;
printf("a[0] = %d\n", a[0]);          //배열 이름을 이용한 참조
printf("*pa = %d\n", *pa);            //포인터를 이용한 참조
```

어떤 변수가 포인터 변수로 선언되어 있을 때 변수 앞에 간접 참조 연산자를 붙이면 포인터 변수가 가리키는 메모리의 내용이 된다. pa=a를 통해 pa에는 100이 저장되어 있다면 *pa는 100번지의 내용이므로 1이 출력된다. 당연히 배열의 이름에 인덱스를 사용해 a[0]을 출력해도 1을 얻을 수 있다.

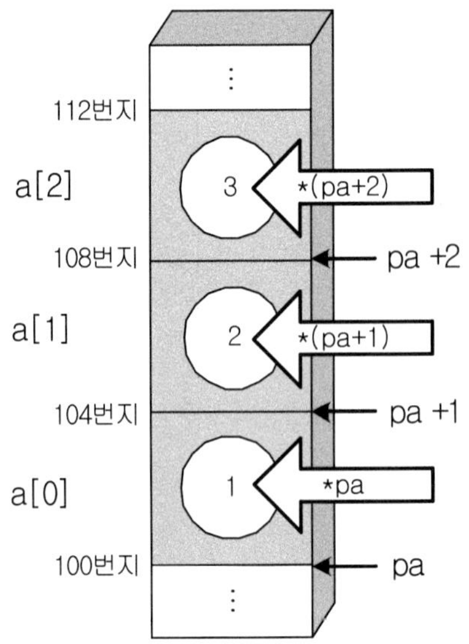

【그림 11.10】 포인터의 배열 참조

포인터는 주소이므로 정수와의 덧셈이 가능하다. a[]가 정수형 배열이므로 pa+1은 4바이트의 크기만큼 증가해 104번지가 된다. *(pa+1)은 104번지(pa+1이 가리키는 주소)의 내용이므로 2가 된다. 또한, *(pa+2)는 108번지(pa+2가 가리키는 주소)의 내용이므로 3을 얻을 수 있다.

한 가지 주의할 점은 간접 참조 연산자가 덧셈보다 높은 연산 순위를 갖기 때문에 반드시 괄호로 묶어 줘야 한다는 것이다. *(pa+1)은 pa+1의 덧셈을 연산한 후에 *연산자가 적용된다. 하지만 *pa+1은 *pa를 먼저 수행한 이후에 덧셈을 연산하므로 전혀 다른 결과가 나오므로 주의하자.

배열의 i번째 원소를 포인터로 참조하는 방법을 정리해 보자. 단 포인터 p와 배열의 자료형은 같다고 하자.

```
배열 [i]번째 원소의 주소  =   p + i
배열 [i]번째 원소의 내용  =  *(p + i)
```

【그림 11.11】 포인터를 이용한 배열 원소의 참조

지금까지의 내용을 정리해 보자. 배열에 접근하는 방법은 두 가지가 있다. 첫 번째는 배열의 인덱스를 이용하는 방법이고, 두 번째는 포인터를 이용하는 방법이다. 어떤 방법이 좋을까? 포인터를 이용하는 방법이 좀 더 빠르다. 왜냐하면 배열의 인덱스를 이용하는 방법도 결국 포인터 연산으로 변환해서 실행되기 때문이다.

【기초 예제 11.11】 정수형 배열을 포인터로 접근하기

```
#include<stdio.h>
int main( )
{
   int a[3] = {1, 2, 3};
   int *pa, i;
   pa = a;                          //배열의 시작 주소를 포인터에 저장
   for(i=0; i<3; i++)
```

```
        printf("a[%d] = %d\n", i, a[i]);                //배열 인덱스 이용
    for(i=0; i<3; i++)
        printf("*(pa+%d) = %d\n", i, *(pa+i));          //포인터 이용
    return 0;
}
```

실행 결과

```
a[0] = 1
a[1] = 2
a[2] = 3
*(pa+0) = 1
*(pa+1) = 2
*(pa+2) = 3
```

소스 관찰

배열의 인덱스를 이용한 출력과 포인터와 간접 참조 연산자를 이용한 결과가 서로 같다.

【기초 예제 11.12】 문자형 배열을 포인터로 접근하기

```
#include<stdio.h>
int main( )
{
    char c[5] = {'A', 'B', 'C', 'D', 'E'};
    char *pc, i;                                        //①
    pc = c;                                             //②
    for(i=0; i<5; i++)
        printf("*(pc+%d) = %c\n", i, *(pc+i));          //③ 포인터 이용
    return 0;
}
```

실행 결과

```
*(pc+0) = A
*(pc+1) = B
*(pc+2) = C
*(pc+3) = D
*(pc+4) = E
```

소스 관찰

① 문자 배열에 접근할 문자형 포인터를 선언한다.
② c[]배열의 시작 주소를 문자형 포인터에 저장한다.
③ i는 0에서 4까지 증가하면서 배열에 저장된 값을 포인터를 이용해 출력한다.

11.4 문자열과 포인터

문자열(string)이란 문자들이 연속적으로 나열되어 있는 것을 말한다. 한 개의 문자를 나타낼 때는 작은따옴표('')를 사용하지만 문자열은 큰따옴표("")를 이용한다. C언어에는 문자열을 저장할 자료 형이 없기 때문에 문자 배열을 이용해 문자열을 처리한다.

1 문자열의 저장 방법

문자열이란?

문자열이란 연속되는 문자의 모임을 말한다. 문자열의 예를 살펴보자.

```
"A"
"100"
"Hello"
"C language"
```

'A'와 "A"는 뭐가 다를까? 'A'는 문자 상수이고 "A"는 문자열 상수이다. 따라서 큰따옴표 안에 들어가는 문자열도 상수이므로 프로그램 실행 중에 변경할 수 없다. "100"도 큰따옴표로 감싸 있으므로 정수가 아니고 문자열이다. 당연히 정수 100과는 다르다. "C language"에서 공백도 하나의 문자이므로 10자로 이루어진 문자열이다.

문자열도 상수이므로 메모리에 저장된다. 물론 변수가 저장되는 영역과는 다른 영역에 저장되지만 여기서는 그냥 메모리라 생각하자. 문자열이 메모리에 저장될 때는 문자 상수와 다른 점이 있다. 보통 문자형은 1바이트가 할당된다고 했다. 그런데 문자열 상수는 크기를 알 수 없다. 왜냐하면 큰 따옴표 안에 들어 있는 문자의 개수가 그때그때 달라지기 때문이다. 따라서 문자열 상수를 메모리에 저장할 때는 문자열을 다 저장하고 마지막에 NULL 문자를 추가해 문자열의 끝을 나타낸다. 예를 들어 Hello라는 문자열은 다음과 같이 메모리에 6바이트로 저장된다.

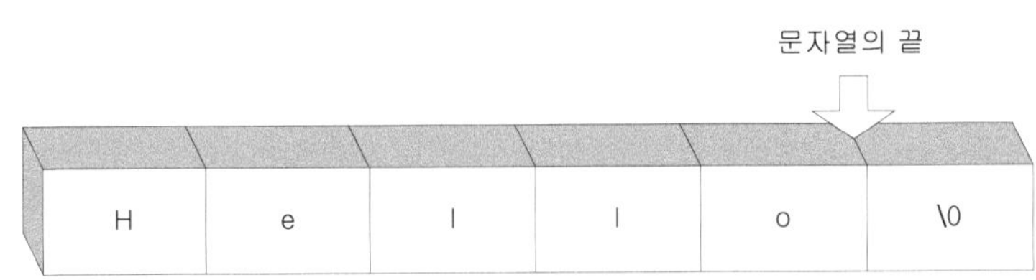

【그림 11.12】 문자열의 저장 방법

문자열과 문자 배열

문자열은 상수이므로 문자열의 내용을 필요에 따라 변경하고자 한다면 저장할 변수가 필요하다. 문자형 변수는 1개의 문자를 저장할 뿐 여러 개의 문자를 저장할 수 없다. 다른 방법은 없을까? 문자열은 여러 문자들의 모임이므로 문자형 배열을 이용하면 된다.

```
char string[6] = { 'H', 'e', 'l', 'l', 'o', '\0'};    //중괄호로 초기화
char string[6] = "Hello";                             //배열 크기 지정
char string[ ] = "Hello";                             //배열 크기 미지정
```

문자 배열에 문자열을 저장하는 방법은 크게 두 가지가 있다. 한 가지는 중괄호를 이용하는 방법으로 문자열에 들어 있는 각각의 문자들을 문자 상수처럼 나열하고 맨 마지막에

널 종료 문자만 추가하면 된다.

다른 한 가지는 문자열 상수를 이용하는 방법으로 문자열 길이만큼의 배열을 설정하고 큰따옴표로 초기화할 문자열을 묶어준다. 이 경우에는 컴파일러가 문자열의 끝에 널 종료 문자를 자동으로 추가시킨다. 만약 배열의 크기를 아예 지정하지 않으면 컴파일러가 자동으로 배열의 크기를 설정하므로 더욱 편리하다.

【기초 예제 11.13】 문자 배열에 문자열 저장하기

```
#include<stdio.h>
int main( )
{
  char str1[6] = { 'H', 'e', 'l', 'l', 'o', '\0'};
  char str2[6] = "Hello";
  char str3[ ] = "Hello";
  printf("str1 = %s\n", str1);                    //①
  printf("str2 = %s\n", str2);                    //②
  printf("str3 = %s\n", str3);
  return 0;
}
```

실행 결과

```
str1 = Hello
str2 = Hello
str3 = Hello
```

소스 관찰

① 배열 이름은 자체가 포인터이다. %s는 문자열로 출력하란 의미로 str1이 가리키는 주소부터 NULL문자 바로 전까지 출력한다.

2 포인터를 이용한 문자열 처리

문자열 상수를 처리하는 가장 좋은 방법은 문자형 포인터를 이용하는 것이다. 다음 문장을 보자.

```
char *ps;                    //문자형 포인터 변수
ps = "Hello C";              //포인터 초기화
```

ps는 문자형 포인터이므로 문자열 상수를 이용해 초기화하면 컴파일러는 자동으로 문자열을 메모리에 저장하고 시작 주소를 ps에 저장해 놓는다.

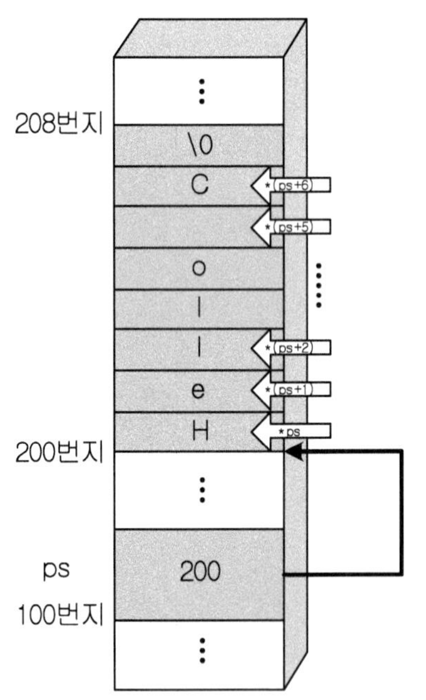

【그림 11.13】 포인터를 이용한 문자열의 처리

ps가 200번지를 가리키고 있으므로 *ps는 200번지의 내용이 되어 문자 H를 의미한다. 같은 방법으로 *(ps+1)은 e를 의미한다. 이처럼 포인터를 이용하면 문자열 내부의 문자 상수들을 편리하게 사용할 수 있다.

【기초 예제 11.14】 포인터를 이용한 문자열 처리

```
#include<stdio.h>
int main( )
{
    char *ps;                          //문자형 포인터 변수
    ps = "Hello C";                    //①
    printf("%c\n", *ps);               //②
    printf("%c\n", *(ps+1));           //③
    printf("%c\n", *(ps+2));
    printf("%c\n", *(ps+5));           //④
    printf("%c\n", *(ps+6));
    printf("%s\n", ps);                //⑤
    return 0;
}
```

실행 결과

```
H
e
l

C
Hello C
```

소스 관찰

① ps에 문자열 상수의 시작 주소를 저장한다.
② ps가 가리키는 메모리의 내용을 문자 형식으로 출력하면 H가 된다.
③ ps+1이 가리키는 메모리의 내용이므로 e가 출력된다.
④ ps+5가 가리키는 메모리의 값인 공백 문자가 출력된다.
⑤ ps가 가리키는 메모리부터 NULL 종료 문자 전까지를 문자열 형식으로 출력한다.

【실전 예제 11.15】 포인터를 이용해 문자 배열에 문자열을 복사하기

```
#include<stdio.h>
int main( )
{
    char copy[10], *ps, *pcopy;
    int i, length = 0;
    ps = "Hello C!";
    printf("%s\n", ps);                    //①
    pcopy = copy;                          //②
    do{                                    //③
        *(pcopy++) = *(ps++);              //④
        length++;                          //⑤
    }while(*ps != '\0');
    *pcopy = '\0';
    for(i=0; i<length; i++)                //⑥
        printf("%c", copy[i]);
    printf("\n");
    return 0;
}
```

실행 결과

```
Hello C!
Hello C!
```

소스 관찰

① ps가 가리키는 문자열을 모두 출력한다.

② 배열 copy[]의 시작 주소를 문자형 포인터 변수에 저장한다.

③ do~while문은 ps의 내용이 NULL문자와 같을 때까지 반복 수행한다.

④ ps가 가리키는 내용을 pcopy가 가리키는 메모리에 차례로 대입한다.

⑤ length 변수는 문자열의 길이를 알아내기 위한 변수로 0에서 do~while문의 반복횟수만큼 증가한다.
⑥ copy 배열에 저장되어 있는 문자를 문자열의 길이만큼 출력한다.

문자 배열에 문자열을 복사하는 프로그램은 사용 빈도가 높고 중요하므로 앞의 예제를 그림으로 정리해 보고 마치도록 하자.

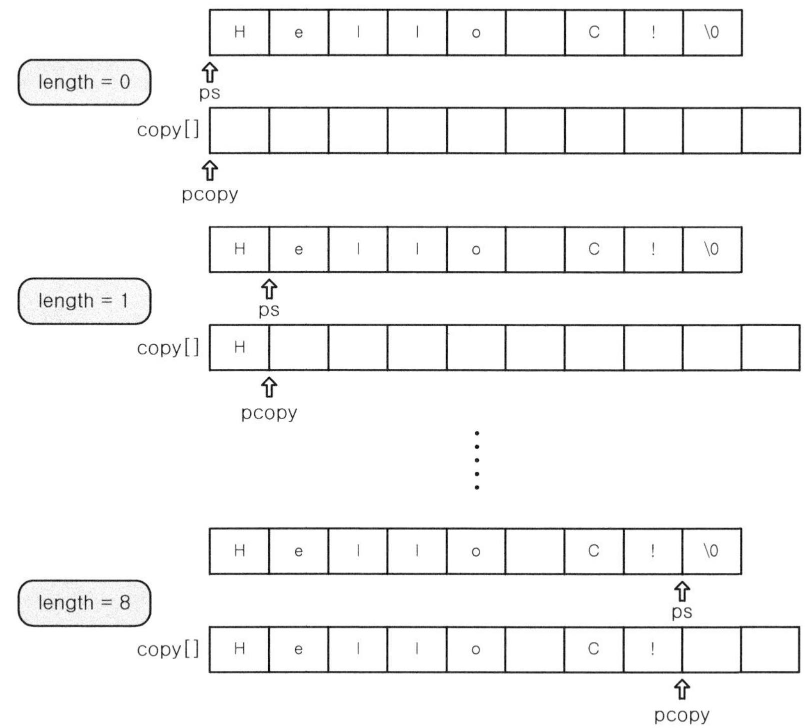

【그림 11.14】 문자 배열에 문자열을 복사하는 예제

11.5 함수와 포인터

컴퓨터에서 실행되는 모든 프로그램은 반드시 메모리에 저장되어 있어야 한다. 함수도 예외는 아니다. 하지만 함수는 일반적인 변수가 저장되는 스택 영역이 아닌 코드 영역에 저장되어 있다.

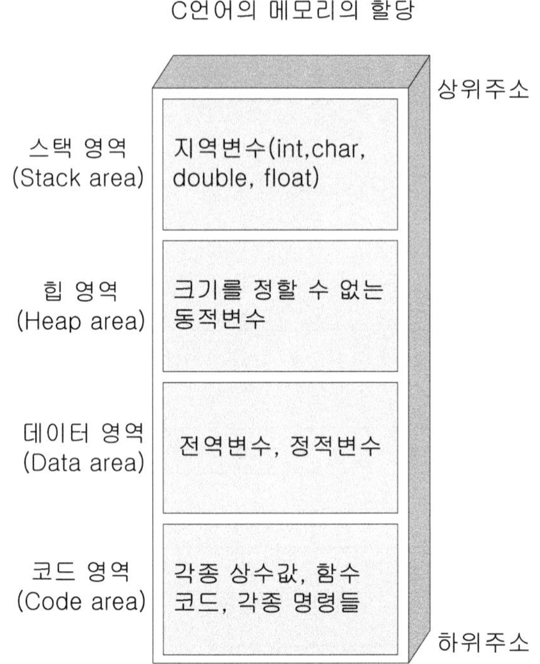

【그림 11.15】 C언어의 메모리 구조

함수도 메모리에 저장되므로 당연히 주소를 갖고 있다. 함수 포인터(function pointer)란 함수의 시작 주소를 이용해 함수를 호출하는 포인터를 말한다. 특별히 함수 포인터란 포인터가 별도로 존재하는 것이 아니라 지금까지 사용했던 포인터를 그대로 이용하면 된다. 다만 초기화하는 방법이 다를 뿐이다.

함수 포인터는 다음과 같이 선언되며 반환형, 매개 변수의 형과 개수가 정확히 일치하는 함수만 가리킬 수 있다.

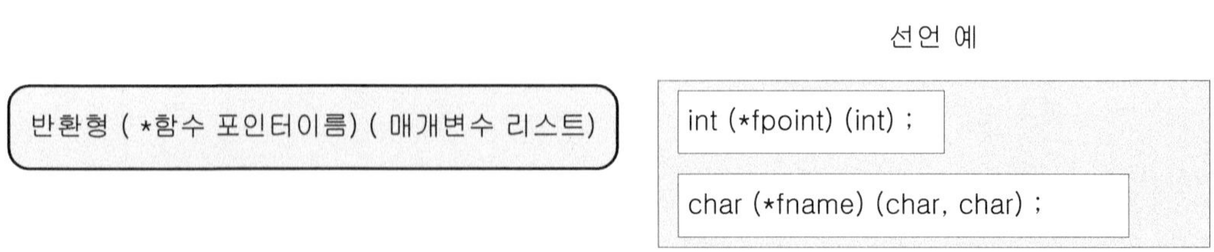

【그림 11.16】 함수 포인터의 선언 방법

함수의 시작 주소는 어떻게 알 수 있을까? 앞에서 배열의 시작 주소는 배열 이름에 저장되어 있다고 했다. 이와 마찬가지로 함수의 시작 주소는 컴파일러가 함수 이름에 저장해 놓는다.

```
int multi(int a)                    // multi 함수
{
  return(10*a);
 }
int main( )
{
 int (*fpoint)(int);                //함수 포인터 선언
 int r;
 fpoint = multi;                    //함수 포인터 초기화
 r = (*fpoint)(20);                 //함수 호출
 ....
}
```

multi라는 함수 이름에는 함수의 시작 번지가 들어 있다. 함수 포인터를 함수 이름으로 초기화하면 fpoint는 multi 함수의 시작 주소를 가리키게 된다. 이제 fpoint를 이용해 multi 함수를 호출해 보자.

```
r = (*fpoint)(20);                  //함수 호출
```

fpoint가 함수의 시작 주소를 갖고 있으므로 *fpoint는 multi( ) 함수와 같다. 따라서 multi(20)과 (*fpoint)(20)은 동일한 결과를 얻을 수 있다. 여기서 괄호는 *연산자가 먼저 실행되도록 반드시 써주어야 한다. 만약 (*fpoint)라는 표현이 어렵게 느껴진다면 fpoint를 multi라는 함수와 동일한 표현법을 사용해도 대부분의 컴파일러는 허용한다.

```
r = (*fpoint)(20);                  //함수 호출
```

함수 포인터는 함수 포인터 배열의 형태로 상황에 따라 함수의 내용을 변경해야 하는 경우에 유용하다. 특히 임베디드 시스템에 관심이 있다면 자세히 알아두도록 하자. 함수 포인터의 몇 가지 예를 들어 보자.

【기초 예제 11.16】 함수 포인터를 이용한 함수 호출 1

```
#include<stdio.h>
int multi(int a)                          //① multi 함수
{
  return(10*a);
 }
int main( )
{
  int (*fpoint)(int);                     //함수 포인터 선언
  int r1, r2;
  fpoint = multi;                         //함수 포인터 초기화
  r1 = multi(20);                         //② 함수 이름
  r2 = (*fpoint)(20);                     //③ 함수 포인터
  printf("r1 = %d\n", r1);                //④
  printf("r2 = %d\n", r2);
  return 0;
}
```

실행 결과

```
r1 = 200
r2 = 200
```

소스 관찰

① multi 함수는 정수를 1개 입력받아 10을 곱한 값을 반환하는 함수이다.
② 함수 이름을 이용해 실인자 20을 넘겨준 후에 반환 값을 r1에 저장한다.

③ 함수 포인터를 이용해 실인자 20을 넘겨준 후에 반환 값을 r2에 저장한다.
④ r1과 r2의 결과 값은 200으로 서로 같다.

【기초 예제 11.17】 함수 포인터를 이용한 함수 호출 2

```
#include<stdio.h>
int add(int a, int b)                    //①add() 함수
{
  return(a+b);
 }
int main( )
{
  int (*fpoint)(int, int);               //② 함수 포인터 선언
  int r;
  fpoint = add;                          //함수 포인터 초기화
  r = (*fpoint)(10, 20);                 //③ 함수 호출
  printf("r = %d\n", r);                 //④
  return 0;
}
```

실행 결과

```
r = 30
```

소스 관찰

① add() 함수는 정수를 2개 입력받아 이들의 덧셈을 수행하는 함수이다.
② 함수 포인터는 가리킬 함수의 반환형과 매개 변수의 개수 및 자료형이 반드시 일치해야 한다. add() 함수의 매개 변수가 2개면 함수 포인터의 매개 변수도 반드시 2개이어야 한다.
③ 함수 호출 시에 r=fpoint(10, 20)을 이용해도 동일한 결과를 얻는다.

④ 결과 값 r에는 10과 20의 덧셈을 수행한 결과 30이 저장되어 있다.

11.6 포인터 배열

배열이란 같은 자료형의 모임이다. 따라서 포인터 배열이란 포인터를 원소로 갖는 배열을 말한다. 포인터 배열은 int, char, double와 같은 기본 자료형은 물론이고 함수 포인터에서도 정의할 수 있다.

1 포인터 배열

포인터 배열의 선언 방법을 알아보자.

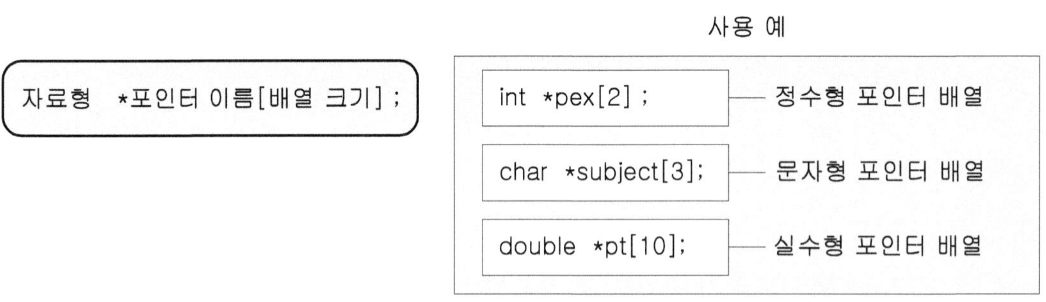

【그림 11.17】 포인터 배열의 선언과 선언 예

정수형 포인터 배열

정수형 포인터 변수 2개를 이용해 1차원 배열 2개를 가리키는 경우를 살펴보자. 또한, 이 문장을 정수형 포인터 배열로 바꾸면 어떻게 되는지 다음을 보자.

정수형 포인터 변수 사용	
int a[3] = {1, 2, 3}; int b[3] = {4, 5, 6};	1차원 배열

int *p1, *p2;
p1 = a;
p2 = b;
	포인터 변수 2개 선언 및 초기화

정수형 포인터 배열 사용	
int a[3] = {1, 2, 3}; int b[3] = {4, 5, 6};	1차원 배열
int *pex[2] = { a, b };	포인터 배열 (한 줄로 가능)

【그림 11.18】 정수형 포인터 변수와 포인터 배열의 비교

p1과 p2는 정수형 포인터 변수로 각각 배열 a와 b의 주소로 초기화했다. 이 문장들은 포인터 배열을 이용하면 한 줄로 바꾸어 쓸 수 있다. 포인터 배열 pex[2]는 인덱스의 크기가 2이므로 두 개의 포인터 변수 pex[0], pex[1]를 선언한 것과 동일하다. 또한, 배열이므로 중괄호를 이용해 초기화하면 pex[0]에는 배열 a의 주소, pex[1]은 배열 b의 주소가 대입된다.

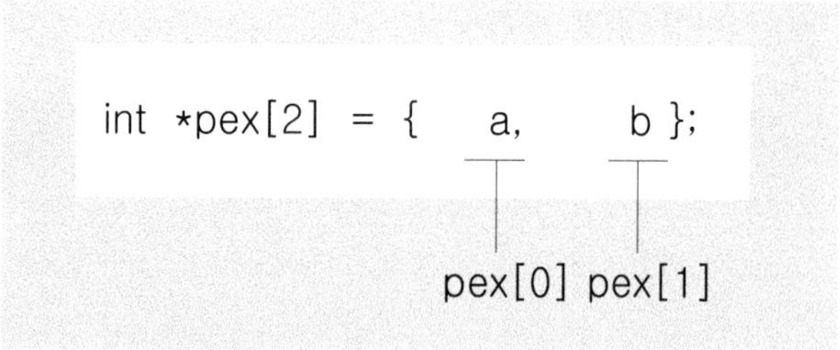

```
int *pex[2] = {   a,      b };
                  |       |
               pex[0]  pex[1]
```

만약 이때 *pex[0]를 출력하면 어떻게 될까?

```
int *pex[2] = { a, b };          //포인터 배열 선언 및 초기화
printf("%d\n", *pex[0]);         //1이 출력
```

포인터 배열의 원소 pex[0]는 a[] 배열의 주소를 갖고 있으므로 a[] 배열 내부의 값들을 읽거나 변경할 수 있다. 예를 들어 *pex[0]는 pex[0]가 가리키는 메모리의 내용이므로 1이 출력된다. 또한, *(pex[0]+1)은 2, *(pex[0]+2)는 3이 출력된다. 여기서 pex[0]+1은 포인터와 정수와의 덧셈이며 가리키는 자료형의 크기인 4바이트만큼 증가한다.

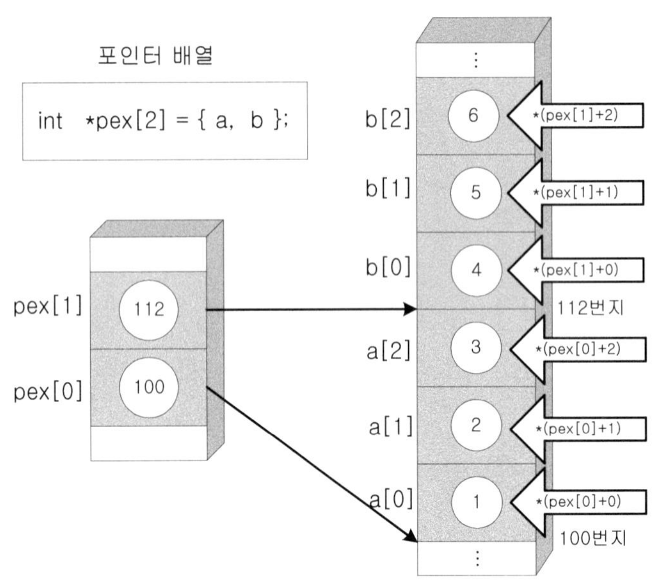

【그림 11.19】 정수형 포인터 배열의 선언 및 초기화 결과

【기초 예제 11.18】 정수형 포인터 배열 이용하기

```
#include<stdio.h>
int main( )
{
  int a[3] = {1, 2, 3};
  int b[3] = {4, 5, 6};
  int *pex[2] = { a, b };                                   //① 배열 이름을 포인터에 저장
  for(i=0; i<3; i++)
    printf("a[%d]=%d, b[%d]=%d\n", i, *(pex[0]+i), i, *(pex[1]+i));   //②
  return 0;
}
```

실행 결과

```
a[0]=1, b[0]=4
a[1]=2, b[1]=5
a[2]=3, b[2]=6
```

소스 관찰

① pex[0]는 a[] 배열의 주소, pex[1]은 b[] 배열의 시작 주소로 초기화된다.
② i는 0에서 2까지 3번 반복하면서 포인터와 간접 참조 연산자를 이용해 a[] 배열과 b[] 배열의 내용을 화면에 출력한다.

문자형 포인터 배열

이번에는 문자형 포인터 변수와 문자형 포인터 배열의 경우를 비교해 보자.

문자형 포인터 변수 사용		문자형 포인터 배열 사용
char *s1, *s2, *s3 ;	포인터 변수 3개 선언	char *ps[3] = {"KOR","ENG","MAT" };
s1 = "KOR" s2 = "ENG" s3 = "MAT"	문자열로 초기화	포인터 배열 (한 줄로 가능)

【그림 11.20】 문자형 포인터 변수와 포인터 배열의 비교

먼저 포인터 변수를 사용하는 경우는 s1, s2, s3 3개의 변수를 선언하고 문자열 상수를 이용해 각각의 변수를 초기화해야 한다. 이 경우는 3개의 원소를 갖는 포인터 배열을 선언하고 중괄호를 이용해 초기화하면 한 줄로 간단히 해결된다. 포인터 배열은 문자열들을 손쉽게 처리할 수 있기 때문에 문자형의 경우가 자주 사용된다. 자세히 살펴보자.

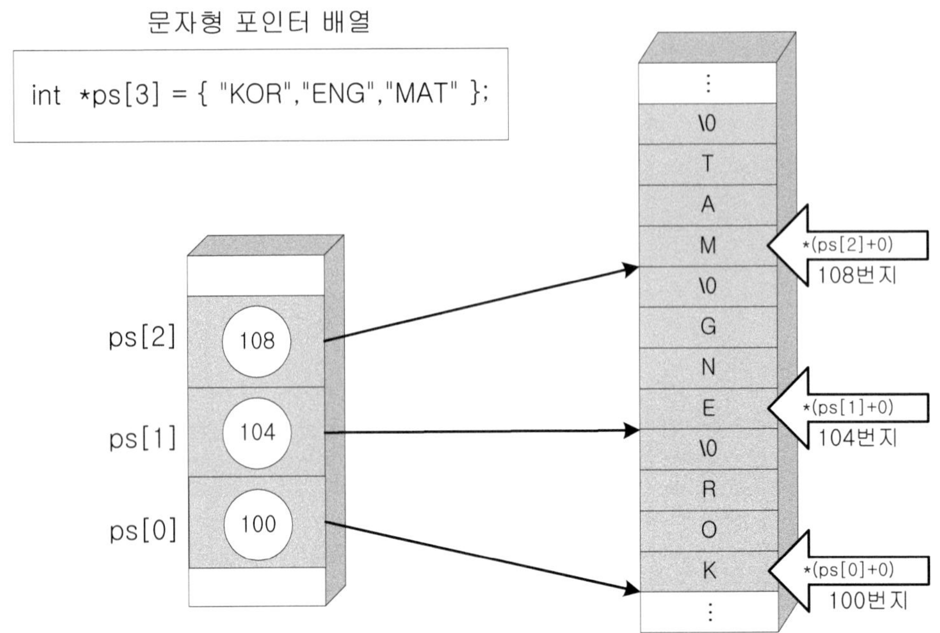

【그림 11.21】 문자형 포인터 배열의 선언 및 초기화 결과

먼저 포인터 배열의 첫 번째 원소 ps[0]를 고려해 보자. ps[0] = "KOR"이므로 포인터 변수 ps[0]를 문자열 상수로 초기화시킨 경우이다. 이 경우 컴파일러는 메모리에 KOR을 저장한 후에 마지막에 널 종료 문자를 추가한다. 또한, 포인터 ps[0]에는 KOR 문자열의 시작 주소를 저장해 놓는다.

*ps[0]는 뭘 의미할까? ps[0]가 가리키는 메모리의 내용이므로 K가 된다. 또한, *(ps[0]+1)은 O, *(ps[0]+2)는 R이 된다. 같은 방법으로 *ps[1]은 ps[1]이 가리키는 메모리의 내용이므로 E가 된다. 나머지를 표로 정리해 보자.

ps[0] = "KOR"	ps[1] = "ENG"	ps[2] = "MAT"
*(ps[0]+0) = K	*(ps[1]+0) = E	*(ps[2]+0) = M
*(ps[0]+1) = O	*(ps[1]+1) = N	*(ps[2]+1) = A
*(ps[0]+2) = R	*(ps[1]+2) = G	*(ps[2]+2) = T

【응용 예제 11.19】 문자형 포인터 배열 이용하기

```
#include<stdio.h>
int main( )
{
  char *ps[3] = {"KOR", "ENG", "MAT"};              //포인터 배열의 선언 및 초기화
  int i;
  printf("%s\n", ps[0]);                            //①
  printf("%c\n", *ps[0]);                           //②
  printf("%c\n", *(ps[0]+1));                       //③
  printf("=============================\n");
  for(i=0; i<3; i++){                               //④
     do{
          printf("%c", *(ps[i]++));                 //⑤
      }while( *ps[i] != '\0');
   printf("\n");
  }
  return 0;
}
```

실행 결과

```
KOR
K
O
==============================
KOR
ENG
MAT
```

소스 관찰

① ps[0]이 가리키는 주소에서부터 NULL문자 전까지를 문자열로 출력한다.
② ps[0]은 문자열 KOR의 시작 번지를 가리키고 있다. 따라서 ps[0]의 내용을 문

자형으로 출력하면 K가 된다.

③ *(ps[0]+1)은 포인터와 정수의 덧셈이다. 여기서는 포인터가 가리키는 자료형이 문자형이므로 단순히 ps[0]에 1을 더한 주소의 내용이 출력된다.

④ for 루프의 I 변수는 0에서 2까지 변하면서 포인터 배열의 인덱스를 바꿔준다.

⑤ do~while문은 각각의 포인터가 가리키고 있는 메모리의 내용을 화면에 출력한다. 만약 포인터가 가리키는 내용이 NULL 종료 문자이면 루프를 종료한다.

2 함수 포인터 배열

함수 포인터가 있으므로 함수 포인터 배열도 정의할 수 있다. 함수 포인터 배열은 함수 포인터를 원소로 갖는 배열을 말한다. 함수 포인터 배열은 다음과 같이 선언한다.

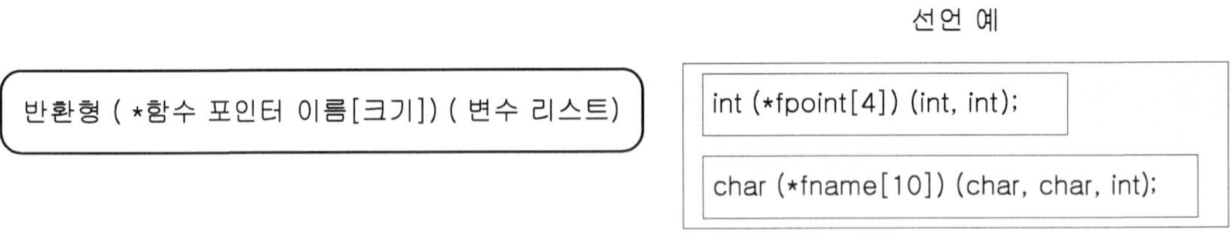

【그림 11.22】 함수 포인터 배열의 선언 방법과 선언 예

함수 포인터 배열도 배열이므로 중괄호를 이용해 초기화할 수 있다. 다만, 함수 포인터 배열이므로 초기화시키는 값이 함수 이름이어야 한다.

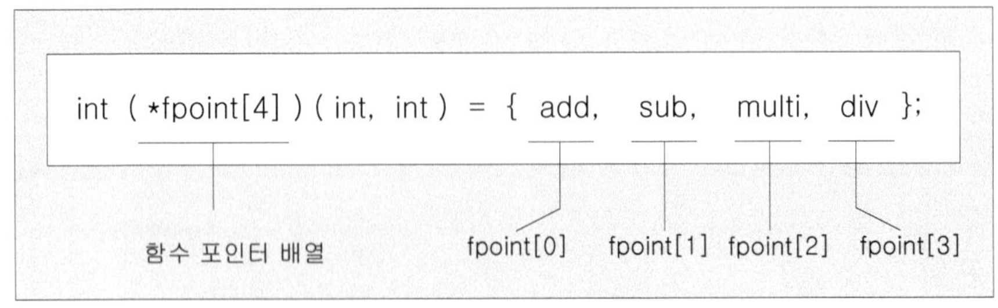

【그림 11.23】 함수 포인터 배열의 초기화 방법

함수 이름에는 해당 함수의 시작 주소가 들어 있으므로 fpoint[0]에는 add() 함수의 주소를 저장하고, fpoint[1]에는 sub() 함수의 주소를, fpoint[2]에는 multi() 함수의 주소를, fpoint[4]에는 div() 함수의 주소를 각각 저장한다.

【응용 예제 11.20】 함수 포인터 배열을 이용한 함수 호출

두 개의 정수를 입력받아 별도의 함수를 이용해 +, -, *, /을 계산해 보자.

```
#include<stdio.h>
double add(int a, int b)
{       return(a+b);                }
double sub(int a, int b)
{       return(a-b);                }
double mul(int a, int b)
{     return (double) (a*b);        }
double div(int a, int b)
{     return a /(double)b;          }
int main( )
{
     double (*fpoint[4]) (int, int) = {add, sub, mul, div};          //①
     double result[4];
     int input1, input2, i;
     printf("두 개의 정수를 입력하시오:");
     scanf("%d  %d", &input1, &input2);
     for(i=0; i<4; i++){
           result[i] = (*fpoint[i]) (input1, input2);                //②
           printf(" %10.2f\n", result[i]);
     }
     return 0;
}
```

실행 결과

```
두 개의 정수를 입력하시오:1 2
        3.00
       -1.00
        2.00
        0.50
```

소스 관찰

① 함수 포인터 배열의 선언 및 초기화 문장이다. 함수 포인터 배열은 중괄호 내의 함수 이름의 순서에 따라 차례로 초기화된다.

② i가 0에서 3까지 증가하면서 for문이 4번 반복 실행된다. 맨 처음 i가 0인 경우는 result[0] = (*fpoint[0])(input1,input2) 문장이 실행된다. fpoint[0]은 add() 함수를 가리키므로 두 정수의 덧셈을 계산해서 실수형으로 반환한다. 같은 방법으로 i값이 증가함에 따라 sub(), mul(), div()함수가 차례로 실행된다.

프로그램 실습

1 다음 배열의 원소를 포인터 변수를 이용하여 출력하는 프로그램을 완성하시오.

```
int main()
{
 int ex1 = { 1, 2, 3, 4, 5};
  ....
}
```

Hint 정수형 포인터를 이용한다.

2 본인의 영문 이름을 문자형 배열에 대입하고 출력하는 프로그램을 작성하시오. 단 출력 시에 문자형 포인터를 사용한다.

3 함수 포인터를 이용해 3개의 정수를 입력받아 이들의 덧셈을 연산하는 프로그램을 작성하시오. 단 함수 포인터 이름은 int (*fadd) (int, int, int)로 한다.

4 다음 1차원 배열 a[]와 b[]를 포인터 배열을 이용해 출력하시오.

```
int main()
{
  int a[5] = {1, 2, 3, 4, 5};
  int b[5] = {6, 7, 8, 9, 10};
  ....
}
```

5 3개의 정수를 입력받아 별도의 함수를 이용해 +, -, *, /을 모두 연산하는 프로그램을 작성하시오. 단 함수의 이름은 각각 add(), sub(), mul(), div()로 하고 반드시 함수 포인터 배열을 이용한다.

```
double add(int a, int b, int c)
{    r1 = a + b + c;                  }            //연산 순서
```

제12장 구조체

C언어에서 프로그래머가 직접 정의할 수 있는 유일한 자료형이 구조체이다. 주어진 작업의 종류에 따라 적절한 구조체를 정의해서 사용하면 프로그램이 다루기도 편하고 간결해진다. 특히, 구조체는 C언어에서 C++언어로 넘어가는 징검다리가 되므로 개념을 확실히 익혀두자.

학습목표

- 구조체 기본 개념을 이해한다.
- 구조체의 선언 및 초기화를 학습한다.
- 멤버 변수를 이해하고 사용법을 익힌다.
- 구조체의 활용법을 익힌다.
- 구조체와 배열의 관계를 이해한다.
- 구조체와 포인터의 관계를 학습한다.
- 구조체를 함수의 매개 변수로 사용하는 방법을 이해한다.

12.1 구조체의 기본 개념

김밥 이야기

출출할 때 동네 분식집에 가보면 입맛을 돌게 하는 김밥이 있다. 김밥은 여러 재료를 묶어서 하나의 이름으로 부른다. 예를 들어 참치김밥 안에는 소시지, 시금치, 단무지, 계란, 참치 등이 들어 있고 재료 중에 하나를 택해 참치김밥이라 이름을 붙인다. 김밥은 여러 재료가 포함된 복합체로 다음과 같이 표현할 수 있다.

```
복합체(구조체) 참치김밥
{
    소시지;
    밥;
    시금치;
    참치;
    계란;
};
```

【그림 12.1】 김밥과 구조체

앞에서 배열을 설명하면서 파인애플 통조림을 예로 들었다. 파인애플 통조림은 같은 재료가 일정한 크기로 들어 있고 하나의 이름으로 부른다. 반면에 김밥은 여러 재료가 섞여 있지만 하나의 이름으로 부른다.

김밥을 먹을 때 대부분의 사람은 통째로 먹지만 식성이 까다로운 사람은 재료를 하나씩 빼먹는다. 김밥에서 특정 재료를 빼내는 연산자를 김밥 연산자라 하고 기호로 도트(.)를 사용한다고 하자. 만약, 참치김밥에서 소시지만 빼먹고 싶다면 "참치김밥.소시지"라고 하면 참치김밥에서 소시지만 빼낼 수 있다.

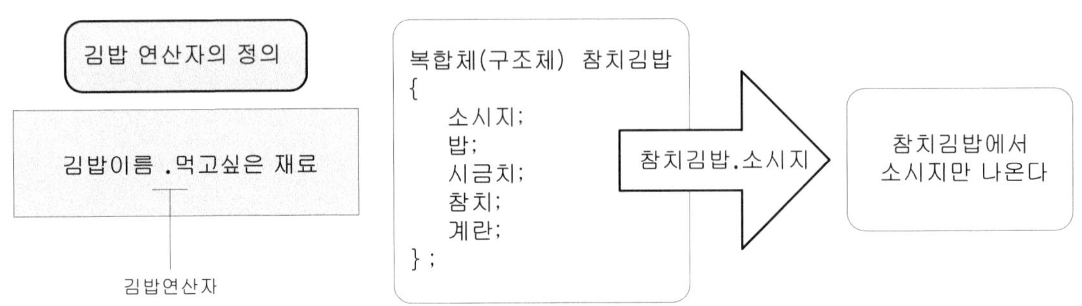

【그림 12.2】 김밥 연산자의 사용법

김밥 이야기를 C언어의 문법에 맞도록 고치면 구조체가 된다.

구조체가 필요한 이유

배열은 같은 종류의 자료형을 묶어서 하나의 이름으로 사용하는 변수이다. 반면에 구조체(structure)란 여러 자료형을 묶어서 하나의 이름으로 사용하는 변수를 말한다. 왜 이런 변수가 필요할까?

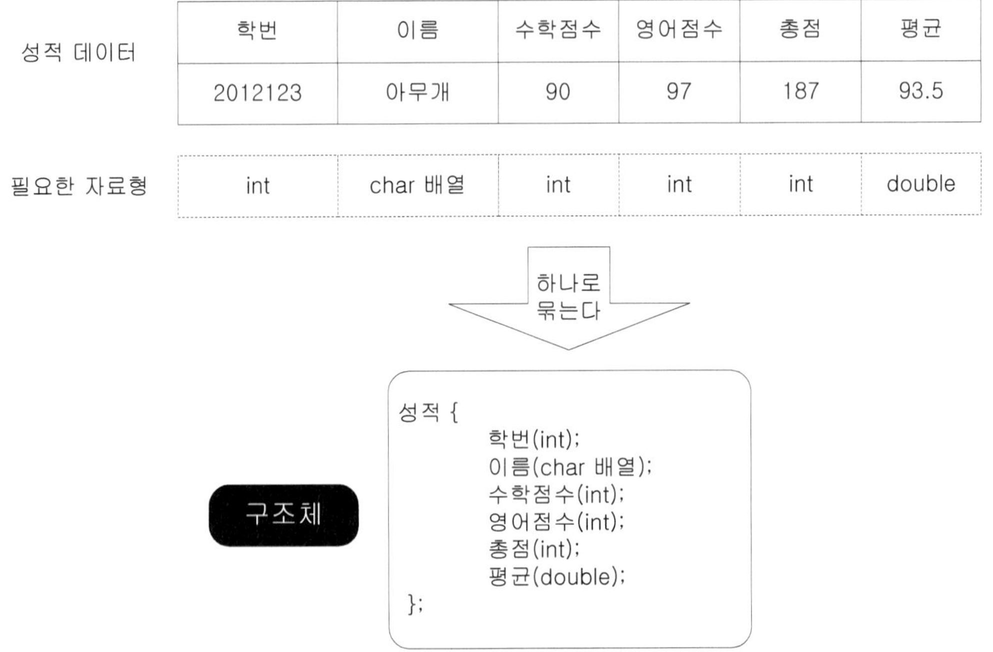

【그림 12.3】 성적 처리 프로그램에 구조체를 적용

예를 들어 한 반의 성적 처리 프로그램을 작성한다고 해보자. 잠깐만 생각해 봐도 학번, 이름, 수학 점수, 영어 점수, 총점, 평균과 같은 데이터가 필요하다는 것을 알 수 있다. 이 데이터들을 학번은 정수형, 이름은 문자열, 수학 성적은 정수형과 같이 별도의 자료형을 이용할 수도 있지만 연관된 자료형들을 하나로 묶을 수 있다면 다루기도 쉽고 보기도 좋을 것이다. 이런 경우에 사용하는 것이 구조체이다.

성적이라는 구조체 내부에는 성적 처리에 필요한 여러 자료형들이 들어 있다. 그런데 이들 자료형은 프로그래머가 자신의 소스에 가장 적합한 자료형들을 모아 놓은 것이다. 이처럼 구조체는 다양한 자료형을 묶어서 자신의 프로그램에 가장 적합한 새로운 자료형을 만드는 방법이다. 따라서 구조체는 현장 적응형 변수 정도로 이해하면 되겠다.

구조체가 중요한 또 다른 이유는 C++언어의 기본이 되는 클래스(Class)의 기초 개념이 되기 때문이다. 구조체는 그 자체로도 중요하고 앞으로도 자주 응용해야 하므로 이번에 확실히 정리해 두자.

12.2 구조체의 선언 및 초기화

1 구조체 및 구조체 변수 선언

구조체의 선언

구조체는 자료형을 스스로 정의해야 하기 때문에 지금까지 사용했던 다른 변수들과는 선언 방식에 약간의 차이가 있다. 구조체의 선언은 크게 두 부분으로 나눌 수 있다. 먼저 구조체의 형식을 선언하고 다음에 구조체 변수를 선언한다. 구조체 형식이란 프로그래머가 사용할 자료형의 형태를 정의하는 것을 말하며 보통 구조체라는 용어는 구조체 형식을 말한다. 구조체는 struct라는 키워드를 이용해 다음과 같이 선언한다.

struct라는 키워드 뒤에 나오는 tag(꼬리표)란 구조체와 구조체를 구별하기 위해 붙이는 일종의 이름표 정도로 생각하면 된다. 태그는 변수 이름을 붙이는 규칙에 따라 프로그래머가 적절히 부여한다. 태그 다음에는 중괄호를 열고 사용할 변수들을 선언한 후에 중괄호를 닫는다. 이때 주의할 점은 함수와는 다르게 중괄호 뒤에는 반드시 세미콜론을 붙여야 한다.

왜냐하면 구조체의 정의도 하나의 문장으로 간주하기 때문이다.

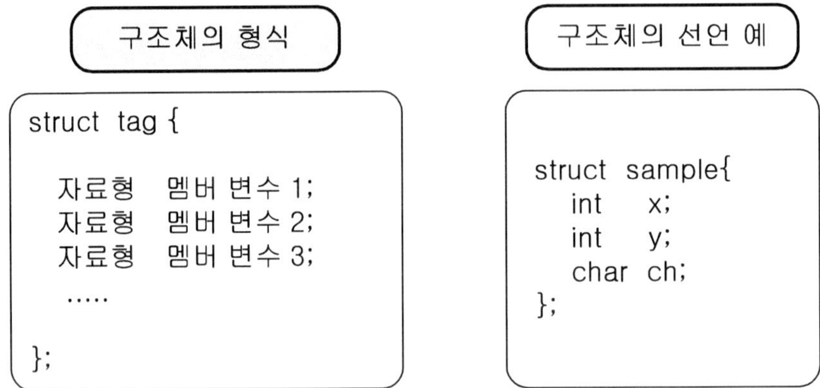

【그림 12.4】 구조체의 선언 형식 및 사용 예

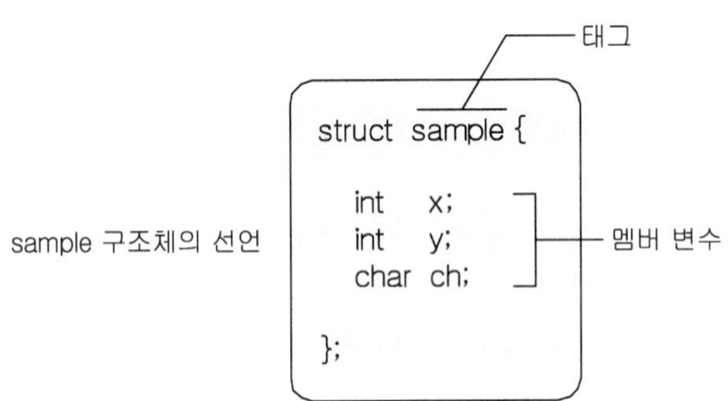

구조체 내부에 선언된 변수들을 멤버 변수라 한다. 멤버 변수는 구조체에 묶여 있는 변수로 지금까지 다룬 모든 자료형들은 멤버 변수로 사용될 수 있다. sample 구조체에서 x, y, ch는 모두 멤버 변수이고 각기 다른 이름을 부여해야 한다.

지금까지 구조체를 선언하는 방법만을 알아보았다. 실제 데이터를 저장할 구조체 변수는 아직 얘기도 꺼내지 않았다. 구조체의 선언과 구조체 변수의 선언은 붕어빵 틀과 붕어빵의 관계로 생각하면 이해하기 쉽다. 붕어빵 틀은 앞으로 만들 붕어빵의 형식을 미리 만들어 놓은 틀이다. 반면에 붕어빵은 붕어빵 틀을 이용해 계속해서 만들 수 있는 실제 결과물이다. 구조체가 미리 만들어 놓은 붕어빵 틀이라면 구조체 변수는 붕어빵과 같은 실제 결과물이라 할 수 있다. 구조체는 한 번 선언해 놓으면 필요할 때마다 구조체 변수를 선언해 사용할 수 있다.

【그림 12.5】 구조체와 구조체 변수의 차이점

구조체 변수의 선언

구조체의 정의가 끝나면 다음은 실제 데이터를 저장할 구조체 변수를 선언해야 한다.

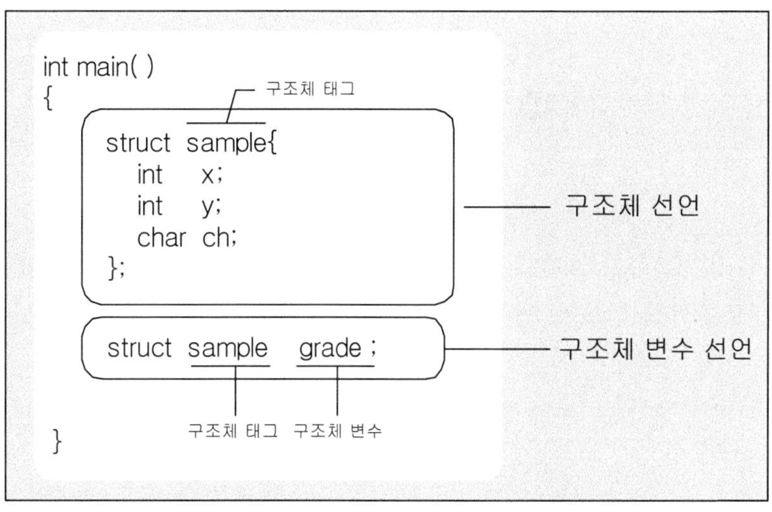

【그림 12.6】 구조체 변수의 선언

구조체 변수의 선언 문장을 살펴보자. struct는 키워드로 구조체 형을 의미한다. 다음의 sample은 구조체 내부의 형식이 sample 구조체에 정의되어 있다는 의미이다. 마지막의 grade는 sample 구조체의 형식을 갖는 구조체 변수를 선언한다는 뜻이다. 따라서 grade라는 구조체 변수는 x, y, ch를 멤버 변수로 갖는다.

구조체 변수도 변수이므로 당연히 메모리 공간이 할당된다. 구조체 변수에 할당되는 메모리의 크기는 각각의 멤버 변수들이 차지하는 크기를 더하면 알 수 있다. 구조체 변수 grade는 정수형 2개, 문자형 1개의 멤버 변수를 갖고 있으므로 전체 9바이트가 할당된다.

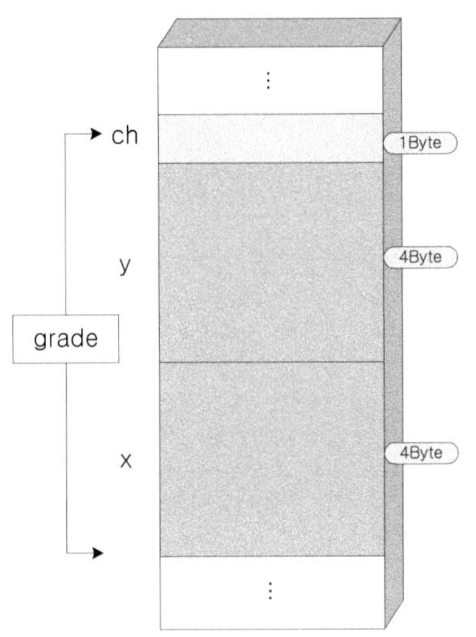

【그림 12.7】 구조체 변수 grade

구조체 변수는 프로그래머가 정의하는 자료형이지만 기존 변수에서 사용되던 규칙을 그대로 적용할 수 있다. 앞의 sample 구조체처럼 main() 함수 내부에서 선언된 구조체는 main() 함수 내부에서만 구조체 변수를 만들 수 있다. 만약 다른 함수에서도 sample 구조체를 이용해 구조체 변수를 만들고 싶다면 main() 함수 위에서 구조체를 정의해야 한다. 즉 전역 변수와 지역 변수의 개념이 그대로 적용된다는 뜻이다. 다음 문장을 생각해 보자.

```
int x1, x2;                        //정수형 변수 2개 선언
struct sample grade1, grade2;      //구조체 변수 2개 선언
```

여러 개의 정수형 변수를 선언하기 위해서는 자료형을 쓰고 콤마를 이용해 원하는 개수만큼의 변수를 나열했다. 구조체 변수도 이와 동일하게 여러 개의 구조체 변수를 생성할 수 있다. 기본 자료형과의 차이점은 struct라는 키워드를 추가해야 한다는 것뿐이다.

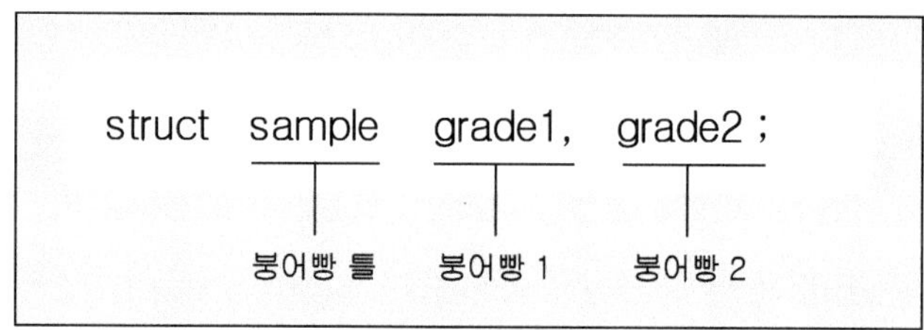

구조체는 붕어빵 틀이고 구조체 변수는 붕어빵이라 했다. 붕어빵 틀만 있으면 붕어빵은 10마리고 20마리고 마음대로 찍어낼 수 있다. 단 만들어지는 붕어빵의 크기가 모두 같으므로 생성되는 구조체 변수도 같은 크기로 만들어진다는 사실을 유의하자. grade1과 grade2는 모두 메모리에서 9Byte가 할당된다.

구조체와 구조체 변수를 동시에 선언

사용 빈도가 높지는 않지만 구조체 형식과 구조체 변수를 동시에 선언할 수도 있다. 이 경우에는 먼저 구조체의 형식을 선언하고 중괄호로 닫은 다음에 구조체 변수를 선언한 후에 세미콜론으로 마치면 된다. 앞의 sample 구조체를 이 방식으로 선언하면 다음과 같다.

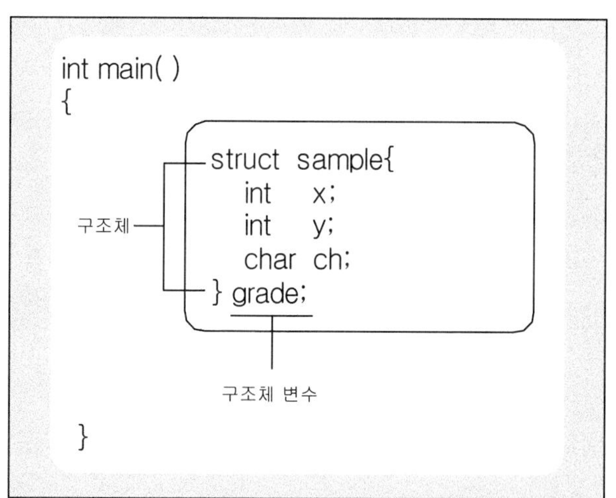

【그림 12.8】 구조체와 구조체 변수를 동시에 선언

typedef문을 이용한 구조체 변수 선언

typedef문은 새로운 자료형을 정의하는 문장이다. 사실 새로운 자료 형을 정의한다기보다는 기존 자료형의 이름을 바꾸는 문장이라고 하는 것이 더 정확한 표현이라 하겠다. typedef문의 기본적인 사용 방법을 먼저 살펴보자.

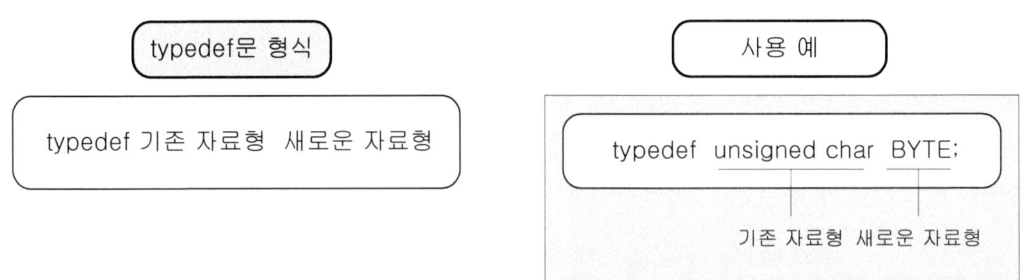

【그림 12.9】 typedef문의 형식과 사용 예

예를 들어 unsigned char이라는 기존 자료형이 있다고 하자. 그런데 unsigned char라는 자료형의 길이가 길어 타이핑하기도 불편하고 특별히 작은 정수를 저장하는 자료형이란 것을 강조하고 싶다고 하자. 이런 경우에 프로그래머가 typedef문으로 적절한 이름을 부여해 자료형을 재정의할 수 있다.

```
typedef unsigned char BYTE;
typedef unsigned  int WORD;
BYTE a;                              //unsigned char a
WORD b;                              //unsigned int b
```

BYTE a는 unsigned char a로 선언한 것과 동일하며, WORD b는 unsigned int b로 선언한 것과 동일하다.

구조체를 선언할 때도 편리하기 때문에 typedef 문장과 결합된 형태를 많이 이용한다. 다음의 선언 형식을 보자.

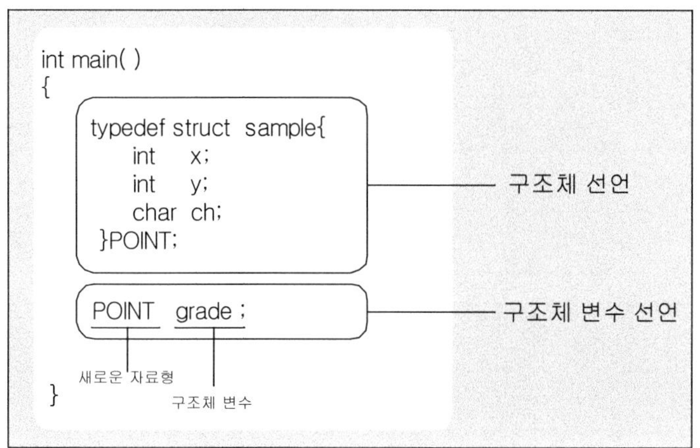

【그림 12.10】 typedef문을 이용한 구조체 변수의 선언

POINT는 typedef에 의해 재 정의된 새로운 자료형으로 기존 자료형은 sample 구조체이다. 따라서 POINT grade는 sample 구조체 형의 변수를 선언한 것과 동일하다.

2 구조체의 초기화

구조체 변수가 만들어진 후에 멤버 변수에 초깃값을 대입할 때는 배열과 비슷하게 중괄호를 이용한다. 다만, 구조체 내부에는 여러 자료형들이 복합되어 있으므로 자료형과 자료의 순서에 유의해서 초기화해야 한다.

```
struct sample{
 int x;
 int y;
 char ch;
};
struct sample grade = {90, 95, 'A'};                    //구조체 초기화
```

구조체 변수 grade에는 중괄호 안에 나열된 초깃값들이 멤버 변수인 x, y, ch에 차례로 대입된다. 따라서 x에는 90, y에는 95, ch에는 A가 저장된다.

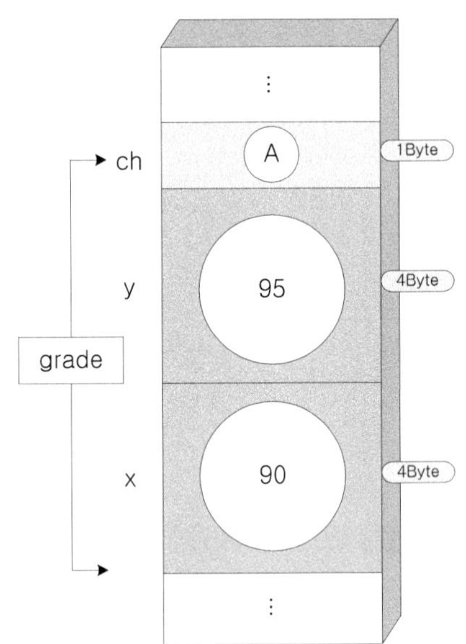

【그림 12.11】 구조체 변수의 초기화

만약 구조체 변수가 2개라면 다음과 같이 구조체 변수를 선언한 후에 중괄호로 초기화한다. grade1에는 90, 95, A가 대입되고, grade2에는 85, 83, B가 차례로 대입된다.

```
struct sample grade1 = {90, 95, 'A'};
struct sample grade2 = {85, 83, 'B'};
```

구조체를 초기화하는 방법은 중괄호를 이용하는 방법과 대입문을 이용하는 방법이 있다. 대입문을 이용할 경우에는 특별한 연산자가 필요한데 알아보도록 하자.

12.3 구조체의 참조

구조체 내부에 들어 있는 멤버 변수들을 읽거나 변경하려면 어떻게 해야 할까? 구조체의 개념을 설명할 때 다루었던 김밥 연산자(.)를 떠올려 보자. 김밥 연산자는 김밥에서 특정 재료를 빼낼 때 '참치김밥.소시지'형태로 사용한다고 했다. 구조체에서도 특정한 변수를 참조하기 위해서는 김밥 연산자를 이용한다. C언어에서는 김밥 연산자를 구조체 멤버 연산

자(.) 혹은 도트 연산자라 부른다. 도트 연산자는 구조체 변수의 이름과 멤버 변수 사이에 도트(dot)를 찍어 사용한다.

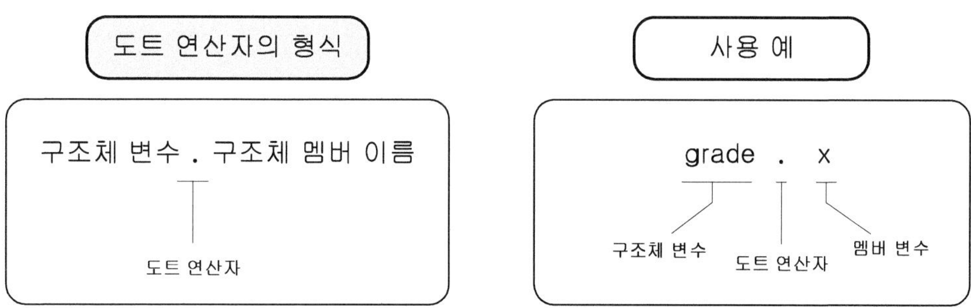

【그림 12.12】 도트 연산자의 형식과 사용 예

```
struct sample{
 int x;
 int y;
 char ch;
};
struct sample grade;                    //구조체 변수 선언
grade.x = 90;                           //도트 연산자로 값 대입
grade.y = 95;
grade.ch = 'A';
```

구조체는 여러 자료 형이 묶여있으므로 대입문을 이용해 한꺼번에 값을 읽거나 저장할 수 없다. 반드시 도트 연산자로 특정한 멤버 변수를 선택한 후에 대입문을 이용해야 한다.

grade.x = 90은 grade라는 구조체 변수 내에 있는 멤버 변수 x에 90을 대입하라는 뜻이다. 이때 x가 int형이므로 대입되는 값도 반드시 정수형이어야 한다. 또한, grade.ch='A'는 멤버 변수 ch가 문자형이므로 대입되는 값도 문자 상수를 이용해야 한다.

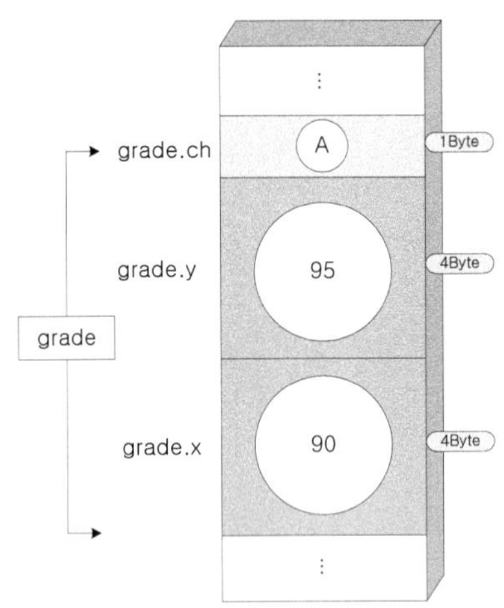

【그림 12.13】 도트 연산자 이용 예

【기초 예제 12.1】 구조체 연산자를 이용한 구조체의 참조

```
#include<stdio.h>
int main( )
{
    struct sample{                          //① 구조체 선언
        int x, y;
        char ch;
    };
    struct sample grade = {90, 95, 'A'};    //② 구조체 변수 선언
    printf("grade.x = %d\n", grade.x);      //③ 도트 연산자
    printf("grade.y = %d\n", grade.y);
    printf("grade.ch = %c\n", grade.ch);
    return 0;
}
```

실행 결과

```
grade.x = 90
grade.y = 95
grade.ch = A
```

소스 관찰

① sample 구조체는 main() 함수 내부에 선언되어 있으므로 main() 함수에서만 구조체 변수를 생성할 수 있다.
② 구조체의 멤버 변수들을 중괄호를 이용해 같은 자료형의 상수로 초기화했다.
③ 구조체의 멤버 변수의 값들을 도트 연산자를 이용해 출력한다.

【응용 예제 12.2】 구조체를 이용한 성적 처리 프로그램

수학과 영어 점수를 입력받아 총점과 평균을 계산하는 프로그램을 작성해 보자.

수학 점수	영어 점수	총점	평균
85	90	?	?

```
#include<stdio.h>
struct sunjuk{                                              //① 구조체 선언
        int math, eng, tot;
        double eve;
};
int main( )
{
  struct sunjuk score;                                      //② 구조체 변수 선언
  score.math = 85;                                          //③
  score.eng  = 90;
  score.tot = score.math + score.eng;                       //총점 계산
  score.eve = score.tot/2.0                                 //평균 계산
  printf("%5d %5d %5d %7.2f\n", score.math, score.eng, score.tot, score.eve);
  return 0;                                                 //④
}
```

실행 결과

```
85    90    175    87.50
```

소스 관찰

① sunjuk 구조체는 main() 함수 위쪽에 선언되어 있으므로 main() 함수를 포함한 어떤 함수에서도 구조체 변수를 생성할 수 있다.

② 구조체 변수 score를 생성하고 메모리에 20Byte를 할당한다.

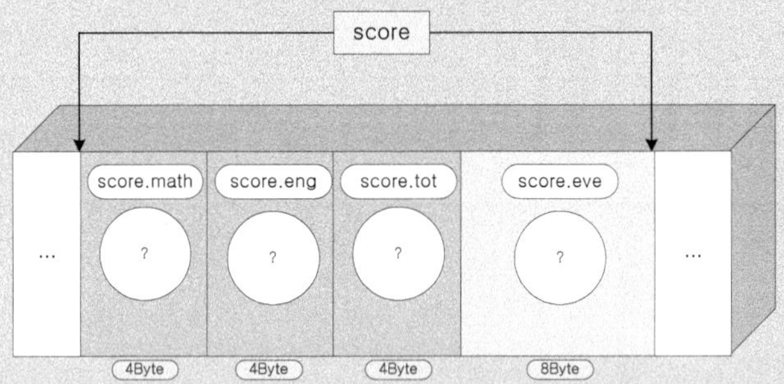

③ 구조체 멤버 변수의 값을 대입한 후에 총점과 평균을 계산한다. 이때 평균은 소수점을 가질 수 있으므로 실수형 멤버 변수를 이용한다.

④ 저장된 구조체 멤버 변수들의 값을 도트 연산자를 이용해 출력한다.

【응용 예제 12.3】 두 개의 구조체 변수를 이용한 성적 처리 프로그램

두 개의 수학과 영어 점수를 입력받아 총점과 평균을 계산하는 프로그램을 작성하자.

수학 점수	영어 점수	총점	평균
85	90	?	?
98	96	?	?

```
#include<stdio.h>
struct sunjuk{                                          //구조체 선언
         int math, eng, tot;
         double eve;
};
int main( )
{
  struct sunjuk score1 = {85, 90};                      //첫 번째 구조체 변수
  struct sunjuk score2 = {98, 96};                      //두 번째 구조체 변수
  score1.tot = score1.math + score1.eng;                //각각의 총점 계산
  score2.tot = score2.math + score2.eng;
  score1.eve = score1.tot/2.0;                          //각각의 평균 계산
  score2.eve = score2.tot/2.0;
  printf("%5d %5d %5d %7.2f\n", score1.math, score1.eng, score1.tot, score1.eve);
  printf("%5d %5d %5d %7.2f\n", score2.math, score2.eng, score2.tot, score2.eve);
  return 0;                                             //멤버 변수 출력
}
```

실행 결과

```
   85    90   175   87.50
   98    96   194   97.00
```

소스 관찰

sunjuk 구조체를 이용해 score1과 score2 두 개의 구조체 변수를 생성했다. 이들 변수는 각각 20바이트를 차지하므로 전체 40바이트의 메모리가 할당된다. 여러 개의 구조체 변수를 사용할 때는 이 예제처럼 구조체 변수를 이용하는 것보다 구조체 배열을 사용하는 것이 더욱 효과적이다. 구조체 배열에 대해 알아보도록 하자.

12.4 구조체 배열

구조체는 사용자가 정의하는 자료형이지만 일반 변수와 동일하게 응용할 수 있다. 구조체 변수도 일종의 변수이므로 배열을 정의할 수도 있고 포인터를 이용해 저장된 값을 읽거나 변경할 수도 있다. 먼저 구조체 배열부터 알아보자.

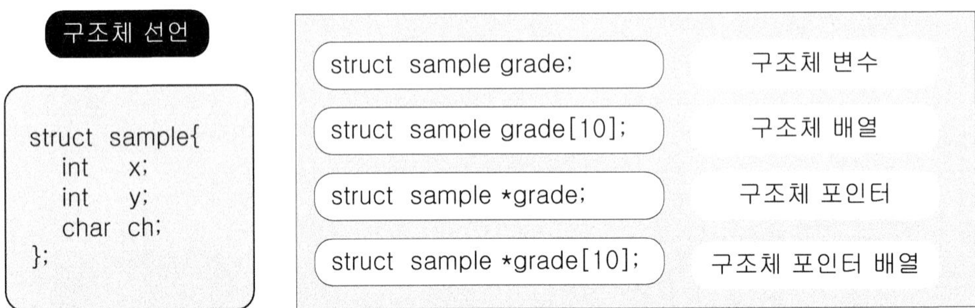

【그림 12.14】 구조체의 선언과 구조체의 응용

1 구조체 배열 선언

배열이란 같은 자료형의 모임을 말한다. 따라서 구조체 배열은 배열의 원소가 구조체로 구성된 배열을 말한다. 구조체 배열은 일반 변수에서 사용했던 배열의 선언 방식과 동일하며 맨 앞에 struct라는 키워드만 추가하면 된다.

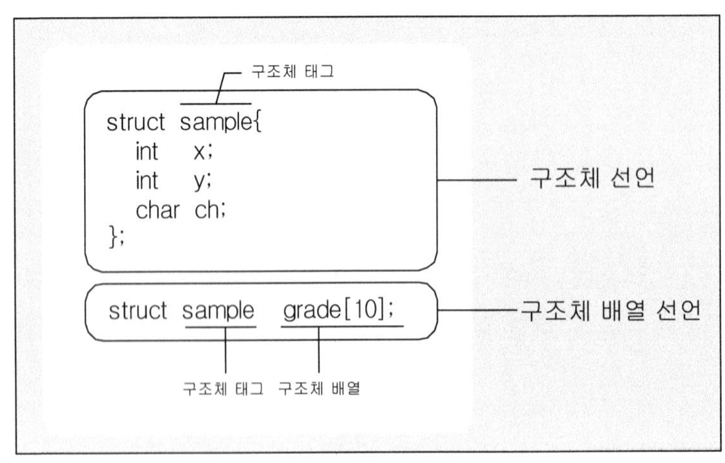

【그림 12.15】 구조체 배열의 선언 형식

grade[10]은 구조체 배열로 grade[0]에서 grade[9]까지 10개의 구조체 변수를 선언한 것과 같다. 구조체 배열의 첫 번째 원소 grade[0]은 자체가 구조체이므로 내부에 멤버 변수 x, y, ch를 가지며 9바이트가 할당된다. grade[1]에서 grade[9]도 모두 동일한 구조체로 전체 90바이트의 메모리가 할당된다.

만약, 구조체 배열의 첫 번째 원소에 값을 대입하고 싶다면 도트 연산자를 이용해 다음과 같이 대입하면 된다.

```
grade[0].x = 90;
grade[0].y = 95;
grade[0].ch = 'A';
```

또한, 세 번째 원소는 다음과 같이 접근한다.

```
grade[2].x = 90;
grade[2].y = 95;
grade[2].ch = 'A';
```

2 구조체 배열의 초기화

구조체 배열을 초기화할 때는 일반 배열과 동일하게 중괄호를 이용할 수 있다. 구조체 배열은 각각의 원소가 구조체이므로 원소마다 다시 중괄호로 묶으면 이중 중괄호가 된다. 이는 마치 2차원 배열을 이용하는 것과 비슷하다.

```
struct sample grade[3] = {
        {90, 95, 'A'},
        {85, 83, 'B'},
        {64, 67, 'D'}
};
```

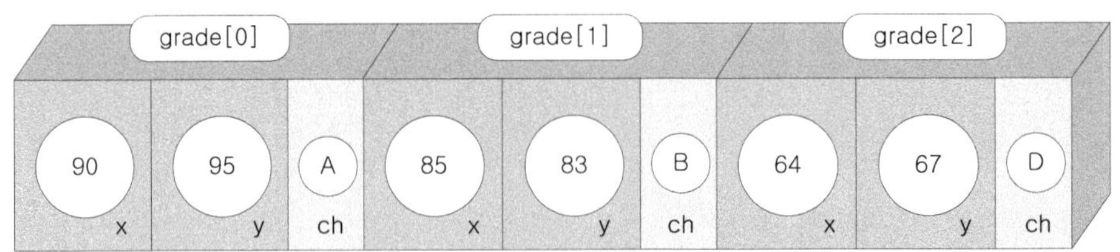

【그림 12.16】 grade[3] 구조체 배열의 초기화 이후의 모습

grade[3]은 앞서 선언된 sample 구조체의 형식을 갖는 구조체 배열이다. 원소로는 grade[0], grade[1], grade[2]를 가지며 구조체 변수 3개를 선언한 것과 동일하다. 구조체 배열을 초기화할 때는 각각의 구조체 형식의 원소들을 콤마로 분리하고 앞뒤를 다시 중괄호로 묶어준다.

【기초 예제 12.4】 구조체 배열의 사용 예

```
#include<stdio.h>
 struct sample{                                           //구조체 선언
        int x, y;
        char ch;
 };
 int main( )
 {
    int i;
    struct sample grade[3] = {{90, 95, 'A'}, {85, 83, 'B'}, {64, 67, 'D'}};
                                                          //① 구조체 배열
    for(i=0; i<3; i++)                                    //②
       printf("%7d %7d %7c\n", grade[i].x, grade[i].y, grade[i].ch);
    return 0;
}
```

실행 결과

```
90    95    A
85    83    B
64    67    D
```

소스 관찰

① sample 구조체의 형식으로 구조체 배열을 선언하고 각각의 원소를 초기화했다. grade[3]은 3개의 구조체 변수를 선언한 것과 같으며 인덱스는 0에서 2까지 사용할 수 있다.

② 배열을 이용하는 또 다른 장점은 반복문을 이용해 배열의 원소들을 손쉽게 처리할 수 있다는 것이다. i는 0에서 2까지 반복하면서 구조체 배열의 멤버 변수들의 값을 차례로 출력한다.

【응용 예제 12.5】 구조체 배열을 이용한 성적 처리 프로그램

예제 12.3의 프로그램을 수정하여 수학과 영어 점수를 입력받아 총점과 평균을 계산하는 성적 처리 프로그램을 구조체 배열로 작성해 보자.

이름	수학점수	영어점수	총점	평균
Lee	85	90	?	?
Kim	98	96	?	?
Ahn	64	67	?	?

```
#include<stdio.h>
struct sunjuk{                                  //구조체 선언
      char name[5];                             //① 문자형 배열
      int math, eng, tot;
      double eve;
};
int main( )
{
   int i;
   struct sunjuk score[3] = {                   //② 구조체 배열 선언
              {"Lee", 85, 90},                  //구조체 배열 초기화
              {"Kim", 98, 96},
```

```
            {"Ahn", 64, 67}
    };
    for(i=0; i<3; i++){
        score[i].tot = score[i].math + score[i].eng;                    //총점 계산
        score[i].eve = score[i].tot/2.0;                                //평균 계산
        printf("%5s %5d %5d %5d %7.2f\n", score[i].name, score[i].math,
                                      score[i].eng, score[i].tot, score[i].eve);
    }
    return 0;
}
```

실행 결과

```
Lee    85    90    175    87.50
Kim    98    96    194    97.00
Ahn    64    67    131    65.50
```

소스 관찰

① 구조체의 멤버 변수로는 기본 자료형은 물론이고 배열, 포인터, 구조체도 사용할 수 있다.

② score[3]는 구조체 배열로 3개의 구조체 변수를 선언한 것과 동일하다. 각각의 구조체 원소들은 메모리에 25바이트가 할당되어 전체 75바이트가 할당된다.

12.5 구조체와 포인터

구조체 변수도 일반 변수와 마찬가지로 포인터를 이용해 구조체에 접근할 수 있다. 일반 포인터 변수가 변수의 주소를 가질 수 있듯이 구조체 포인터 변수도 구조체 변수의 주소를 가질 수 있다.

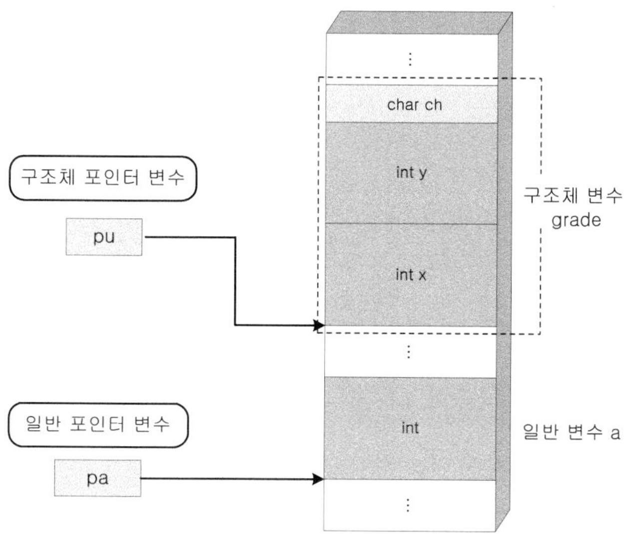

【그림 12.17】 구조체 포인터 변수와 일반 포인터 변수

구조체에 포인터가 이용되는 경우는 구조체 자체를 가리키는 포인터와 구조체의 멤버 변수로 포함되는 포인터로 분류할 수 있다.

1 구조체 포인터 변수

구조체 자체를 가리키는 포인터는 다음과 같이 선언한다.

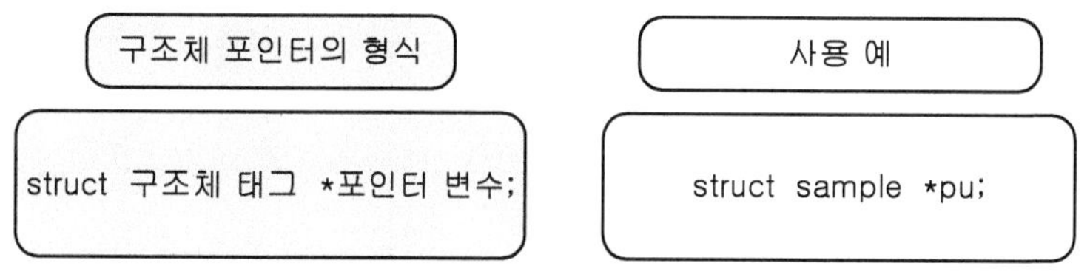

【그림 12.18】 구조체 포인터 변수의 선언 형식과 사용 예

구조체 포인터 변수도 선언할 때 변수 이름 앞에 *를 붙인다. 포인터 pu는 sample 구조체를 가리키기 위한 포인터 변수이다. pu가 특정 구조체 변수의 주소를 갖기 위해서는 주소 연산자를 이용해 초기화해야 한다. 다음 문장을 살펴보자.

```
struct sample{                          //구조체 선언
  int x;
```

```
  int y;
  char ch;
};
struct sample grade = { 90, 95, 'A'};          //구조체 변수 선언
struct sample *pu;                              //구조체 포인터 변수 선언
pu = &grade;                                    //구조체 주소 대입
```

sample 구조체는 정수형 2개, 문자형 1개를 멤버 변수로 갖고 있다. grade는 구조체 변수로 중괄호의 내용으로 초기화했다. pu는 구조체 포인터 변수이므로 일반 값은 저장할 수 없고 주소만 저장할 수 있다. pu = &grade는 grade 변수의 시작 주소를 포인터 변수 pu에 저장하라는 뜻이다. 한 가지 명심해야 할 것은 pu가 sample 구조체의 포인터이므로 sample 구조체의 변수만 가리킬 수 있다는 사실이다. 다른 구조체나 변수를 가리키면 오류가 발생하므로 주의하자. 초기화 이후에 메모리의 모습은 다음과 같다.

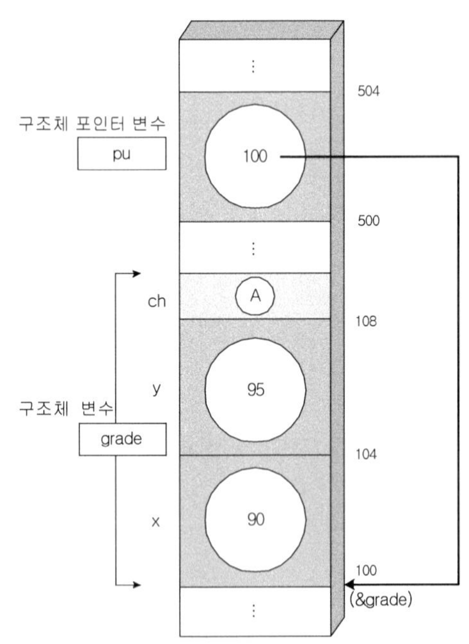

【그림 12.19】 구조체 포인터 변수의 초기화

구조체 포인터 변수를 이용해 어떻게 구조체 내부의 멤버들에 접근할까? 두 가지 방법이 있다. 첫 번째는 앞에서 배운 간접 참조 연산자(*)와 도트 연산자를 사용하는 것이고, 두

번째는 구조체 포인터 연산자(->)를 사용하는 방법이 있다. 두 연산자의 사용법을 알아보도록 하자.

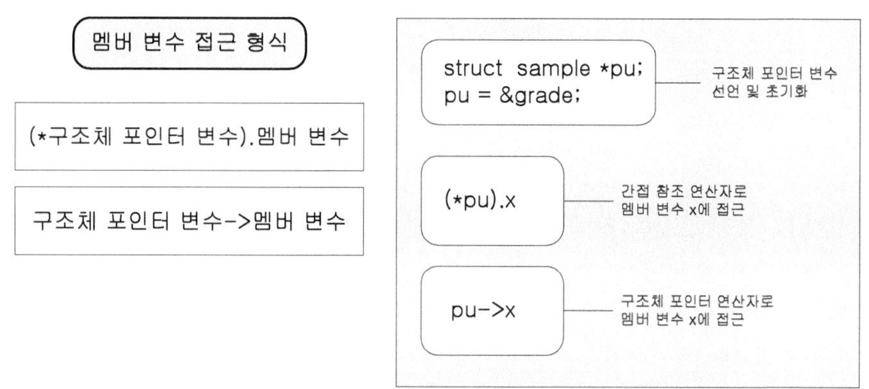

【그림 12.20】 구조체 포인터 변수를 이용해 멤버 변수에 접근하는 방법

구조체 포인터 변수를 이용해 구조체의 멤버에 접근하려면 (*구조체 포인터 변수)뒤에 도트 연산자를 쓰면 된다. 왜냐하면 포인터 변수에 간접 참조 연산자를 붙이면 가리키는 주소의 내용이 된다. 그런데 가리키는 값이 구조체이므로 여러 개의 멤버 중에 하나를 도트 연산자로 선택해야 하기 때문이다.

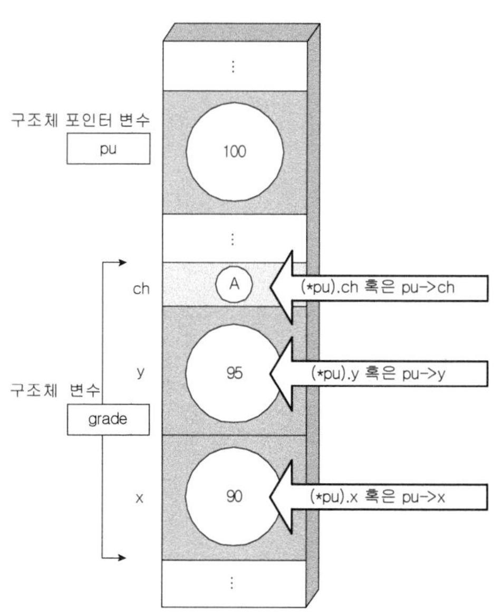

【그림 12. 21】 구조체 포인터로 멤버 접근

(*pu).x는 pu가 가리키는 구조체의 멤버 변수 x를 나타낸다. (*pu).y은 멤버 변수 y를 의미하고, (*pu).ch는 멤버 변수 ch를 의미한다. 이때 연산자의 우선순위 때문에 소괄호는 생략할 수 없음에 유의하자.

실제 구조체 멤버를 가리킬 때 더욱 편리한 방법은 구조체 포인터 연산자(->)를 사용하는 것이다. pu->x의 뜻은 pu가 가리키는 구조체의 멤버 x라는 뜻이다. (*pu).x와 pu->x는 완전히 같은 문장이다. ->연산자는 보기도 좋고 쓰기도 편리하므로 많이 이용된다.

【기초 예제 12.6】 구조체 포인터를 이용한 구조체의 참조

```
#include<stdio.h>
struct sample{                                  //구조체 선언
    int x, y;
    char ch;
};
int main( )
{
    struct sample grade = {90, 95, 'A'};        //구조체 변수 선언
    struct sample *pu;                          //구조체 포인터
    pu = &grade;                                //구조체 포인터 초기화
    printf("%5d %5d %5c\n", (*pu).x, (*pu).y, (*pu).ch);   //①
    printf("%5d %5d %5c\n", pu->x, pu->y, pu->ch);         //②
    return 0;
}
```

실행 결과

```
90    95    A
90    95    A
```

소스 관찰

①(*pu).x는 pu가 구조체 변수 grade를 가리키고 있고 멤버 변수로 x를 선택했으

므로 90이 출력된다. (*pu).y는 95, (*pu).ch는 A가 된다.
② pu->x는 (*pu).x와 표현만 다를 뿐 같은 문장이다.

2 구조체에 멤버로 포함된 포인터

구조체 내부의 멤버 변수는 또 다른 구조체를 포함한 모든 자료형을 사용할 수 있다. 따라서 구조체의 멤버 변수 중에 포인터가 포함될 수도 있다. 문자형 포인터를 멤버 변수로 포함하는 예를 들어보자.

【응용 예제 12.7】 IC(직접회로) 가격표 프로그램

```
#include<stdio.h>
typedef struct{                                              //typedef로 구조체 선언
    unsigned char icnumber;
    char *icname;                                            //구조체에 포함된 포인터
    unsigned int price;
}Micom;
int main( )
{
    Micom i8051 = {1, "Intel 8051", 1800};                   //① 구조체 변수
    Micom *pu;                                               //구조체 포인터
    pu = &i8051;                                             //②
    printf("No %2d %15s %7d\n", pu->icnumber, pu->icname, pu->price);   //③
    return 0;
}
```

실행 결과

```
No  1      Intel 8051     1800
```

소스 관찰

① 구조체 변수 i8051에는 문자형 포인터 icname이 포함되어 있다.
② 구조체 포인터 변수 pu에 i8051 구조체의 시작 주소를 대입한다.
③ 구조체 포인터 연산자를 이용해 멤버에 저장된 값들을 차례로 출력한다.

위의 예제에서는 꼭 구조체 포인터 변수를 사용할 필요는 없다. 왜냐하면 구조체 변수만 가지고도 똑같은 결과를 얻을 수 있기 때문이다. 그렇다면 구조체 포인터 변수는 어디에 주로 사용될까? 구조체 포인터 변수는 함수의 전달 인자로 구조체가 이용될 때 주로 이용된다. 다음 장에서 알아보자.

12.6 구조체와 함수

구조체는 다양한 용도로 응용되지만 가장 중요한 것은 구조체가 함수의 전달 인자로 사용되는 경우이다. 구조체는 일반 변수와 똑같이 함수의 입력 인자로도 사용할 수 있고 함

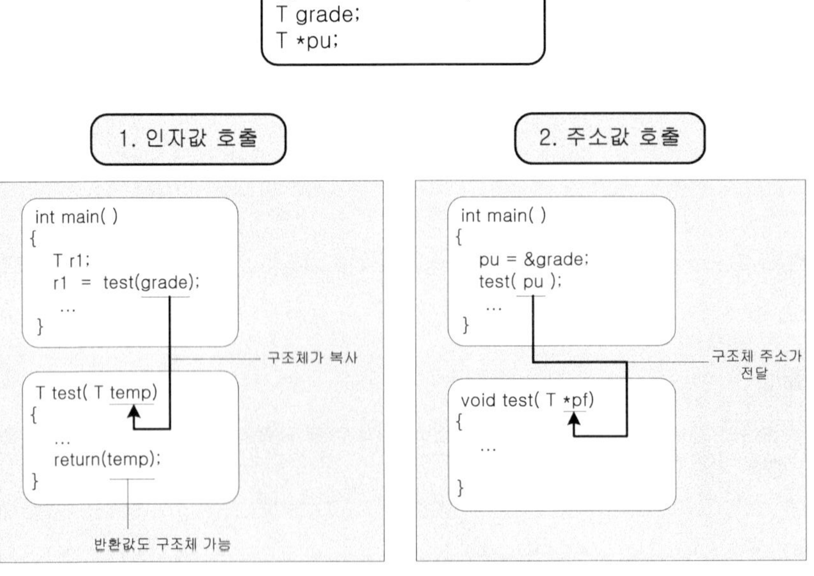

【그림 12.22】 구조체를 함수의 전달 인자로 사용하는 방법

수의 반환값으로도 사용할 수 있다. 함수의 인자 전달 방식에는 인자값 호출 방식과 주소값 호출 방식이 있다고 했다. 구조체는 두 가지 모두에 사용될 수 있지만 기본적으로 인자값 호출 방식이 적용된다. 하나씩 알아보도록 하자.

1 구조체 변수를 이용한 함수의 인자값 호출

함수의 인자값 호출은 실인자에 저장된 값을 그대로 형식인자로 복사하는 방식으로 실인자와 형식인자는 언제나 같은 자료형이어야 한다고 했다. 구조체 변수를 이용하는 함수의 인자값 호출도 이와 다를 것이 없다. 다만, 실인자와 형식인자가 모두 구조체 변수라는 것만 명심하면 된다.

구조체를 이용한 함수의 인자값 호출은 실인자로 사용되는 구조체 변수의 값들이 형식인자로 사용되는 구조체 변수에 그대로 복사된다. 따라서 실인자의 값은 건들지 않으면서 새로운 복사본이 생성되게 된다. 하지만 이 방법은 구조체 변수의 크기가 커지면 이에 비례해서 많은 메모리가 필요해지고 연산 시간이 길어지는 단점을 갖는다.

다음 그림을 보자. 실인자인 grade 구조체 변수는 그대로 형식인자인 temp 구조체 변수에 복사된다. 따라서 temp도 반드시 실인자와 같은 타입의 구조체 변수이어야 하며 구조체에 저장된 멤버들의 값도 그대로 복사된다.

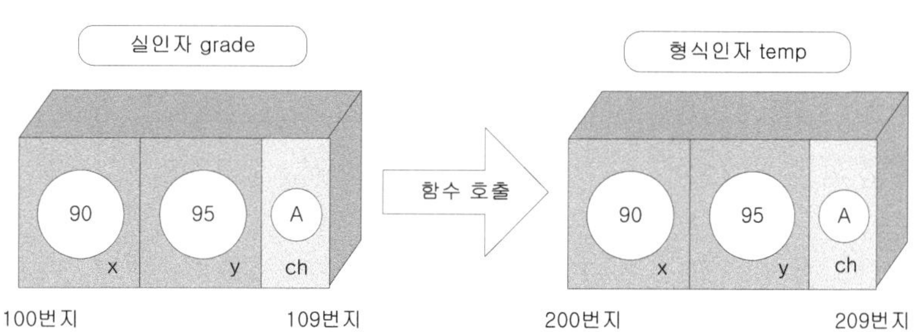

【그림 12.23】 구조체 변수를 이용한 함수의 인자값 호출의 개념

【기초 예제 12.8】 구조체를 이용한 함수 호출

```
#include<stdio.h>
struct sample{
    int x, y;
```

```
    char ch;
};
void test(struct sample temp)                    //② test 함수
{
    printf("temp.x = %d\n", temp.x);             //③
    printf("temp.y = %d\n", temp.y);
    printf("temp.ch = %c\n", temp.ch);
}
int main( )
{
    struct sample grade = {90, 95, 'A'};         //구조체 변수 선언
    printf("grade.x = %d\n", grade.x);           //멤버 변수 출력
    printf("grade.y = %d\n", grade.y);
    printf("grade.ch = %c\n", grade.ch);
    test(grade);                                 //① test 함수 호출
    return 0;
}
```

실행 결과

```
grade.x = 90
grade.y = 95
grade.ch = A
temp.x = 90
temp.y = 95
temp.ch = A
```

소스 관찰

① 실인자로 사용된 grade 구조체 변수의 값들을 형식인자인 temp 구조체 변수에 그대로 복사한다. test() 함수는 반환값은 없으므로 test() 함수를 1번 실행하고 프로그램이 종료된다.

② 실인자의 자료형이 sample 구조체이므로 형식인자도 반드시 sample 구조체이어

야 한다. 형식인자 temp는 지역 변수이므로 test() 함수가 실행을 마치면 메모리에서 완전히 사라진다.

③ temp의 멤버 변수들은 grade의 값을 그대로 복사했으므로 같은 값이 출력된다.

【실전 예제 12.9】 복소수의 덧셈과 뺄셈

복소수란 실수부(real)와 허수부(imaginary)로 구성된 수를 말한다. 복소수의 덧셈과 뺄셈은 실수부는 실수부끼리, 허수부는 허수부끼리 연산을 수행하면 된다. 구조체와 함수를 이용해 프로그램을 작성해 보자.

```
#include<stdio.h>
typedef struct complex{                          //①
       double re, im;
}Z;
Z add(Z t1, Z t2)                                //③
{
     Z t3;
     t3.re = t1.re + t2.re;
     t3.im = t1.im + t2.im;
     return(t3);
}
 Z sub(Z t1, Z t2)                               //④
{
      Z t3;
      t3.re = t1.re - t2.re;
      t3.im = t1.im - t2.im;
      return(t3);
}
int main( )
{
   Z a = {3.5, 1.0};                             //구조체 초기화
   Z b = {1.0, 2.0};
```

```
    Z c, d;                                      //구조체 변수 선언
    c = add(a, b);                               //②
    d = sub(a, b);
    printf("a = %5.2f %+5.2fi\t", a.re, a.im);
    printf("b = %5.2f %+5.2fi\n", b.re, b.im);
    printf("-----------------------------------------\n");
    printf("a+b = %5.2f %+5.2fi\n", c.re, c.im);  //⑤
    printf("a-b = %5.2f %+5.2fi\n", d.re, d.im);
    return 0;
}
```

실행 결과

```
a =  3.50 +1.00i          b =  1.00 +2.00i
-------------------------------------------------
a + b =  4.50 +3.00i
a - b =  2.50 -1.00i
```

소스 관찰

① typedef문으로 선언된 구조체이다. complex 구조체를 대문자 Z로 정의했다. 따라서 Z a는 complex 구조체의 변수 a를 선언한다는 뜻이다. complex 구조체의 멤버 변수는 double형인 re와 im 변수이다.

② add() 함수는 두 개의 구조체 변수를 입력받아 이들의 덧셈 연산을 수행한 후에 반환 값을 구조체로 넘겨주는 함수이다.

③ add() 함수는 구조체 변수 a와 b를 넘겨받아 t1과 t2에 각각 저장한다. 함수 내부에서는 실수부와 허수부에 각각 덧셈을 수행한 후에 t3 구조체를 되돌려준다. add() 함수에서 사용된 구조체 변수 t1, t2, t3는 함수가 실행을 마치면 메모리에서 모두 삭제되는 지역 변수이다.

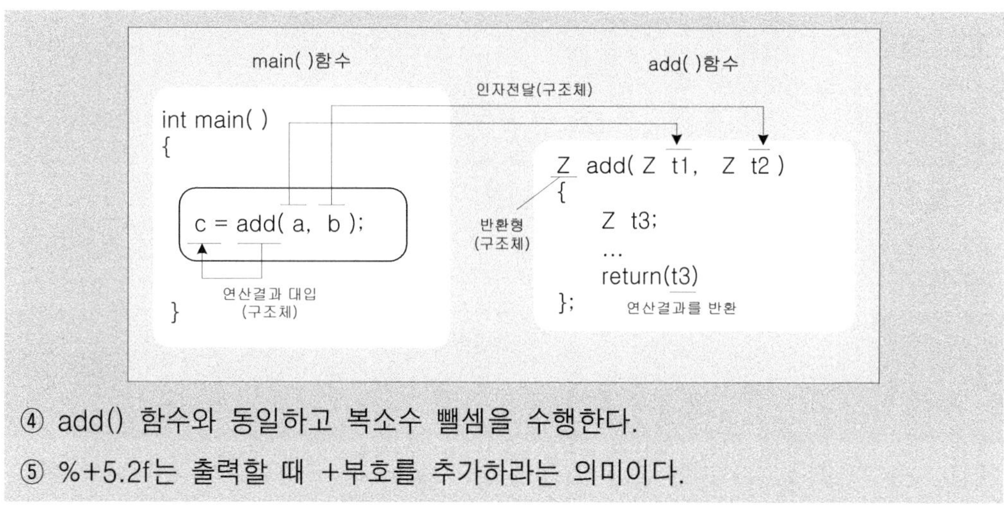

④ add() 함수와 동일하고 복소수 뺄셈을 수행한다.

⑤ %+5.2f는 출력할 때 +부호를 추가하라는 의미이다.

2 구조체를 이용한 함수의 주소값 호출

구조체를 인자값 호출 방식으로 함수에 전달하면 똑같은 복사본 구조체가 만들어 진다. 따라서 호출되는 함수에서는 실인자에 접근할 수 없다. 만약 호출되는 함수에서 호출하는 함수의 실인자에 접근하려면 주소값 호출을 이용해야 한다. 기본 개념을 살펴보자.

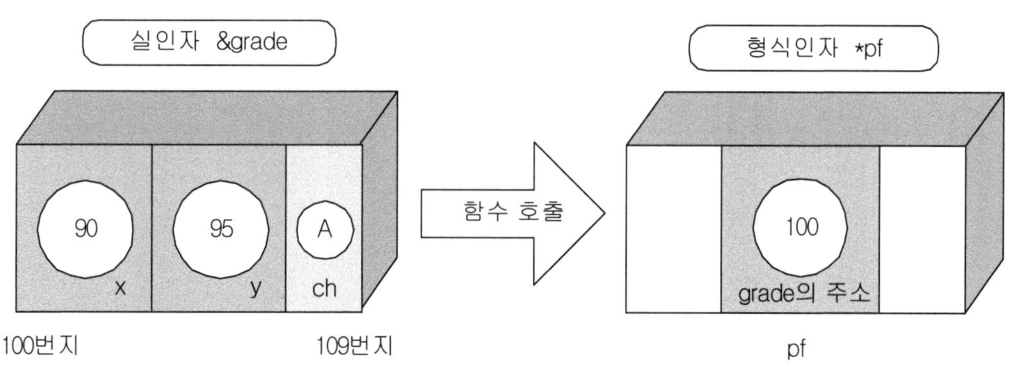

【그림 12.24】 구조체를 이용한 함수의 주소값 호출의 개념

구조체를 이용한 함수의 주소값 호출의 경우에 실인자는 구조체의 주소가 되고 형식인자는 주소를 받아야하므로 구조체 포인터 변수가 된다. 만약 grade 구조체의 주소가 100번지였다면 구조체 포인터 변수 pf에는 100번지가 전달된다. 인자값 호출은 새로운 복사본 구조체를 메모리에 생성하지만 주소값 호출은 주소를 통해 실인자와 형식인자가 같은 구조체를 공유하게 된다.

【기초 예제 12.10】 구조체를 이용한 함수의 주소값 호출

```
#include<stdio.h>
struct sample{
      int x, y;
      char ch;
};
void test(struct sample *pf)                    //②test함수
{
    printf("grade.x = %d\n", pf->x);            //③
    printf("grade.y = %d\n", pf->y);
    printf("grade.ch = %c\n", pf->ch);
}
int main( )
{
    struct sample grade = {90, 95, 'A'};        //구조체 변수 선언
    struct sample *pu;                          //구조체 포인터 선언
    pu = &grade;                                //포인터 초기화
    test(pu);                                   //① test 함수 호출
    return 0;
}
```

실행 결과

```
grade.x = 90
grade.y = 95
grade.ch = A
```

소스 관찰

① 실인자 pu는 구조체 포인터 변수로 grade의 시작 주소를 저장하고 있다. 따라서 test() 함수가 호출되면 형식인자 pf에 주소를 넘겨준다.
② 실인자에서 구조체의 주소가 전달되므로 형식인자도 주소를 저장할 수 있는 포인터 변수로 선언해야 한다. pf는 grade의 주소를 갖고 있으므로 실인자에 접근할 수 있다.
③ 구조체 포인터 연산자를 이용해 grade의 멤버들을 차례로 출력한다.

【응용 예제 12.11】 주소값 호출을 이용한 IC 가격표 출력

```
#include<stdio.h>
typedef struct{                                              //typedef로 구조체 선언
     unsigned char icnumber;
     char *icname;
     unsigned int price;
}Micom;
void Display(Micom *pf)                                      //②
{
 printf("No %2d %15s %7d\n", pf->icnumber, pf->icname, pf->price);

}

int main( )
{
  Micom i8051 = {1, "Intel 8051", 1800};                     //구조체 변수 i8051
  Micom *pu;                                                 //구조체 포인터 선언
  pu = &i8051;
  Display(pu);                                               //①
  return 0;
}
```

실행 결과

```
No  1      Intel 8051     1800
```

소스 관찰

① pu에는 구조체 i8051의 주소가 저장되어 있다. Display() 함수가 호출되면 pu에 저장된 주소가 형식인자 pf로 복사된다.

② pf는 포인터 변수이므로 main() 함수에서 선언된 구조체 i8051의 주소를 넘겨 받는다. 따라서 구조체 포인터 연산자를 이용해 i8051 구조체에 직접 접근할 수 있다.

이 예제는 앞의 12.7과 출력결과는 같다. 그러나 여기서는 함수의 주소값 호출을 통해 호출되는 함수에서 구조체 멤버 변수의 값들을 출력하고 있다.

프로그램 실습

1 다음 자료의 성적 처리에 필요한 구조체를 정의하고 성적을 출력하는 프로그램을 작성하시오 .

순번	수학 점수	영어 점수	총점	평균
1	90	100		

2 다음 자료의 성적 처리에 필요한 구조체를 정의하고 구조체 배열을 이용해 성적을 출력하는 프로그램을 작성하시오.

순번	수학 점수	영어 점수	총점	평균
1	90	100		
2	98	99		
3	59	45		

3 다음은 어느 전자회사의 IC 가격표의 일부이다. 주어진 구조체를 이용해 가격표의 내용을 출력하는 프로그램을 작성하시오.

번호	IC 이름	가격	재고
1	LM324	1,600	Yes
2	AT89C51	8,000	Yes
3	ATmega128	9,000	No

```
typedef struct {
    int number;
    char *name;
    int price;
    char *stock;
}IC;
```

4 다음과 같은 ex5 구조체가 있다. 구조체 변수 data의 멤버 변수의 값들을 display() 함수에서 출력하시오.

```
struct ex5{
  int number;
  char name[5];
  char phone[14];
};
int main()
{
  struct ex5 data = {1, "Lee", "010-6311-8282"};

}
void display( )
{

}
```

5 다음 complex 구조체를 인자로 받아 켤레 복소수를 반환하는 함수를 작성하시오.

```
struct complex{
    double re, im;
};
```

Hint 복소수 a+bi의 켤레 복소수는 a-bi이다.

제13장 표준 입출력과 파일 입출력

입출력이란 외부 장치와 사용자 프로그램 사이에 필요한 데이터를 입력받고 연산된 결과를 출력하는 것을 의미한다. C언어에는 프로그램이 실행되면 자동 실행되는 표준 입출력과 프로그래머가 상황에 따라 직접 실행시켜야 하는 일반 입출력이 있다.

학습목표

- 스트림의 개념을 이해한다.
- 표준 입출력의 원리를 이해한다.
- 표준 입출력 함수의 사용법을 학습한다.
- 파일과 파일 입출력의 원리를 이해한다.
- 텍스트 파일을 입출력하는 방법을 학습한다.
- 이진 파일을 입출력하는 방법을 학습한다.

13.1 표준 입출력

프로그램 입장에서 입력이란 키보드, 마우스, 파일 등과 같은 외부 장치로부터 필요한 데이터를 입력받아 프로그램이 사용하는 메모리에 저장하는 것을 말한다. 반면에 출력이란 메모리에 있는 데이터를 모니터, 프린터와 같은 외부 장치로 보내는 것을 뜻한다.

1 스트림을 통한 입출력

스트림이란?

사용자 프로그램은 키보드, 모니터, 파일과 같은 외부 입출력 장치들과 완전히 독립적으로 동작한다. 따라서 외부 장치들과 데이터를 주고받기 위해서는 키보드로 데이터를 입력받는 프로그램이나 모니터로 데이터를 출력하는 프로그램이 반드시 사용자 프로그램 내부에 포함되어 있어야만 한다. 하지만 지금까지 실습한 예제에서 한 번도 이런 프로그램을 작성한 경우는 없었다. 그렇다면 사용자 프로그램은 어떻게 외부 장치들과 데이터를 주고받을까?

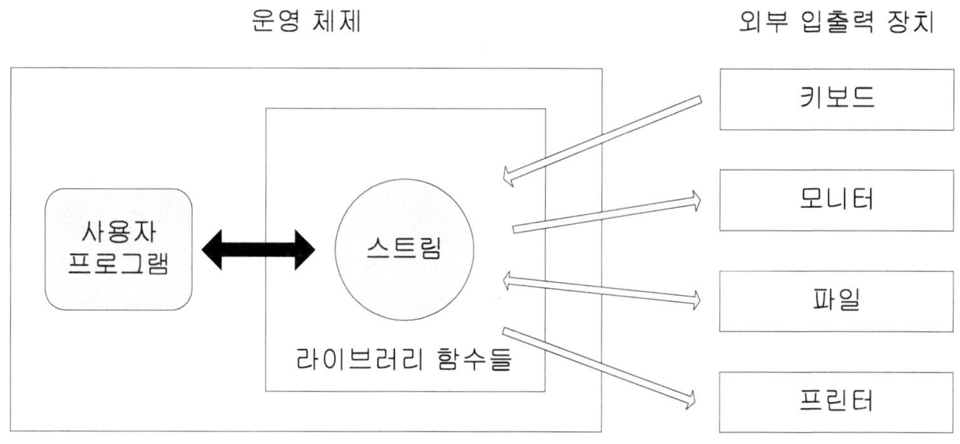

【그림 13.1】 스트림의 기본 개념

키보드, 모니터, 파일 등과 같은 외부 장치들은 다양한 방식으로 데이터를 주고받는다. 따라서 프로그래머가 이들 외부 장치에 적합한 입출력 프로그램을 직접 작성한다는 것은 큰 부담이 아닐 수 없다. 스트림(stream)은 이런 문제점을 해결하기 위해 고안된 개념으로 사용자 프로그램과 입출력 장치의 중간에 위치하면서 데이터를 중계하는 역할을 한다. 결국 스트림을 사용하면 사용자 프로그램은 스트림과의 입출력에만 신경 쓰면 되므로 외부 장치와의 입출력을 일관된 방법으로 처리할 수 있다.

스트림이란 '흐른다'라는 뜻이다. C언어는 데이터를 외부 장치에 입출력할 때 먼저 스트림에 일련의 바이트 형태의 문자들을 저장한다. 그리고 스트림으로부터 데이터를 읽거나 출력하는 방식을 이용한다. 따라서 사용자 프로그램 입장에서는 외부 장치와 무관하게 스트림에 데이터를 입출력하기만 하면 모든 작업이 끝나게 된다. 실제 외부 장치에 데이터를 입출력하는 작업은 운영 체제와 C 라이브러리 함수가 자동으로 처리해 준다.

표준 입출력 스트림

C언어의 스트림은 표준 스트림과 일반 스트림으로 분류할 수 있다. 이중에 프로그램 실행에 가장 필수적인 스트림을 표준 스트림 혹은 표준 입출력 스트림이라 한다. 표준 스트림에는 표준 입력 스트림(stdin), 표준 출력 스트림(stdout), 표준 에러 스트림(stderr)의 3개가 있으며 scanf(), printf() 함수들도 표준 입출력 스트림을 통해 입출력을 수행한다.

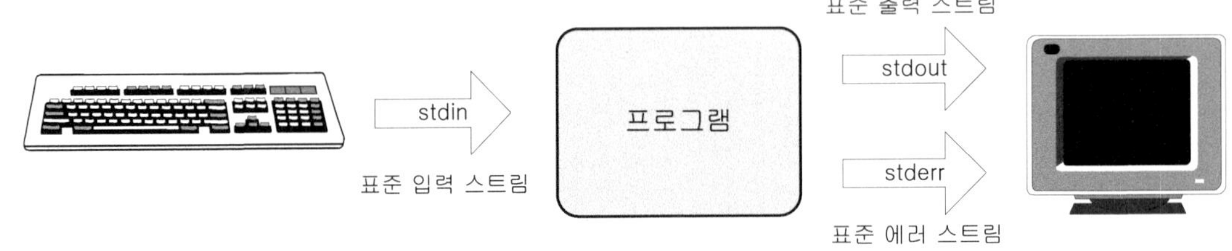

【그림 13.2】 표준 입출력 스트림의 종류

C언어에서 표준 입력 장치는 키보드, 표준 출력 장치는 모니터를 말한다.

지금까지 작성한 프로그램들 중에 입력 스트림을 여는 프로그램이나 출력 스트림을 여는 프로그램을 한 번도 작성한 적이 없다. 그런데 어떻게 printf() 함수나 scanf() 함수를 이용해 외부 장치와 입출력을 할 수 있었을까?

표준 입출력 스트림은 운영 체제가 사용자 프로그램이 실행될 때 자동으로 만들어 주고 프로그램이 종료되면 자동으로 삭제해 준다. 따라서 프로그래머가 표준 입출력 스트림을 생성할 필요는 없다. 하지만 일반 스트림의 경우는 프로그래머가 직접 스트림을 생성해야 한다.

2 표준 입출력 함수

표준 입출력 함수란 표준 입출력 스트림을 이용하는 함수를 말한다. 표준 입력 함수는 키보드로부터 데이터를 입력받는 함수를 의미하고 표준 출력 함수는 모니터로 출력하는 함수를 말한다. 표준 입출력 함수의 종류를 알아보자.

【표 13.1】 표준 입력 함수의 종류

형식	표준 입력 함수	사용법
서식이 있는 경우	scanf()	정수, 실수, 문자, 문자열 입력
서식이 없는 경우	getch(), getchar()	한 문자를 입력
	gets()	한 줄의 문자열 입력

【표 13.2】 표준 출력 함수의 종류

형식	표준 출력 함수	사용법
서식이 있는 경우	printf()	정수, 실수, 문자, 문자열 출력
서식이 없는 경우	putch(), putchar()	한 문자를 출력
	puts()	한 줄의 문자열 출력

서식이란 %d, %f와 같이 데이터의 형식을 지정하는 것을 의미한다.

C언어에서 제공하는 표준 입출력 함수들은 입출력 서식의 지정 유무에 따라 분류할 수 있다. scanf() 함수나 printf() 함수들은 서식이 있는 입출력으로 문자, 숫자, 문자열 등의 모든 데이터를 처리할 수 있다. 반면에 서식이 없는 입출력 함수는 문자나 문자열 형태의 입출력을 수행하는 함수를 말한다.

3 문자 입출력 함수

문자 1개를 키보드에서 입력받는 함수에는 getch(), getchar() 함수가 있다.

【표 13.3】 문자 입력 함수의 종류

문자 입력 함수	
getch( )	키보드로 문자 1개를 입력
getchar( )	키보드로 Enter↵키를 누를 때까지 문자 입력

getche() 함수는 getch()와 동일하지만 입력된 문자를 화면에 보여준다.

문자 1개를 모니터로 출력하는 함수는 putch(), putchar() 함수가 있다.

【표 13.4】 문자 출력 함수의 종류

문자 출력 함수	
putch( )	모니터에 문자 1개를 출력
putchar( )	모니터에 문자 1개를 출력

getch( ) 함수와 putch( ) 함수

getch() 함수는 키보드를 통해 문자 1개를 입력받으며 입력된 문자가 화면에 표시되지는 않는다. putch() 함수는 문자 1개를 화면에 출력한다.

getch( )함수의 사용법

입력할 문자변수 = getch( )

putch( )함수의 사용법

putch(출력할 문자변수)

【그림 13.3】 getch() 함수와 putch() 함수의 형식

getch() 함수가 실행되면 커서가 깜박거리면서 키보드로 데이터가 입력될 때까지 대기한다. 만약 데이터가 입력되면 선택된 키의 아스키코드가 문자 변수에 기억된다. 간단한 예를 살펴보자.

【기초 예제 13.1】 getch()와 putch()를 이용한 문자 1개 입출력

```
#include<stdio.h>
#include<conio.h>                                   //①
int main( )
{
    char ch;
    ch = getch();                                   //② 문자 1개 입력
    putch(ch);                                      //③ 문자 출력
    printf("\n----------\n");                       //줄 바꾸기
    ch = getche();                                  //④문자 1개 입력
    putch(ch);
    return 0;
}
```

실행 결과

```
n
----------
yyPress any key to continue
```

소스 관찰

① getch()와 putch() 함수의 원형이 선언되어 있다.
② 키보드로 문자 1개를 입력받아 문자형 변수 ch에 저장한다. 이때 입력된 문자가 모니터에 표시되지는 않는다.
③ ch에 저장된 데이터를 문자형으로 모니터에 출력한다.
④ getche() 함수는 입력받은 문자를 화면에 표시한다. getche() 함수의 e는 echo의 약자이다.

putch() 함수는 소괄호 안에 문자 상수, 문자형 변수, 아스키코드, 수식이 모두 올 수 있으며, 만약 소괄호 내에 숫자가 입력되면 아스키코드로 해석되어 해당 문자가 출력된다.

```
putch('A');          //A출력
putch(65);           //A출력
putch('A'+3);        //D출력
```

getchar() 함수와 putchar() 함수

getchar() 함수는 버퍼를 이용하여 키보드에서 문자 1개를 입력받으며 putchar() 함수는 문자 1개를 모니터에 출력한다.

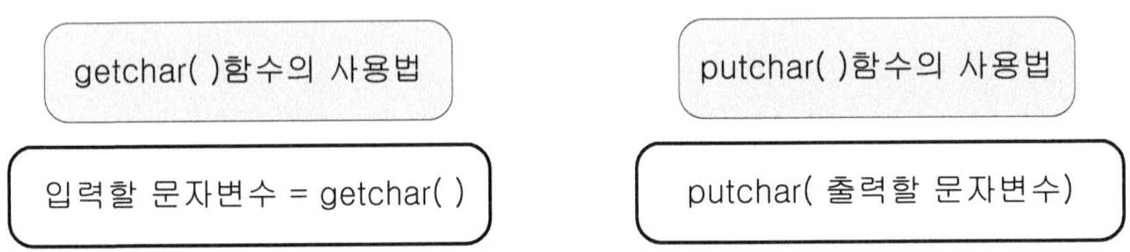

【그림 13.4】 getchar() 함수와 putchar() 함수의 형식

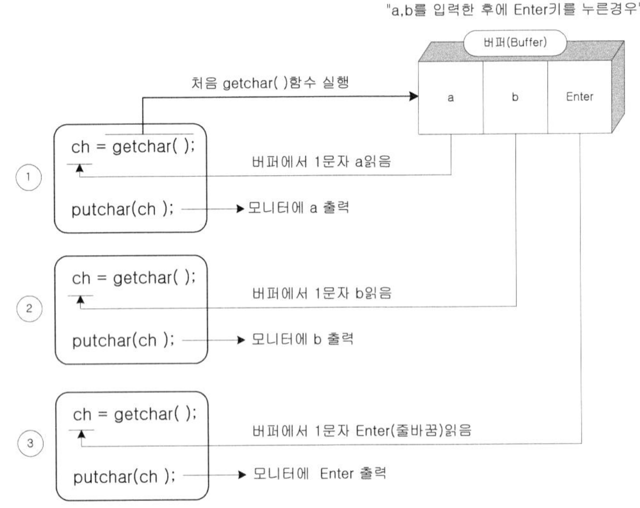

【그림 13.5】 getchar() 함수의 동작 원리

getchar() 함수는 getch() 함수와 다르게 Enter↵키가 눌릴 때까지 문자열을 입력받아 버퍼에 저장한 이후에 하나씩 문자를 반환하는 기능을 갖고 있다. 따라서 여러 개의 getchar()함수가 사용되어도 키보드 입력을 대기하는 것은 처음에 getchar() 함수가 실행될 때뿐임을 주의해야 한다. 만약 영문자 a와 b를 입력한 후에 Enter↵키를 누른 경우라면 마지막에 입력한 Enter↵키도 하나의 문자로 간주되어 버퍼에 저장되며 앞의 그림과 같이 동작한다.

【기초 예제 13.2】 getchar()와 putchar()를 이용한 문자 입출력

```
#include<stdio.h>
int main( )
{
    char ch;
    printf("문자열을 입력하시오:");
    ch = getchar( );                    //① 문자열을 입력받아 버퍼에 저장
    putchar(ch);                        //② 버퍼의 처음 문자 출력
    ch = getchar( );                    //버퍼의 다음 문자 입력
    putchar(ch);
    return 0;
}
```

실행 결과

```
문자열을 입력하세요:a                    //③
a
Press any key to continue
```

```
문자열을 입력하세요:ab                   //④
abPress any key to continue
```

소스 관찰

① 처음 getchar() 함수를 만나면 Enter↵키가 입력되기 전까지의 내용을 모두 버퍼에 저장한다. 이때 마지막 Enter↵키도 저장된다. 만약 a와 b를 입력했다면 버퍼에는 abEnter순으로 저장된다. 그리고 맨 처음 입력된 문자의 아스키코드를 반환하여 ch에 대입한다.

② 버퍼의 맨 처음에 저장된 문자를 읽어 문자형으로 모니터에 출력한다. 따라서 a가 출력된다.

③ 만약 실행 결과의 첫 번째와 같이 문자 1개(a)만 입력했다면 버퍼에는 aEnter가 저장된다. 따라서 a가 출력된 이후에 Enter(줄 변경 문자)가 출력된다.

④ 실행 결과의 두 번째와 같이 a와 b 2개의 문자를 입력했다면 버퍼에는 abEnter가 차례로 저장된다. 따라서 두 개의 문자만 출력되고 Enter는 출력되지 않으므로 줄바꿈 문자는 출력되지 않는다.

【응용 예제 13.3】 키보드로 하나의 문자를 입력받아 모니터에 표시하기

키보드로 하나의 문자를 입력받아 모니터에 반복해서 표시하고 영문자 s가 입력되면 입력을 종료하는 프로그램을 작성해 보자.

```
#include<stdio.h>
#define STOP 's'
int main( )
{
   char ch;
   while( (ch = getchar()) != STOP )              //①문자 입력
      putchar(ch);                                //②
   return 0;
}
```

실행 결과

```
a
a
s
Press any key to continue
```

```
abcds
abcdPress any key to continue
```

소스 관찰

① while문의 조건식(ch = getchar()) != STOP이 참이면 while문을 반복 연산한다. STOP을 s로 정의했으므로 키보드에 s 이외의 문자가 입력되면 조건식은 참이고 s가 입력되면 조건식은 거짓이 된다.

② 조건식이 참인 경우는 getchar() 함수로 문자 1개를 입력받아 putchar() 함수로 모니터에 출력한다. 조건식이 거짓이면 while문을 종료한다.

4 문자열 입출력 함수

문자열을 입출력할 수 있는 함수에는 scanf()와 printf() 함수가 가장 많이 사용된다. scanf() 함수와 printf() 함수는 문자열 외에도 필요한 서식을 지정해 숫자, 문자를 모두 입출력할 수 있다. C언어에는 문자열만 입출력할 수 있는 gets() 함수와 puts() 함수가 있다. 기본적인 사용법을 알아보자.

gets() 함수와 puts() 함수

gets() 함수는 표준 입력 장치인 키보드로부터 문자열을 입력받는 함수로 숫자를 입력해도 모두 문자열로 간주한다. puts() 함수는 문자열을 표준 출력장치인 모니터에 출력해 주는 함수이다. gets() 함수와 puts() 함수는 문자열을 처리하므로 입력 인자는 문자 배열이나 문자열 포인터가 된다.

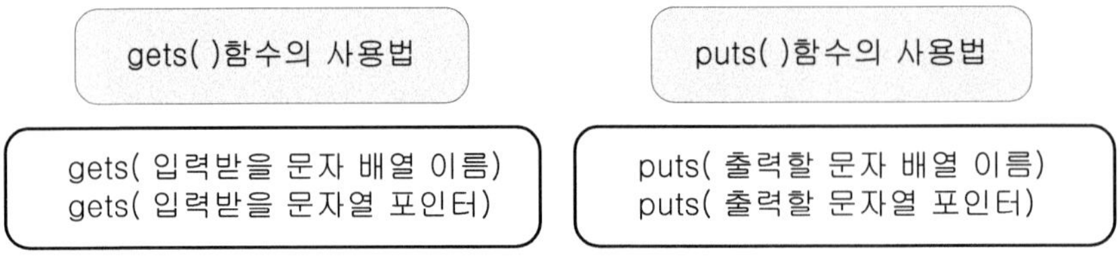

gets( )함수의 사용법

gets(입력받을 문자 배열 이름)
gets(입력받을 문자열 포인터)

puts( )함수의 사용법

puts(출력할 문자 배열 이름)
puts(출력할 문자열 포인터)

【그림 13.6】 gets() 함수와 puts() 함수의 형식

【기초 예제 13.4】 gets() 함수와 puts() 함수를 이용한 문자열의 입출력

```
#include<stdio.h>
int main( )
{
    char sa[10], sb[10];                    //문자 배열 선언
    char *st;                               //문자열 포인터
    st = sb;
    printf("첫 번째 문자열을 입력하시오:");
    gets(sa);                               //① 문자 배열 이용
    puts(sa);
    printf("두 번째 문자열을 입력하시오:");
    gets(st);                               //② 포인터 이용
    puts(st);
    return 0;
}
```

실행 결과

```
첫 번째 문자열을 입력하세요:abcdef
abcdef
두 번째 문자열을 입력하세요:12345
12345
```

소스 관찰

① sa는 문자형 배열의 이름이다. gets() 함수는 입력 인자로 문자 배열을 사용해

문자열을 저장한다. puts(sa) 함수는 sa 배열에 저장된 문자열을 모니터에 출력한다.

② gets() 함수의 입력 인자로 문자형 포인터를 이용해도 결과는 동일하다. gets() 함수나 puts() 함수는 문자형 배열 혹은 문자형 포인터에 관계없이 숫자도 모두 문자열로 인식해 처리한다.

13.2 파일 처리의 기초

지금까지는 데이터를 저장할 때 주로 메모리를 이용했다. 하지만 메모리는 전원이 없으면 내부에 저장된 데이터가 모두 사라지는 휘발성 메모리이다. 따라서 데이터를 영구 보존하기 위해서는 파일 형태로 하드 디스크나 플로피 디스크와 같은 보조 기억장치에 저장해야 한다. 이번 장에서는 파일의 개념과 종류에 대해 먼저 알아보고 C언어에서 파일에 데이터를 입출력하는 방법을 자세히 공부해 보자.

1 파일이란?

하드웨어적으로 정보를 표현할 때 비트(Bit)와 바이트(Byte)라는 용어를 많이 사용한다. 비트는 정보 표현의 최소단위로 2진수 한 자리를 의미한다. 바이트는 문자 표현의 최소단위로 2진수 8자리를 의미하며 메모리의 주소를 부여하는 최소단위라고도 한다. 이와 유사하게 소프트웨어적으로 정보를 표현할 때는 필드, 레코드, 파일이란 용어를 많이 사용한다.

하드웨어적 정보 표현 용어

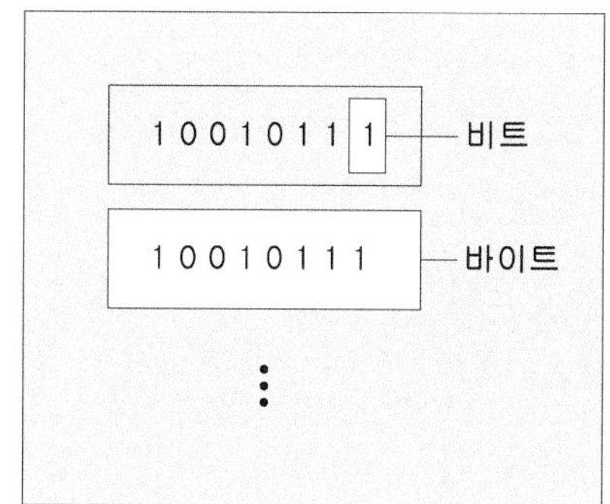

소프트웨어적 정보 표현 용어

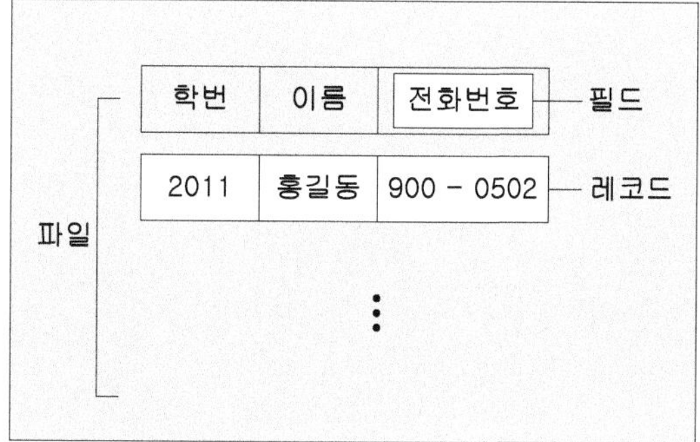

【그림 13.7】 정보 표현 용어의 비교

필드(field)란 의미 있는 정보 표현의 최소단위로 전화번호부의 학번, 이름, 전화번호와 같은 각각의 항목을 의미한다. 레코드(record)는 서로 연관된 필드의 집합을 말하며 전화번호부의 가로선 한 줄을 생각하면 된다. 파일은 관련된 레코드의 모임으로 보조 기억장치에 저장해 놓은 자료를 말한다.

2 파일의 종류

파일은 눈으로 직접 내용을 볼 수 있느냐 없느냐에 따라 텍스트 파일과 이진 파일로 나눌 수 있다. 텍스트(text) 파일은 문자나 숫자를 포함하는 문자열로 이루어진 파일로 아스키 파일이라고도 한다. 텍스트 파일의 대표적인 확장명은 *.txt이다. 또한, *.c, *.cpp, *.html 등과 같은 각종 프로그래밍 소스들과 웹 문서도 텍스트 파일의 일종이다.

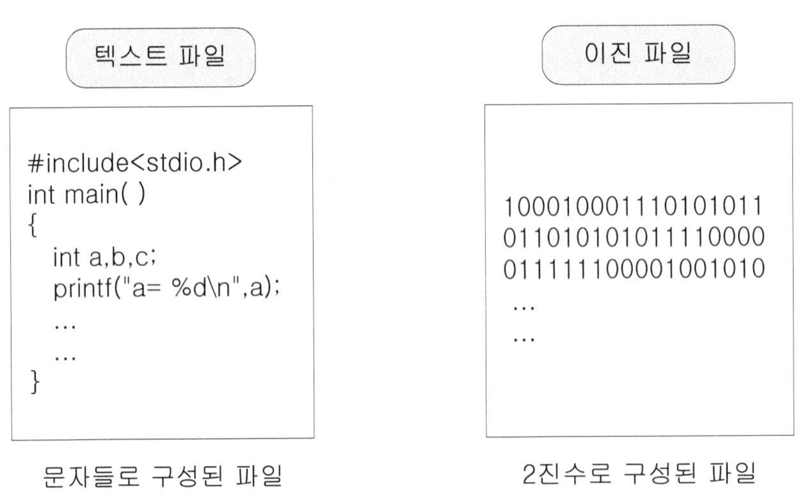

【그림 13.8】 텍스트 파일과 이진 파일

이진(binary) 파일은 0과 1의 2진수로만 구성된 파일로 사람이 직접 읽을 수는 없고 특정한 프로그램에 의해서만 판독할 수 있는 파일이다. 대부분의 실행 파일은 이진 파일이고 확장명은 *.exe를 사용한다. 또한, 확장명이 *.zip인 압축 파일과 확장명이 *.mp3, *.mpg, *.jpg인 멀티미디어 파일들도 이진 파일이다. 이진 파일은 메모장이나 한글과 같은 일반 문서 프로그램으로는 내용을 확인할 수 없다.

3 파일 처리의 순서

키보드와 모니터와 같은 표준 입출력 장치는 항상 표준 스트림이 자동으로 준비되어 있기 때문에 scanf()나 printf()와 같은 함수를 바로 사용할 수 있었다. 하지만 파일 입출력의 경우는 프로그래머가 파일 스트림을 생성해야 한다.

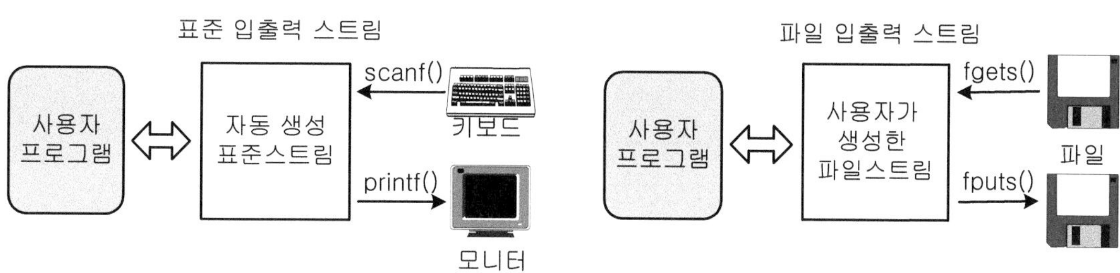

【그림 13.9】 표준 입출력 스트림과 파일 입출력 스트림

파일 입출력은 반드시 파일 열기, 파일 입출력, 파일 닫기의 3단계를 순서대로 처리해야 한다. 파일 열기는 파일에 데이터를 읽거나 쓸 수 있도록 준비하는 과정으로 파일과 연결된 스트림을 생성하는 과정을 의미한다. C언어에서 파일 스트림을 생성하는 함수는 fopen() 함수이다. 파일이 열린 다음에는 C라이브러리에서 제공하는 파일 입출력 함수를 이용해 입출력 작업을 수행한다. 마지막으로 모든 파일 입출력 작업이 끝나면 파일을 닫아야 한다. 파일 닫기에는 fclose() 함수가 이용된다.

【그림 13.10】 파일 처리 순서

파일 열기(open)

파일을 열기 위해서 가장 먼저 파일 포인터라고 하는 포인터 변수를 선언해야 한다. 파일 포인터를 선언하는 방법은 다음과 같다.

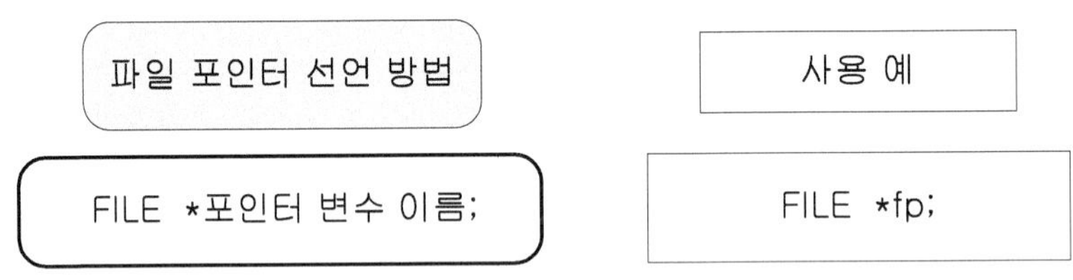

【그림 13.11】 파일 포인터의 선언과 사용 예

파일 포인터의 변수 이름은 file pointer의 약자인 fp를 주로 이용한다.

파일 포인터를 선언한 후에는 라이브러리 함수인 fopen() 함수를 이용해 파일을 연다.

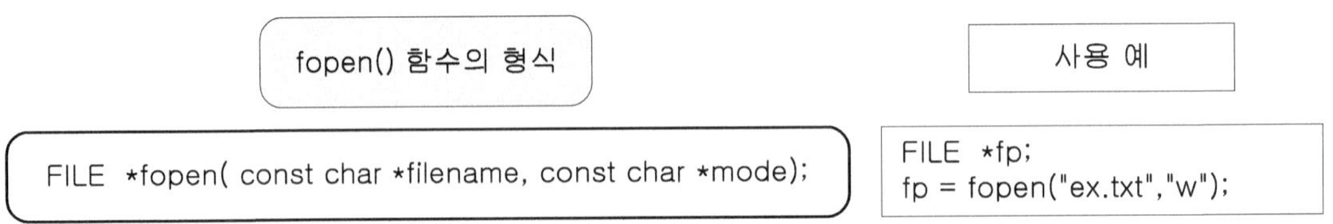

【그림 13.12】 fopen() 함수의 형식과 사용 예

fopen() 함수는 사용자가 지정한 파일의 스트림을 생성하고 파일에 접근할 수 있는 파일 포인터를 반환한다. 따라서 프로그래머는 fopen() 함수가 반환한 파일 포인터를 이용해 파일 입출력을 처리하고 작업이 끝나면 돌려주기만 하면 된다. 만약 fopen()에 실패하면 NULL 포인터가 반환된다. 따라서 파일 열기의 성공과 실패는 fopen() 함수의 반환값을 조사하면 쉽게 알 수 있다.

fopen() 함수는 두 개의 입력 인자를 갖고 있다. 첫 번째 filename은 생성할 파일의 이름으로 '파일 이름.확장 명'형태의 문자열을 큰따옴표로 묶어서 지정해 주면 된다. 두 번째 mode는 파일과 관련된 여러 가지 옵션을 선택하는 인자이다. 모드를 이용하면 텍스트 파일, 이진 파일과 같은 파일의 종류를 선택할 수도 있고, 파일에 데이터를 읽을 것인지 쓸 것인지를 지정할 수도 있다. 모드에 사용할 수 있는 문자열들을 정리하면 다음과 같다.

【표 13.5】 파일의 모드와 의미

모드 문자열	의미
"r"	읽기용으로 파일을 연다. 파일이 없으면 열기 실패이다.
"w"	쓰기용으로 파일을 만든다. 만약 파일이 없으면 파일을 만들고, 파일이 이미 존재하면 기존 내용은 모두 지워진다.
"a"	파일 내용 추가용으로 파일을 연다. 파일이 없으면 새로 만들고, 파일이 있으면 기존 파일의 끝에 데이터를 추가한다.
"r+"	읽기와 쓰기용으로 파일을 연다. 기존 파일이 있어야 하고 없으면 열기 실패이다.
"w+"	읽기와 쓰기용으로 파일을 연다. 파일이 없으면 새로 만들고 기존 파일이 있으면 덮어쓰기를 한다.
"a+"	읽기와 파일 내용 추가용으로 파일을 연다. 추가용은 파일이 없으면 새로 만들고 기존 파일이 있으면 파일의 끝에 데이터를 추가한다. 데이터 읽기는 어느 위치나 가능하다.
"b"	이진 파일 모드로 파일을 연다.

다음과 같은 파일 처리 프로그램을 살펴보자.

```
FILE  *fp = NULL;
fp = fopen("ex.txt", "r");
```

fopen() 함수가 기본적으로 처리하는 파일 형식은 텍스트 파일이다. fopen() 함수의 첫 번째 인자는 디스크에서 "ex.txt"라는 텍스트 파일을 열라는 뜻이다. 또한, 두 번째 인자는 "r"이므로 파일을 읽기 모드로 열라는 의미이다. 만약 ex.txt라는 파일이 없으면 파일 열기에 실패한다.

파일 처리의 기본 형식은 텍스트이므로 이진 파일을 이용하고 싶다면 모드 문자열 뒤에 b를 추가한다. 다음은 "ex.dat"라는 이진 파일을 읽기 모드로 열라는 뜻이다.

```
FILE  *fp = NULL;
fp = fopen("ex.dat", "rb");
```

파일 닫기(close)

파일을 열어 입출력 작업을 모두 실행한 후에는 반드시 파일을 닫아야 한다. 파일을 닫는 함수는 fclose()이며 함수 원형 및 사용 예는 다음과 같다.

【그림 13.13】 fclose()함수의 형식과 사용 예

fclose() 함수는 <stdio.h>에 정의되어 있으며 입력 인자로 파일 포인터를 받아 해당 파일을 성공적으로 닫으면 0을 반환하고, 파일 닫기에 실패하면 -1을 반환한다.

【기초 예제 13.5】 쓰기 모드로 텍스트 파일 열기

```
#include<stdio.h>
int main( )
{
  FILE *fp = NULL;                          //① 파일 포인터 선언
  fp = fopen("ex5.txt", "w");               //② 쓰기 모드로 열기
  if(fp != NULL)                            //③
     printf("파일 열기 성공\n");
  else
     printf("파일 열기 실패\n");
```

```
    fclose(fp);                                          //파일 닫기
    return 0;
}
```

실행 결과

```
파일 열기 성공                                           //④
```

소스 관찰

① FILE을 가리키는 파일 포인터 fp를 선언한다. 포인터 이름 fp는 변수 이름의 부여 규칙에 준해서 붙이면 된다. 보통 file pointer의 약자인 fp를 주로 사용한다.

② ex5.txt라는 텍스트 파일을 쓰기 모드로 연다. 파일이 없으면 새로 만든다.

③ fopen() 함수는 파일 열기에 성공하면 파일 스트림의 주소를 반환하고 실패하면 NULL 포인터를 반환한다.

④ 파일 열기에 성공하면 C 소스 파일이 저장되어 있는 폴더에 ex5.txt라는 파일이 만들어진다. 여기서는 파일을 생성만 하고 데이터를 입출력하지 않았으므로 파일 내부에 저장된 데이터는 없다.

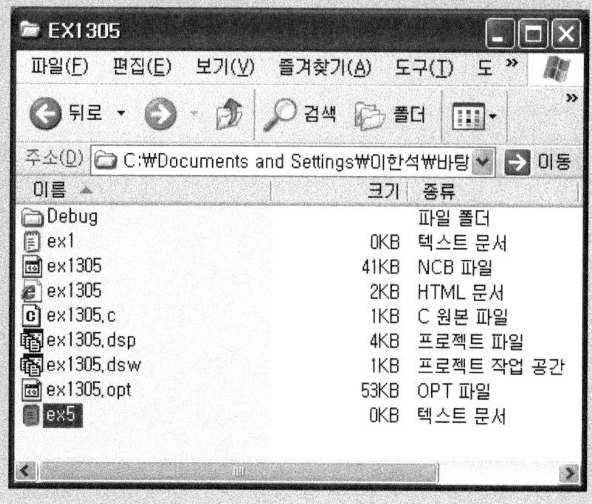

13.3 텍스트 파일의 읽기와 쓰기

파일 열기에 성공하면 파일에서 원하는 데이터를 읽을 수도 있고, 반대로 필요한 데이터를 파일에 쓸 수도 있다. 텍스트 파일의 입력과 출력은 주로 라이브러리 함수들을 이용하며 용도에 따라 적절히 선택한다.

【표 13.6】 텍스트 파일용 입력 함수의 종류 및 의미

입력 종류	입력 함수	함수 의미
문자 입력	int fgetc( )	파일에서 문자 하나를 입력
문자열 입력	char *fgets()	파일에서 한 줄의 문자열을 입력
서식화된 입력	int fscanf()	파일에서 서식 문자열을 이용해 입력

【표 13.7】 텍스트 파일용 출력 함수의 종류 및 의미

출력 종류	출력 함수	함수 의미
문자 출력	int fputc()	파일로 문자 하나를 출력
문자열 출력	int fputs()	파일로 한 줄의 문자열을 출력
서식화된 출력	int fprintf()	파일로 서식 문자열을 이용해 출력

1 문자 입출력 함수

문자 출력 함수 : fputc()

텍스트 파일에 하나의 문자를 쓸 때는 fputc() 함수를 이용한다. fputc() 함수는 첫 번째 입력 인자로 문자를 입력받아, 두 번째 인자인 파일 포인터가 가리키는 파일에 입력받은 문자를 쓴다. 파일의 입출력에 관련된 예제들은 실행 결과가 모니터에 표시되지 않으므로 반드시 생성된 파일을 열어 결과를 확인해야 한다.

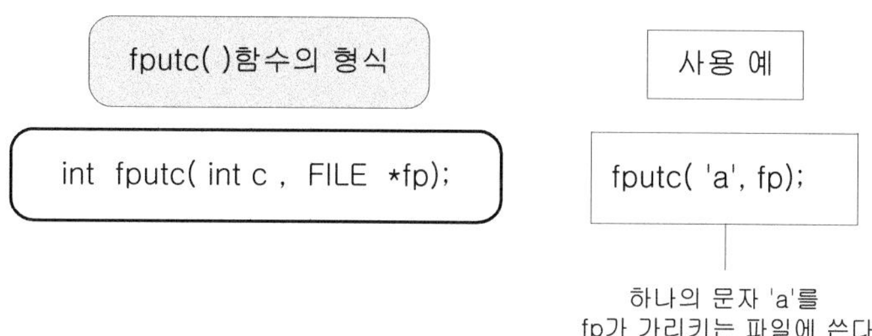

【그림 13.14】 fputc() 함수의 형식과 사용 예

【기초 예제 13.6】 파일로 1개의 문자 출력하기

```
#include<stdio.h>
int main( )
{
  FILE *fp = NULL;                          //파일 포인터 선언
  fp = fopen("ex6.txt", "w");               //쓰기 모드로 열기
  if(fp == NULL){
      printf("파일열기 실패\n");
      return -1;
  }
  fputc('A', fp);                           //① 문자 파일에 출력
  fputc(65, fp);
  fputc('2', fp);                           //②
  fclose(fp);                               //파일 닫기
  return 0;
}
```

실행 결과

파일 열기 성공

소스 관찰

① ex6.txt 파일을 쓰기 모드로 열고 fputc() 함수를 이용해 대문자 A를 파일에 쓴다. 대문자 A의 아스키코드는 10진수로 65이므로 fputc() 함수의 첫 번째 인자에 65를 넘겨줘도 결과는 동일하다.

② '2'는 정수가 아니고 문자 상수이므로 그대로 2가 출력된다. 결과는 메모장을 열어 확인하면 AA2가 저장되어 있음을 확인할 수 있다.

문자 입력 함수 : fgetc()

파일로부터 1개의 문자를 입력받는 함수는 fgetc()를 이용하며 함수의 원형 및 사용법은 다음과 같다.

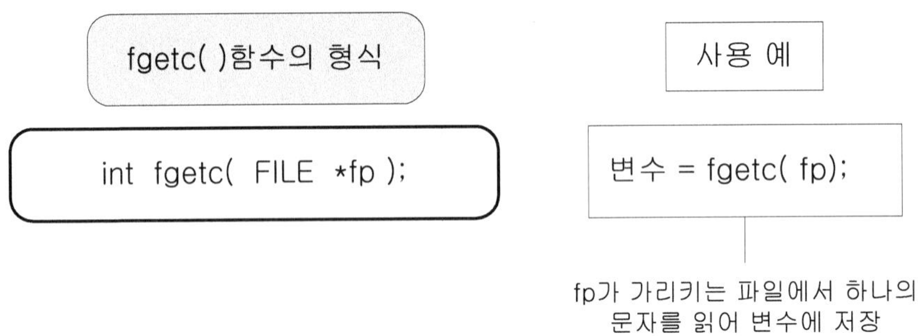

【그림 13.15】 fgetc() 함수의 형식과 사용 예

【기초 예제 13.7】 파일에서 1개의 문자 입력받기

```
#include<stdio.h>
int main( )
{
   FILE *fp = NULL;                          //파일 포인터 선언
   int input;
   fp = fopen("ex6.txt", "r");               //읽기 모드로 열기
   if(fp == NULL){
```

```
        printf("파일 열기 실패\n");
        return -1;
    }
    input = fgetc(fp);                                    //①문자1개 입력받기
    putchar(input);                                       //②모니터에 출력
    fclose(fp);
    return 0;
}
```

실행 결과

```
A
```

소스 관찰

ex6.txt 파일이 없으면 파일 열기 실패 에러가 발생한다. 예제 13.6에서 만든 파일이 c 소스파일과 같은 폴더에 저장되어 있다고 가정하자.

① fp가 지시하는 파일에서 문자 1개를 읽어 온다. ex6.txt 파일에는 AA2가 저장되어있으므로 A를 읽어서 input 변수에 저장한다. 만약 여러 개의 문자를 읽고 싶다면 반복문을 이용한다.

② input에 저장된 문자를 모니터에 출력한다.

파일의 끝을 나타내는 기호 : EOF

보통 텍스트 파일에는 문자들이 바이트 단위로 나열되어 있으므로 데이터를 추가하거나 읽을 때를 대비해서 데이터의 끝을 나타내는 기호를 사용한다. 이런 용도의 특수 기호가 EOF(end of file)이며, 실제 값은 시스템에 따라 다르다. C언어에서 EOF값은 -1이며 <stdio.h>에 정의되어 있다. 보통 문자 값들은 -1값을 사용하지 않으므로 다른 문자들과 겹치지 않아 많이 이용된다.

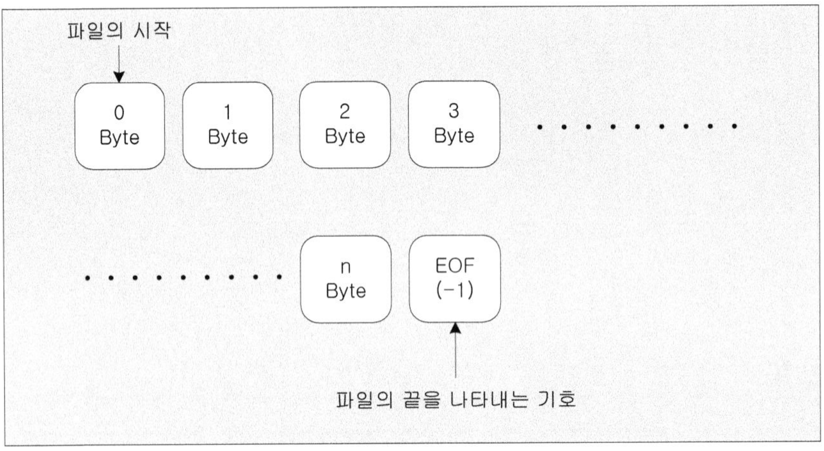

【그림 13.16】 EOF의 개념

【응용 예제 13.8】 영문자 A~Z까지를 파일에 출력하고 다시 읽어 오기

test1.txt라는 텍스트 파일을 만들고 영문자 대문자 A~Z까지를 저장한 이후에 이 파일의 내용을 모두 읽어 모니터에 표시하는 프로그램을 작성해 보자.

```
#include<stdio.h>
int main( )
{
  FILE *fp1 = NULL, *fp2 = NULL;                    //파일 포인터 선언
  int i, input;
  fp1 = fopen("test1.txt", "w");                    //쓰기 모드로 열기

  if(fp1 == NULL){
     printf("파일열기 실패\n");
     return -1;
  }
  for(i='A'; i<='Z'; i++)                           //① 파일에 출력
     fputc(i, fp1);
  fclose(fp1);                                      //fp1 파일 닫기
```

```
    fp2 = fopen("test1.txt", "r");
    if(fp2 == NULL){
        printf("파일 열기 실패\n");
        return -1;
    }
    while((input = fgetc(fp2)) != EOF)                    //② 문자 읽기
      putchar(input);
    printf("\n");
    fclose(fp2);                                          //fp2 파일 닫기
    return 0;
}
```

실행 결과

```
ABCDEFGHIJKLMNOPQRSTUVWXYZ
```

소스 관찰

① for문의 변수 i는 A부터 Z까지 26번 반복 연산한다. 매번 i가 증가할 때마다 A에서부터 영문자 한 문자를 test1.txt 파일에 쓴다.

② while문의 조건식은 test1.txt에서 읽은 데이터가 EOF가 아니면 참이다. 파일의 데이터를 한 문자씩 읽어서 putchar()로 모니터에 출력한다. EOF를 만나면 while문을 끝낸다.

2 문자열 입출력 함수

문자열을 한 번에 입출력할 수 있는 함수는 fputs() 함수와 fgets() 함수가 이용된다. 사용법을 알아보자.

문자열 출력 함수 : fputs()

표준 입출력 함수의 puts() 함수와 거의 유사하며 모니터 대신 파일 포인터가 지정한 파일에 문자열을 쓴다. fputs() 함수의 원형과 사용법은 다음과 같다.

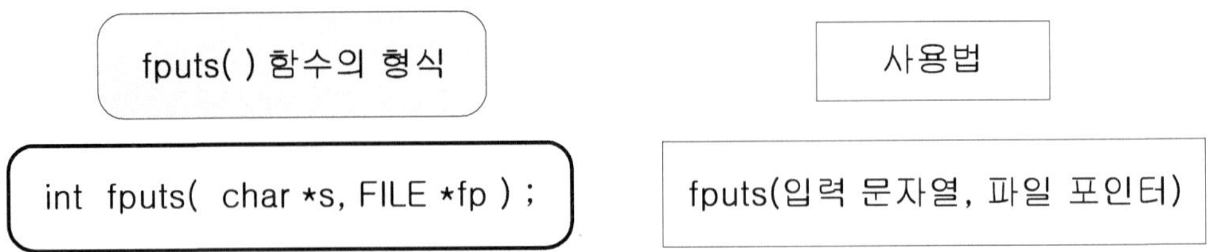

【그림 13.17】 fputs() 함수의 형식과 사용법

fputs() 함수는 포인터 s가 가리키는 문자열을 파일 포인터 fp가 가리키는 파일에 저장하는 함수이다. 간단한 예를 들어 보자.

【기초 예제 13.9】 키보드로 문자열을 입력받아 파일에 저장하기

```
#include<stdio.h>
int main( )
{
  FILE *fp = NULL;                              //파일 포인터 선언
  char str[30];
  fp = fopen("c:\\ex9.txt", "w");               //① 쓰기 모드로 열기
  if(fp == NULL){
      printf("파일 열기 실패\n");
      return -1;
  }
  printf("30개 이내의 문자를 입력하시오:");
  gets(str);                                    //② 문자열 입력
  fputs(str, fp);                               //③ 문자열 출력
  fclose(fp);
  return 0;
}
```

실행 결과

```
30개 이내의 문자를 입력하시오:I love C language
```

소스 관찰

① fopen() 함수를 이용해 파일을 열 때는 C 소스파일이 저장되어 있는 폴더가 기본적으로 사용된다. 만약 저장할 폴더를 C드라이브의 루트 폴더로 바꾸고 싶으면 "C:\\파일명"으로 바꾸어 주면 된다.

② str은 문자형 배열의 이름으로 이름 자체가 포인터이다.

③ fputs()는 str이 가리키는 문자열을 fp가 가리키는 파일에 저장한다.

문자열 입력 함수 : fgets()

fgets() 함수는 파일 포인터로 지정한 파일에서 한 라인의 문자열을 읽어서 문자 배열에 저장한다. 함수의 원형과 사용법을 살펴보자.

【그림 13.18】 fgets() 함수의 형식과 사용법

fgets() 함수는 파일 포인터로 지정한 파일에서 문자열을 읽어 포인터 s가 가리키는 배열에 저장한다. s는 입력된 문자열이 저장되는 일종의 버퍼이고, n은 입력 가능한 최대 문자의 개수이다. fgets() 함수는 하나의 라인을 완전히 읽거나 최대 n-1개의 문자를 읽고 마지막에 NULL 문자를 추가한다. 따라서 파일에서 읽어올 문자 개수는 항상 최대 문자 수 n보다 작아야 한다.

【기초 예제 13.10】 파일에서 문자열을 입력받아 모니터에 출력하기

다음과 같은 data.txt 파일을 메모장으로 만들고 해당 파일의 내용을 읽어서 모니터에 출력하자.

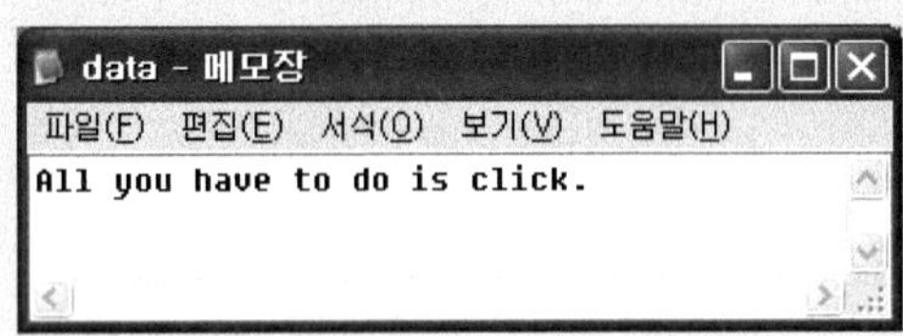


```
#include<stdio.h>
int main( )
{
   FILE *fp = NULL;
   char str[30];                              //문자 배열 선언
   fp = fopen("data.txt", "r");               //①읽기모드
   if(fp == NULL){
      printf("파일열기 실패\n");
      return -1;
   }
   fgets(str, 30, fp);                        //②
   puts(str);                                 //③
   fclose(fp);
   return 0;
}
```

실행 결과

```
All you have to do is click.
```

소스 관찰

① 메모장을 이용해 미리 만들어 놓은 data.txt 파일이 C 소스파일과 같은 폴더에 저장되어 있다고 하자.

② str은 배열 이름으로 주소를 갖고 있다. 따라서 파일 포인터가 지정한 파일에서 하나의 라인 전체를 읽거나 지정된 문자의 개수-1(29)까지 읽어서 str이 가리키는 배열에 저장한다.

③ 파일에서 읽은 문자열을 모니터에 출력한다.

3 서식이 있는 입출력 함수

지금까지 문자와 문자열을 파일에 입출력하는 경우를 살펴보았다. 만약 파일에 숫자가 포함되어 입출력하는 경우에는 서식이 있는 입출력 함수를 이용하는 것이 편리하다.

서식이 있는 출력 함수 : fprintf() 함수

파일에 숫자를 출력하는 경우에는 서식을 지정할 수 있는 fprintf() 함수를 이용한다. fprintf() 함수는 printf() 함수와 사용법이 동일하지만 출력 대상이 모니터가 아니고 파일이 된다. fprintf() 함수의 원형과 사용법을 알아보자.

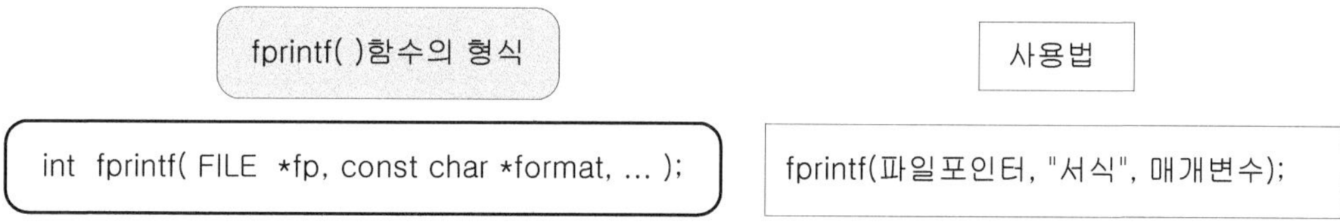

【그림 13.19】 fprintf() 함수의 형식과 사용법

【기초 예제 13.11】 키보드로 숫자가 포함된 데이터를 입력받아 파일에 출력하기

키보드로 학번, 이름, 성적을 입력받아 파일에 출력하는 프로그램을 작성해 보자.

```
#include<stdio.h>
int main( )
```

```
{
   FILE *fp = NULL;
   char str[10];
   int num, score;
   printf("학번을 입력하시오:");                          //① 데이터 입력
   scanf("%d", &num);
   printf("이름을 입력하시오:");
   scanf("%s", str);
   printf("성적을 입력하시오:");
   scanf("%d", &score);
   fp = fopen("ex11.txt", "w");                          //② 쓰기 모드

   if(fp == NULL){
      printf("파일 열기 실패\n");
      return -1;
   }
   fprintf(fp,"학번:%d  이름:%s  성적:%d\n", num, str, score);
                                                         //③
   fclose(fp);
   return 0;
}
```

실행 결과

```
학번을 입력하세요:2012
이름을 입력하세요:Lee
성적을 입력하세요:99
```

소스 관찰

① 키보드를 이용해 학번, 이름, 성적을 각각 입력받는다. 학번은 정수형, 이름은 문자열형, 성적은 정수형 변수에 저장한다.
② 쓰기 모드로 ex11.txt 파일을 연다.
③ fprintf() 함수는 printf() 함수와 동일하게 서식 제어 문자열을 이용해 정수(%d), 문자열(%s), 실수(%f)를 한꺼번에 파일에 쓸 수 있다.

서식이 있는 입력 함수 : fscanf() 함수

파일에 숫자와 문자가 혼용되어 있는 경우에는 서식을 지정할 수 있는 fscanf() 함수를 이용해 데이터를 읽어 온다. fscanf() 함수의 원형과 사용법을 알아보자.

【그림 13.20】 fscanf() 함수의 형식과 사용법

【기초 예제 13.12】 숫자가 포함된 데이터 파일을 입력받아 모니터에 출력하기

정수, 문자열, 실수가 혼용되어 있는 data.txt 파일을 읽어서 모니터에 출력해 보자.

```
#include<stdio.h>
int main( )
{
```

```
    FILE *fp = NULL;
    char str[5];
    int num;
    float score;
    fp = fopen("data.txt", "r");                          //읽기 모드
    if(fp == NULL){
        printf("파일 열기 실패\n");
        return -1;
    }
    fscanf(fp, "%d %s %f", &num, str, &score);           //①
    printf("%d  %s  %f\n", num, str, score);             //②
    fclose(fp);
    return 0;
}
```

실행 결과

```
10  Lee  90.500000
```

소스 관찰

메모장을 이용해 미리 만들어 놓은 data.txt 파일이 C 소스파일과 같은 폴더에 저장되어 있다고 하자.

① fscanf() 함수는 scanf() 함수와 사용법은 같다. 다만, 키보드로 데이터를 입력받는 것이 아니라 파일을 통해 데이터를 입력받는다. fscanf() 함수는 파일에 정수, 실수, 문자들이 혼용되어 있는 경우에 한꺼번에 다양한 데이터를 읽을 수 있는 장점이 있다.

② 파일을 통해 입력된 데이터들을 모니터에 출력한다.

13.4 이진 파일의 읽기와 쓰기

이진 파일이란 사람이 판독할 수 있는 텍스트 파일과는 달리 이진수 데이터 또는 실행 명령어들로 구성된 파일을 말한다. 다섯 개의 정수 1, 2, 3, 4, 5를 이용해 텍스트 파일과 이진 파일에 저장되는 방식을 비교해 보자.

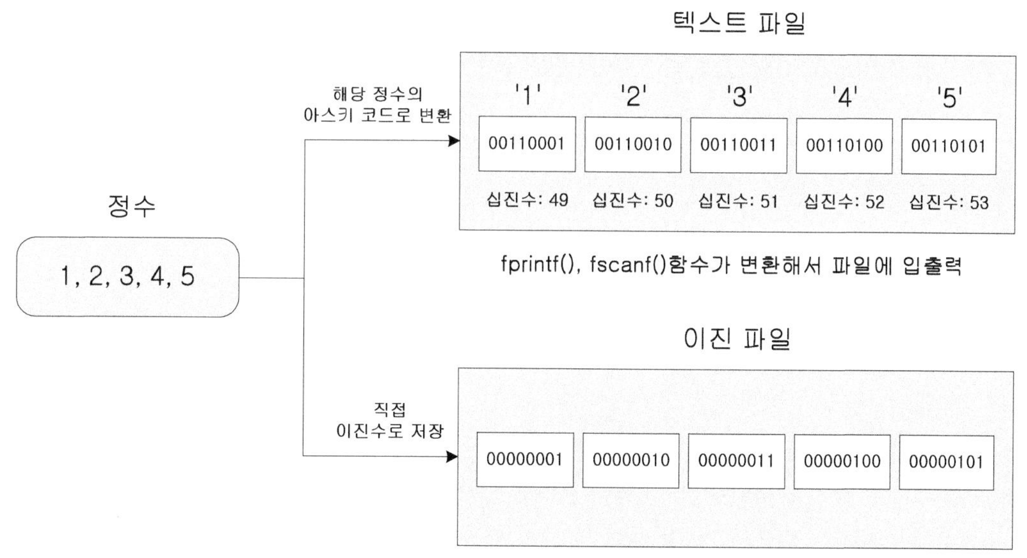

【그림 13.21】 텍스트 파일과 이진 파일의 저장 방식의 비교

텍스트 파일은 정수를 파일에 저장할 때 각 정수에 해당하는 아스키코드 값으로 변환하여 저장한다. 이 작업은 fprintf() 함수가 자동으로 처리해 준다. 반대로 파일에 저장된 정수를 읽을 때는 아스키코드를 fscanf() 함수가 읽어서 정수로 변환해 준다.

이진 파일은 파일에 데이터를 입출력할 때 아스키코드로 변환하지 않고 2진수 형태 그대로 저장한다. 따라서 텍스트 파일과 비교했을 때 아스키코드로 상호 변환하는 시간을 줄일 수 있으므로 처리 속도가 빠르다. 그러나 이진 파일은 메모장이나 한글과 같은 일반 문서 편집기에서 내용을 확인할 수도 없고, 모니터나 프린터로 파일의 내용을 출력할 수도 없다.

변수, 구조체, 배열 등의 값들은 이진 파일에 저장하거나 이진 파일에서 읽을 수 있다. 특히 배열처럼 큰 데이터를 한꺼번에 입출력할 경우에 이진 파일이 매우 유용하다. 이진 파일의 입출력에는 라이브러리 함수인 fwrite(), fread() 함수가 이용된다.

1 이진 파일에 쓰기 함수 : fwrite()

이진 파일에 데이터를 저장하는 함수는 fwrite()이고 함수 원형은 다음과 같다.

fwrite( )함수의 형식

```
size_t fwrite (const void *buffer, size_t size, size_t count, FILE *stream);
```

의미	파일포인터로 지정한 파일에 size크기의 이진데이터를 count값 만큼 저장한다.

【그림 13.22】 fwrite() 함수의 형식

이진 파일을 생성하기 위해서는 텍스트 파일과 마찬가지로 먼저 fopen() 함수를 이용해 파일을 열어야 한다. 이때 주의할 점은 파일 열기의 모드를 지정하는 문자열에 이진 파일을 나타내는 "b"를 추가해야 한다. 예를 들어 이진 파일을 쓰기 모드로 열고 싶다면 "wb"를 써주면 되고, 읽기 모드로 열고 싶다면 "rb"를 써준다. 다음은 이진 파일을 쓰기 모드로 여는 경우에 fopen() 함수의 사용법을 보여준다.

```
FILE  *fp = NULL;
fp = fopen("ex.bin", "wb");              //이진 파일을 쓰기 모드로 열기
```

이진 파일은 문자 단위로 입출력을 수행하는 텍스트 파일과는 다르게 블록 단위로 데이터를 입출력한다. 메모리 블록(memory block)이란 프로그램이 메모리 공간을 임의적으로 분할하여 사용하는 하나의 단위를 말한다.

C언어에서 메모리에 저장된 데이터를 이진 파일에 쓸 때는 fwrite() 함수를 이용한다. fwrite() 함수는 4개의 입력 인자를 갖고 있으며 각각의 입력 인자의 의미를 잘 알아야 한다.

fwrite(메모리 블록의 시작주소, 자료크기, 자료의 개수, 파일포인터)

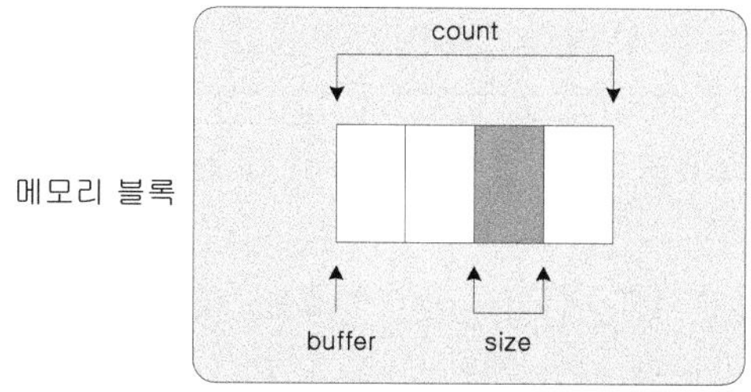

count
메모리 블록
buffer size

【그림 13.23】 fwrite() 함수의 입력 인자의 의미

fwrite() 함수의 첫 번째 인자인 buffer는 이진 파일에 저장할 데이터들이 저장되어 있는 메모리 블록의 시작 주소이다. 함수 원형에 포인터로 선언되어 있으므로 반드시 주소를 넘겨줘야 한다. 두 번째 인자 size는 파일에 저장되는 자료 한 개의 크기로 정수형이면 4, 문자형이면 1이 되고 단위는 바이트이다. 세 번째 인자 count는 파일에 저장할 자료의 총 개수를 의미한다. 마지막으로 fp는 데이터가 저장될 이진 파일을 가리키는 파일 포인터이다. fwrite() 함수의 사용 예를 살펴보자.

```
fwrite(buffer, 1 , 5, fp);                //문자형 자료 5개 저장
fwrite(buffer, sizeof(int), 10, fp);      //정수형 자료 10개 저장
```

문자형 자료 5개를 이진 파일로 저장하고 싶으면 size는 1이고, count는 5가 된다. 또한, 자료의 크기를 잘 모르는 경우에는 sizeof() 함수를 이용해 자료의 크기를 지정해 주어도 된다. sizeof(int)의 값은 4이므로 size는 4가 된다. fwrite() 함수는 함수의 실행을 마치면 실제 파일에 저장한 자료의 개수를 정수형(size_t)으로 반환한다.

2 이진 파일 읽기 함수 : fread()

파일에서 이진 데이터를 읽어오는 함수는 fread()이고 원형은 다음과 같다.

fread( )함수의 형식

```
size_t fread (void *buffer, size_t size, size_t count, FILE *stream);
```

사용법	파일 포인터로 지정한 파일에서 size 크기의 이진 데이터를 count값 만큼 읽어 온다.

【그림 13.24】 fread()함수의 형식

fread() 함수는 4개의 입력 인자를 갖고 있으며 반환 값은 파일에서 읽은 자료의 개수이다. fread() 함수의 사용법은 fwrite() 함수와 거의 동일하며 데이터의 이동 방향만 반대로 생각하면 된다.

fread() 함수의 첫 번째 입력 인자인 buffer는 파일로부터 읽은 이진 데이터를 메모리상에 저장할 시작 주소이다. 보통 buffer는 변수의 주소 혹은 배열의 시작 주소가 된다. 두 번째 인자인 size는 파일에서 읽어 올 자료 한 개의 크기이다. 세 번째 인자 count는 파일에서 읽어 올 자료의 총 개수를 의미한다.

【응용 예제 13.13】 이진 파일에 배열의 원소를 저장한 후에 다시 읽기

원소가 10개인 정수형 배열을 이진 파일 "ex13.bin"에 저장하고, 다시 파일을 읽어서 모니터에 출력해 보자.

```
#include<stdio.h>
int main( )
{
  int wdata[10] = {1,2,3,4,5,6,7,8,9,10};                //①배열 선언
  int rdata[10], i;
  FILE *fp = NULL;
  fp = fopen("ex13.bin", "wb");                          //②쓰기 모드
  if(fp == NULL){
     printf("파일 열기 실패\n");
```

```
    return -1;
}
fwrite(wdata, sizeof(int), 10, fp);                    //③파일 쓰기
fclose(fp);                                            //④파일 닫기
fp = fopen("ex13.bin", "rb");                          //⑤읽기 모드
if(fp == NULL){
    printf("파일 열기 실패\n");
    return -1;
}
fread(rdata, sizeof(int), 10, fp);                     //⑥
for(i=0;i<10;i++)
        printf("%3d", rdata[i]);                       //⑦화면 출력
printf("\n");
fclose(fp);
return 0;
```

실행 결과

```
 1  2  3  4  5  6  7  8  9 10
```

소스 관찰

① 원소가 10개인 정수형 배열을 선언한다. 정수형 배열의 한 원소의 크기는 4바이트이다.

② 이진 쓰기 모드로 파일을 열고 파일 이름은 "ex13.bin"로 한다. 만약 파일이 없으면 새로 만든다.

③ wdata는 배열 이름으로 배열의 시작 주소가 저장되어 있다. 따라서 fwrite() 함수의 첫 번째 입력 인자로 사용할 수 있다. 메모리 블록에서 한 자료의 크기를 나타내는 size에는 sizeof(int)를 사용했으므로 4바이트가 된다. 파일에 저장할 자료의 총 개수를 의미하는 count는 10개로 지정했다. 따라서 정수형 자료 10개를 fp가 가리키는 파일에 저장한다.

④ fwrite() 함수로 데이터를 저장한 후에 파일을 닫았다. ex13.bin 파일은 메모장과 같은 일반 문서 편집기로 불러와도 다음과 같이 저장된 내용을 확인할 수는 없다.

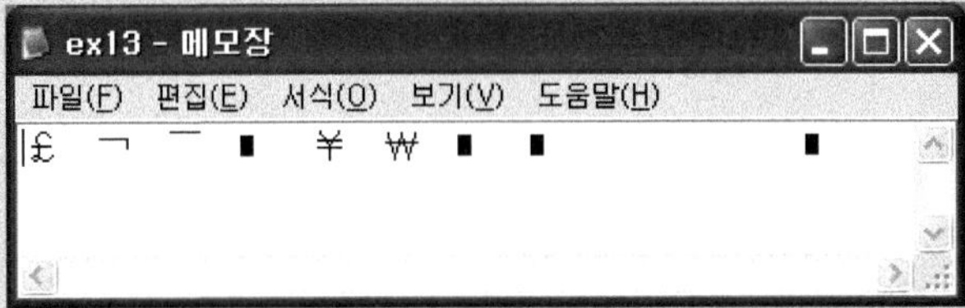

⑤ "ex13.bin" 파일을 읽기 모드로 연다.

⑥ fp가 가리키는 파일에서 정수형 자료 10개를 읽어서 rdata[] 배열에 저장한다.

⑦ rdata[10]에 저장된 모든 원소를 모니터에 출력한다.

프로그램 실습

1 getch() 함수를 이용해 키보드로 입력된 문자의 아스키코드를 10진수와 16진수로 출력하는 프로그램을 작성하시오.

```
문자를 입력하시오 : A
입력 문자의 아스키코드는 10진수 : 65
입력 문자의 아스키코드는 16진수 : 41
```

2 ex2.txt 파일을 쓰기 모드로 열고 본인의 영문 이름을 저장하는 프로그램을 작성하시오.

3 2번에서 생성된 ex2.txt 파일을 읽기 모드로 열어서 파일의 내용을 모니터에 출력하는 프로그램을 작성하시오.

4 다음은 어느 전자회사의 IC 가격표의 일부이다. 주어진 자료를 이용해 가격표의 내용을 ex4.txt 파일에 출력하는 프로그램을 작성하시오.

번호	IC 이름	가격	재고
1	LM324	1,600	Yes
2	AT89C51	8,000	Yes
3	ATmega128	9,000	No

Hint fprintf() 함수를 이용해 출력한다.

5 1에서 20까지의 자연수가 저장된 정수형 배열을 ex5.bin 이진 파일에 저장하고, 다시 읽어서 모니터에 출력하는 프로그램을 작성하시오.

제14장 동적 메모리 할당

C언어에서 메모리를 할당받는 방법은 정적과 동적 방식이 있다. 정적 방식은 프로그램이 실행되는 시점에서 메모리를 할당받게 되며 동적 방식은 프로그램이 실행 중에 메모리를 할당받는다.

학습목표

- 동적 메모리의 개념을 이해한다.
- 동적 메모리와 정적 메모리의 차이점을 학습한다.
- 동적 메모리의 사용법을 익힌다.
- 동적 메모리 관련 함수들의 사용법을 익힌다.

RECIEVING
SIGNAL STRENGTH %100

14.1 동적 메모리

프로그램에서 필요한 메모리를 할당받는 방법에는 정적(static)과 동적(dynamic) 방식 두 가지가 있다. 정적 메모리 할당은 프로그램이 실행되기 전에 이미 크기가 정해져 있어 프로그램 실행 중에는 크기를 변경할 수 없다. 반면에 동적 메모리 할당이란 프로그램이 실행되는 도중에 메모리를 할당받는 방식으로 프로그램 실행 중에도 크기를 변경할 수 있다.

1 동적 메모리가 필요한 이유

지금까지 사용했던 다음 문장들은 모두 정적으로 메모리를 할당받는다.

```
int a, b;
int data[100];
```

정적 메모리 할당 방식은 프로그래머 입장에서는 편리하지만 몇 가지 문제점을 갖고 있다. 예를 들어 data[] 배열을 생각해 보자. 만약 배열의 크기를 미리 정확히 알 수 없어 100으로 설정했다고 가정하자. 배열의 크기가 100이므로 프로그램이 실행되는 시점에 정수형 메모리 100개가 고정적으로 할당된다. 그런데 프로그램에서 실제 사용하는 원소가 80개였다면 나머지 20개의 메모리 공간은 낭비된다. 또한, 실제 사용하는 원소가 120개라면 다 처리하지 못하고 실행 시에 오류가 발생하게 된다.

동적 메모리 할당은 프로그램이 실행되는 도중에 상황에 따라 원하는 크기의 메모리를 할당받는 방식이다. 따라서 이미 할당된 메모리라도 언제든지 크기를 변경할 수 있으므로 메모리를 경제적으로 관리할 수 있다.

【표 14.1】 정적 메모리와 동적 메모리의 비교

항목	정적 메모리	동적 메모리
메모리 할당 시점	프로그램 시작되는 시점	프로그램 동작 중
메모리 해제	운영 체제가 자동으로 해제	명시적으로 해제
메모리 관리	컴파일러	프로그래머
할당되는 메모리	스택(stack) 영역	힙(Heap) 영역

정적 메모리 할당은 실행 도중에 메모리가 해제되지 않고 프로그램이 종료될 때 운영 체제가 알아서 회수하는 장점이 있지만, 메모리의 크기가 고정되어 있어서 나중에 조절할 수 없다는 큰 단점을 갖고 있다. 반면에 동적 메모리 할당은 프로그램에서 필요한 메모리를 운영 체제로부터 할당받아 사용하고 필요 없으면 반납하면 된다. 다만, 메모리의 할당과 해제는 프로그래머가 직접 챙겨야 한다.

2 동적 메모리의 사용 방법

동적 메모리를 사용하는 방법은 크게 세 부분으로 나눌 수 있다. 처음은 필요한 크기의 메모리를 운영 체제에게 요청하고 승인받는 부분이다. 다음은 할당된 메모리를 프로그램에서 사용하는 부분이고, 마지막은 할당된 메모리를 운영 체제로 반납하는 부분이다.

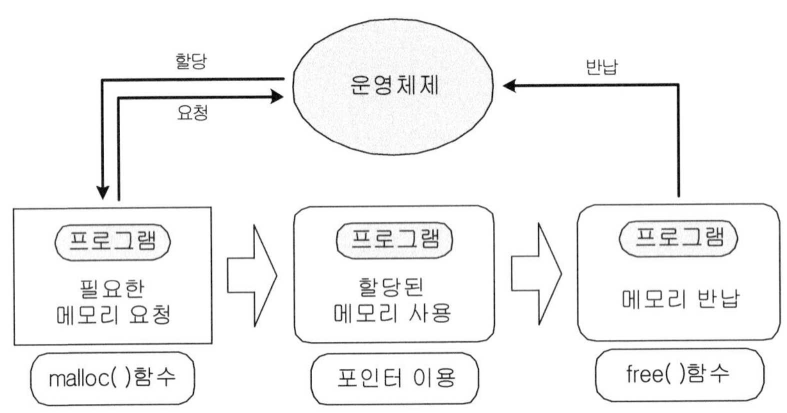

【그림 14.1】 동적 메모리의 사용 순서

3 동적 메모리 할당 함수: malloc( ) 함수

C언어에서 동적으로 메모리를 할당받기 위해서는 라이브러리 함수인 malloc( ) 함수를 이용한다. malloc() 함수는 필요한 메모리 크기를 입력 인자로 넘겨받아 메모리를 할당하고 메모리 블록의 시작 주소를 함수의 반환 값으로 돌려준다. 사용 방법은 다음과 같다.

malloc( )함수의 사용법

(포인터 변수 자료형*) malloc(자료형의 크기 * 자료형 개수)

【그림 14.2】 malloc() 함수의 사용법

malloc() 함수의 반환 값은 주소값이다. 따라서 이 주소를 포인터 변수에 저장해 놓아야 동적 메모리에 접근할 수 있다. 정수형 메모리를 할당하는 예를 들어 보자.

pdy 포인터는 정수형(int)이고, pdy가 가리키는 정수형의 크기는 4바이트이다. 만약 사용자가 필요한 메모리가 정수형 1개라면 malloc(4*1)과 같이 입력한다. 이 경우에 동적 메모리는 4바이트가 할당된다.

```
int *pdy;
pdy = (int*)malloc(4*1);
```

또한 필요한 메모리가 3개라면 malloc(4*3)과 같이 표현하면 된다. 이 경우에는 메모리 12바이트가 할당된다.

만약 정수형의 자료 크기 4를 모르거나 다른 자료 형들과의 일반성을 유지하려면 sizeof() 함수를 이용해 다음과 같이 표현해도 동일한 결과를 얻는다. 실제로는 이 방법이 더 자주 이용된다.

```
pdy = (int*)malloc(sizeof(int)*1);
```

pdy 포인터 변수는 동적으로 할당된 메모리의 주소를 갖고 있으므로 pdy, pdy+1과 같은 포인터 연산도 가능하고 가리키고 있는 메모리의 내용을 확인하려면 *pdy, *(pdy+1)과 같이 간접 참조 연산자를 이용할 수도 있다. 또한, 포인터 변수 이름으로 pdy[0], pdy[1]과 같이 배열 형식으로 사용할 수도 있다. malloc( )함수로 할당된 메모리도 값을 대입하기 전까지는 쓰레기값이 저장되어 있다.

4 동적 메모리 반납 함수: free( )

동적 메모리 공간을 사용한 후에는 반드시 사용했던 메모리를 운영 체제에게 반납해야 한다. 동적 메모리 반납은 라이브러리 함수인 free( ) 함수를 이용한다. free( ) 함수는 인자로 받은 동적 메모리의 포인터가 할당된 메모리를 가리키는 것을 끊어 준다. 따라서 할당된 메모리 공간은 운영 체제에게 반납되고 운영 체제는 이 공간을 다른 용도로 사용하게 된다.

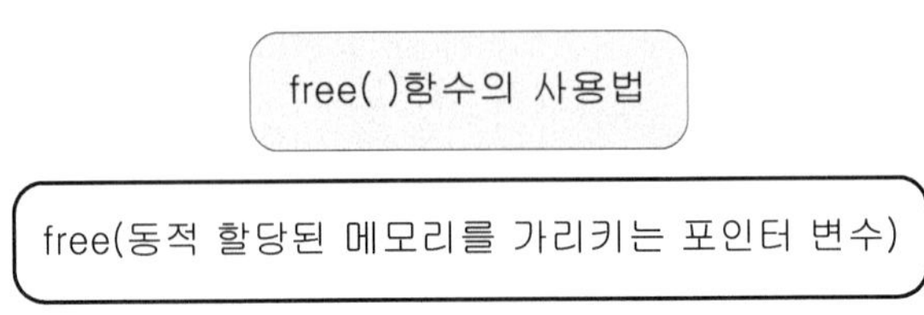

【그림 14.3】 free() 함수의 사용법

malloc() 함수와 free() 함수는 switch~case문과 같이 항상 짝을 이루어 사용된다고 알아 두는 것이 좋다. 두 함수의 원형은 <stdlib.h>에 선언되어 있다.

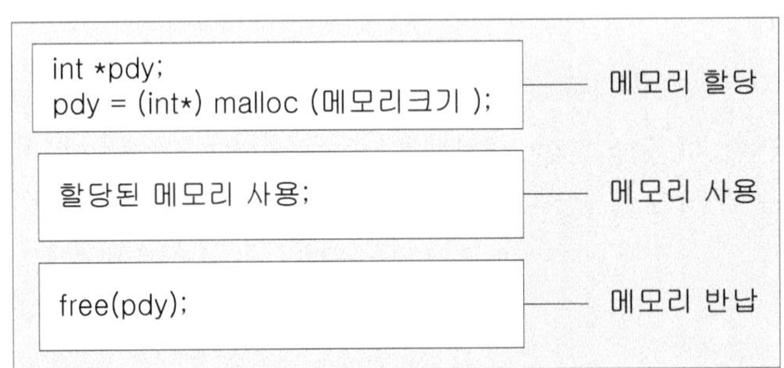

【그림 14.4】 malloc() 함수와 free() 함수의 사용법

【기초 예제 14.1】 정수형 동적 메모리의 할당과 해제

malloc( ) 함수를 이용해 정수형 자료 1개를 저장하는 동적 메모리를 만들어 보자.

```
#include<stdio.h>
#include<stdlib.h>                              //①
int main( )
{
    int *pdy;                                   //포인터 변수
    pdy = (int*)malloc(4*1);                    //② 메모리 설정
    printf("*pdy=%d\n", *pdy);                  //쓰레기값 출력
    *pdy = 10;
    printf("*pdy=%d\n", *pdy);                  //③
    printf("pdy[0]=%d\n", pdy[0]);              //④
    free(pdy);                                  //메모리 해제
    return 0;
}
```

실행 결과

```
*pdy=-842150451
*pdy=10
pdy[0]=10
```

소스 관찰

① malloc() 함수의 원형이 <stdlib.h> 선언되어 있다.

② 동적 메모리 4바이트를 할당하고 반환된 주소를 pdy 포인터에 저장한다. 이 문장은 sizeof() 함수를 이용해 malloc(sizeof(int)*1)로 표현해도 된다.

③ *pdy=10 문장에 의해 동적 메모리에 10이 저장된다. 따라서 pdy의 내용을 출력하면 10이 된다.

④ 포인터 변수를 배열처럼 사용할 수도 있다. 물론 결과는 같다.

【기초 예제 14.2】 문자형 동적 메모리의 할당과 해제

malloc() 함수를 이용해 문자형 자료 3개를 저장하는 동적 메모리를 만들고 'A', 'B', 'C' 3개의 문자를 저장해 보자.

```
#include<stdio.h>
#include<stdlib.h>
int main( )
{
    char *pdc;
    pdc = (char*)malloc( sizeof(char)*3);          //① 메모리 할당
    *pdc = 'A';                                    //②
    *(pdc+1) = 'B';
    *(pdc+2) = 'C';
    printf("%c  %c  %c\n", *pdc, *(pdc+1), *(pdc+2));   //③
    free(pdc);                                     //메모리 해제
    return 0;
}
```

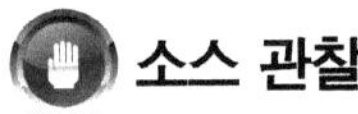

실행 결과

```
A B C
```

소스 관찰

① 문자형의 자료 크기는 1바이트이므로 malloc(1*3)를 사용해도 된다.
② 동적 메모리 3바이트를 할당하고 주소를 문자형 포인터 변수 pdc에 저장했다. 따라서 *pdc='A'는 할당된 문자형 배열의 첫 번째 메모리에 'A'를 대입하라는 뜻이다. *(pdc+1)은 두 번째 메모리의 내용에는 'B', *(pdc+2)는 세 번째 메모리의 내용에는 'C'를 대입하라는 뜻이다.
③ 동적 메모리에 저장된 내용을 문자형으로 화면에 차례로 출력한다.

14.2 동적 메모리 관련 함수들

1 malloc() 함수

malloc() 함수의 원형은 다음과 같다.

```
void *malloc(size_t size)
```

size_t : unsigned int형
size : 할당하고 싶은 메모리 크기(Byte)
반환형 : void *형

【그림 14.5】 malloc() 함수의 원형

malloc() 함수는 메모리 할당에 성공하면 할당된 메모리의 첫 주소를 돌려주며 실패하면 NULL 포인터를 반환한다. 메모리 관리는 운영 체제의 고유 권한이지만 메모리가 부족하지 않는 한 거절하지 않는다.

보통 malloc() 함수를 사용할 때는 다음과 같이 반환값을 확인해 메모리의 할당 유무를 조사하는 것이 좋다. pdy는 malloc() 함수의 반환값을 저장하고 있는 포인터로 NULL이 저장되어 있다면 메모리 할당에 실패한 것이다. 따라서 동적 메모리 실패라는 메시지를 출력한 후에 프로그램을 종료한다.

```
pdy = (int*)malloc(sizeof(int)*1);
if(pdy == NULL)
{
  printf("동적 메모리 할당 오류\n");
  return -1;
}                                   //오류 메시지 출력 후 종료
```

malloc() 함수는 메모리 크기에 대한 정보만 가지고 있을 뿐 사용할 자료형에 대한 정보는 없으므로 void형 포인터를 반환한다. 반환값이 void형 포인터란 어떤 자료형의 포인터

라도 사용할 수 있도록 함수를 만들어 놓았다는 뜻이다. 따라서 사용자는 자신의 용도에 맞도록 강제로 형(cast) 변환을 해야 한다. 예를 들어 char 포인터로 사용하고 싶다면 (char*)로 변환하고, 정수형 포인터로 이용하고 싶다면 (int*)와 같이 형을 변환해 사용하면 된다. malloc() 함수를 이용해 정수형 동적 메모리 4바이트를 할당하는 경우를 그림으로 정리해 보자.

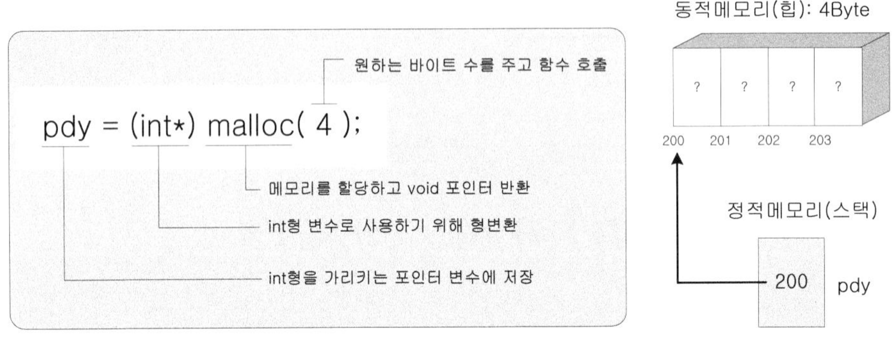

【그림 14.6】 malloc() 함수의 사용법 정리

2 free() 함수

free() 함수는 할당받은 메모리를 다 쓰고 난 후에 다시 운영 체제에게 돌려주는 역할을 하며 함수 원형은 다음과 같다.

void free(void *memblock)	memblock : 할당된 메모리를 가리키는 포인터

【그림 14.7】 free() 함수의 원형

free() 함수는 malloc() 함수가 반환한 포인터를 입력 인자로 받아 포인터가 가리키는 동적 메모리를 해제한다. free() 함수를 호출한 후 인자로 사용했던 포인터는 가리키던 주소가 해제된 상태이므로 잘못된 포인터가 된다. 따라서 실행 오류를 줄이려면 동적 메모리를 가리키던 포인터에는 NULL을 대입해 두는 것이 좋다.

```
pdy = (int*)malloc(sizeof(int)*1);
...
free(pdy);                          //동적 메모리 해제
pdy = NULL;                         //NULL 포인터로 만든다
```

C언어의 명언 중에 "열었으면 닫아라."라는 말이 있다. 동적 메모리는 일반 변수와 다르게 사용한 후에는 반드시 해제(free)해야 한다. 만약 free() 함수를 실행하지 않는다면 어떤 오류가 발생할까? 당장은 문제가 되지 않지만 메모리 누출(leak)이 일어나 어떤 에러가 발생할지 아무도 모른다. 메모리 누출이란 포인터가 가리키고 있던 메모리를 해제하기 전에 포인터를 재할당함으로써 원래 메모리에 접근할 수 없게 되는 현상을 말한다.

【응용 예제 14.3】 정수형 동적 배열의 할당

키보드로 원하는 크기의 정수형 자료를 입력받아 값을 저장하는 동적 메모리를 만들어 보자.

```
#include<stdio.h>
#include<stdlib.h>
int main( )
{
    int *pdy = NULL;
    int i, size;
    printf("몇 개의 정수형 공간을 만들까요?");
    scanf("%d", &size);
    pdy = (int*)malloc( sizeof(int) * size );       //① 메모리 할당
    if(pdy == NULL){                                //② 오류 검사
        printf("동적 메모리 할당 실패\n");
        return -1;
    }
    for(i=0; i<size; i++){
        pdy[i] = i;                                 //③
        printf("%d\n", *(pdy+i));
```

```
    }
    free(pdy);                                        //메모리 해제
    pdy = NULL;
    return 0;
}
```

실행 결과

```
몇 개의 정수 공간을 만들까요?3
0
1
2
```

```
몇 개의 정수 공간을 만들까요?5
0
1
2
3
4
```

소스 관찰

① 프로그램이 실행 중에 키보드로 입력받은 size만큼의 정수형 배열을 동적으로 할당한다. 이 방법은 #define문에 의해 정적으로 배열의 크기를 변경하는 문장과는 차이가 있다.

② malloc() 함수는 메모리 할당에 실패하면 NULL값을 반환하므로 if문을 이용해 반환 값을 확인해 메모리 할당에 실패하면 프로그램을 종료한다.

③ 동적으로 할당된 메모리의 포인터 변수는 배열처럼 사용해도 된다.

【응용 예제 14.4】 구조체 형의 동적 메모리의 할당

sample 구조체 형식의 동적 메모리를 만들어 보자.

```
#include<stdio.h>
#include<stdlib.h>
typedef struct sample{                                  //구조체 정의
        int x, y;
        char ch;
}S;
int main( )
{
    S *pu = NULL;                                       //구조체 포인터
    pu = (S*)malloc( sizeof(S) *1 );                    //① 메모리 할당
    if(pu == NULL){                                     //오류 검사
        printf("동적 메모리 할당 실패\n");
        return -1;
    }
    pu->x = 90;                                         //② 구조체 멤버 입력
    pu->y = 95;
    pu->ch = 'A';
    printf("%d  %d  %c\n", pu->x, pu->y, pu->ch);       //③
    free(pu);                                           //메모리 해제
    pu = NULL;
    return 0;
}
```

실행 결과

```
90  95  A
```

소스 관찰

① S는 typedef문으로 정의된 구조체이다. malloc() 함수는 S 구조체 형식의 동적 메모리 1개를 할당한다. 또한, pu는 S타입의 구조체 포인터로 동적으로 할당된 메모리의 주소를 저장한다.

② 구조체 포인터 연산자를 이용해 동적으로 할당된 구조체에 값을 대입한다.

③ 구조체 멤버를 모니터에 출력한다.

3 calloc() 함수

malloc() 함수로 확보한 동적 메모리는 초기화가 되어 있지 않고 쓰레기값으로 채워져 있다. calloc() 함수는 처음부터 0으로 초기화된 동적 메모리를 생성할 때 사용하는 함수이다.

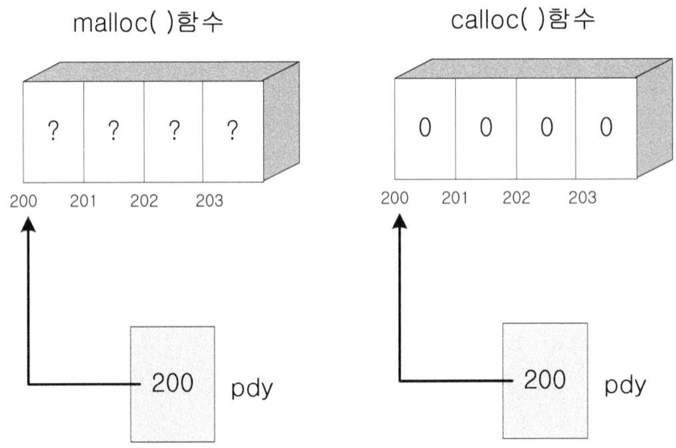

【그림 14.8】 malloc() 함수와 calloc() 함수의 차이점

calloc() 함수의 사용법은 malloc() 함수와 거의 같지만 입력 인자가 바이트 단위가 아니라 항목 단위로 사용한다. calloc() 함수의 원형은 다음과 같다.

```
void *calloc(size_t n, size_t size)
```

size_t : unsigned int형
size : 할당하고 싶은 자료형 크기(Byte)
n : 할당하고 싶은 자료형의 개수

【그림 14.9】 calloc() 함수의 원형과 입력 인자의 의미

간단한 예제를 통해 calloc() 함수와 malloc() 함수의 초깃값을 비교해 보자.

【기초 예제 14.5】 calloc() 함수와 malloc() 함수의 초깃값 비교

```
#include<stdio.h>
#include<stdlib.h>
int main( )
{
    int *pdy, i;
    pdy = (int*)malloc(sizeof(int)*4);            //① 정수형 4개 할당
    for(i=0; i<4; i++)
        printf("malloc초기값= %d\n", pdy[i]);      //초깃값 출력
    free(pdy);                                    //메모리 해제
    pdy = (int*)calloc(4, sizeof(int));           //② 정수형 4개 할당
    for(i=0; i<4; i++)
        printf("calloc초기값= %d\n", pdy[i]);      //초깃값 출력
    free(pdy);                                    //메모리 해제
    pdy = NULL;
    return 0;
}
```

실행 결과

```
malloc초깃값= -842150451
malloc초깃값= -842150451
malloc초깃값= -842150451
malloc초깃값= -842150451
calloc초깃값= 0
calloc초깃값= 0
calloc초깃값= 0
calloc초깃값= 0
```

소스 관찰

① malloc() 함수로 정수형 자료 4개를 위한 동적 메모리를 할당하고 초깃값을 출력한다. 처음에 저장되어 있는 초깃값이 쓰레기값임을 확인할 수 있다.
② calloc() 함수로 정수형 자료 4개를 위한 동적 메모리를 할당하고 초깃값을 출력한다. 초깃값으로 0이 저장되어 있음을 확인할 수 있다.

4 realloc() 함수

realloc() 함수는 처음에 할당되었던 동적 메모리의 크기를 변경할 때 사용한다. 함수의 원형은 다음과 같다.

```
void *realloc(void *memblock, size_t size)
```

size_t : unsigned int형
memblock : 기존 메모리를 가리키는 포인터
size : 새로운 메모리 크기

【그림 14.10】 realloc() 함수의 원형과 입력 인자의 의미

realloc() 함수를 이용해 메모리의 크기를 변경해도 기존에 저장되어 있던 데이터는 그대로 유지된다.

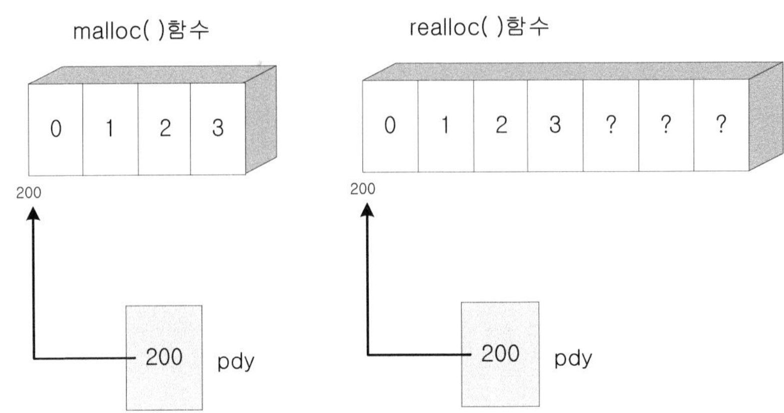

【그림 14.11】 realloc() 함수의 개념

malloc() 함수를 이용해 4개의 정수형 공간을 할당했다고 하자. 만약 3개의 정수형 공간을 realloc() 함수를 이용해 추가로 확보하는 예는 다음과 같다.

```
int *pdy;
pdy = (int*)malloc(sizeof(int)*4);           //정수형 4개 할당
pdy = (int*)realloc(pdy, 7*sizeof(int));     //추가로 정수형 3개 할당
```

【기초 예제 14.6】 realloc() 함수를 이용한 동적 메모리의 크기 변경

```
#include<stdio.h>
#include<stdlib.h>
int main( )
{

 int *pdy, i;
    pdy = (int*)malloc(sizeof(int)*4);                    //① 정수형 4개 할당
    for(i=0; i<4; i++){
       pdy[i] = i;
       printf("pdy[%d] = %d\n", i, pdy[i]);               //출력
    }
    printf("----------------\n");
    pdy = (int*)realloc(pdy, sizeof(int)*7);              //② 정수형 7개 할당

    for(i=4; i<7; i++)
       pdy[i] = i;
    for(i=0; i<7; i++)
       printf("pdy[%d] = %d\n", i, pdy[i]);               //출력
    free(pdy);                                            //메모리 해제
    pdy = NULL;
    return 0;
}
```

실행 결과

```
pdy[0] = 0
pdy[1] = 1
pdy[2] = 2
pdy[3] = 3
----------------
pdy[0] = 0
pdy[1] = 1
pdy[2] = 2
pdy[3] = 3
pdy[4] = 4
pdy[5] = 5
pdy[6] = 6
```

소스 관찰

① malloc() 함수로 정수형 자료 4개를 위한 동적 메모리를 할당하고 초깃값을 대입한 후에 차례로 출력한다.

② realloc() 함수를 이용해 정수형 자료 3개를 추가로 할당하고 동적 배열 7개의 값들을 차례로 출력한다. realloc() 함수를 이용해 메모리의 크기를 변경해도 처음 에 저장되었던 데이터는 그대로 유지된다.

프로그램 실습

1 정수형 자료 10개를 저장하는 동적 메모리를 만들고 1에서 10까지의 정수를 저장한 이후에 모니터에 출력하는 프로그램을 작성하시오.

2 문자형 동적 메모리를 만들어 본인의 영문 이름을 저장한 이후에 모니터에 출력하는 프로그램을 작성하시오.

3 사용자가 입력한 여러 숫자 중에서 짝수의 합계만을 출력하는 프로그램을 작성하시오.

```
입력할 숫자의 개수는?
1번째 숫자 : 1
2번째 숫자 : 2
3번째 숫자 : 4
입력한 숫자 중 짝수의 합은 6입니다.
```

Hint 입력될 숫자의 개수만큼 malloc() 함수로 동적 메모리를 확보한다.

4 다음 ex4 구조체 형식의 동적 메모리를 할당하고 구조체의 멤버들을 출력하는 프로그램을 작성하시오. 단 x, y, ch, z는 다음과 같이 초기화되었다고 하자.

```
typedef struct ex4{
        int x, y;
        char ch;
        double z;
}EX;
```

```
초깃값 : x = 100, y = 200, ch = 'A', z = 3.14
```

5 5개의 문자를 입력받아 동적 메모리에 저장하고 이들을 역순으로 출력하는 프로그램을 작성하시오.

```
1번째 문자 : a
2번째 문자 : b
3번째 문자 : c
4번째 문자 : d
5번째 문자 : e
입력한 문자를 역순으로 출력합니다: edcba
```

제15장 전처리기와 분할 컴파일

전처리기란 컴파일하기 전에 처리되는 문장들을 의미하며 고급 프로그래밍에 꼭 필요한 기능이다. 분할 컴파일은 소스파일을 기능별로 분리해 작성하고 각각을 컴파일한 이후에 결합시켜서 하나의 실행 파일을 만드는 방법으로 실용적인 프로그램 작성에 많이 이용된다.

학습목표

- 전처리기의 개념을 이해한다.
- 매크로 상수와 매크로 함수의 사용법을 익힌다.
- 분할 컴파일의 개념을 이해한다.
- 디버깅의 의미와 방법을 학습한다.

15.1 전처리기의 개념

전처리기(preprocessor)란 사용자가 작성한 소스파일을 실제 컴파일하기 전에 먼저 실행되는 프로그램을 말한다. 전처리기는 컴파일러의 일부분으로 자동으로 실행된다. 프로그래머가 작성한 소스파일은 전처리기를 통과하고 나면 원래 소스파일과는 다른 임시 파일이 만들어지며 실제 이 파일이 컴파일된다.

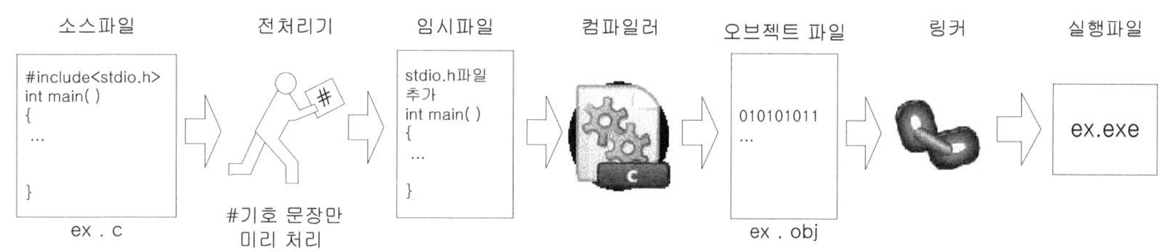

【그림 15.1】 전처리기의 개념 및 역할

전처리되는 문장은 반드시 # 기호로 시작되기 때문에 다른 문장들과 쉽게 구분할 수 있다.

전처리기의 기능은 크게 세 가지 정도로 나눌 수 있다. 첫 번째는 소스파일에 다른 파일을 포함시키는 기능으로 앞에서 사용했던 #include 문장을 말한다. 두 번째는 소스파일에 포

【표 15.1】 전처리기 지시자의 종류 및 기능

전처리기 지시자	기능
#include	헤더파일을 포함
#define	매크로 정의
#undef	단순 매크로 해제
#if, #else, #endif	조건부 컴파일
#ifdef	매크로가 정의되어 있는 경우에 컴파일
#ifndef	매크로가 정의되어 있지 않은 경우에 컴파일

함되어 있는 특정한 문자열을 다른 문자열로 바꾸는 기능으로 #define 문장이 이에 속한다. 세 번째는 주어진 조건에 따라 소스파일의 일부분을 컴파일할지 하지 않을지를 선택하는 조건부 컴파일 기능으로 #if로 시작되는 문장이다.

전처리가 제공하는 지시자들을 표로 정리하면 표 15.1과 같다. 먼저 눈으로 대충 살펴보고 하나씩 자세히 알아보도록 하자.

15.2 매크로 상수

#define 지시자로 시작되는 전처리 문장을 매크로(macro)라 하며, 매크로 상수와 매크로 함수의 두 종류로 분류할 수 있다. 먼저 매크로 상수에 대해 알아보고 매크로 함수는 뒤에서 자세히 알아보자. 매크로 상수는 #define문을 이용해 기호 상수를 상숫값으로 바꾸는 것을 말한다. 매크로 상수를 정의하는 형식은 다음과 같다.

```
#define 매크로 이름   상숫값
```

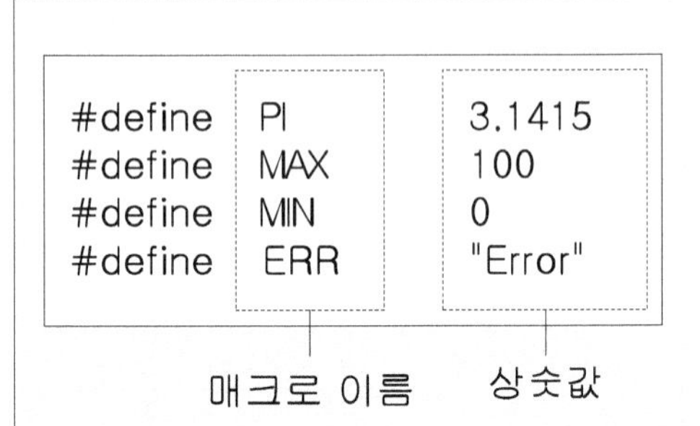

【그림 15.2】 매크로 상수의 형식 및 사용 예

매크로 상수는 앞에서도 잠시 살펴본 적이 있다. 다음 문장을 살펴보자.

```
#define  PI   3.1415
```

#define 지시자를 이용해 매크로 상수를 정의하면 전처리기는 소스 파일에서 PI라는 단

어를 찾아서 모두 3.1415로 대치(replace)한다. 이 원리는 일반 에디터에서 특정 문자를 찾아 다른 문자로 바꾸는 기능과 동일하다.

```
#define PI  3.1415
int main( )
{
   ....
   circum = 2*PI*r;
   area = PI* r*r;
   ....
}
```

전처리기

PI를 3.1415로 변경

```
int main( )
{
   ....

   circum = 2*3.1415*r;
   area = 3.1415* r*r;

   ....
}
```

【그림 15.3】 전처리기의 사용 예

한 가지 주의할 점은 #define 지시자를 이용해도 다음과 같이 주석문이나 문자열 내에 포함되어 있는 PI는 변경되지 않는다.

```
/* PI */                                    //주석문
// PI                                       //주석문
printf(" PI is = %f\n", a);                 //문자열
```

정수형, 실수형 상수와 같은 숫자 상수 이외에 문자열 상수도 매크로 상수로 정의할 수 있다. 또한, 함수 이름이나 자료 형의 이름도 매크로 상수로 정의해 사용할 수 있다. 다음 예들을 살펴보자.

```
#define   ERR     "Error\n"                 //문자열 상수
if(b == -1)
   printf(ERR);
```

문자열 상수는 큰따옴표로 묶여 있는 상수를 말하며 ERR이란 기호를 Error라는 문자열 상수로 변경한다. 따라서 printf(ERR)은 printf("Error\n")로 바뀌어 처리된다.

```
#define  PRINT   printf                 //함수 이름
PRINT(" Preprocessor example");
```

함수 이름도 매크로 상수로 정의할 수 있으므로 PRINT는 printf로 변경되어 컴파일된다.

```
#define  UCHAR   unsigned char          //자료 형 이름
UCHAR ch;
```

자료 형의 이름도 매크로 상수로 정의해 사용할 수 있다. 예를 들어 unsigned char를 UCHAR과 같이 정의해 사용할 수 있다.

【기초 예제 15.1】 다양한 매크로 상수의 사용법

```
#include<stdio.h>
#define MAX  100                        //정수형 매크로 상수
#define PI  3.1415                      //실수형 매크로 상수
#define ERR "Error\n"                   //문자열 매크로 상수
#define UCHAR unsigned char             //자료형의 변경
#define PRINT printf                    //함수 이름 변경
int main( )
{
  UCHAR a;                                              //①
  char b = -1;
  a = MAX;
  PRINT("MAX=%d\n", a);                                 //②
  PRINT("PI=%f\n", PI);
```

```
    if(b == -1)
        PRINT(ERR);                                    //③
    return 0;
}
```

실행 결과

```
MAX=100
PI=3.141500
Error
```

소스 관찰

① UCHAR은 unsigned char로 변경한 이후에 컴파일된다.
② PRINT도 printf로 변경된다. 하지만 큰따옴표에 포함된 MAX는 변경되지 않는다.
③ ERR은 "Error\n" 문자열로 바뀌며 printf("Error\n")가 처리된다.

매크로 상수를 이용하면 프로그램의 내용을 알아보기도 쉽고, 프로그램을 수정할 때도 매크로 정의 부분만 변경하면 되므로 소스코드를 쉽게 수정할 수 있다.

15.3 매크로 함수

매크로 함수(function-like macro)는 실제 함수는 아니지만 함수와 유사하게 인자를 갖는 매크로를 말한다. 매크로 함수를 사용하면 매크로 상수와 동일하게 문자열 대치를 통해 소스코드를 확장시킬 수 있다. 또한, 일반 함수보다 간단한 방법으로 복잡한 계산을 빠르게 처리할 수 있다.

1 매크로 함수의 정의 및 사용 방법

매크로 함수를 정의하는 형식은 다음과 같다.

#define 매크로 함수 이름(인자1, 인자 2, ...) 대치할 텍스트

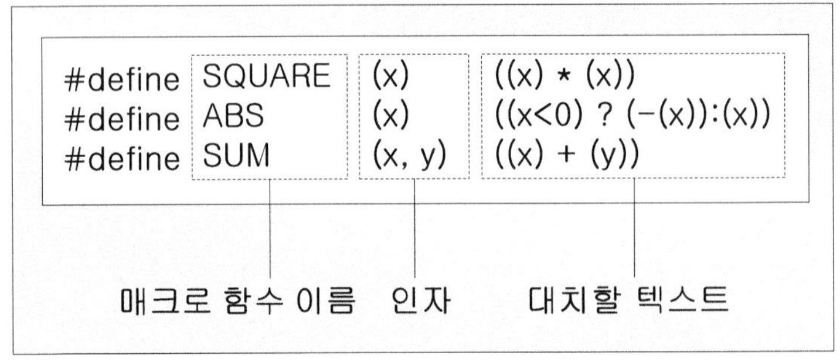

【그림 15.4】 매크로 함수의 형식 및 사용 예

먼저 인자가 한 개인 매크로 함수를 정의해 보자. 매크로 함수 이름은 SQUARE이고 인자는 x이며 x의 제곱을 계산하는 매크로 함수라 하자.

```
#define SQUARE(x) ((x)*(x))          //매크로 함수 정의
result = SQUARE(5);
```

전처리기는 소스코드에서 SQUARE가 사용된 곳을 발견하면 대치할 텍스트로 변환하고 인자의 자리에 주어진 값으로 치환한다. 예를 들어 소스 코드에서 SQUARE(x)를 발견하면 SQUARE(x)의 자리에 (x)*(x)를 대치한다는 의미이다. 그런데 인자 x에 5가 주어졌으므로 실제 대치되는 내용은(5)*(5)가 된다. 따라서 result에 저장되는 값은 25가 된다.

【그림 15.5】 매크로 함수의 사용 예

매크로 함수의 인자는 대치할 텍스트 부분에서 여러 번 사용해도 된다. 주어진 수의 절댓값을 구하는 ABS 매크로 함수를 살펴보자.

```
#define ABS(x) ((x<0)?(-(x)):(x))          //매크로 함수 정의
result = ABS(-2);
```

ABS 매크로 함수의 인자 x는 대치할 텍스트에서 세 번 사용되고 있다. ABS(-2)는 ((-2<0) ? (-(-2)):(-2))로 변경된다. -2는 0보다 작으므로 첫 번째 식이 실행되어 result에는 2가 저장된다.

[그림 15.4]에서 주의할 것이 하나 있다. 그림에서는 설명을 위해 매크로 함수 이름과 괄호 사이에 적절히 공백을 추가했다. 그러나 매크로 이름과 소괄호 사이에는 공백이 있으면 오류가 발생하므로 주의해야 한다.

```
#define ABS   (x) ((x<0)?(-(x)):(x))       //오류 발생
#define ABS(x)    ((x<0)?(-(x)):(x))       //옳은 방법
```

매크로 함수는 두 개 이상의 인자를 가질 수도 있다. 다음의 SUM 매크로 함수를 살펴보자.

```
#define SUM(x, y) ((x)+(y))                //매크로 함수 정의
result = SUM(1, 2);
```

SUM 매크로 함수는 x와 y 두 개의 인자를 갖고 있다. 또한 대치할 내용은 이 두 개의 인자를 더하는 것이다. 따라서 소스코드에서 SUM(1,2)는 ((1)+(2))로 변경되므로 result에는 3이 저장된다.

【기초 예제 15.2】 매크로 함수의 사용법

```
#include<stdio.h>
#define SQUARE(x) ((x)*(x))                //매크로 함수 정의
```

```
#define ABS(x) ((x<0)? (-(x)):(x))
#define SUM(x, y) ((x)+(y))
int main( )
{
   int result;
   result = SQUARE(5);
   printf("result = %d\n", result);
   result = ABS(2);
   printf("result = %d\n", result);
   result = SUM(1, 2);
   printf("result = %d\n", result);
   return 0;
}
```

실행 결과

```
result = 25
result = 2
result = 3
```

2 매크로 함수의 주의 사항

치환 함정에 주의

매크로 함수를 사용할 때는 연산의 우선순위 때문에 괄호를 어떻게 묶느냐가 가장 중요하다. 매크로 함수의 인자는 주어진 텍스트로 그대로 변환되기 때문에 반드시 괄호로 묶어 주어야 한다. 주어진 x를 더하는 매크로 함수를 이용해 틀리기 쉬운 치환 함정을 차례차례 살펴보자.

```
#define ADD(x)   x+x                        //주의
err = -ADD(3);
```

프로그래머의 처음 의도는 두 수를 더한 이후에 음수로 만드는 것이었다. 그런데 err을 출력해 보면 0이 된다. 왜 이런 결과가 나왔을까? ADD(3)은 3+3으로 변환된다. 그런데 ADD 앞에 -가 있으므로 err = -3+3이 되므로 결과는 0이 된다. 따라서 올바른 결과를 얻기 위해서는 매크로 함수 뒤의 텍스트 정의 부분을 괄호로 묶어 주어야 한다.

```
#define ADD(x)   (x+x)
result = -ADD(3);
```

주어진 수의 제곱을 계산하는 매크로 함수 SQUARE(x)를 살펴보자. 이 매크로 함수는 대치할 텍스트 전체를 괄호로 묶었으므로 문제가 없어 보인다. 하지만 곱셈 연산이 포함된 경우에는 연산의 우선순위 때문에 오류가 발생한다.

```
#define SQUARE(x)   (x*x)                   //주의
err = SQUARE(1+2);
```

SQUARE(1+2)는 주어진 수의 제곱을 계산하므로 결과는 9가 될 것으로 예상할 수 있다. 그러나 SQUARE(1+2)는 정의된 매크로 함수에 의해 (1+2*1+2)로 변환된다. 따라서 결과는 5가 된다. 이런 오류를 방지하려면 인자들도 반드시 괄호로 묶어서 다음과 같이 정의해야 한다.

```
#define SQUARE(x)   ((x)*(x))
result = SQUARE(1+2);
```

수정된 매크로 함수는 SQUARE(1+2)가 ((1+2)*(1+2))로 변환된다. 따라서 괄호에 의해 덧셈이 먼저 계산되고 다음에 곱셈이 계산되므로 올바른 결과를 얻을 수 있다.

지금까지의 내용을 정리해 보자. 매크로 함수를 사용할 때는 각각의 인자들을 반드시 괄호로 묶어야 하고, 전체 수식도 괄호로 묶어야만 치환 함정에 빠지지 않는다. 자주 일어나는 실수로 나중에 오류를 찾기도 어렵다. 꼭 기억해 두자.

인자의 자료형

매크로 함수의 인자는 자료 형에 관계없이 사용할 수 있다. 따라서 인자의 자료 형은 정의하지 않는다. ADD() 매크로 함수를 다시 살펴보자.

```
#define ADD(x)  ((x)+(x))
r1 = ADD(1);                          //정수형 덧셈
r2 = ADD(2.1);                        //실수형 덧셈
```

ADD(1)과 같이 정수형 자료를 인자로 넘겨주면 (1)+(1)의 연산을 수행해 r1은 2가 된다. 또한, ADD(1.2)와 같이 실수형 자료를 넘겨주면 (1.2)+(1.2)가 연산되며 r2는 2.4가 된다. 이처럼 매크로 함수는 일반 함수와 다르게 인자를 넘겨주는 것이 아니라 단순한 문자열의 치환이므로 자료형과 무관하다. 이는 매크로 함수가 갖는 큰 장점이다.

일반 함수와 매크로 함수의 비교

매크로 함수는 실제 함수는 아니지만 일반 함수와 유사한 점이 많다. 다음 SQUARE() 매크로 함수와 square() 일반 함수를 비교하면서 하나씩 조사해 보자.

```
#define SQUARE(x)  ((x)*(x))
void main( )
{
  ...
  result1 = SQUARE(3);                //매크로 함수
  result2 = square(3);                //일반 함수
  ...
}
int square(int x)
{
```

```
    return(x*x);
}
```

매크로 함수는 함수가 호출되는 것이 아니라 소스 코드의 SQUARE(3) 위치에 ((3)*(3))이 대치되므로 함수 호출과 같은 복잡한 과정이 필요 없다. 따라서 일반적으로 처리 속도가 빠르다. 반면에 square(3) 함수는 복귀 주소와 인자를 스택에 저장하고 코드 영역에 있는 함수 코드를 불러와야 하므로 처리 속도가 느리다.

매크로 함수의 단점은 소스코드의 길이를 무한정 크게 할 수 없다는 것이다. 보통 한 두 줄 정도가 적당하다. 물론 이보다 더 늘릴 수는 있지만 득보다 실이 많아진다. 반면에 함수는 소스코드의 길이에 제한은 없다.

한 가지 예를 들어보자. 만약 소스 코드에서 SQUARE 매크로 함수가 100번 사용됐다고 하자. 전처리기는 소스코드에서 SQUARE를 주어진 텍스트로 대치하므로 똑같은 문장이 100번 반복해서 포함된다는 뜻이 된다. 이런 경우에는 하나의 코드를 사용하는 일반 함수 square() 함수가 더 유리하다.

매크로 함수와 일반 함수는 각기 장단점을 갖고 있다. 보통 앞서 정의된 ADD(), SQUARE(), ABS()와 같은 간단한 연산을 처리하는 기능은 일반 함수보다 매크로 함수를 이용하는 것이 좋다. 또한, 반복 루프 안에 포함된 연산의 경우도 일반함수보다 매크로 함수를 이용하는 것이 처리 속도를 높일 수 있는 한 가지 방법이다. 하지만 일반적인 규칙은 없으므로 프로그래머는 그때그때의 상황에 맞추어 매크로 함수와 일반 함수를 적절히 선택해서 사용하는 능력을 길러야 한다.

【기초 예제 15.3】 매크로 함수와 일반 함수의 차이점

```
#include<stdio.h>
#define SQUARE(x)   ((x)*(x))
int square(int x)
{
   return(x*x);
}
void main( )
```

```
{
   int result1, result3;
   double result2;
   result1 = SQUARE(3);                //① 매크로 함수 정수형 인자
   result2 = SQUARE(2.1);              //② 매크로 함수 실수형 인자
   result3 = square(3);                //③ 일반 함수
   printf("result1= %d\n", result1);
   printf("result2= %d\n", result2);
   printf("result3= %f\n", result3);
}
```

실행 결과

```
result1= 9
result2= 4.410000
result3= 9
```

소스 관찰

① SQUARE(3)는 매크로 함수의 정의에 의해 ((3)*(3))으로 변경된다. 따라서 연산 결과는 9가 된다.

② 매크로 함수는 인자의 자료 형에 관계없이 사용할 수 있다는 장점이 있다. 따라서 실수형, 정수형 모두 이용 가능하고 SQUARE(2.1)은 ((2.1)*(2.1))로 변경되어 4.41이 result2에 저장된다.

③ 정수형 인자를 갖는 일반 함수는 정수형만 사용할 수 있다. 따라서 square(2.1)과 같이 사용할 수 없다. 만약 실수형 덧셈을 처리하려면 함수 자체를 새로 정의해야 한다. 하지만 함수는 한 번 정의해 놓으면 소스코드의 여러 곳에서 자유롭게 호출할 수 있다.

3 비트연산과 매크로 함수

비트 연산은 메모리의 각각의 비트에 직접 적용되는 연산으로 char형과 int형 자료에서만 사용할 수 있다. 비트 연산에는 &(AND), |(OR), ~(NOT)과 같은 비트 논리연산과 >>(right shift), <<(left shift)와 같은 비트 이동 연산이 있다. 비트 연산은 임베디드용 C 프로그램을 작성할 때 많이 사용되며 매크로 함수가 응용되는 가장 좋은 예이다.

특정 비트의 설정(set)과 클리어(clear)

문자형 변수 a에 0x55(10진수 : 85)가 저장되어 있다고 하자. 문자형 변수는 메모리에 1바이트가 할당되므로 8개의 비트를 갖게 된다. 만약 변수 a에서 다른 비트의 값은 변경하지 않고 5번 비트만 1(set)로 변경하려면 어떻게 해야 할까? 또한, a에서 2번 비트만 0(clear)으로 바꾸려면 어떻게 해야 할까?

```
unsigned char a;
a = 0x55;                    //(55)16 =(01010101)2
```

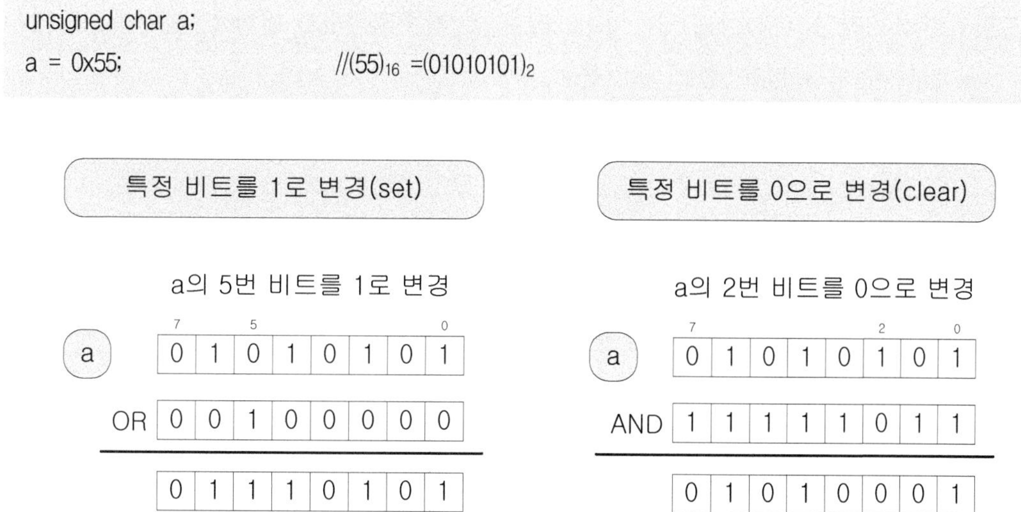

【그림 15.6】 특정 비트의 세트와 클리어 방법

특정 비트를 1로 세트 시키려면 지정된 비트를 1과 OR 연산(|)을 취하면 된다. 예를 들어 5번 비트만 1로 변경하려면 a와 $(00100000)_2$를 OR 연산하면 된다. 그런데 C언어는 2진수를 사용할 수 없으므로 다음과 같이 16진수 0x01을 좌측 이동 연산자를 이용해 5번 이동하고 a와 OR 연산을 수행한다.

```
a |= 0x01<<5;                    // a = a | (0x01<<5)
```

특정 비트를 0으로 클리어하려면 지정된 비트를 0과 AND 연산(&)을 취하면 된다. 특정 비트를 1로 설정할 때와 유사하게 먼저 0을 원하는 자리까지 이동시킨 후에 AND 연산을 수행한다. 하지만 0x00은 모든 비트가 0이기 때문에 자릿수를 표현할 수 없다. 따라서 0x01을 원하는 자리까지 이동시킨 후에 ~(NOT)연산을 취해 특정 비트를 0으로 만든다.

만약 변수 a의 2번 비트를 0으로 클리어 한다고 해보자. 먼저 0x01을 좌측으로 2번 이동시키고 NOT 연산을 취한다.

$$(0x01<<2) = (00000100)_2$$
$$\sim(0x01<<2) = (11111011)_2$$

2번 비트만 0이 되고 나머지는 모두 1이므로 다른 변수와 AND 연산을 취하면 2번 비트만 0이 되고 다른 비트 값은 변하지 않는다. C소스로 구현해 보자.

```
a &=  ~(0x01<<2)                    // a =  a & ~( 0x01<<2 )
```

지금까지 설명한 비트 설정과 클리어를 매크로 함수로 만들어 보자. 먼저 비트 설정을 위한 매크로 함수를 setbit()이라 하면 다음과 같이 정의할 수 있다.

```
#define setbit(reg8, bitnum )  ((reg8) |= (0x01<<bitnum))
```

setbit(reg8, bitnum)의 뜻은 8비트 변수 reg8의 bitnum번 비트를 1로 변경하라는 뜻이다.

다음은 비트 클리어를 위한 매크로 함수를 정의하자. clearbit(reg8, bitnum)의 뜻은 8비트 변수 reg8의 bitnum번 비트를 0으로 변경하라는 뜻이다.

```
#define clearbit(reg8, bitnum)  ((reg8) &=~(0x01<<bitnum))
```

【응용 예제 15.4】 매크로 함수를 이용한 비트 연산

```
#include<stdio.h>
#define setbit(reg8, bitnum)    ((reg8) |= (0x01<<bitnum))
#define clearbit(reg8, bitnum) ((reg8) &= ~(0x01<<bitnum))
                                                    //① 매크로 함수 정의
int main( )
{
        unsigned char a, r1, r2;
        a = 0x55;                                   //②(01010101)2
        r1 = setbit(a, 5);                          //5번 비트만 1로 변경
        r2 = clearbit(a, 2);                        //2번 비트만 0으로 변경
        printf("r1 = %x\n", r1);                    //③
        printf("r2 = %x\n", r2);
        return 0;
}
```

실행 결과

```
r1 = 75                 // (01110101)2
r2 = 71                 // (01110001)2
```

소스 관찰

① setbit()는 특정 비트만 1로 변경하는 매크로 함수이고 2개의 인자를 갖고 있다. clearbit()는 특정 비트만 0으로 변경하는 매크로 함수이다.

② 16진수 0x55를 2진수로 변경하면 $(01010101)_2$ 이다. a는 문자형 변수이므로 8비트를 갖는다.

③ r1과 r2는 16진수로 출력되므로 16진수를 2진수로 바꾸어 보면 연산 결과를 확인할 수 있다.

15.4 조건부 컴파일

조건부 컴파일이란 특정 조건을 만족할 때만 소스코드의 일정 블록을 컴파일하는 전처리기의 유용한 기능 중에 하나이다. 조건부 컴파일 기능을 이용하면 상황에 따라 컴파일의 유무를 결정할 수 있으므로 이식성이 높은 프로그램을 작성하는데 아주 유용하다.

#if, #else, #endif

#if는 조건부 컴파일의 가장 기본이 되는 문장으로 #if 다음에 오는 조건식이 참이면 #if와 #endif 사이의 모든 소스코드를 컴파일한다. 반면에 조건식이 거짓이면 #if와 #endif 사이의 모든 소스코드는 아예 컴파일하지 않고 실행파일에 포함되지도 않는다. #if의 기본 형식을 살펴보자.

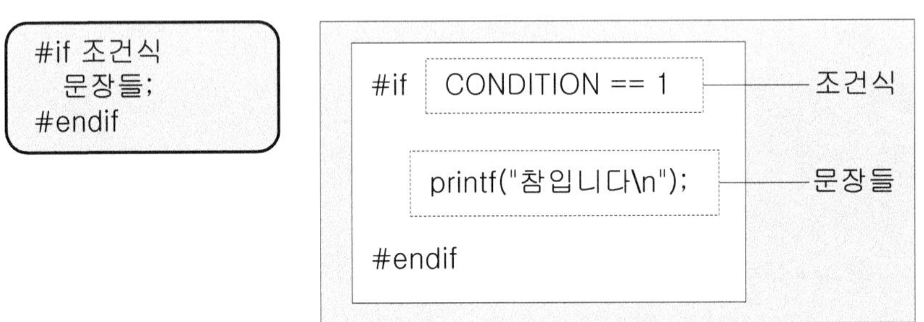

【그림 15.7】 #if, #endif의 형식 및 사용 예

#if문의 조건식에는 매크로 상수와 비교하는 관계 연산자가 주로 이용되며 논리 연산자도 이용할 수 있다. 이때 조심해야 하는 것이 있다. #if문의 조건식에는 정수만 사용할 수 있고 실수나 문자열을 사용할 수 없다. 다음 문장들은 모두 컴파일 오류이다.

```
#if CONDITION == 1.0            //실수와 비교 불가
#if CONDITION == "TRUE"         //문자열과 비교 불가
```

#if문은 앞서 조건문에서 알아본 if문과 사용 방법이 유사하지만 차이점이 있다. if문은 조건식의 참과 거짓에 따라 실행문의 처리가 결정될 뿐 항상 실행 파일에는 포함되어 있다. 하지만 #if문은 조건식이 거짓이면 실행 파일에 처음부터 포함되지도 않는다.

if문에서도 조건식의 참과 거짓에 따라 양자택일을 할 수 있는 if~else 문장이 있듯이 #if문도 다음과 같이 #else 문장을 추가해 참과 거짓에 따라 두 개 중 하나를 선택해 컴파일할 수 있다.

```
#if 조건식
  문장 1;
#else
  문장 2;
#endif
```

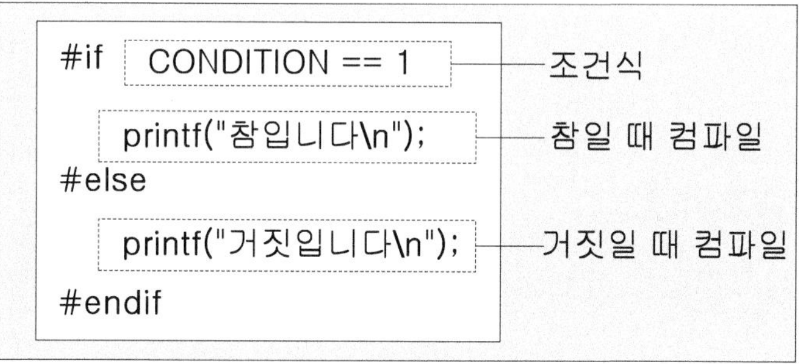

【그림 15.8】 #if,#else, #endif의 형식 및 사용 예

#if, #else, #endif 문장은 조건식이 참이면 문장 1을 컴파일하고 거짓이면 문장 2를 컴파일한다.

【기초 예제 15.5】 #if문을 이용한 조건부 컴파일

```
#include<stdio.h>
#define CONDITION  1                 //매크로 상수
int main( )
{
  #if CONDITION == 1                 //① 조건식
        printf("참 입니다\n");         //② 참일 때 컴파일 문장
  #else
```

```
        printf("거짓입니다\n");                    //③ 거짓일 때 컴파일 문장
    #endif
    return 0;
}
```

실행 결과

```
참입니다
```

소스 관찰

① CONDITION이 1로 정의되어 있으므로 조건식은 참이다. 따라서 printf("참입니다\n") 문장만 컴파일에 포함되고 printf("거짓입니다\n")는 아예 컴파일되지 않는다.
② 조건식이 참이면 컴파일되어 실행 파일에 포함된다.
③ 조건식이 거짓이면 컴파일되어 실행 파일에 포함된다.

#ifdef, #endif, #ifndef, #endif

#ifdef는 if define의 줄임말로 매크로의 정의 유무에 따라 컴파일을 할지 안 할지를 결정한다. #ifdef은 '매크로 ~이 정의되어 있으면'이란 뜻으로 형식은 다음과 같다.

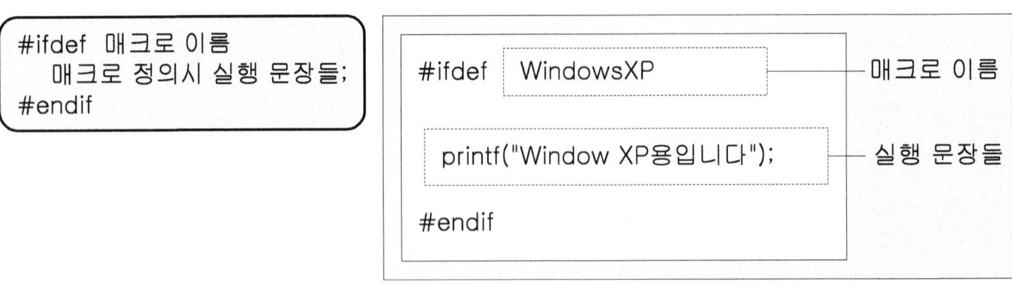

【그림 15.9】 #ifdef, #endif의 형식 및 사용 예

#ifdef는 바로 뒤따라 오는 매크로 이름을 조사해서 매크로 이름이 정의되어 있으면 #ifdef와 #endif 사이의 모든 문장들을 컴파일한다. 반면에 매크로 이름이 정의되어 있지 않으면 #ifdef와 #endif 사이의 모든 문장은 컴파일하지 않는다. 매크로 이름은 #define문을 사용해 소스코드의 첫 부분에 정의한다.

```
#define WindowsXP
 ...
#ifdef WindowsXP
    printf(" WindowsXP용입니다\n");
#endif
```

위의 #define문은 앞서 배운 형식과 차이가 있다. 만약 #define문 뒤에 상숫값을 정의하지 않으면 문자열을 대치하는 매크로 상수의 기능이 아니고 WindowsXP라는 매크로가 있다고 미리 알려주는 역할만 한다. 그리고 정의된 매크로는 나중에 #ifdef의 조건으로 이용된다.

위의 예에서 WindowsXP라는 매크로가 정의되어 있으므로 #ifdef와 #endif 사이의 문장인 printf(" WindowsXP용 입니다\n")가 컴파일 된다. 만약 이 문장이 컴파일되지 않도록 하려면 #define문을 주석문(//)으로 처리하거나 아예 소스코드에서 빼버리면 된다.

#ifdef는 #if문과 동일하게 중간에 #else 문장을 추가할 수 있다. #else 문장이 추가되면 매크로가 정의되지 않은 경우에 컴파일할 문장을 #else 뒤에 추가해 두면 된다.

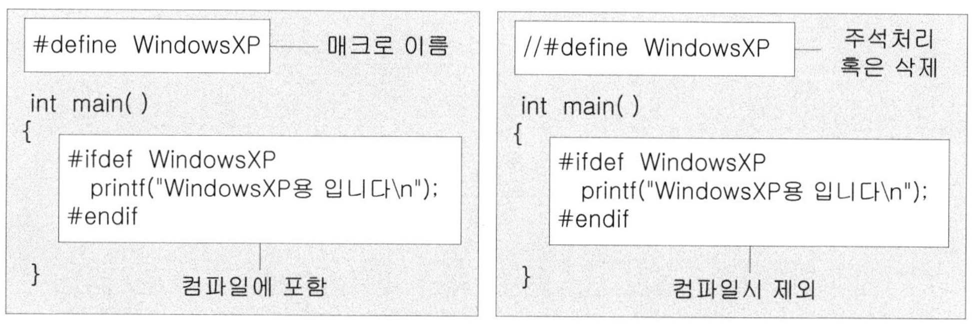

【그림 15.10】 매크로의 정의 유무에 따른 #ifdef~#endif의 사용법

【기초 예제 15.6】 #ifdef문을 이용한 조건부 컴파일

```
#include<stdio.h>
#define VERSION1                                    //매크로 정의
int main()
{
  #ifdef VERSION1
      printf("VERSION1 입니다\n");                  //① 매크로가 정의된 경우
  #else
      printf("VERSION1이 없습니다\n");              //② 매크로가 미 정의된 경우
  #endif
  return 0;
}
```

실행 결과

```
VERSION1입니다
```

```
VERSION1이 없습니다                             //주석문 처리의 경우
```

소스 관찰

① #define문에 의해 VERSION1이라는 매크로가 정의된 경우에 실행되는 문장이다. 필요하다면 여러 문장들을 추가해도 되며 중괄호로 묶어도 되고 묶지 않아도 무관하다.

② VERSION1이라는 매크로가 정의되지 않았을 때는 #else 이하의 문장이 실행된다. 만약 이 문장이 불필요한 경우는 #else 이하를 모두 삭제하고 #ifdef, #endif만 이용해도 된다.

#ifdef는 서로 다른 버전의 프로그램을 개발하는 경우에 주로 사용한다. 예를 들어 어떤 게임 회사에서 윈도우즈XP 버전과 윈도우즈7 버전의 게임을 개발한다고 하자. 물론 각각

의 버전에 맞도록 독자적으로 프로그램을 개발할 수도 있지만 개발 자체도 비효율적이고 유지 보수도 어렵다. 따라서 보통 소스코드는 하나만 작성하고 #ifdef를 이용해 각각의 버전에 맞도록 컴파일하는 방법이 주로 사용된다.

또한, #ifdef는 프로그램 개발 과정에서 디버깅하는 용도로도 이용된다. 예를 들어 프로그램 개발 시에는 프로그램의 실행 순서나 변수의 값과 같은 정보를 화면에 출력해야 하는 경우가 생긴다. 이럴 때는 #define문으로 DEBUG라는 매크로를 선언한 후에 #ifdef를 이용해 필요한 정보들을 확인한다. 디버깅이 모두 끝나고 제품으로 출시할 때는 #define으로 정의한 DEBUG를 삭제해 디버깅 정보들이 실행 파일에 포함되지 않도록 하면 된다.

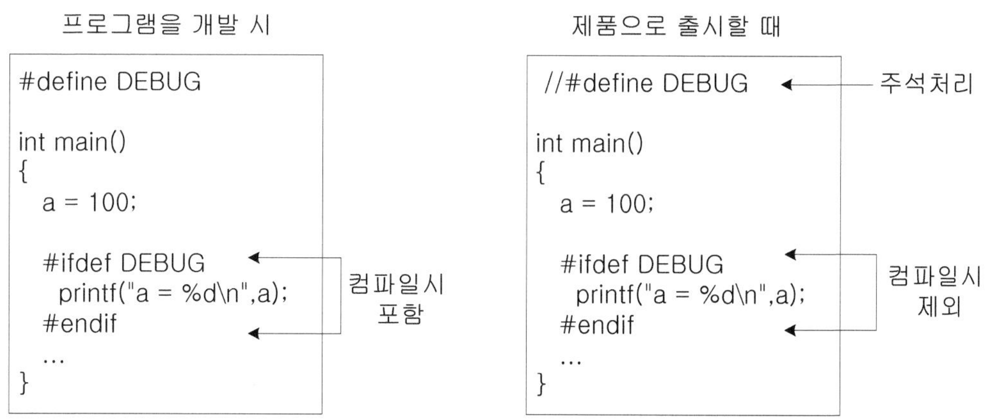

【그림 15.11】 디버깅 용도로 사용되는 #ifdef

#ifndef는 if not define의 줄임말로 "매크로 ~이 정의되어 있지 않으면"이란 뜻으로 형식은 다음과 같다.

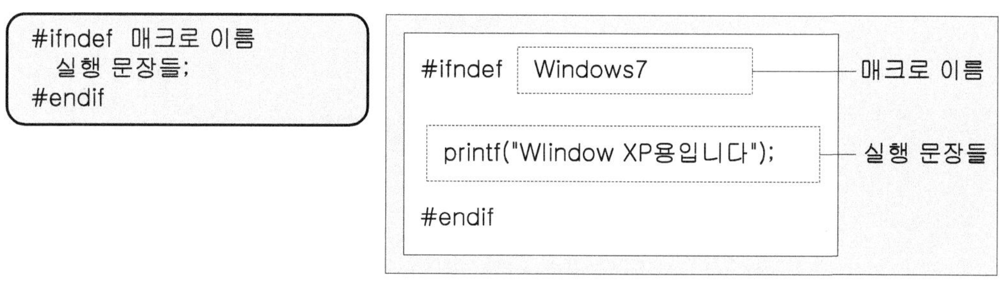

【그림 15.12】 #ifndef, #endif의 형식 및 사용 예

#ifndef는 매크로가 이름이 정의되어 있지 않으면 #ifndef ~ #endif 사이의 문장을 컴파일하며 사용법은 #ifdef와 거의 유사하다.

15.5 분할 컴파일

다중 소스파일이란?

지금까지 실습해 본 모든 예제들은 하나의 소스파일로 작성되었다. 하지만 실용적인 프로그램을 작성할 때는 소스파일을 하나만 이용하는 경우는 거의 없다. 보통 프로그램의 크기가 커지거나 여러 프로그래머가 공동으로 프로그램을 개발해야 하는 경우에는 관련된 기능별로 소스파일을 작성하게 된다. 이처럼 여러 개의 소스파일을 사용하는 것을 다중 소스파일이라 한다.

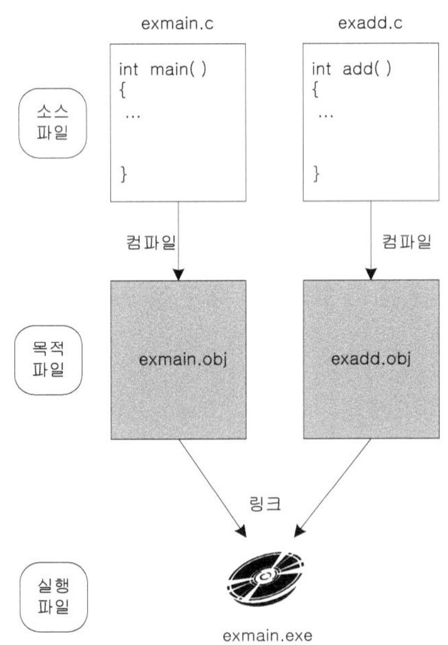

【그림 15.13】 분할 컴파일의 개념

그런데 소스파일은 어떻게 나누는 것일까? 가장 일반적인 방법은 서로 밀접한 관계가 있는 함수나 변수들을 한 곳에 모아놓는 것이다. 이런 단위를 모듈(module)이라 하며 독립적으로 작성된 모듈은 다시 재사용할 수 있으므로 개발 시간을 단축할 수도 있고 나중에 유지 보수도 용이하다.

예를 하나 들어보자. 두 개의 정수를 입력받아 덧셈을 수행하는 add()라는 함수가 있다고 하자. 지금까지 해왔던 것처럼 main() 함수와 add() 함수를 하나의 소스파일에 작성해 실행시켰다. 그런데 만약 add() 함수가 다른 프로그램에서도 필요하다면 어떻게 해야 할까? 이 경우에는 최초 작성된 소스파일에서 add() 함수만을 다시 분리하는 방법밖에는 없다. 이 처럼 매번 add() 함수가 필요할 때마다 소스코드를 분리하는 것은 작업도 번거롭고 신뢰성도 떨어지게 된다. 따라서 main() 함수 부분과 add() 함수 부분을 각각 독립적인 소스파일로 작성해 놓고 필요할 때마다 모듈 단위로 불러서 사용하는 것이 효과적이다.

비주얼 C++에서 분할 컴파일

비주얼 C++에서 다중 소스 파일을 만들고 컴파일 하는 방법은 비교적 간단하다. 먼저 exmain이라는 프로젝트를 만든다. 기존에 파일이 있는 경우에는 FileView탭을 선택하고 Source Files폴더에서 마우스 오른쪽 버튼을 눌러 Add Files to Folder 대화상자에서 원하는 파일을 선택한다. 여기서는 exmain.c를 선택했다고 하자. 파일을 새로 작성하는 경우는 주 메뉴의 File ⇨ New ⇨ C++ 소스파일로 만들면 된다.

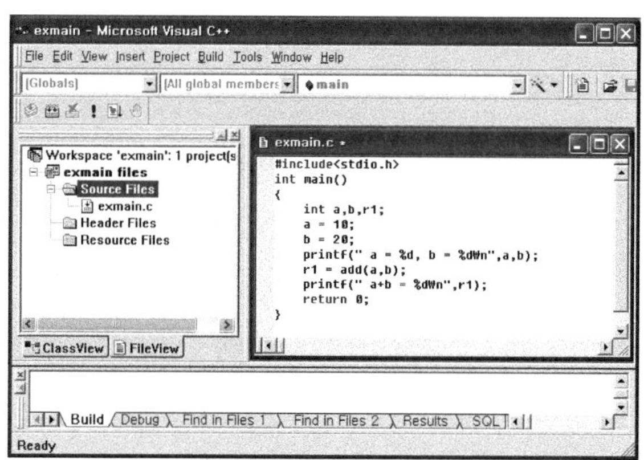

【그림 15.14】 exmain 프로젝트 만들기

다음에 두 번째 소스 파일이 exadd.c라면 앞과 동일하게 Add Files to Folder 대화상자에서 원하는 파일을 선택한다. 여기까지 진행되면 그림과 같이 소스파일 폴더에 2개의 소스파일이 추가된다.

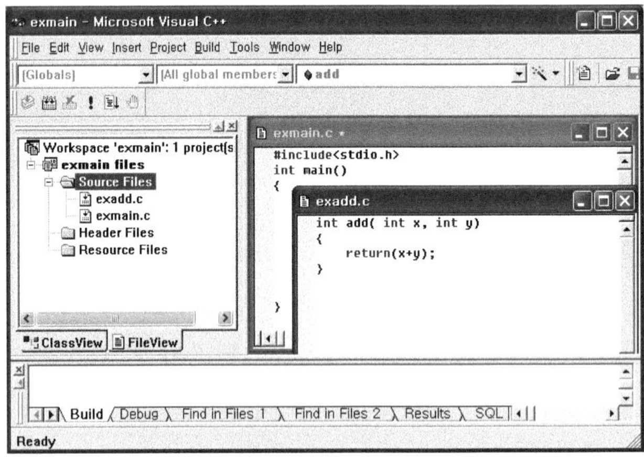

【그림 15.15】 소스파일 추가(exadd.c)

헤더파일도 Header Files 폴더에서 마우스 오른쪽 버튼을 눌러 Add Files to Folder 대화상자에서 원하는 파일을 선택한다.

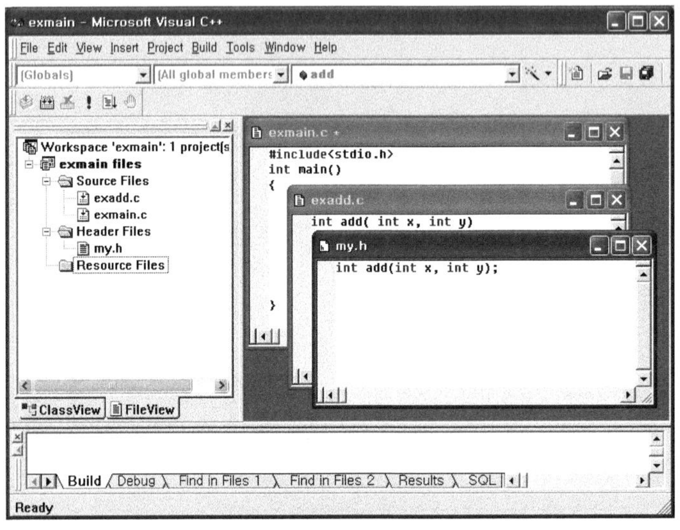

【그림 15.16】 헤더파일 추가(my.h)

exmain 프로젝트에는 2개의 소스파일 exmain.c와 exadd.c가 포함되어 있고 1개의 헤더파일 my.h가 포함되어 있다. 이 상태에서 하나의 소스파일이 있었던 경우와 동일하게 컴파일하고 링크를 실행하면 exmain.exe가 생성된다.

【기초 예제 15.7】 다중 소스파일 컴파일하기

exmain.c와 exadd.c 2개의 소스파일을 만들고 my.h 헤더파일을 이용해 컴파일해 보자.

```
#include<stdio.h>                    //exmain.c 소스파일
#include"my.h"                       //① 사용자 헤더파일
int main( )
{       int a, b, r1;
        a = 10;
        b = 20;
        printf("a = %d, b = %d\n", a, b);
        r1 = add(a, b);
        printf("a+b = %d\n", r1);
        return 0;
}
```

```
//exadd.c 소스파일
int add( int x, int y)               //②
{
          return(x+y);
}
```

```
//my.h 헤더파일
int add(int x, int y);               //③
```

실행 결과

```
a = 10, b = 20
a+b = 30
```

소스 관찰

① 사용자가 작성한 헤더 파일은 큰따옴표("")로 앞뒤를 감싸면 된다. 큰따옴표의 의미는 현재 폴더에서 my.h라는 헤더파일을 찾으라는 뜻이다.

② add() 함수는 두 개의 정수를 main() 함수에서 넘겨받아 이들의 덧셈을 계산 후에 정수형으로 되돌려 주는 함수이다.

③ my.h의 헤더파일에는 사용되고 있는 함수의 원형을 정의해 두었다. 실제 이용 시는 몇 가지 문제점을 보완해야 하는데 뒤에서 알아보자.

헤더파일에 포함되는 내용

특정 소스파일에서 정의된 함수를 다른 소스파일에서 호출하는 경우를 생각해 보자. 예를 들어 덧셈(add), 뺄셈(sub), 곱셈(mul), 나눗셈(div)을 수행하는 4개의 함수가 base.c라는 소스파일에 들어 있다고 하자. 이때 exmain.c나 exprint.c라는 소스파일에서 이들 함수를 호출하기 위해서는 소스파일의 시작 부분에 반드시 함수 원형을 선언해 주어야 한다.

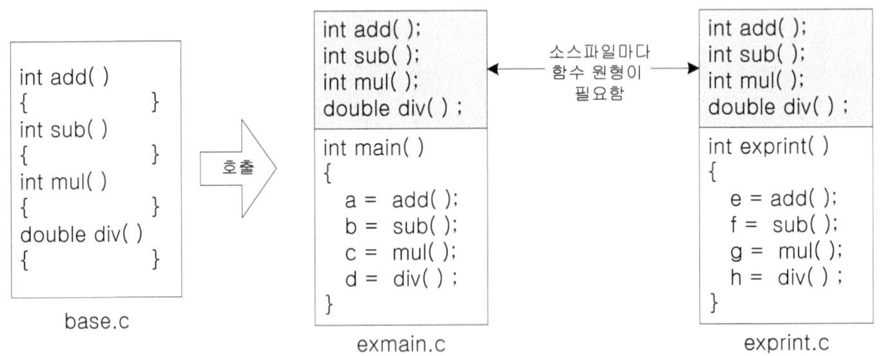

【그림 15.17】 다른 소스파일에 있는 함수의 호출

하지만 사용하는 함수가 많아지면 매번 함수의 원형을 소스 파일마다 선언하는 것은 매우 번거롭다. 이런 경우에는 함수의 원형들을 헤더파일에 모아 놓고 각각의 소스파일에서는 이 헤더파일을 포함시켜 정보를 공유하는 것이 훨씬 편리하다.

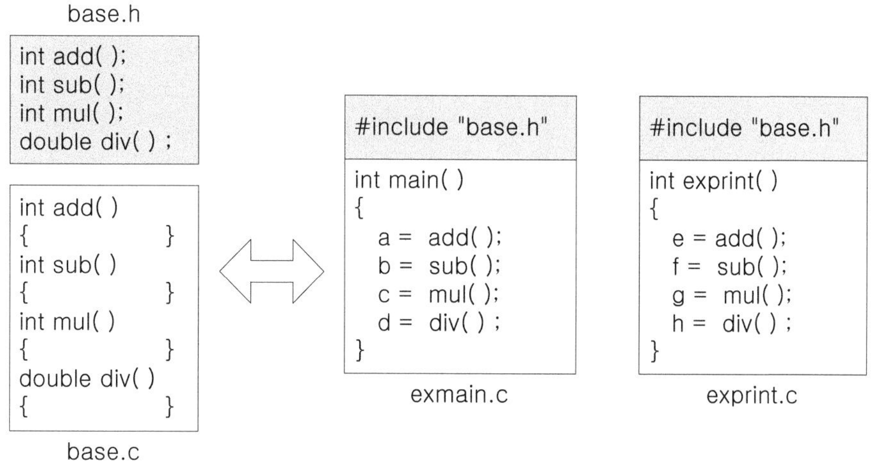

【그림 15.18】 헤더파일을 이용해 다른 소스파일에 있는 함수의 호출

보통 헤더파일에는 함수 선언, 매크로의 정의, 구조체의 정의와 같은 문장들이 포함된다.

헤더파일의 이중 포함 문제

헤더파일을 사용할 때는 하나의 소스파일에 같은 헤더 파일이 중복되어 사용되지 않도록 주의해야 한다. 예를 들어 exmain.c라는 소스파일에 base.h와 test.h라는 헤더파일을 포함시킨 경우를 생각해 보자.

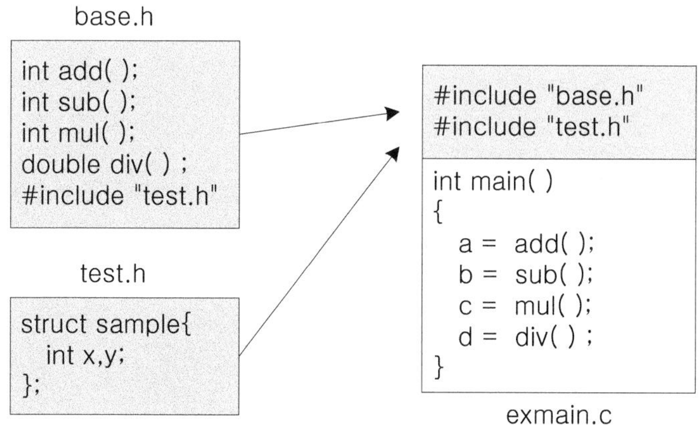

【그림 15.19】 헤더파일의 이중 포함 문제

얼핏 보기에는 문제가 없어 보이지만 base.h에서도 test.h 헤더파일을 포함하고 있으므로 test.h 파일이 exmain.c에서 중복 사용되고 있다. 만약 test.h 헤더파일에 함수의 원형만 들어 있는 경우에는 중복해도 오류가 발생하지 않지만 구조체나 매크로의 정의가 들어 있으면 컴파일 시에 재정의 오류가 발생한다. 이런 문제점을 해결하기 위해 사용하는 것이 조건부 컴파일이다.

모든 헤더파일의 시작 부분에 #ifndef, #ifdef를 넣어주고 끝에는 #endif를 넣어주어 헤더파일이 여러 번 포함되더라도 맨 처음 한 번만 포함되고 그 다음부터는 포함되지 않도록 조건부 컴파일을 이용한다. [예제 15.7]의 헤더파일을 이 방식으로 바꾸어 처리해 보자. 물론 exmain.c와 exadd.c는 변경하지 않고 my.h만 바꾸면 된다.

```
#ifndef MY_H                          //헤더 중복 방지
#define MY_H
  int add(int x, int y);
#endif
```

처음에 my.h이 포함되면 MY_H라는 매크로가 정의되어 있지 않으므로 #ifndef MY_H 문장은 참이 된다. 따라서 #ifndef와 #endif 사이의 문장이 모두 컴파일된다. 그런데 이 문장 내부에는 #define MY_H가 정의되어 있다. 따라서 두 번째부터는 my.h 파일이 포함되면 MY_H라는 매크로가 이미 정의되어 있으므로 #ifndef MY_H 문장은 거짓이 된다. 따라서 #ifndef와 #endif 사이의 문장은 모두 컴파일되지 않고 무시된다. 참고적으로 #ifndef와 #define 뒤에 사용하는 매크로는 보통 헤더파일의 이름을 대문자로 바꾸어서 사용한다. MY_H는 헤더파일의 이름 "my.h"를 이용한 것이다.

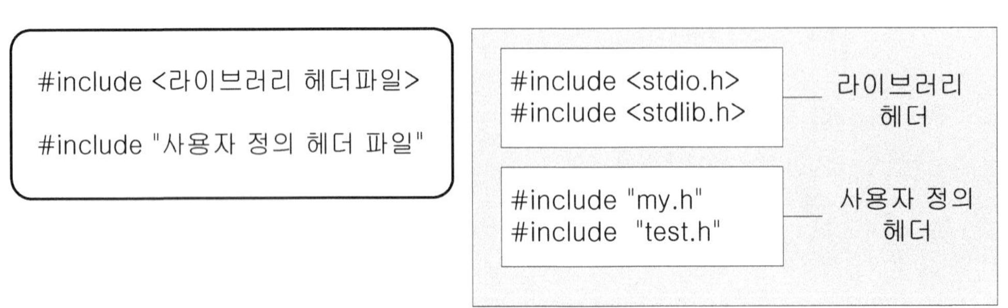

【그림 15.20】 라이브러리 헤더파일과 사용자 정의 헤더 파일의 비교

#include 문장 뒤의 헤더파일은 <>로 묶여 있는 경우도 있고, ""로 묶여 있는 경우도 있다. <헤더파일>은 표준 라이브러리 헤더파일에서 찾으라는 뜻이고 "헤더파일"은 사용자가 정의한 헤더파일로 현재의 폴더에서 헤더파일을 찾으라는 뜻이다.

【기초 예제 15.8】 헤더파일 이중 포함 방지

```
//exmain.c 소스파일
#include<stdio.h>
#include"my.h"
int main( )
{     int a, b, r1;
        a = 10;
        b = 20;
        printf("a = %d, b = %d\n", a, b);
        r1 = add(a, b);
        printf("a+b = %d\n", r1);
        return 0;
}
```

```
//exadd.c 소스파일
int add( int x, int y)
{
          return(x+y);
}
```

```
//my.h 헤더파일
#ifndef MY_H                                  //① 헤더 중복 방지
#define MY_H
  int add(int x, int y);
#endif
```

실행 결과

```
a = 10, b = 20
a+b = 30
```

소스 관찰

① my.h 헤더파일이 처음 포함될 때만 #ifndef과 #endif 사이의 문장을 컴파일 한다. 이때 #define MY_H가 정의된다. 따라서 두 번째부터는 my.h가 포함되면 #ifndef MY_H 문장은 거짓이 되고 뒤의 문장들은 모두 무시되므로 #ifndef과 #endif 사이의 문장들은 딱 한 번만 포함되게 된다.

15.6 디버깅

디버깅(debugging)이란 소스 코드의 오류를 찾아내어 수정하는 작업을 말한다. 보통 프로그램 속에 있는 오류를 가리켜 버그(벌레)라 하며, 버그를 제거하는 것을 디버깅이라고 한다. 디버깅에는 크게 디버거(debugger)와 같은 보조 프로그램을 이용하는 방법과 검사용 데이터를 입력해 출력을 확인해 보는 방법이 주로 이용된다. 비주얼스튜디오 2017에는 소스 코드가 어떻게 실행되는지를 알기 쉽게 확인해 주는 디버거가 내장되어 있다. 디버거에는 다양한 기능이 있지만 가장 쉽고도 많이 사용되는 기능은 소스 코드를 한 줄씩 실행시키면서 변수나 함수의 호출 등을 확인하는 것이다. 자주 디버거를 실행시키는 습관은 좋은 프로그래머가 되는 지름길이다. 비주얼스튜디오 2017의 디버거 사용법을 알아보자.

먼저 다음과 같은 소스코드를 작성한 후에 빌드한다.

```
#include<stdio.h>
int dtest(int x)
{
   return(2*x);
}
```

```
int main()
{    int a=0, b=0,c=1;
     a = 100;
     b = dtest(c);
     printf("a = %d, b = %d\n",a, b);
}
```

다음에 주메뉴의 디버그 ⇨ '한 단계씩 코드 실행(F11)'을 선택하면 그림 15.21과 같은 디버깅 화면이 나타난다. 디버깅 화면에서 노란색 화살표는 현재 실행되고 있는 소스 코드의 위치를 나타낸다. 다시 F11키를 누르면 다음 소스 코드가 실행된다.

소스 코드를 한 줄씩 디버깅하는 방법에는 '프로시저 단위 실행(F10)'과 '한 단계씩 코드 실행(F11)'의 두 가지가 있다. 차이점은 함수를 만났을 때 해당 함수로 점프를 하느냐 하지 않느냐이다. 프로시저 단위 실행은 한 줄씩 실행하며 함수가 호출되어도 해당 함수 내부로 들어가지는 않는다. 반면에 한 단계씩 코드 실행은 같은 기능이지만 해당 함수 내부를 처리한다.

기능키 F10과 F11을 연속해서 입력하면서 각자 차이점을 확인해 보자. 디버거는 main( )함수가 끝나면 종료되며, 디버깅이 실행 중에 강제로 중단하려면 디버그 ⇨ 디버깅 중지를 선택하거나 단축키 Shift+F5를 이용한다.

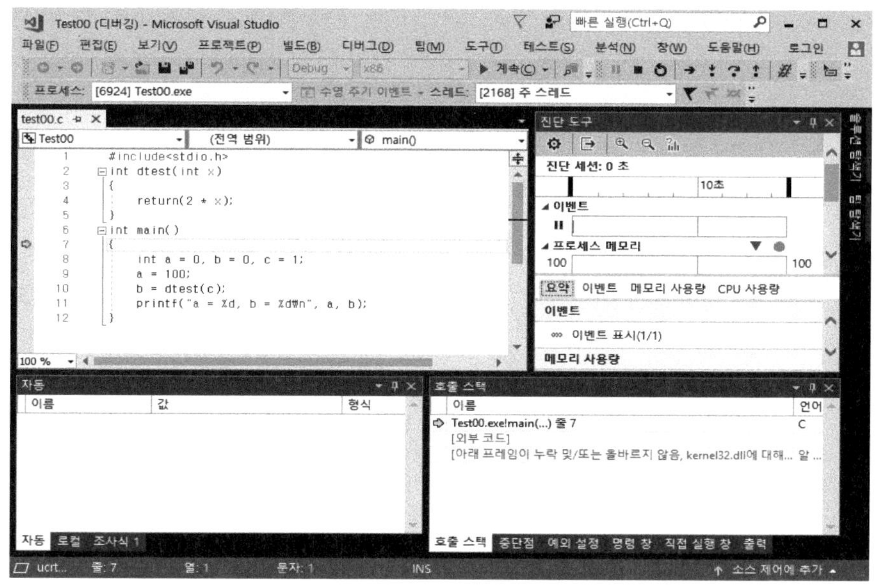

[그림 15.21] 비주얼스튜디오 2017의 디버깅 화면

비주얼스튜디오 2017의 자주 사용되는 디버그 풀다운 메뉴의 기능은 다음과 같다.

【표 15.2】 비주얼스튜디오 2017의 풀다운 메뉴와 기능

풀다운 메뉴	기능
디버깅 시작 F5	디버깅 모드로 프로그램 실행한다.
디버그하지 않고 시작 Ctrl+F5	디버그를 하지 않고 프로그램 실행한다.
디버깅 중지 Shift+F5	디버깅 모드에서 디버깅을 강제로 중단
다시 시작 Ctrl+Shift+F5	디버깅 모드에서 프로그램 재실행
한 단계씩 코드 실행 F11	코드를 한 줄씩 실행한다. 함수 호출시 함수 내부도 실행한다.
프로시저 단위 실행 F10	코드를 한 줄씩 실행한다. 함수 호출시 함수 내부는 실행하지 않는다.
중단점 설정/해제 F9	현재의 위치에 중단점을 설정하거나 해제 한다. 디버거가 중단점을 만나면 디버깅을 중단한다.

프로그램 실습

1 다음과 같이 두 개의 실수를 인자로 받아 이들의 곱셈과 나눗셈을 수행하는 매크로 함수를 정의하고 프로그램의 나머지 부분을 완성해 출력을 확인하시오.

```
int main( )
{
   double r1, r2;
   r1 = MUL(3.1, 1.5);                    //곱셈
   r2 = DIV(3.1, 1.5);                    //나눗셈
}
```

2 다음 프로그램의 출력 결과를 예측하시오.

```
#define setbit(reg8, bitnum)    ((reg8) |= (0x01<<bitnum))
#define clearbit(reg8, bitnum)  ((reg8) &= ~(0x01<<bitnum))
int main( )
{
        unsigned char a, r1, r2;
        a = 8;
        r1 = setbit(a, 1);
        r2 = clearbit(a, 4);
        printf("r1 = %d\n", r1);
        printf("r2 = %d\n", r2);
        return 0;
}
```

3 특정 비트를 1로 설정하거나 0으로 클리어 하는 매크로 함수는 다음과 같다. 특정 비트가 어떤 값인지 검사하는 checkbit( ) 매크로 함수를 정의하시오.

```
#define setbit(reg8, bitnum)    ((reg8) |= (0x01<<bitnum))
#define clearbit(reg8, bitnum)  ((reg8) &= ~(0x01<<bitnum))
```

4 다음 프로그램의 출력 결과를 예측하시오.

```
#define DEBUG
int main()
{
    int a = 100;
    printf("a = %d\n", a );
    #ifdef DEBUG
        printf("a = %d\n", a+10);
    #endif
}
```

5 소스파일 s1.c와 s2.c를 분할 컴파일해서 실행 파일을 만들고자 한다. 그런데 2개의 소스파일은 모두 ex.h 헤더파일을 포함하고 있으므로 ex5 구조체는 중복해서 선언된다. #ifndef 문장을 이용해 ex5 구조체가 한 번만 선언되도록 헤더파일을 변경하시오.

```
//사용자 정의 헤더파일 : ex.h
struct ex5{
        int x, y;
};
```

```
//소스파일 : s1.c
#include<stdio.h>
#include "ex.h"
```

```
//소스파일 : s2.c
#include "ex.h"
void sub( )
```

```
int main( )
{
  struct ex5 test1 = { 1, 2 };
  printf(" x = %d\n", test1.x);
  printf(" y = %d\n", test1.y);
  sub();
  return 0;
}
```

```
{
   struct ex5 test2 = { 3, 4 };
   printf(" x = %d\n", test2.x);
   printf(" y = %d\n", test2.y);
}
```

부록

- 부록 A. 아스키코드 표
- 부록 B. 라이브러리 함수
- 찾아보기

부록 A. 아스키코드 표

Dec	Hex	문자
0	0	NULL
1	1	SOH
2	2	STX
3	3	ETX
4	4	EOT
5	5	ENQ
6	6	ACK
7	7	BELL
8	8	BS
9	9	HT
10	A	LF
11	B	VT
12	C	FF
13	D	CR
14	E	SO
15	F	SI
16	10	DEL
17	11	DC1
18	12	DC2
19	13	DC3
20	12	DC4
21	15	NAK
22	16	SYN
23	17	ETB
24	18	CAN
25	19	EM
26	1A	SUB
27	1B	ESC
28	1C	FS
29	1D	GS
30	1E	RS
31	1F	US
32	20	space
33	21	!
34	22	″
35	23	#
36	24	$
37	25	%
38	26	&
39	27	′
40	28	(
41	29	)
42	2A	*

Dec	Hex	문자
43	2B	+
44	2C	,
45	2D	-
46	2E	.
47	2F	/
48	30	0
49	31	1
50	32	2
51	33	3
52	34	4
53	35	5
54	36	6
55	37	7
56	38	8
57	39	9
58	3A	:
59	3B	;
60	3C	<
61	3D	=
62	3E	>
63	3F	?
64	40	@
65	41	A
66	42	B
67	43	C
68	44	D
69	45	E
70	46	F
71	47	G
72	48	H
73	49	I
74	4A	J
75	4B	K
76	4C	L
77	4D	M
78	4E	N
79	4F	O
80	50	P
81	51	Q
82	52	R
83	53	S
84	54	T
85	55	U

Dec	Hex	문자
86	56	V
87	57	W
88	58	X
89	59	Y
90	5A	Z
91	5B	[
92	5C	\
93	5D	]
94	5E	^
95	5F	_
96	60	`
97	61	a
98	62	b
99	63	c
100	64	d
101	65	e
102	66	f
103	67	g
104	68	h
105	69	i
106	6A	j
107	6B	k
108	6C	l
109	6D	m
110	6E	n
111	6F	o
112	70	p
113	71	q
114	72	r
115	73	s
116	74	t
117	75	u
118	76	v
119	77	w
120	78	x
121	79	y
122	7A	z
123	7B	{
124	7C	|
125	7D	}
126	7E	~
127	7F	DEL

부록 B. 라이브러리 함수

1. 수학 계산 라이브러리 함수 (헤더파일 : math.h)

수학 함수	설명
int abs(x)	정수형의 절대값 계산
double fabs(x)	실수형의 절대값 계산
double sin(double x)	sine을 계산
double cos(double x)	cosine을 계산
double tan(double x)	x의 tangent를 계산
double exp(double x)	x의 e^x을 계산
double log(double x)	$\log_e x$를 계산
double log10(double x)	$\log_{10} x$를 계산
double ceil(double x)	x보다 작지 않은 가장 작은 정수
double floor(double x)	x보다 크지 않은 가장 큰 정수
double pow(double x, double y)	x의 y승을 계산
double sqrt(double x)	x의 양의 제곱근을 계산

2. 문자 분류 라이브러리 함수 (헤더파일 : ctype.h)

문자 분류 함수	설명
int isascii(int c)	문자 c가 아스키 문자이면 참을 반환
int iscntrl(int c)	문자 c가 제어 문자이면 참을 반환
int isdigit(int c)	문자 c가 숫자이면 참을 반환
int tolower(int c)	문자 c를 소문자로 변환
int toupper(int c)	문자 c를 대문자로 변환

3. 문자열 관련 라이브러리 함수 (헤더파일 : string.h)

문자열 함수	설명
strlen(s)	문자열 s의 길이를 반환
strcpy(s1, s2)	s2를 s1에 복사
strcat(s1, s2)	s1의 맨 끝에 s2 연결
strcmp(s1, s2)	s1과 s2를 비교해 같으면 0을 반환
strncpy(s1, s2, n)	s2의 최대 n개의 문자를 s1에 복사
strncat(s1, s2, n)	s2의 최대 n개의 문자를 s1의 맨 끝에 연결
strncmp(s1, s2, n)	최대 n개의 문자까지 s1과 s2를 비교
strchr(s1, c)	문자열 s1안에서 문자 c를 검색
strstr(s1, s2)	문자열 s1에서 문자열 s2를 검색

4. 화면 제어 라이브러리 함수 (헤더파일 : stdlib.h)

화면 제어 함수	설명
system("cls")	화면을 지운다. (비주얼 C++)
clrscr( )	화면을 지운다. (터보 C++, 헤더파일 : conio.h)

5. 시간 지연 라이브러리 함수 (헤더파일 : windows.h)

시간 지연 함수	설명
void Sleep(unsigned milisecond)	인자 지정만큼 1/1000초 지연 (비주얼 C++)
void delay(unsigned milisecond)	인자 지정만큼 1/1000초 지연 (터보 C++, 헤더파일 : dos.h)

6. 난수 발생 라이브러리 함수 (헤더파일 : stdlib.h)

시간 지연 함수	설명
int rand( )	0부터 32767 사이의 정수 난수 발생

【ㄱ】

【ㄴ】

【ㄷ】

【ㄹ】

【ㅁ】

【ㅂ】

개정판

예제 중심의

UP! C언어

2016년 3월 7일 1판 1쇄 발 행
2018년 12월 26일 2판 1쇄 발 행
2020년 3월 5일 2판 2쇄 발 행

지은이 : 이 한 석 · 김 세 찬

펴낸이 : 박 정 태

펴낸곳 : 광 문 각

10881
파주시 파주출판문화도시 광인사길 161
광문각 B/D 4층
등 록 : 1991. 5. 31 제12-484호
전화(代) : 031) 955-8787
팩 스 : 031) 955-3730
E-mail : kwangmk7@hanmail.net
홈페이지 : www.kwangmoonkag.co.kr

• ISBN : 978-89-7093-925-4 93560

값 28,000원

한국과학기술출판협회회원